面向“十三五”高等教育规划教材

生物工程与技术专业基础实验教程

主编　于源华

北京理工大学出版社
BEIJING INSTITUTE OF TECHNOLOGY PRESS

图书在版编目（CIP）数据

生物工程与技术专业基础实验教程/于源华主编. —北京：北京理工大学出版社，2016.6

ISBN 978-7-5682-2547-2

Ⅰ.①生…　Ⅱ.①于…　Ⅲ.①生物工程-实验-高等学校-教材　Ⅳ.①Q81-33

中国版本图书馆 CIP 数据核字（2016）第 150802 号

出版发行 /北京理工大学出版社有限责任公司
社　　址 /北京市海淀区中关村南大街 5 号
邮　　编 /100081
电　　话 /（010）68914775（总编室）
　　　　　82562903（教材售后服务热线）
　　　　　68948351（其他图书服务热线）
网　　址 /http://www.bitpress.com.cn
经　　销 /全国各地新华书店
印　　刷 /三河市华骏印务包装有限公司
开　　本 /787 毫米×1092 毫米　1/16
印　　张 /27
字　　数 /626 千字
版　　次 /2016 年 6 月第 1 版　2016 年 6 月第 1 次印刷
定　　价 /68.00 元

责任编辑 /张慧峰
文案编辑 /张慧峰
责任校对 /周瑞红
责任印制 /王美丽

图书出现印装质量问题，请拨打售后服务热线，本社负责调换

本书编委会

主　编：于源华

编委会：

张　晓　张淑华　李景梅　何秀霞　葛淑敏

刘　建　范丽颖　刁昱文　稽　冶　冀　伟

王清爽　孙立志　王一东　李洪广　崔海丹

何乃彦　李　甜　张　扬　张　昊

前　　言

本书是在之前多年使用教材的基础上，根据学科及专业发展的需要，进一步增减相应的实验内容改编修订而成，是目前高校生物工程和生物技术及相关专业配套的专业基础课程综合性实验指导用书，包括生物化学、分子生物学、微生物学和细胞生物学等四门实验课的实验原理与技术。这几门实验课是生物工程和生物技术及相关专业的必修专业基础实验课程。这些实验的开设，可使学生系统掌握这四门专业基础实验的基本技术及操作，了解并掌握学科发展的前沿技术及方法，加强学生创新思维、创新能力和实践能力的培养，为提高学生生物技术实验基本技能、科学素养和创新能力，提供实验工具。本书可作为本专科生、研究生及高校教师等教学及科研参考用书。

全书共分四章，第一章是生物化学实验部分，包括蛋白质、核酸、糖类、脂类、维生素、酶等的分离提取、纯化鉴定及检测等实验内容，具体包括盐析与透析 、离心、冷冻干燥、光谱、层析、电泳、核酸杂交、免疫分析、基因重组等实验技术。第二章是分子生物学实验部分，主要由 DNA 技术、RNA 技术、蛋白质技术以及生物大分子相互作用等，具体介绍了基因分离、克隆，目的基因的鉴定、表达，PCR 扩增，核酸序列分析，核酸杂交、蛋白免疫印迹分析等实验原理和方法。第三章是微生物学实验部分，分模块介绍了显微操作技术、微生物分离纯化与菌种保藏技术、微生物形态观察技术、微生物生理生化鉴定技术、微生物专题实验技术、微生物应用实验技术。主要涉及无菌操作、显微观察、微生物培养、微生物鉴定、微生物检测等方法。第四章是细胞生物学实验部分，主要包括细胞形态结构、细胞化学、细胞生理、染色体与核型分析、细胞和组织培养技术、细胞化学成分的分离、细胞工程技术及细胞凋亡检测技术等。

本书由于源华主编，主要负责制定编写大纲，对全书进行统稿、修改，并承担生物化学实验部分及附录 1 ~5 的编写工作；其他章节由多年从事本课程教学的张晓、张淑华、李景梅、何秀霞、葛淑敏、刘建、范丽颖等教师编写。这些教师具有多年的教学经验，学术水平较高。全书由毛亚杰教授进行了校对，同时李甜、孙立志、王一东、王清爽、李洪广、何乃彦、冀伟、嵇冶、崔海丹等教师也参与了部分编写及校对工作。

由于编者水平所限，书中不当之处，敬请批评指正。

编　者

目　　录

第一章

生物化学实验

实验1　氨基酸的分离鉴定——纸层析法

实验目的

通过氨基酸的分离,学习纸层析法的基本原理及操作方法。

通过实验求出室温、中性 pH 条件下各氨基酸的 R_f 值。

实验原理

纸层析法是使用滤纸作为惰性支持物的分层析法。层析溶剂由有机溶剂和水组成。展层时,水为静止相,它与滤纸纤维亲和力强;有机溶剂为流动相,它与滤纸纤维亲和力弱。

将样品在滤纸上确定的原点处展层,由于样品中各种氨基酸在两相中不断进行分配,且它们的分离系数各不相同,所以不同的氨基酸随流动相移动的速率也不相同,于是各种氨基酸在滤纸上就相互分离出来,形成距原点不等的层析点。在一定条件下(室温、展层剂的组成、滤纸的质量、pH 值等),不同的氨基酸有各自固定的移动速率(R_f 值)。

物质被分离后在纸层析图谱上的位置是用 R_f 值(比移)来表示的:

$$R_f = \frac{\text{原点到层析点中心的距离}}{\text{原点到溶剂前沿的距离}}$$

在一定的条件下某种物质的 R_f 值是常数。R_f 值的大小与物质的结构、性质、溶剂系统、层析滤纸的质量和层析温度等因素有关,本实验利用纸层析法分离氨基酸。

实验器材

1. 层析缸
2. 毛细管
3. 喷雾器
4. 培养皿
5. 层析滤纸(新华一号)

实验试剂

(一) 氨基酸溶液(样品溶液)

0.5%(质量分数)的赖氨酸、缬氨酸、苯丙氨酸、半胱氨酸、亮氨酸溶液及它们的混合液

(混合液各组分浓度均为0.5%)。

(二) 扩展剂

扩展剂是4份水饱和的正丁醇和1份乙酸的混合物。配制方法是:正丁醇∶冰乙酸∶水=4∶1∶3混合,充分振荡,静置后分层,放出下层水层。

(三) 显色剂

0.1%水合茚三酮正丁醇溶液:取0.1 g茚三酮加入100 mL正丁醇即可。

实验操作

1. 将盛有平衡溶剂的小烧杯置于密闭的层析缸中。

2. 取层析滤纸(长20 cm、宽14 cm)一张,在纸的一端距边缘2~3 cm处用铅笔画一条直线,在此直线上每间隔2 cm作一记号,如图1-1-1所示。

3. 点样。用毛细管将各氨基酸样品分别点在这6个位置上(如图1-1-1),干后再点一次。每点在纸上扩散的直径最大不超过3 mm。

4. 扩展。如图1-1-2所示,用线将滤纸缝成筒状,纸的两边不能接触。将盛有约20 mL扩展剂的培养皿迅速置于密闭的层析缸中,并将滤纸直立于培养皿中(点样的一端在下,扩展剂的液面需低于点样线1 cm)。待溶剂上升15~20 cm时即取出滤纸,用铅笔描出溶剂前沿界线,用吹风机热风吹干(或60 ℃烘箱)。

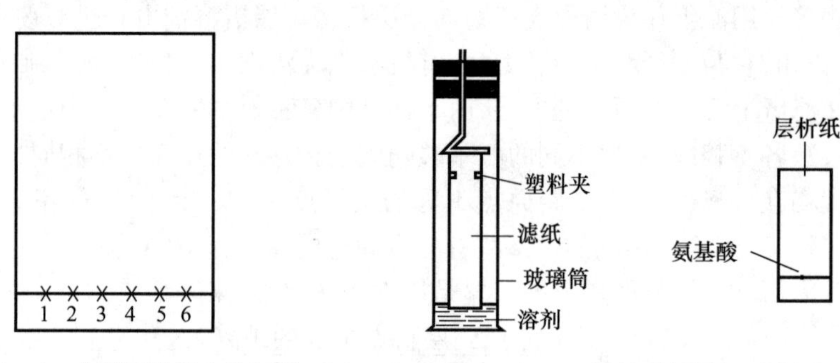

图1-1-1 在层析滤纸上作记号　　图1-1-2 氨基酸纸层析示意图

5. 显色。用喷雾器均匀喷上0.1%茚三酮正丁醇溶液(注意纸上溶液不倒流、不间断),用吹风机吹干(温度不宜过高),观察每一个点样原点扩展上方有无紫色斑点出现,若都出现,进行下一步。反之,重复喷雾吹干,直至每一个原点上方都出现紫色斑点。

6. 观察层析点,确定其几何中心。

7. 量取数值。

实验结果处理

1. 量取扩展剂前沿到原点线的距离。

2. 量取各氨基酸几何中心到原点的距离。

3. 用测量的值计算各氨基酸在室温、中性pH条件下的R_f值。

实验分析

实验报告上需要有实验时所用的滤纸展示。

分析自己的实验结果是否理想,参照正规实验步骤及注意事项发现问题。

思考题

1. 何谓纸层析法?
2. 何谓 R_f 值? 影响 R_f 值的主要因素是什么?
3. 怎样制备扩展剂?
4. 层析缸中平衡溶剂的作用是什么?
5. 根据 R_f 值比较实验所用的几种氨基酸的水溶性与脂溶性。

注意事项

1. 取滤纸前,要将手洗净,这是因为手上的汗渍会污染滤纸。尽可能少接触滤纸,在整个操作过程中,手只能接触滤纸边缘,否则手指上的氨基酸会造成滤纸上出现众多斑点。要将滤纸平放在洁净的滤纸上,不可放在试验台上,以防止污染。

2. 展层结束后,切勿忘记用铅笔描出溶剂前沿。

3. 点样防止扩散面积过大,使展层效果不佳或直接影响实验结果。

4. 样品用量过大,会造成"拖尾巴"的现象。

5. 展层剂接触滤纸时一定要均匀保持前沿线与滤纸平行。

6. 注意点样线要高于层析液面,防止点样氨基酸溶解于层析液中。

7. 滤纸不要贴在层析缸壁上,防止滤纸左右两端展层速度过快,影响实验结果。

8. 扩展距离不宜过短,否则展层不彻底,难以区分。

9. 风温度不宜过高,否则斑点变黄。

10. 染色液本身有毒性,应在通风橱内使用。实验时应打开门和窗户。

11. 影响 R_f 值的因素有:

(1) 物质本身的化学结构;

(2) 展层所用溶剂系统;

(3) 展层剂 pH 值;

(4) 展层时的温度;

(5) 展层所用滤纸;

(6) 展层的方向(横向、上行或下行)

实验2　总氮量的测定——凯氏定氮法

实验目的

学习凯氏定氮法的原理和操作技术。

实验原理

常用凯氏定氮法测定天然有机物(如蛋白质、核酸及氨基酸等)的含氮量。

含氮的有机物与浓硫酸共热时,其中的碳、氢二元素被氧化成二氧化碳和水,而氮则转变成氨,并进一步与硫酸作用生成硫酸铵。此过程通常称为"消化"。但是,这个反应进行得比较缓慢,通常需要加入硫酸钾或硫酸钠以提高反应液的沸点,并加入硫酸铜作为催化剂,以促进反应的进行。甘氨酸的消化过程可表示如下:

$$CH_2NH_2COOH + 3H_2SO_4 \longrightarrow 2CO_2 + 3SO_2 + 4H_2O + NH_3$$

$$2NH_3 + H_2SO_4 \longrightarrow (NH_4)_2SO_4$$

浓碱可使消化液中的硫酸铵分解,游离出氨,借水蒸气将产生的氨蒸馏到一定量、一定浓度的硼酸溶液中,硼酸吸收氨后使溶液中的氢离子浓度降低,然后用标准无机酸滴定,直至恢复溶液中原来的氢离子浓度为止,最后根据所用标准酸的摩尔数(相当于待测物中氨的摩尔数)计算出待测物中的总氮量。

实验器材

1. 50 mL 消化管或 100 mL 凯氏烧瓶
2. 凯氏定氮蒸馏装置或改进型凯氏定氮仪
3. 50 mL 容量瓶
4. 3 mL 微量滴定管
5. 分析天平
6. 烘箱
7. 电炉
8. 1 000 mL 蒸馏烧瓶
9. 小玻璃珠
10. 远红外消煮炉

实验试剂

1. 消化液(过氧化氢:浓硫酸:水 =3:2:1) 200 mL
2. 粉末硫酸钾—硫酸铜混合物 16 g

K_2SO_4 与 $CuSO_4 \cdot 5H_2O$ 以 3:1 配比研磨混合。

3. 30% 氢氧化钠溶液 1 000 mL
4. 2% 硼酸溶液 500 mL
5. 标准盐酸溶液(约 0.01 mol/L) 600 mL
6. 混合指示剂(田氏指示剂) 50 mL

由 50 mL 0.1% 甲烯蓝乙醇溶液与 200 mL 0.1% 甲基红乙醇溶液混合配成,贮于棕色瓶中备用。这种指示剂酸性时为紫红色,碱性时为绿色,变色灵敏且范围很窄。

7. 市售标准面粉和富强粉[①]各 2 g

操作方法

(一) 凯氏定氮仪的构造和安装

凯氏定氮仪由蒸汽发生器、反应管及冷凝器 3 部分组成(图 1-2-1)。

蒸汽发生器包括电炉(热源)及一个 1 ~ 2 L 容积的烧瓶。蒸汽发生器借橡皮管与反应管相连，反应管上端有一个玻璃杯，样品和碱液可由此加入到反应室中。反应室中心有一个长玻璃管，其上端通过反应室外层与蒸汽发生器相连，下端靠近反应室的底部。反应室外层下端有一开口，上有一皮管夹，由此可放出冷凝水及反应废液。反应产生的氨可通过反应室上端的细管及冷凝器通到吸收瓶中，反应管及冷凝器之间借磨口连接起来，防止漏气。

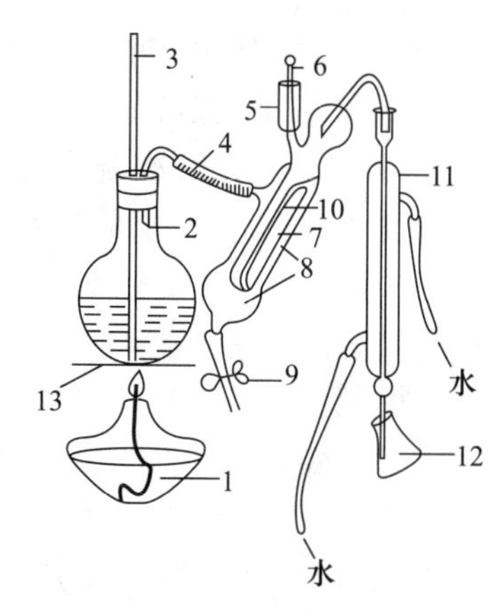

图 1－2－1　凯式定氮仪

1—热源；2—烧瓶；3—玻璃管；4—橡皮管；5—玻璃杯；6—棒状玻璃塞；7—反应室；8—反应室外壳；9—夹子；10—反应室中插管；11—冷凝管；12—锥形瓶；13—石棉网

安装仪器时，先将冷凝器垂直地固定在铁支台上，冷凝器下端不要距离实验台太近，以免放不下吸收瓶。然后将反应管通过磨口连接与冷凝器相连，根据仪器本身的角度将反应管固定在另一铁支台上，这一点务须注意，否则容易引起氨的散失及反应室上端弯管折断。然后将蒸汽发生器放在电炉上，并用橡皮管把蒸汽发生器与反应管连接起来。安装完毕后，不得轻易移动，以免仪器损坏。

（二）样品处理

某一固体样品中的含氮量用 100 g 该物质（干重）中所含氮的克数来表示（%）。因此在定氮前，应先将固体样品中的水分除掉。一般样品烘干的温度都采用 105 ℃，因为非游离的水都不能在 100 ℃以下烘干。

在称量瓶中称入一定量磨细的样品，然后置于 105 ℃的烘箱内干燥 4 小时。用坩埚钳将称量瓶放入干燥器内，待降至室温后称重，按上述操作继续烘干样品。每干燥 1 小时后，称重一次，直到两次称量数值不变，即达恒重。

若样品为液体（如血清等），可取一定体积样品直接消化测定。

精确称取 0.1 g 左右的干燥面粉作为本实验的样品。

（三）消化

取 4 个 100 mL 凯氏烧瓶或 50 mL 消化管并标号。各加 1 颗玻璃珠，在 1 及 2 号瓶中各加样品 0.1 g，催化剂（K_2SO_4—$CuSO_4 \cdot 5H_2O$）200 mg，消化液 5 mL。注意加样品时应直接送入瓶底，而不要沾在瓶口和瓶颈上。在 3 及 4 号瓶中各加 0.1 mL 蒸馏水和与 1 及 2 号瓶相同量的催化剂和浓硫酸，作为对照，用以测定试剂中可能含有的微量含氮物质。每个瓶口放一个漏斗，在通风橱内的电炉上进行消化[②]。

在消化开始时应控制火力，不要使液体冲到瓶颈。待瓶内水汽蒸发完，硫酸开始分解并放出 SO_2 白烟后，适当加强火力，继续消化，直至消化液呈透明淡绿色为止[③]。消化完毕，等烧瓶中溶物冷却后，加蒸馏水 10 mL（注意慢加，随加随摇）。冷却后将瓶中溶物倾入 50 mL 的容量瓶中，并以蒸馏水洗烧瓶数次，将洗液并入量瓶，用水稀释到刻度，混匀备用[④]。

（四）蒸馏

（1）蒸馏器的洗涤。蒸汽发生器中盛有用几滴硫酸酸化的蒸馏水。关闭皮管夹，将蒸汽发生器中的水烧开，让蒸汽通过整个仪器。约 15 min 后，在冷凝器下端放一个盛有 5 mL 2% 硼酸溶液和 1 ~2 滴指示剂混合液的锥形瓶。位置倾斜如图 1－2－1 所示，冷凝器下端完全浸没在液体中，继续蒸汽洗涤 1 ~ 2 min，观察锥形瓶内的溶液是否变色，如不变色则证明蒸馏装置内部已洗涤干净。向下移动锥形瓶，使硼酸液面离开冷凝管口约 1 cm，继续通蒸汽 1 min。用水冲洗冷凝管口后，用手捏紧橡皮管。此时由于反应室外层蒸汽冷缩，压力减小，反应室内凝结的水可自动吸出，进入反应室外层。最后打开皮管夹，将废水排出。

（2）蒸馏操作。取 50 mL 锥形瓶数个，各加 5 mL 硼酸和 1 ~ 2 滴指示剂，溶液呈紫色，用表面皿覆盖备用。

用吸管取 10 mL 消化液，细心地由蒸馏器小玻璃杯注入反应室，塞紧棒状玻璃塞。将一个含有硼酸和指示剂的锥形瓶放在冷凝器下，使冷凝器下端浸没在液体内。

用量筒取 30% 的氢氧化钠溶液 10 mL 放入小玻璃杯，轻提棒状玻璃塞使之流入反应室（为了防止冷凝管倒吸，液体流入反应室必须缓慢）。尚未完全流入时，将玻璃塞盖紧，向玻璃杯中加入蒸馏水约 5 mL，再轻提玻璃塞，使一半蒸馏水慢慢流入反应室，另一半留在玻璃杯中作水封。加热蒸汽发生器，沸腾后夹紧皮管夹，开始蒸馏。此时锥形瓶中的酸溶液由紫色变成绿色。自变色时起计时，蒸馏 3 ~ 5 min。移动锥形瓶，使硼酸液面离开冷凝管约 1 cm，并用少量蒸馏水洗涤冷凝管口外面。继续蒸馏 1 min，移开锥形瓶，用表面皿覆盖锥形瓶。

蒸馏完毕后，须将反应室洗涤干净，在小玻璃杯中倒入蒸馏水，待蒸汽很足、反应室外层温度很高时，一手轻提棒状玻璃塞使冷水流入反应室，同时立即用另一只手捏紧橡皮管，则反应室外层内蒸汽冷缩，可将反应室中残液自动吸出，再用蒸馏水自玻璃杯倒入反应室，重复上述操作。如此冲洗几次后，将皮管夹打开，将反应室外层中废液排出。再继续下一个蒸馏操作。

待样品和空白消化液均蒸馏完毕后，同时进行滴定。

（3）滴定。全部蒸馏完毕后，用标准盐酸溶液滴定各锥形瓶中收集的氨量，硼酸指示剂溶液由绿色变成淡紫色为滴定终点。

（4）计算。

$$\text{总氮量} = \frac{C(V_1 - V_2) \times \frac{14}{1000} \times 100}{W} \times \frac{\text{消化液总量(mL)}}{\text{测定时消化液总量(mL)}} \times 100\%$$

式中 C——标准盐酸溶液摩尔浓度；

V_1——滴定样品用去的盐酸溶液平均毫升数；

V_2——滴定空白消化液用去的盐酸溶液平均毫升数；

W——样品质量（g）；

14——氮的相对原子质量。

若测定的样品含氮量部分只是蛋白质，则，

$$\text{样品中蛋白质含量(\%)} = \text{总氮量} \times 6.25$$

若样品中除有蛋白质外，尚有其他含氮物质，则需向样品中加入三氯乙酸，然后测定未加三氯乙酸的样品及加入三氯乙酸后样品上清液中的含氮量，得出非蛋白氮及总氮量，从而计算出蛋白氮，再进一步算出蛋白质含量。

$$\text{蛋白氮} = \text{总氮} - \text{非蛋白氮}$$

$$\text{蛋白质含量(\%)} = \text{蛋白氮} \times 6.25$$

思考题

1. 何谓消化？如何判断消化终点？
2. 在实验中加入粉末硫酸钾—硫酸铜混合物的作用是什么？
3. 固体样品为什么要烘干？
4. 蒸馏时冷凝管下端为什么要浸没在液体中？
5. 如何证明蒸馏器是否洗涤干净？
6. 本实验应如何避免误差？

附注

① 进行实验时可让部分同学用标准面粉，部分同学用富强粉进行测定。

② 也可在“远红外消煮炉”内进行消化。

③ 并非所有样品在消化液透明时消化液作用即已完成，另外消化液的颜色亦常因样品成分的不同而异。因此，每测一种新样品时，最好先实验一下需多少时间才能使样品中的有机氮全部变成无机氮，以后即以此时间为标准。本实验至消化液呈透明淡绿色即消化完全时，需 2 ~3 h。

④ 本实验可分为两次完成，第一次进行消化，第二次进行蒸馏。

实验 3　蛋白质脱盐（透析和凝胶过滤）

Ⅰ．蛋白质的透析

实验目的

学习透析的基本原理和操作。

实验原理

蛋白质是生物大分子，它不能透过透析膜，而小分子物质可以自由透过。在分离提纯蛋白质的过程中，常利用透析的方法使蛋白质与其中夹杂的小分子物质分开。

实验器材

1. 透析管或玻璃纸
2. 烧杯
3. 玻璃棒
4. 电磁搅拌器
5. 试管及试管架
6. 离心机
7. 冰箱
8. 电炉

实验试剂

1. 1% 氯化钡溶液
2. 硫酸铵粉末
3. 1 mol/L EDTA
4. 2%　$NaHCO_3$

实验材料

1. 透析管(宽约 2.5 cm,长 12 ~ 15 cm)或玻璃纸;
2. 皮筋;
3. 鸡蛋清溶液:将新鲜鸡蛋的蛋清与水按 1 ∶ 20 混匀,然后用六层纱布过滤。

实验操作

1. 透析管(前)处理:先将一支适当大小和长度的透析管放在 1 mol/L EDTA 溶液中,煮沸 10 min,再在 2% $NaHCO_3$ 溶液中煮沸 10 min,然后在蒸馏水中煮沸 10 min 即可。
2. 加 5 mL 蛋白质溶液于离心管中,加 4 g 硫酸铵粉末,边加边搅拌,使之溶解。然后在 4 ℃下静置 20 min,出现絮状沉淀。
3. 离心:将上述絮状沉淀液以 1 000 r/min 的速度离心 20 min。
4. 装透析管:离心后倒掉上清液,加 5 mL 蒸馏水溶解沉淀物,然后小心地倒入透析管中,扎紧上口。
5. 将装好的透析管放入盛有蒸馏水的烧杯中,进行透析,并不断搅拌。
6. 每隔适当的时间(5 ~ 10 min),将氯化钡滴入烧杯的蒸馏水中,观察是否有沉淀现象。

结果处理

记录并解释实验现象。

注意事项

硫酸铵盐一定要充分溶解,才能使蛋白质沉淀下来。

思考题

在透析袋处理过程中,EDTA 和 $NaHCO_3$ 起何作用?

Ⅱ. 凝胶过滤

实验目的

学习凝胶过滤的基本操作技术,了解凝胶过滤脱盐的原理和应用。

实验原理

凝胶过滤的主要装置是填充有凝胶颗粒的层析柱。目前使用较多的凝胶是交联葡聚糖凝胶(Sephadex)。这种高分子材料具有一定孔径的网状结构,高度亲水,在水溶液里吸水显著膨胀。用每克干胶吸水量(mL)的 10 倍(G 值)表示凝胶的交联度,可根据被分离物质分子的大小和工作目的,选择适合的凝胶型号,如交联度高的小号胶 Sephadex G - 25 适于脱盐。

当在凝胶柱顶加上分子大小不同的混合物并用洗脱液洗脱时,自由通透的小分子可以进入胶粒内部，而受排阻的大分子不能进入胶粒内部。二者在洗脱过程中走过的路程差别较大，大分子只能沿着胶粒之间的间隙向下流动，所经路程短，最先流出。而渗入胶粒内部的小分子受迷宫效应影响，要经过层层扩散向下流动，所经路程长，最后流出。通透性居中的分子则后于大分子而先于小分子流出。从而按由大到小的顺序实现大小分子分离。

凝胶颗粒不带电荷，不与被分离物质发生反应，因而溶质回收率接近100%。凝胶过滤的操作条件温和，适于分离不稳定的化合物，而且设备简单、分离效果好、重现性强，凝胶柱可反复使用，所以广泛使用于蛋白质等大分子的分离纯化和分子质量测定、脱盐等用途。本实验利用凝胶过滤的特点将$(NH_4)_2SO_4$同蛋白质分子分离开。

实验仪器

1. 层析柱(2 cm×15 cm)
2. 真空泵
3. 真空干燥器
4. 恒流泵
5. 核酸蛋白检测仪
6. 部分收集器
7. 记录仪

实验试剂

1. 1%氯化钡溶液
2. 硫酸铵粉末

实验材料

1. Sephadex G－25；
2. 鸡蛋清溶液：将新鲜鸡蛋的蛋清与水按1∶20混匀，然后用六层纱布过滤。

操作步骤

1. 凝胶溶胀：取5 g Sephadex G－25，加入200 mL蒸馏水充分溶胀(在室温下约需6 h或在沸水浴中溶胀2 h)。待溶胀平衡后，用虹吸法除去细小颗粒，再加入与凝胶等体积的蒸馏水，在真空干燥器中减压除气，准备装柱。

2. 装柱：将层析柱垂直固定，加入1/4柱高的蒸馏水。把处理好的凝胶用玻璃棒搅匀，然后边搅拌边倒入柱中(柱口保持排放)。最好一次装完所需的凝胶，若分次装入，需用玻璃棒轻轻搅动柱床上层凝胶，以免出现界面，影响分离效果。最后放入略小于层析柱内径的滤纸片，保护凝胶床面。

3. 平衡：继续用蒸馏水洗脱，调整流量，使胶床表面保持2 cm液层，平衡20 min。

4. 样品制备：取5 mL蛋白质溶液于离心管中，加4 g硫酸铵粉末，边加边搅拌，使之溶解。然后在4 ℃下静置20 min，出现絮状沉淀。将上述絮状沉淀液以1 000 r/min的速度离心20 min。离心后倒掉上清液，加5 mL蒸馏水溶解沉淀物，即为样品。

5. 上样：当胶床表面仅留约1 mm液层时，吸取1 mL样品，小心地注入层析柱胶床面中央，慢慢打开螺旋夹，待大部分样品进入胶床、床面上仅有1 mm液层时，用胶头滴管加入少量蒸馏水，使剩余样品进入胶层，然后用滴管小心加入3～5 cm高的洗脱液。

6. 洗脱:继续用蒸馏水洗脱,调整流速,使上下流速同步。用核酸蛋白检测仪检测,同时用部分收集器收集洗脱液。合并与峰值相对应的试管中的洗脱液,即为脱盐后的蛋白质溶液。

7. 用氯化钡溶液检测蛋白质溶液和其他各管收集液,评价脱盐效果。

结果处理

记录并解释实验现象,讨论凝胶过滤的脱盐效果。

注意事项

1. 整个操作过程中凝胶必须处于溶液中,不得暴露于空气中,否则将出现气泡和断层,应当重新装柱。

2. 加样时,应小心注入床面中央,注意切勿冲动胶床。

思考题

影响凝胶过滤脱盐效果的因素有哪些?

实验4　考马斯亮蓝 G－250 法测定蛋白质含量

实验目的

学习和掌握考马斯亮蓝 G－250 法测定蛋白质含量的原理和方法。

实验原理

考马斯亮蓝 G－250(Coomassie brilliant blue G－250)法测定蛋白质含量属于染料结合法的一种。考马斯亮蓝 G－250 在游离状态下呈红色,最大光吸收为 488 nm;它与蛋白质结合后变为青色,蛋白质—色素结合物在 595 nm 波长下有最大光吸收。其光吸收值与蛋白质含量成正比,因此可用于蛋白质的定量测定。蛋白质与考马斯亮蓝 G－250 结合,在 2 min 左右达到平衡,完成反应十分迅速;其结合物在室温下 1 h 内保持稳定。该法在 1976 年由 Bradford 建立,试剂配制简单,操作简便快捷,反应非常灵敏,灵敏度比 Lowry 法还高 4 倍,可测定微克级蛋白质含量,测定蛋白质浓度范围为 0 ~ 1 000 μg/mL,是一种常用的微量蛋白质快速测定方法。

仪器和试剂

(一) 实验材料

新鲜绿豆芽

(二) 主要仪器

分析天平、台式天平、刻度吸管、具塞试管、试管架、研钵、离心机、离心管、烧杯、量筒、微量取样器、分光光度计。

（三）试剂

（1）牛血清白蛋白标准溶液的配制：准确称取 100 mg 牛血清白蛋白，溶于 100 mL 蒸馏水中，即为 1 000 μg/mL 的原液。

（2）蛋白试剂考马斯亮蓝 G－250 的配制：称取 100 mg 考马斯亮蓝 G－250，溶于 50 mL 90% 乙醇中，加入 85%（W/V）的磷酸 100 mL，最后用蒸馏水定容到 1 000 mL。此溶液在常温下可放置一个月。

（3）乙醇（90%）。

（4）磷酸（85%）。

操作步骤

（一）标准曲线的制作

（1）0～100 μg/mL 标准曲线的制作：取 6 支 10 mL 干净的具塞试管，按表 1－4－1 取样。盖塞后，将各试管中溶液纵向倒转混合，放置 2 min 后用 1 cm 光径的比色杯在 595 nm 波长下比色，记录各管测定的光密度 OD_{595}，并制作标准曲线。

表 1－4－1　低浓度标准曲线制作

管号	1	2	3	4	5	6
1 000 μg/mL 标准蛋白液/mL	0	0.02	0.04	0.06	0.08	0.10
蒸馏水/mL	1.00	0.98	0.96	0.94	0.92	0.90
考马斯亮蓝 G－250 试剂/mL	5	5	5	5	5	5
蛋白质含量/μg	0	20	40	60	80	100
OD_{595}						

（2）0～1 000 μg/mL 标准曲线的制作：另取 6 支 10 mL 具塞试管，按表 1－4－2 取样。其余步骤同（1）操作，制作出蛋白质浓度为 0～1 000 μg/mL 的标准曲线。

表 1－4－2　高浓度标准曲线制作

管号	7	8	9	10	11	12
1 000 μg/mL 标准蛋白液/mL	0	0.2	0.4	0.6	0.8	1.0
蒸馏水/mL	1.0	0.8	0.6	0.4	0.2	0
考马斯亮蓝 G－250 试剂/mL	5	5	5	5	5	5
蛋白质含量/μg	0	200	400	600	800	1 000
OD_{595}						

（二）样品提取液中蛋白质浓度的测定

（1）待测样品的制备：称取新鲜绿豆芽下胚轴 2 g 放入研钵中，加 2 mL 蒸馏水研磨成匀浆，转移到离心管中，再用 6 mL 蒸馏水分次洗涤研钵，将洗涤液收集于同一离心管中，放置 0.5～1 h 以充分提取，然后在 4 000 r/min 的速度下离心 20 min，弃去沉淀，将上清液转入 10 mL 容量瓶中，并以蒸馏水定容至刻度，即得待测样品提取液。

(2) 测定:另取 2 支 10 mL 具塞试管,按表 1 - 4 - 3 取样。吸取提取液 0.1 mL(做一重复),放入具塞刻度试管中,加入 5 mL 考马斯亮蓝 G - 250 蛋白试剂,充分混合,放置 2 min 后用 1 cm 光径比色杯在 595 nm 下比色,记录光密度 OD_{595},并通过标准曲线查得待测样品提取液中蛋白质的含量 X(μg)。以标准曲线 1 号试管做空白。

表 1 - 4 - 3 待测液蛋白质浓度测定

管号	13	14
蛋白质待测样品提取液/mL	0.1	0.1
蒸馏水/mL	0.9	0.9
考马斯亮蓝 G - 250 蛋白试剂/mL	5	5
OD_{595}		
蛋白质含量/μg		

结果计算

$$样品蛋白质含量(\mu g/g\ 鲜重) = \frac{X \times 提取液总体积(mL)/测定时取样体积(mL)}{样品鲜重(g)}$$

式中,X 是在标准曲线上查得的蛋白质含量(μg)。

附注

1. Bradford 法由于染色方法简单迅速、干扰物质少、灵敏度高,现已广泛应用于蛋白质含量的测定。

2. 有些阳离子如 K^+、Na^+、Mg^{2+} 以及 $(NH_4)_2SO_4$、乙醇等物质不干扰此测定法,但大量的去污剂如 Triton X - 100、SDS 等严重干扰测定。

3. 蛋白质与考马斯亮蓝 G - 250 结合的反应十分迅速,在 2 min 左右反应达到平衡,其结合物在室温下 1 h 内保持稳定。因此测定时,不可放置太长时间,否则将使测定结果偏低。

思考题

制作标准曲线及测定样品时,为什么要将各试管中溶液纵向倒转混合?

实验 5 Folin - 酚法测定蛋白质含量

实验目的

掌握 Folin - 酚法测定蛋白质含量的原理方法,熟悉分光光度计的操作。

实验原理

Folin - 酚法测定蛋白质含量的过程包括两步:第一步是在碱性条件下蛋白质与 Cu^{2+} 作

用生成络合物，第二步是此络合物还原 Folin 试剂（磷钼酸和磷钨酸试剂），生成深蓝色的化合物，其颜色深浅与蛋白质的含量成正比。该方法灵敏度高于双缩脲法 100 倍。硫酸铵、甘氨酸、还原剂如二硫苏糖醇（DTT）、巯基乙醇等会干扰此反应。

仪器与试剂

（一）仪器

（1）分光光度计；（2）水浴装置；（3）试管；（4）具塞试管 8 支；（5）小烧杯 2 支；（6）漏斗及架；（7）分析天平；（8）吸管：0.5 mL × 1，1 mL × 2，5 mL × 1；（9）容量瓶：100 mL × 2，10 mL × 1；（10）滤纸、玻璃棒等；（11）研钵；（12）离心机、离心管。

（二）试剂

（1）0.5 mol/L NaOH。

（2）试剂甲：

（A）称取 10 g Na_2CO_3、2 g NaOH 和 0.25 g 酒石酸钾钠，溶解后用蒸馏水定容至 500 mL。

（B）0.5 g 硫酸铜（$CuSO_4 \cdot 5H_2O$）溶解后，用蒸馏水定容至 100 mL。

每次使用前将（A）液 50 份与（B）液 1 份混合，即为试剂甲。此混合液的有效期只有 1 天，过期失效。

（3）试剂乙：在 1.5 L 容积的磨口回流器中加入 100 g 钨酸钠（$Na_2WO_4 \cdot 2H_2O$）、25 g 钼酸钠（$Na_2MoO_4 \cdot 2H_2O$）及 700 mL 蒸馏水，再加 50 mL 85% 磷酸、100 mL 浓盐酸充分混合，接上回流冷凝管，以小火回流 10 h。回流结束后，加入 150 g 硫酸锂、50 mL 蒸馏水和数滴液体溴，开口继续沸腾 15 min，驱除过量的溴，冷却后溶液呈黄色（若仍呈绿色，须再重复滴加液体溴数滴，继续沸腾 15 min）。然后稀释至 1 L，过滤，滤液置于棕色试剂瓶中保存。使用时大约加水 1 倍，使最终浓度相当于 1 mol/L。

（三）材料

绿豆芽或鸡蛋（或其他植物材料）。

操作步骤

（一）标准曲线的绘制

（1）配制标准牛血清白蛋白溶液：在分析天平上精确称取 0.025 g 结晶牛血清白蛋白，倒至小烧杯内，加少量蒸馏水溶解后转入 100 mL 容量瓶中，烧杯内的残液用少量蒸馏水冲洗数次，冲洗液一并倒入容量瓶内，最后用蒸馏水定容至刻度，配制成标准蛋白质溶液，其中牛血清白蛋白的浓度为 250 μg/mL。

（2）系列标准牛血清白蛋白溶液的配制：取具塞试管 6 支，按表 1 – 5 – 1 加入牛血清白蛋白标准溶液及蒸馏水。然后各管加入试剂甲 5 mL，混合后在室温下放置 10 min，再加 0.5 mL 试剂乙，立即混合均匀（这一步速度要快，否则会使显色程度减弱）。30 min 后，以不含蛋白质的 1 号试管为对照，用分光光度计于 500 nm 波长下测定各试管中溶液的吸光度。记录各试管内溶液的吸光度。

表 1-5-1　牛血清白蛋白标准曲线制作

试剂	管号					
	1	2	3	4	5	6
250 μg/mL 牛血清白蛋白/mL	0	0.2	0.4	0.6	0.8	1.0
H_2O/mL	1.0	0.8	0.6	0.4	0.2	0
蛋白质含量/μg	0	50	100	150	200	250

（3）标准曲线的绘制：以吸光度为纵坐标，以牛血清白蛋白含量（μg）为横坐标，绘制标准曲线。

（二）样品测定

（1）称取绿豆芽下胚轴 1 g 于研钵中，加蒸馏水 2 mL，研磨匀浆。将匀浆转入离心管。用 6 mL 蒸馏水分次洗涤研钵，并入离心管。以 4 000 r/min 的速度离心 20 min，弃去沉淀，将上清液转入容量瓶，定容至 10 mL。

（2）取具塞试管 2 支，各加入上清液 1 mL、试剂甲 5 mL，混匀后放置 10 min，然后加试剂乙 0.5 mL，迅速混匀，室温下放置 30 min，于 500 nm 波长下比色，记录吸光值。

（3）或者取两支试管，各加入稀释 1 000 倍的卵清溶液 1 mL，之后的操作与标准曲线制作方法完全一样，根据样品中的光密度便可以从标准曲线上查得此稀释液的蛋白质浓度。

结果处理

从标准曲线上查出测定液中蛋白质的含量 X（μg），然后计算样品中蛋白质的百分含量。

$$\text{样品中蛋白质含量}(\%) = \frac{X(\mu g) \times \text{稀释倍数} \times 100}{\text{样品重}(g) \times 10^6}$$

注意事项

Folin 试剂（试剂乙）在碱性条件下不稳定，但此实验中的反应在 pH 值为 10 时发生。因此在 Folin 试剂反应时应立即混匀，否则会使显色程度减弱。

本法也可用于测定游离酪氨酸和色氨酸。

思考题

Folin－酚法测定蛋白质含量的原理是什么？

实验 6　蛋白质浓度测定——双缩脲法

实验目的

学习双缩脲法测定蛋白质的原理和方法。

实验原理

具有两个或两个以上肽键的化合物皆有双缩脲反应，因此蛋白质在碱性溶液中也能与 Cu^{2+} 形成紫色络合物，颜色深浅与蛋白质浓度成正比，故可用双缩脲法来测定蛋白质的浓度。

试剂和器材

（一）测试样品

（1）标准蛋白溶液。

10 mg/mL 牛血清蛋白溶液或相同浓度的酪蛋白溶液（用 0.05 mol/L 氢氧化钠溶液配制）。作为标准用的蛋白质要预先用微量凯氏定氮法测定蛋白氮含量，根据其纯度称量，配制成标准溶液。

（2）测试样品液。

人（鸭）血清（稀释 10 倍）。测试其他蛋白样品应稀释适当倍数，使其浓度在标准曲线测试范围内。

（二）试剂

双缩脲试剂，见附录。

（三）器材

试管、试管架、恒温水浴、722 型分光光度计。

操作方法

（一）标准曲线的绘制

取 12 支干试管分成两组，按表 1-6-1 进行操作。

表 1-6-1　标准曲线制作

管号	0	1	2	3	4	5
标准蛋白液/mL						1.0
蛋白浓度/($mg \cdot mL^{-1}$)		2.0	4.0	6.0	8.0	10.0
蒸馏水/mL	1.0	0.8	0.6	0.4	0.2	0
双缩脲试剂/mL	4.0	4.0	4.0	4.0	4.0	
充分混匀后，室温下（20 ℃ ~25 ℃）放置 30 min						
A_{540}						

取两组测定的 A_{540} 值的平面值，即以 A_{540} 为纵坐标，蛋白质浓度为横坐标，绘制标准曲线。

（二）样品测定

取 4 支试管分成两组，按表 1-6-2 进行操作。

表 1-6-2　样品加样表

管号	0	1
血清稀释液/mL		
蒸馏水/mL		
双缩脲试剂/mL		
充分混匀后，室温下（20 ℃～25 ℃）放置 30 min		
A_{540}		

（三）计算

取两组测定的平均值计算。

$$血清样品蛋白质含量(g/100\ mL\ 血清) = \frac{Y \times N}{V} \times 10^{-3} \times 100\%$$

$$固体样品蛋白质的含量(\%) = \frac{Y \times N}{c} \times 100\%$$

式中　Y——标准曲线查得蛋白质的浓度（mg/mL）；

N——稀释倍数；

V——血清样品所取的体积（mL）；

c——样品原浓度（mg/mL）。

注意事项

（1）本实验方法测定范围为 1～10 mg 蛋白质。

（2）须于显色后 30 min 内比色测定。30 min 后，可有雾状沉淀产生。各管由显色到比色的时间应尽可能一致。

（3）有大量脂肪性物质同时存在时，会产生混浊的反应混合物，这时可用乙醇或石油醚使溶液澄清后离心，取上清液再测定。

思考题

干扰本实验的因素有哪些？

实验 7　紫外吸收法测定蛋白质含量

实验目的

学习用紫外吸收法测定蛋白质含量的方法。

实验原理

蛋白质分子中的酪氨酸、色氨酸和苯丙氨酸残基在 280 nm 波长下对紫外光具有最大吸收值。由于各种蛋白质中都含有酪氨酸，因此 280 nm 的吸光度是蛋白质的一种普遍性质。

在一定程度上，蛋白质溶液在 280 nm 吸光度与其浓度成正比，可用作蛋白质定量测定。核酸在紫外区也有强吸收，可通过校正消除。该方法的优点是定量过程中无试剂加入，蛋白可回收。

仪器和试剂

（一）仪器

（1）紫外分光光度计；（2）离心机；（3）天平；（4）研钵；（5）容量瓶：50 mL ×4；（6）刻度吸管：1 mL ×2；（7）定量加液器：2 个。

（二）试剂

（1）30% NaOH：称取 NaOH 30 g 溶于适量水中，定容至 100 mL，置具有橡皮塞的试剂瓶中备用。

（2）60% 碱性乙醇：称取 NaOH 2 g，溶于少量 60% 乙醇中，然后用 60% 乙醇定容至 1 000 mL。

操作步骤

（一）提取小麦种子蛋白

称取粉碎过 40 号筛的小麦样品 0. 5 g，置研钵中，加少量石英砂和 2. 0 mL 30% NaOH，研磨 2 min，再加 3 mL 60% 碱性乙醇，研磨 5 min。然后用 60% 碱性乙醇将研磨好的样品无损地洗入 25 mL 容量瓶中，用 60% 碱性乙醇稀释并定容，摇匀后即可比色。

在做样品的同时，做空白，比色时以空白调零。

（二）比色

在紫外分光光度计上，于 280 nm 和 260 nm 波长下分别测其吸光度，然后根据下式进行计算。

$$\text{蛋白质含量}(\mu g/mL) = (1.45A_{280} - 0.74A_{260}) \times \text{稀释倍数}$$

式中　A_{280}——蛋白质溶液在 280 nm 处测得的吸光度；

A_{260}——蛋白质溶液在 260 nm 处测得的吸光度。

注意事项

不同蛋白质酪氨酸的含量有所差异，蛋白溶液中存在核酸或核苷酸时会影响紫外吸收法测定蛋白质含量的准确性，尽管利用上述公式进行了校正，但由于不同样品中干扰成分差异较大，致使 280 nm 紫外吸收法的准确性稍差。

思考题

1. 紫外吸收法测定蛋白质含量的原理是什么？

2. 比较紫外吸收法、双缩脲法、Folin－酚法、考马斯亮蓝 G－250 法测定蛋白质含量的优缺点。

实验 8　大豆蛋白的提取及浓度测定

实验目的

1. 掌握大豆蛋白提取的原理和方法。
2. 学习 Folin－酚法测定蛋白质含量的原理及方法。
3. 制作标准曲线,测定未知样品中蛋白质含量。
4. 学习计算蛋白质收率。

实验原理

榨油工业的副产品——豆粕中含有丰富的蛋白质,依其性质的不同,可分为水溶蛋白、盐溶蛋白、碱溶蛋白、醇溶蛋白。将豆粕依次用上述溶剂提取,并用有机溶剂沉淀,可制得各部分蛋白质的干粉。

Folin－酚试剂由甲试剂和乙试剂组成。甲试剂由碳酸钠、氢氧化钠、硫酸铜及酒石酸钾钠组成。蛋白质中的肽键在碱性条件下,与酒石酸钾钠铜盐溶液起作用,生成紫红色络合物。乙试剂由磷钼酸和磷钨酸、硫酸、溴等组成。此试剂在碱性条件下,易被蛋白质中酪氨酸的酚基还原而呈蓝色,其色泽深浅与蛋白质含量成正比。此法也适用于测定酪氨酸、色氨酸含量。

用 Folin－酚法可测出蛋白制品的含量,已知原料的重量,可以求出蛋白质的收率。

本法可测定范围是 25～250 μg 蛋白质。

试剂和器材

(一) 试剂

(1) 标准蛋白质溶液。

结晶牛血清清蛋白或酪蛋白,预先经微量凯氏定氮法测定蛋白氮的含量,根据其纯度配制成 150 μg/mL 蛋白溶液。

(2) Folin－酚试剂(见 Folin－酚法测蛋白质)

(3) 其他试剂。

①10% NaCl;②0.2% NaOH;③75% 乙醇;④丙酮;⑤6 mol/L HCl;⑥蒸馏水。

(4)测试样品。使用前稀释 100 倍。

(二) 器材

试管及试管架,0.5 mL、1 mL 及 5 mL 吸量管,恒温水浴,722 型分光光度计,电动搅拌器,离心机,烧瓶,水泵,吸滤瓶,pH 试纸,研钵。

操作方法

(一) 大豆蛋白的提取

1. 将豆粕掰成小块,用研钵磨碎。

2. 水的抽提。将磨碎的豆粕 20 g 用 5 ~ 6 倍的蒸馏水浸泡，调 pH 值为 7.0，在 10 ℃下搅拌抽提 15 min，离心 15 min（3 500 r/min），取上清液，若上清液不清澈再经吸滤（沉淀留下步抽提）。上清液加入等体积的在冰箱中预冷的丙酮，用 6 mol/L HCl 调 pH 值至 4.5 ~ 5.0，以 3 000 r/min 的离心速度离心 15 min，收集沉淀物，反复用丙酮洗涤，得到粉末状蛋白质干粉，待用。

3. 水抽提后的沉淀依次用 10% NaCl、0.2% 的 NaOH 以及 75% 的乙醇用蒸馏水抽提法进行抽提，得到的干粉备用。

4. 用水、盐、碱、醇抽提得到上清液，可用 Folin – 酚法测定蛋白质浓度，计算出各部分蛋白质占总蛋白的百分数。

5. 得到的蛋白质干粉，用 6 mol/L 的 HCl 或 4 mol/L 的 H_2SO_4 在 105 ℃ ~ 110 ℃条件下进行水解，反应时间约 20 h。然后用双向纸层析分析氨基酸组成，也可用 SDS – PAGE 测定分子量。

（二）制作 Folin – 酚法标准曲线

取 14 支试管，分两组按表 1 – 8 – 1 进行操作。

表 1 – 8 – 1　Folin – 酚法标准曲线的制作

试管编号	1	2	3	4	5	6	7
标准蛋白溶液/mL	0	0.1	0.2	0.4	0.6	0.8	1.0
蒸馏水/mL	1.0	0.9	0.8	0.6	0.4	0.2	0
Folin – 酚甲试剂/mL	5.0	5.0	5.0	5.0	5.0	5.0	5.0
混匀，于 20 ℃ ~25 ℃放置 10 min							
Folin – 酚乙试剂/mL	0.5	0.5	0.5	0.5	0.5	0.5	0.5
迅速混匀，于 30 ℃（或室温 20 ℃ ~25 ℃）水浴保温 30min，以蒸馏水为空白，在 640 nm 波长下比色							
A_{640}							

由于这种呈色化合物的组成尚未确立，它在可见光红光区呈现较宽吸收峰区。不同书籍选用不同的波长，有选用 500 nm 或 540 nm，有选用 660 nm、700 nm 或 750 nm。选用较高波长，样品呈现较大的光吸收。本实验选用波长 640 nm。

绘制标准曲线：以 A_{640} 值为纵坐标，标准蛋白含量为横坐标，在坐标纸上绘制标准曲线。

（三）测定未知样品蛋白质浓度

取 4 支试管，分 2 组，按表 1 – 8 – 2 进行操作。

表 1-8-2　未知样品蛋白质浓度的测定

试管	空白管×2	样品管×2
样品稀释液/mL	0	0.2
蒸馏水/mL	1.0	0.8
Folin-酚甲试剂/mL	5.0	5.0
混匀,于 20 ℃~25 ℃放置 10 min		
Folin-酚乙试剂/mL	0.5	0.5
迅速混匀,于 30 ℃(或室温 20 ℃~25 ℃)水浴保温 30 min,以蒸馏水为空白,在 640 nm 处比色		
A_{640}		

(四)计算

$$\text{蛋白质(g)/100mL 样品} = \frac{A_{640}\text{值对应标准曲线蛋白质浓度} \times 10^{-6}}{\text{测定时用稀释样品毫升数}} \times \text{稀释倍数} \times 100$$

$$\text{蛋白质含量} = \frac{\text{蛋白质产物产量}}{\text{原料总质量}} \times 100\%$$

注意事项

1. Folin-酚乙试剂在酸性条件下较稳定,而 Folin-酚甲试剂是在碱性条件下与蛋白质作用生成碱性的铜—蛋白质溶液。加入 Folin-酚乙试剂后,应迅速摇匀(加一管摇一管),使还原反应产生在磷钼酸—磷钨酸试剂被破坏之前。

2. 样品稀释的倍数应使蛋白质含量在标准曲线范围之内,若超过此范围则需将样品酌情稀释。

思考题

1. Folin-酚法测定蛋白质的原理是什么?
2. 有哪些因素可干扰 Folin-酚测定蛋白含量?
3. 作为标准蛋白的牛血清清蛋白或酪蛋白在应用时有何要求?

实验 9　SDS-聚丙烯酰胺凝胶电泳(PAGE)

实验原理

聚丙烯酰胺凝胶分为原性凝胶和变性凝胶两种。所谓原性凝胶,即凝胶中不加入变性剂。在这种凝胶中,蛋白质的迁移率受它的静电荷与分子大小两个因素影响。分子量不同,而带静电荷相同,可有相同的迁移率。因此在原性凝胶中进行电泳是不能测得分子量的。所谓变性凝胶,即在凝胶中加入变性剂,如尿素、SDS(十二烷基磺酸钠)、巯基乙醇苏二硫、糖醇等。这些变性剂可以破坏或改变蛋白质的结构,把绝大部分蛋白质分离成亚基,同时使蛋白质分子周围包围大量负电荷。这种电荷基本上掩盖了无变性剂存在时蛋白质分子本身所带的电荷。蛋白质在这种变性凝胶中的迁移率与它们分子量的对数呈线性关系。因此利用变性凝胶进行电泳可以测得蛋白质的分子量。目前应用较多的变性剂为 SDS。

SDS(sodium dodecyl sulfate),化学式为 $H_{25}C_{12}NaSO_4$,摩尔质量为 288.38 g/mol,是一种很强的阴离子表面活性剂。SDS 能破坏蛋白质分子间的结构(尤其是在强还原剂如巯基乙醇的作用下,能使蛋白质分子内的二硫键还原打开),并以其疏水基和蛋白质分子的疏水区相结合,形成牢固的带负电荷的蛋白质 - SDS 复合物。在一定条件下,SDS 与大多数蛋白质的结合比为 1.4∶1。所引入的净电荷大约为蛋白质本身的净电荷的 10 倍,使得复合物所带电荷远超过蛋白质原有的净电荷,从而清除或大大降低了因不同蛋白质之间所带的净电荷不同而对电泳迁移率产生的影响。

SDS 与蛋白质结合后,还引起了蛋白质构象的改变。蛋白质 - SDS 复合物的流体力学和光学性质表明,它们在水溶液中的形状,是近似于雪茄烟形的长椭圆棒,不同蛋白质的 SDS 复合物的短轴长度都一样,约为 10 A,而长轴则与蛋白质的分子量呈正比地变化。

在凝胶电泳中蛋白质 - SDS 复合物的迁移率,不再受蛋白质原有电荷和形状的影响,只是蛋白质分子量的函数。

药品及试剂

(一) 器材

垂直板电泳槽、直流稳压电源、吸量管(1 mL、5 mL、10 mL)、烧杯(25 mL、50 mL、100 mL)、细长头的滴管、1 mL 注射器及 6 号长针头、微量注射器(10 μL 或 50 μL)、真空干燥器、培养皿(直径 120 mm)。

(二) 药品

丙烯酰胺、甲叉双丙烯酰胺、Tris、HCl、SDS、EDTA·2Na、过硫酸铵、丙烯酰胺、考马斯亮蓝 R-250、巯基乙醇、蔗糖、溴酚蓝、甲醇、冰乙酸、甘氨酸。

(三) 溶液配制

(1) 制备凝胶所需的溶液(表 1-9-1)。

表 1-9-1　制备凝胶所需溶液

溶液号	每 100 mL 溶液中的组分	备注
1	丙烯酰胺 30 g 甲叉双丙烯酰胺 0.15 g	过滤后,贮棕色瓶 4 ℃保存
2	Tris　42.39% 加 HCl 调至 pH 8.8	
3	SDS　10 g	40 ℃时溶解,在 15 ℃以下难溶
4	EDTA·2Na　8.16 g	搅拌微热溶解
5	过硫酸铵 7.5 g	现用现配
6	丙烯酰胺　30 g 甲叉双丙烯酰胺　1.5 g	去沉淀,贮棕色瓶 4 ℃保存
7	Tris　15.1 g 加 HCl 调至 pH 6.8	

市售化学纯 SDS 需重结晶后使用。方法:将 20 g SDS 放入 500 mL 烧瓶中,加约半牛角匙活性炭与 300 mL 无水乙醇,搅拌,摇匀。烧瓶上接一个冷凝管,在水浴中加热至乙醇微沸,回流约 10 min,热过滤,滤液冷至室温后,移至 -20 ℃冰箱过夜。次日,收集结晶,真空干燥或 40 ℃以下烘干。

(2) 蛋白质样品处理液:0.5 mol/L pH 6.8 的 Tris - HCl 缓冲液 6 mL;SDS(纯化的)1 g;巯基乙醇 0.5 mL;蔗糖 20 g;溴酚蓝 0.005 g,加蒸馏水稀释至 50 mL。

(3) 电极缓冲液:1 mol/L Tris 25 mL;1.9 mol/L 甘氨酸 100 mL;10% SDS 5 mL;0.2 mol/L EDTA · 2Na 5 mL,加蒸馏水稀释至 500 mL。

(4) 染色液:考马斯亮蓝 R - 250 0.25 g;甲醇 45 mL;冰乙酸 9 mL,加蒸馏水至 100 mL。

(5) 脱色液:甲醇 50 mL;冰乙酸 75 mL,加蒸馏水至 1 000 mL。

操作步骤

(一) 安装垂直板电泳槽

(1) 安装冷凝水水管。

(2) 将长、短玻璃板洗净,在封条两侧均匀涂抹凡士林,将封条粘贴在短板两侧,下沿与短板下沿对齐,将长板压在封条上,下沿对齐,轻轻按紧,制成凝胶模(图 1-9-1)。注意不要用手接触灌胶面的玻璃。

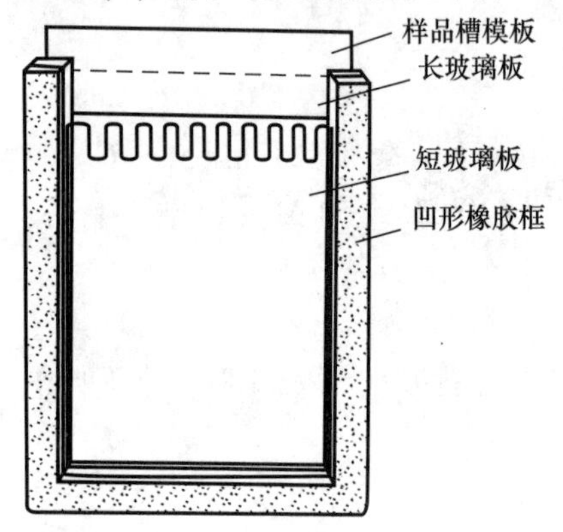

图 1-9-1 凝胶模示意图

(3) 将凝胶模夹到贮槽中,短玻璃板应面对上贮槽,长玻璃板应面对下贮槽。

(4) 充分融化 1% 琼脂糖溶液 10 mL,用滴管吸取少量,灌入凝胶模板底部(长玻璃板外侧,下沿凹形小槽内),液面高度为 0.5 ~ 1.0 cm,待琼脂糖凝固后,堵住凝胶模下面的窄缝(通电时又可作为盐桥)。

(5) 向凝胶模中加入蒸馏水至离短板上沿 2 cm 试漏,没有水漏出的为合格,有水漏出的需重新做凝胶模。

(二) 制备凝胶板

(1) 分离胶的制备(表 1-9-2)。

表 1-9-2 分离胶的配制比例(总量 30 mL) 单位:mL

溶液号码	分离胶的浓度				
	10%	12%	16%	18%	20%
1	10	12	16	18	20
2	3	3	3	3	3
H_2O	16	14	10	8	6
3	0.3	0.3	0.3	0.3	0.3
4	0.3	0.3	0.3	0.3	0.3
TEMED	0.03	0.03	0.03	0.03	0.03
5	0.25	0.25	0.25	0.25	0.25

根据所需胶浓度，按上表配制分离胶溶液，真空抽气 10 min，将凝胶溶液用胶头滴管小心注入长、短玻璃板间的狭缝内（胶高度距样品模板梳齿下缘约 1 cm），在凝胶表面沿短玻璃板边缘轻轻加一层水以隔绝空气，并使胶面平整。30 ~ 60 min 凝胶完全聚合后，可看到水与凝固的胶面有折射率不同的界限，用滤纸吸去多余的水。

（2）浓缩胶的制备（表 1 – 9 – 3）。

表 1 – 9 – 3　浓缩胶的配制比例（25 mL）

溶液号码	所需溶液/mL	溶液号码	所需溶液/mL
6	2.5	4	0.25
7	2.5	TEMED	0.06
H_2O	19.2	5	0.2
8	0.25		

按上表配制浓缩胶，用滴管将凝胶溶液注入长、短玻璃板间的狭缝内（分离胶上方），轻轻加入样品模板梳，约 30 min 后，聚合完全后，轻轻取出样品模板梳，向上、下贮槽中加入电极缓冲液，使液面没过短玻璃板约 0.5 cm。

（三）加样

用微量注射器取样品溶液 5 ~ 10 μL，小心地加入到凝胶凹形样品槽底部，因样品比重大于电极缓冲液，因此样品液自动沉降在胶面上平铺成一层。

（四）电泳

接通冷凝水，不要移动电泳槽（防引起样品漂流），接通电源，先将电流调到 20 mA，待指示剂在浓缩胶与分离胶的界面处形成一条直线时，将电流调整到 50 mA 进行电泳。当染料条带距胶板前沿 1 cm 时，停止电泳。

（五）卸板

将胶板从电泳槽上卸下，平放在实验台上，用压舌板在两块玻璃板的一角轻轻一撬，揭去上面长型玻璃板。用刀片在胶板一端切除一角作为标记，用吸管吸取去离子水将凝胶从短型玻璃板上剥离，慢慢地把胶板冲入白瓷盘或大培养皿内，即可进行染色与固定。

（六）固定、染色和脱色

向白瓷盘或大培养皿内加入染色液，浸泡胶片，在脱色摇床上轻轻振荡 1 h。倒出染色液，用蒸馏水漂洗胶片两次，加入脱色液，在脱色摇床上振荡脱色至看到清晰条带。

思考题

1. 试分析胶片未凝的原因。

2. 试分析电泳以后未能检测出样品的可能原因。

3. 在不连续体系 SDS – PAGE 中，分离胶与浓缩胶中均含有 TEMED 及过硫酸铵 AP，试述这两种物质的作用。

4. 简述 SDS – PAGE 中，上样量的多少对实验结果将产生什么影响？

5. 在不连续体系 SDS – PAGE 中，当分离胶加完后，需在其上面加一层去离子水，为什么？

6. 简述 SDS－PAGE 测定蛋白分子量的原理。

7. 做好本实验的关键是什么?

实验 10　SDS－聚丙烯酰胺凝胶电泳(银染色法)

实验目的

1. 通过实验了解蛋白质凝胶电泳银染色法的原理。

2. 进一步熟悉 SDS－PAGE 操作,掌握银染色法的实验技术。

实验原理

自 1979 年 Switzer 等人提出银染色法后,又经许多学者不断改进,发现银染色法较考马斯亮蓝 R－250 灵敏 100 倍,但染色原理尚不十分清楚,可能与摄影过程中银离子的还原相似,也可能银离子对蛋白质分子中氨基酸具有较高的亲和力,从而使蛋白质染成黑色谱带。

试剂与器材

(一) 试剂

1. 牛血清白蛋白(经微量凯氏定氮法测定蛋白含量)溶液:准确称量牛血清白蛋白 0.5 mg,溶于连续系统 SDS－PAGE 样品溶解液 2.5 mL 中。

2. 0.05% 考马斯亮蓝 R－250 染色液:内含 20% 磺基水杨酸。

3. 固定液:20% 三氯乙酸及 1% 戊二醛各 200 mL。

4. 氨银染色液:此液应临用前配制,取 0.1 mol/L NaOH 20 mL、浓氨水 1.4 mL,混合摇匀得混合液,取 4 mL 19.4% 硝酸银溶液慢慢滴入混合液中,边滴加边摇动器皿,全部滴完后用重蒸馏水定容到 200 mL。

5 显色液:此液应临用前配制,取 40% 甲醛 50 μL 和 1% 柠檬酸 0.5 mL,混匀后加重蒸馏水定容至 250 mL。

6. 脱色液:

(1) 称 NaCl 37 g、$CuSO_4 \cdot H_2O$ 37 g,加重蒸馏水 850 mL,滴加浓氨水至溶液呈澄清的深蓝色,定容至 1 000 mL。

(2) 称硫代硫酸钠 21.8 g,加重蒸馏水至 100 mL,4 ℃贮存。

使用前将(1)和(2)等量混合后稀释 30 倍。

(二) 器材

夹心式垂直板电泳槽[凝胶模(135 mm × 100 mm × 1.0 mm)]、直流稳压电泳仪(300 ~ 600 V,50 ~ 100 mA)、微量注射器、大培养皿(ϕ18 cm)。

操作方法

(一) 仪器安装

配制连续 SDS－PAGE 10% PAA,制胶后,加入含 0.1% SDS 的 pH 值为 7.2 的 0.1 mol/L

磷酸盐电极缓冲液。

（二）加样

加样量分别为2.5 μL、5 μL、8 μL、10 μL。每一量级的样品按上列顺序加入相应的样品凹槽内。

（三）电泳条件

开始时30 mA，样品进胶后改为50～60 mA。电泳结束后，取出凝胶板，从中切成两块，分别进行考马斯亮蓝R－250及银染色。

（四）染色操作

1. 考马斯亮蓝染色方法：见本章实验4。

2. 银染色法：

（1）固定与浸泡。电泳后的凝胶板置于大培养皿中，加入20%三氯乙酸浸泡胶片，浸泡8 h以上。

（2）戊二醛处理。吸去三氯乙酸溶液（回收可重复使用数次），用150 mL蒸馏水冲洗凝胶板，弃去洗涤液，再加150 mL蒸馏水并充分摇动20 min，弃去洗涤液。重复上述漂洗步骤3次，加入1%戊二醛150 mL，摇动4 h以上（增加戊二醛浓度可缩短处理时间）。

（3）染色。弃去戊二醛溶液，用蒸馏水冲洗凝胶表面，再加蒸馏水荡洗3次，每次10 min，弃去荡洗液后，加入氨银染色液100 mL（染一块胶板），摇动0.5 h。

（4）显色。弃去氨银溶液，加蒸馏水150 mL荡洗凝胶表面3～5 min，弃去荡洗液，加入显色液100 mL，不断摇动，密切观察显色情况，至显色条带清晰需5～10 min。迅速将凝胶片转移至另一培养皿中，用蒸馏水充分洗涤两次以终止显色。

（5）褪色。如显色过深，可用脱色液适当褪色。将终止显色的凝胶片放入含脱色液的培养皿中，不断摇动，直至底色脱去、蛋白染色条带清晰，再用蒸馏水冲洗数次，以终止脱色。

（6）结果。不同用量的牛血清清蛋白经连续SDS－PAGE，凝胶板分别用考马斯亮蓝R－250及氨银染色。可通过染色条带深浅，比较这两种染色法的灵敏度。

注意事项

（1）银染色法极其灵敏，着色的快慢及染色深浅与各步骤中所用的溶液的浓度及显色时间有关，而各步骤所需的时间又受温度、凝胶浓度及其厚度的影响。本法适用1mm厚的10% PAA凝胶板的染色，在室温（25 ℃～30 ℃）条件下操作。

（2）银染色法受多种因素干扰，造成底色过深或假象，因此，各种试剂及蒸馏水应确保纯净。所用的器皿应充分洗净，用于制备凝胶板的玻璃应在含铬酸的洗液中浸泡4 h以上，再用自来水反复冲洗数次，最后用蒸馏水冲洗数次，自然晒干后使用。

（3）染色过程中，应避免用手接触凝胶板。转移凝胶板时，应用塑料板或戴乳胶手套操作。

（4）用三氯乙酸、戊二醛固定处理凝胶板的时间不应少于4 h，然而，延长这两步的时间，对染色效果无不良影响，也不需延长洗涤时间或增加洗涤次数。

(5) 用氨银染色液处理后,洗涤时间不宜过长,一般 5 min 足够,时间过长会降低染色灵敏度。

思考题

1. 氨基黑 10B、考马斯亮蓝 R-250 和银染色法对蛋白质染色原理有何不同?
2. 银染色法的主要优点是什么?

实验 11　动物细胞蛋白质的提取和含量测定

实验原理

1. 一般动物细胞膜比较脆弱,易于破碎,本实验将研磨与超声波法相结合,可较容易地将细胞完全破碎,破碎细胞的方法还有冻融法和组织捣碎法等。

2. 选择适当的抽提液是蛋白质提取的关键,抽提液的 pH 值通常根据目的蛋白的等电点来确定,一般要偏离等电点。合适的离子强度的盐溶液有促进蛋白质溶解的作用,但离子强度过高可能造成蛋白质的盐析。

3. 蛋白质提取中最常见的问题是目的蛋白质发生变性和被蛋白酶降解,基本的防范措施是在尽可能低的温度下进行提取并尽可能缩短提取时间。为了防止蛋白酶的破坏(肝脏组织中蛋白酶含量较高,更应注意),可在抽提液中加入蛋白酶抑制剂,如加入苯甲磺酰氟(PMSF)可抑制丝氨酸蛋白酶和某些半胱氨酸蛋白酶,胃蛋白酶抑制剂可抑制酸性蛋白酶,乙二胺四乙酸(EDTA)可抑制金属蛋白酶。为了防止蛋白质的巯基发生氧化,可加一定量的还原剂如巯基乙醇、二硫苏糖醇。考虑到溶液中可能会存在重金属离子(如铝、铜、铁离子),并与蛋白质形成不溶复合物,可在溶液中加入一定浓度的 EDTA。

4. 细胞破碎后蛋白质溶解在抽提液中,通常通过离心或过滤去掉不溶性成分后的上清液体积较大,不利于以后分离,应将蛋白质溶液进行浓缩。最常用的浓缩方法是沉淀法,另外还有超滤法、冷冻干燥法等。选择恰当的沉淀剂不仅可使样品浓缩,还可以达到去除核酸和部分纯化蛋白质的目的。

5. 蛋白质溶液中加入有机溶剂(如丙酮、乙醚)后,通过其脱水作用和减少溶剂的极性使蛋白质沉淀。有机溶剂沉淀蛋白质时,应预先将有机溶剂冷却到 -10 ℃以下。加入硫酸铵到一定浓度,可使蛋白质通过盐析作用而沉淀,不同蛋白质产生沉淀时所要求的硫酸铵的饱和度不一样,因而采用分级沉淀的方法可以达到部分纯化蛋白质的目的。

6. 通过离心将沉淀的蛋白质分离出来后,往往要求重新溶解,并脱去其中的盐分和有机溶剂,可通过透析法和柱层析法达到此目的。

实验材料与设备

(一) 用品与仪器

超声波清洗仪(带水浴)、玻璃珠(直径 2 ~ 2.5 mm)、碾钵、碾槌、刮勺、冷冻离心机、烧杯、量筒等。

（二）试剂

样品提取缓冲液：称取 Tris 0. 606 g、KCl 0. 746 g、甘油 20. 00 g，加双蒸水到总体积 100 mL，用 HCl 调 pH 值到 7. 1，溶液浓度为 Tris 50 μmol/L、KCl 100 μmol/L、甘油 20 g/100 mL。

蛋白酶抑制剂溶液：称取 PMSF 1. 742 g 溶于 100 mL 乙醇中；另称取 Pepstatin A 9. 603 mg 溶于 100 mL 乙醇中。以上两种溶液各取 10 mL 混合成为抑制剂溶液。

（三）实验材料

小鼠。

实验操作

（一）材料准备

（1）用去头法处死小鼠，让血液流尽，在冷室中进行以下步骤。

（2）切开腹腔，剪断两侧肝静脉，用 5 mL 生理盐水（0. 9 g/100 mL 的 NaCl 溶液）灌洗肝脏。

（3）取下完整肝脏，小心去掉胆囊（不要弄破），切下各肝叶片，去掉各叶片中心部分（血管进入肝脏部分）以及其他组织。

（4）将各肝叶片切成 2 ~ 4 块，用冰冷生理盐水淋洗。

（5）进一步将肝脏切成直径为 5 mm 的小块，用滤纸吸干水分后立即放入液氮中，然后收集到一个有盖的塑料管中，存放在 -70 ℃冰箱中备用。

（二）提取可溶性蛋白质

（1）将冻结的肝脏小块转移到一个预先称重的塑料管中，立即称重。1 只小鼠肝组织的质量为 240 ~ 260 mg。

（2）将一个碾钵和碾槌（带有一个小不锈钢勺）放在聚苯乙烯泡沫塑料上，并将其浸泡在液氮中。

（3）将肝组织块放入碾钵中，加入样品提取缓冲液和抑制剂。1 mg 肝组织加 1. 5 μL 缓冲液和 0. 5 μL 蛋白酶抑制剂，如肝组织重 250 mg，则加入 375 μL 缓冲液，然后加入抑制剂溶液 12. 5 μL。加入上述液体时，均用取样器，逐滴加到放在液氮盒内的小不锈钢勺中，液体很快成为冰珠，易于转移到碾钵中。

（4）将所有成分碾磨为粉末，注意碾磨过程中不要有固体颗粒飞出碾钵。

（5）将碾成的粉末用刮勺完全转移到一个预先称重的 2 mL 的 Eppendorf 离心管中，离心管事先用镊子放在液氮内降温。

（6）在进行超声波破碎细胞操作之前，在离心管中加入直径为 2 ~ 2. 5 mm 的玻璃珠。待离心管内的样品融化，将离心管插在冰上。将密封的离心管浸入盛有 0 ℃水的超声波仪的水浴中，注意水浴的水位要按仪器的要求达到一定高度，离心管应放在超声效应的中心。超声处理 10 s 后，用一根细不锈钢丝搅拌样品 50 s（离心管不离开水浴），然后将离心管插入水中静置 1 min，上述 2 min 的操作循环共重复 6 次。

（7）超声波处理完后，用镊子夹住玻璃球，与管内壁接触，擦除黏附在玻璃球表面的样品,然后取出玻璃珠。在离心机上离心数秒钟,使管壁上的样品沉入液面,然后将离心管放入液氮中使样品液冻结,-70 ℃保存。如马上进行下一步,则将离心管放在冷冻离心机上,以22 600 g(50 000 r/min)离心强度在4 ℃下离心30 min。

(8) 用玻璃吸管小心吸出上清液,滴入一个已知重量的小试管中,小试管应插在冰上。

(9) 将离心管中的沉淀称重,1 mg沉淀中加入2 μL样品提取缓冲液、0.06 μL抑制剂,参照步骤(3)、(4),将样品研成粉末。

(10) 将碾细的粉末转移到已用过的离心管中,在冷冻中摇动45 min,按步骤(7)进行离心,然后用吸管取出上清液,与前一管上清液合并。这样即得到小鼠肝脏在一般缓冲液中可溶的蛋白的提取液,此样品可进行下一步蛋白质含量分析,或在液氮中速冻之后,在-70 ℃冰箱中存放。

(11) 蛋白质含量测定见本章实验5和实验7。

讨论

1. 上述样品可直接进行双向凝胶电泳分析,所得的沉淀还可在尿素和非离子型表面活性剂(CHAPS)存在的溶液中进行处理后,作为第二批可溶性蛋白的提取液,再进行双向凝胶电泳,这是蛋白质组研究分步提取样品的处理方法。

2. 上述样品提取液中除了含有蛋白质之外,仍会有核酸和多糖类物质,如果不是作为蛋白质组(用于2D-胶分离)分析的样品,可以通过硫酸铵分级分离和有机溶剂沉淀法对蛋白质提取物进行部分纯化,去掉大多数核酸和糖类。

实验12　离子交换柱层析法分离蛋白质

实验原理

(一) 离子交换与洗脱

所谓离子交换,是指溶液中的某一种离子与另一种靠静电力结合在惰性载体上的离子进行可逆交换的过程,即溶液中的离子结合到载体上而载体上的离子被替换下来。惰性载体上以共价键结合着带正电荷的活性基团,可交换阴离子,叫阴离子交换剂;以共价键结合着带负电荷的活性基团,可交换阳离子,叫阳离子交换剂。在一定的条件下,混合物中不同蛋白质所带电荷的性质及电荷多少不同,有的能与特定离子交换剂结合,有的不能结合。能结合的,结合力的大小也不一定相同,所以,采用适当的洗脱条件,可以对它们进行有效的分离。离子交换过程可以表示如下:

$$■\longrightarrow R^{+}Y^{-} + X^{-} \rightleftharpoons ■—R^{+}X^{-} + Y^{-} \quad (阴离子交换)$$

$$■\longrightarrow R^{-}Y^{+} + X^{+} \rightleftharpoons ■—R^{-}X^{+} + Y^{+} \quad (阳离子交换)$$

式中　■——惰性载体;

R——惰性载体上的活性基团;

Y——平衡离子(可替换离子);

X——蛋白质分子。

样品进入离子交换柱之前，共价结合于惰性载体上的活性基团大部分处于溶剂化状态，并吸附着平衡缓冲液中带相反电荷的离子。蛋白质样品进入离子交换柱后，由于分子表面一些基团的电荷性质与交换剂上活性基团的电荷性质相反，会通过静电引力结合于交换剂上，把其原来吸附的平衡离子取代下来。

蛋白质是两性电解质，它与离子交换剂的结合力取决于分子表面能够与离子交换剂形成静电键的数目。而静电键的数目首先与分子所携带的电荷的数目有关，其次与蛋白质分子的大小及电荷排列也有一定关系，因为这关系到与蛋白质分子是否易于在离子交换剂上的适当部位形成静电键。总的来说，蛋白质分子与交换剂之间存在三种不同的结合状态：

(1) 蛋白质分子与交换剂之间的静电键数目很多，以致它们同时解离的概率等于零。洗脱时，这部分蛋白质由于结合紧密而停留在柱顶端。

(2) 蛋白质分子与交换剂之间的静电键数目相对较少，它们同时解离的概率达到某一有限值(0～1 之间)。洗脱时，某一种蛋白质分子的静电键在某一时间里同时解离，随洗脱液向下移动。

(3) 蛋白质分子与交换剂之间的静电键数目极少，完全不与交换剂结合。处于这种状态的蛋白质分子随洗脱液的前峰移动，呈现一个高而窄的“穿过峰”(“不交换峰”)。如果混合物中有几种蛋白质同时处于这种状态，那么它们会同时被洗脱下来，达不到分离目的。采用阳离子交换剂时，带负电荷的蛋白质分子不能结合而呈“穿过峰”被洗脱下来。

蛋白质分子在离子交换剂上的结合状态是随着环境条件的变化而改变的。洗脱就是通过改变缓冲液离子强度或 pH 值来改变蛋白质与交换剂的结合状态，降低其与交换剂的结合力，使交换上去的不同蛋白质分子以不同速度洗脱下来，达到分离纯化的目的。增加缓冲液的离子强度时，由于洗脱液中高离子强度竞争性离子的存在，与交换剂结合的蛋白质分子被取代下来进入洗脱液中。洗脱液中离子种类不同时，取代能力不一样。改变缓冲液的 pH 值时，蛋白质分子的解离度降低，电荷减少，从而减弱其与交换剂的结合力。应用阴离子交换剂时要降低 pH 值，应用阳离子交换剂时要升高 pH 值。有时，同时改变两个方面的条件，有利于分离复杂的蛋白质混合物。在恒定的洗脱条件下，往往难以将复杂的蛋白质混合样品有效地分离。通常采用不断改变洗脱条件的方法，即用梯度洗脱的方法来分离蛋白质混合样品。

虽然离子交换层析法分离蛋白质时，主要通过离子交换的作用，但实际上也可能存在一些疏水吸附和分子筛作用。

(二) 离子交换剂

人工合成的离子交换剂由高分子不溶性基质和许多与其共价结合的带电荷的活性基团组成。由于活性基团的电离性质不同，而有强酸性、强碱性、弱酸性和弱碱性之分。不溶性基质主要有树脂、纤维素、葡聚糖凝胶、聚丙烯酰胺凝胶和硅胶等。

离子交换树脂一般只适合分离小分子物质如氨基酸等，不适合分离蛋白质等大分子物质，一方面是因为大分子不易进入树脂紧密交联结构的内部，另一方面是因为交联聚苯乙烯骨架疏水性很强，用于蛋白质分离时，会出现疏水性的不可逆吸附。此外，离子交换树脂的机械强度较差，而且树脂的体积常随着溶剂离子强度的变化发生溶胀和收缩。

离子交换纤维素的种类很多,可分为阴离子交换纤维素和阳离子交换纤维素两大类。由于这些材料是纤维状的,大部分活性基团分布在表面,所以,适合于分离蛋白质等生物大分子。二乙基氨乙基纤维素(DEAE - 纤维素)和羧甲基纤维素(CM - 纤维素)是应用得最广泛的阴离子交换纤维素和阳离子交换纤维素。另外,根据纤维素颗粒的物理结构不同,可分为“纤维型”和“微晶型”两大类。“微晶型”因颗粒细、比重大,能制成紧密的柱,交换容量大,分辨率高。

离子交换葡聚糖凝胶和聚丙烯酰胺凝胶具有许多优点:不会引起被分离物质的变性或失活;非特异性吸附很低;交换容量大(为离子交换纤维素的 3 ~4 倍);容易制成微球型,因此装柱和层析时的流速都较易控制。它们的缺点是随着洗脱液的离子强度和 pH 的变化,床体积变化大,明显影响流速;另外,由于凝胶性质,有时会把大分子物质排阻在网络结构之外。

目前,在高效液相色谱法(HPLC)中用于蛋白质和多肽离子交换的离子交换剂多以硅胶为载体。以硅胶为载体的离子交换剂的主要优点是有很好的机械强度,能耐受较高的层析柱压,可适应广泛种类的流动相。在含有变性剂、有机溶剂和高离子强度的洗脱液中均能使用,不会发生明显的溶胀与收缩,而且可以制成各种孔径(5 ~1 000 nm)的刚性填料。根据硅胶载体上键合的活性基团的不同,可分为强酸性、强碱性、弱酸性和弱碱性的离子交换剂。通常用于蛋白质与多肽分离的强酸性阳离子交换剂联有磺酸基($-SO_3H$);强碱性阴离子交换剂联有季胺碱基[$-CH_2N^+(CH_3)_3$];弱酸性阳离子交换剂联有羧甲基($-CH_2-COOH$, CM);弱碱性阴离子交换剂联有二乙基氨乙基[$-CH_2CH_2N(CH_2CH_2)_2$, DEAE]。强酸性和强碱性离子交换剂的优点是流动相在较大范围内的 pH 不会改变载体活性基团的带电性质,因而在酸性、中性和碱性的流动相中均能使用。弱酸性(CM 型)的离子交换剂宜在 pH >4.0 的环境中使用,弱碱性(DEAE 型)的离子交换剂宜在 pH <9.6 的环境中使用。弱酸性和弱碱性离子交换剂由于对 H^+ 和 OH^- 有较大的亲和力,为洗脱和再生带来了方便,对于一些吸附性能较强的蛋白质与多肽样品采用弱碱性和弱酸性的交换剂,可以在较温和的条件下,即较低的盐浓度和较小的 pH 改变的情况下把样品洗脱下来。这对于某些蛋白质的活性保持通常是很有意义的。以硅胶为载体的离子交换剂可有不同颗粒孔径供选择,大孔径的填料为相对分子质量 M_r 大的蛋白质提供更多可交换的基团,使每克交换剂的交换容量增大。一般蛋白质样品应选择孔径为 30 nm 的交换剂,对于相对分子质量 M_r 在 150 000 以上的蛋白质,应当选择孔径 100 nm 的交换剂。

(三)离子交换柱层析条件的选择

对于分离一个特定的蛋白质,选择什么样的柱子、离子交换剂和流动相等需根据具体情况统筹考虑,主要是根据待分离蛋白质本身的理化性质和生物学性质确定。因此,在采用离子交换柱层析法进行蛋白质的分离之前,应当对待分离的蛋白质的性质有所了解,如等电点、相对分子质量、疏水性、生物活性及测定方法、溶解性、浓度、发生聚合的可能性、稳定性以及微观不均一性等。由于多数情况下离子交换柱层析采用梯度洗脱,因而柱子都不需很长。根据样品的等电点确定选用阳离子还是阴离子交换剂以及流动相的 pH,样品的相对分子质量 M_r 决定选用多大孔径的柱填料,疏水性强的样品则要求选用疏水吸附较小或亲水性载体的交换剂,以防止非特异性疏水吸附。活性测定方法可用来鉴定分离到的样品及测定回收率,样品的溶解性在选用流动相的种类时是必须考虑的,并依此决定是否要在流动相中添加促溶剂。根据样品的稳定性决定层析温度、流动相 pH 以及是否要在流动相中添加稳定剂，样品的浓度和含量是选择柱体积大小和每次进样量的依据。对于那些存在微观不均一的样品，由于它们在结构和性质上极其相似，所以在分离时要采用分辨率尽可能高的条件（如等梯度洗脱）。对某些样品还要选用适当的样品浓度、pH 和盐浓度以防止其发生聚合。

（1）离子交换剂的选择。在等电点 pI 已知的前提下，若所用缓冲液的 pH 高于等电点，则用阴离子交换剂；反之，若所用缓冲液的 pH 低于等电点，则用阳离子交换剂；若先确定了所用离子交换剂的类型，那么，就必须对缓冲液的 pH 作相应的调整。但在实际应用中，为了避免样品处于过酸或过碱的环境，对于酸性蛋白质和多肽样品（$pI < 6$），通常是使其带有负电荷而采用阴离子交换剂；对于碱性蛋白质和多肽样品（$pI > 8$），通常是使其带有正电荷而采用阳离子交换剂。等电点未知时，可参照电泳分析的结果。在中性和偏碱性条件下电泳时向阳极移动较快的物质，同样条件下可被阴离子交换剂吸附；向阴极移动或向阳极移动较慢的物质，同样条件下可被阳离子交换剂吸附。但有时有例外，因为某一物质的层析行为，除与分子的净电荷有关外，还与它的分子大小、分子结构和电荷排列等有关。对于等电点未知的蛋白质，还可用阴离子交换剂和阳离子交换剂分别在较高 pH（如 pH 8.6）和较低 pH（如 pH 5.5）条件下进行离子交换实验，观察交换吸附的情况。如果待分离的物质能被两种交换剂吸附，则两种离子交换剂都可用于分离，而且待分离物质与其他成分分离的机会更多。如果都不吸附，则尽量降低样品和起始缓冲液的盐浓度，直至几乎为零。若发现被吸附的物质由于吸附太牢而不易洗脱，则应选用交换当量较小或具有弱解离活性基团的离子交换剂。

（2）缓冲液的选择。缓冲液离子应不影响被分离物质的活性并且不干扰其测定，不影响样品的溶解度和稳定性。如洗脱液要用 280 nm 波长检测时，缓冲液内就不能有芳香族化合物；如要用 215 ~ 225 nm 波长检测肽键的含量，则不能用含羧基的缓冲液。采用阳离子交换剂时，应选用阴离子型缓冲液，如磷酸、醋酸缓冲液等。采用阴离子交换剂时，应选用阳离子型缓冲液，如 Tris、吡啶缓冲液等。

缓冲液 pH 的确定首先取决于被分离物质的等电点，采用阳离子交换剂时应低于物质的等电点，采用阴离子交换剂时应高于物质的等电点。同时要结合考虑被分离物质的溶解度、稳定性和离子交换剂的活性基团的 pK 值（即解离常数）。用阴离子交换剂时 pH 应低于其 pK 值，用阳离子交换剂时 pH 应高于其 pK 值，且应使缓冲液 pH 介于样品等电点和 pK 值之间。

为了降低盐离子的竞争，起始缓冲液的浓度要尽可能低（如 0.01 mol/L 左右）。这就需要选用其 pK 值接近所需 pH 的缓冲离子，以使缓冲液具有较强的缓冲能力，避免缓冲离子与离子交换剂作用而引起 pH 的改变。当确定样品易被吸附后，可适当提高起始缓冲液的浓度以保证一定的缓冲能力。

实验材料与设备

（一）用品与仪器

玻璃层析柱（20 mL）、梯度混合器、核酸蛋白检测仪、记录仪、部分收集器、接收试管、天平、酸度计等。

（二）试剂

（1）蛋白质样品液：鸡卵清蛋白，pI = 4.6；核糖核酸酶，pI = 7.8；细胞色素 c，pI = 10.6；胰岛素，pI = 5.3。

（2）洗脱液 A：0.05 mol/L Tris – HCl 缓冲液，pH = 7.5；洗脱液 B：0.05 mol/L Tris – HCl 缓冲液，pH = 7.5，含有 1.0 mol/L NaCl。

（3）DEAE – 纤维素：0.5 mol/L HCl、0.5 mol/L NaOH、双蒸水。

实验操作程序

（一）离子交换剂的预处理

称取 1.8 g DEAE – 纤维素（DE52，Whatman 公司生产，6.3 mL/g）置于小砂芯漏斗中。先在 20 mL 0.5 mol/L NaOH 中浸泡 30 min，然后用双蒸水洗至 pH = 8.0。再用 20 mL 0.5 mol/L HCl 浸泡 30 min，然后水洗至 pH = 4.0。最后用 20 mL 0.5 mol/L NaOH 浸泡 30 min 后水洗至 pH = 8.0。

（二）装柱

将玻璃层析柱洗净后垂直安装于支架上，装入约 10 mL 洗脱液 A，打开下嘴阀让缓冲液慢慢滴出，同时，将悬浮于适量洗脱液 A 中的处理好的 DEAE – 纤维素一边搅动一边倒入层析柱中，让其自然沉降到全部加入为止。装柱时交换剂的悬浮液最好一次倒入，若分次倒入，则须在再次添加之前将界面处的交换剂搅起，以保证柱床不分节。柱面要平整，柱中无气泡。待液面离纤维素沉降面约 1 cm 后，关闭下嘴阀。

（三）平衡

连接梯度混合器，用起始缓冲液（洗脱液 A）以 1.0 mL/min 的流速平衡柱子，直到流出液 pH 与起始缓冲液的完全相同为止。

（四）上样

揭开层析柱上盖。打开下嘴阀，待液面降至纤维素柱面时关闭下嘴阀。用滴管小心将 0.5 mL 样品均匀地加到纤维素柱面上，打开下嘴阀，待样品液面降至与柱面平齐时再关闭它。用同样的方法加入 0.5 mL 起始缓冲液，让其将残留于柱内壁的样品全部洗入纤维素柱后关闭下嘴阀。最后在柱面上覆盖一层起始缓冲液（1 ~ 2 cm 深）。

（五）洗脱

盖紧层析柱上盖，连接并打开梯度混合器，开始洗脱。梯度为 30 min 内由 100% 洗脱液 A 变到 100% 洗脱液 B。用核酸蛋白检测仪 280 nm 检测，并用部分收集器收集流出的组分。根据离子交换层析的理论和记录仪上的洗脱曲线确定各蛋白质组分所在的接收试管。

讨论

1. 配制离子交换层析的缓冲液时需要量最大的是水，对水的要求一般为去离子水。对于一些特殊用途的样品，如医药用的样品，则要求不含热原即各种内毒素的水，因而需要进一步纯化。通过全玻璃蒸馏器的双蒸水或三蒸水一般能达到要求。

2. 配制缓冲液时，应先配好缓冲离子的共轭酸和共轭碱溶液，然后按比例准确量取混合。用酸度计测量 pH，必要时用共轭酸或共轭碱溶液调整。配制好的缓冲液需经孔径为 0.45 μm

的滤膜过滤,并用超声波或氦气除去溶液中的气体。缓冲液应当新鲜配制,不用时放在4 ℃冰箱内,以防长菌,再用前须重新过滤和除气,但在冰箱中放置一周以上的缓冲液最好不用。

3. 加入的样品若为直接从生物材料中提取的混合物,也需过滤或高速离心,加样后要用足够的起始缓冲液流洗,使未吸附的物质全部洗出,并充分平衡层析柱,然后再用梯度洗脱。

4. 离子交换纤维素柱用起始缓冲液充分平衡后可再次使用。如长时间不用,须用0.1%的叠氮钠缓冲液浸泡,并于4 ℃冰箱中存放。

实验13　大肠杆菌DNA和RNA的同步提取法

实验原理

SDS温和裂解法提取细菌的总DNA和RNA,并通过琼脂糖电泳检测提取效果。

实验目的

1. 学习碱裂解细胞、提取核酸的基本操作方法及相关仪器的使用。
2. 掌握琼脂糖电泳技术。

药品及器材

SDS、Tris饱和酚、氯仿、无水乙醇、70%乙醇、5 mol/L NaCl、TAE或TBE缓冲液、TE缓冲液、琼脂糖、氯化钠、蛋白胨、酵母提取物、氢氧化钠、移液器一套、低温高速离心机、水平电泳槽、凝胶成像系统。

实验方法

1. 取冻存的大肠杆菌在LB平板上划线,37 ℃培养8~10 h。
2. 挑单菌落,接种于10 mL LB液体培养基,190 r/min恒温水浴过夜培养。
3. 1~2 mL菌液,以13 000 r/min的速度离心30 s,收集沉淀(若沉淀量较少可适当增加菌液量)。
4. 加入500 μL H_2O,涡旋振荡,充分重悬。
5. 加入50 μL 10% SDS,轻轻颠倒5次,室温放置2~3 min(不可剧烈振荡和涡旋振荡,重悬液变澄清)。
6. 加入400 μL苯酚,颠倒混匀,室温放置5 min,以13 000 r/min的速度离心30 s。
7. 将上层液转移到一个新的EP管中,加400 μL氯仿,颠倒数次,以13 000 r/min的速度离心1 min。
8. 重复步骤7一次。
9. 将上层液转移到一个新的EP管,加入2倍体积的100%乙醇和1/20体积的5 mol/L NaCl,用手振荡,沉淀物为DNA(若难看到沉淀可以13 000 r/min的速度离心2 min)。
10. 将沉淀物转到新EP管中(EP管中事先加入1 mL 70%乙醇),上清液留用(若步骤9

未离心,则在此应将上清液转移至一新 EP 管中)。

11. 向沉淀中加 100 ~ 600 μL TE buffer,用手振荡,使沉淀在室温下溶解。

12. 4 ℃保存。

13. 将步骤 10 中的上清液以 13 000 r/min 的速度离心 10 min,弃上层的 2/3,所余 1/3 即为浓度较高的 RNA 溶液。

14. 配制 30 mL 0.8% 的琼脂糖电泳胶。

15. 80 V 恒压电泳 20 min。

16. 用凝胶成像系统检测提取及电泳效果。

讨论

1. 分析影响核酸提取效果的因素。
2. 分析影响电泳效果的因素。
3. 分析电泳结果。

实验 14　菜花中核酸的分离和鉴定

实验目的

初步掌握从菜花中分离核酸的方法和 RNA、DNA 的定性检定。

实验原理

用冰冷的稀三氯乙酸或稀高氯酸溶液在低温下抽提菜花匀浆,以除去酸溶性小分子物质,再用有机溶剂,如乙醇、乙醚等抽提,去掉脂溶性的磷脂等物质。最后用浓盐溶液(10% 氯化钠溶液)和 0.5 mol/L 高氯酸(70 ℃)分别提取 DNA 和 RNA,再进行定性检定。

由于核糖和脱氧核糖有特殊的颜色反应,经显色后所呈现的颜色深浅在一定范围内和样品中所含的核糖和脱氧核糖的量呈正比,因此可用此法来定性、定量测定核酸。

(一)核糖的测定

测定核糖的常用方法是苔黑酚即 3,5 - 二羟基甲苯法(Orcinol 反应)。当含有核糖的 RNA 与浓盐酸及 3,5 - 二羟基甲苯在沸水浴中加热 10 ~ 20 min 后,有绿色物质产生,这是因为 RNA 脱嘌呤后的核糖与酸作用生成糠醛,后者再与 3,5 - 二羟基甲苯作用产生绿色物质。

DNA、蛋白质和黏多糖等物质对测定有干扰。

(二)脱氧核糖的测定

测定脱氧核糖的常用方法是二苯胺法。含有脱氧核糖的 DNA 在酸性条件下和二苯胺在沸水浴中共热 10 min 后,变成蓝色。这是因为 DNA 嘌呤核苷酸上的脱氧核糖遇酸生成 ω - 羟基 - γ - 酮基戊醛,它再和二苯胺作用产生蓝色物质。

$$\text{DNA} + \text{二苯胺试剂} \xrightarrow{100\ ℃} \text{蓝色物质}$$

此法易受多种糖类及其衍生物和蛋白质的干扰。

上述两种定糖的方法准确性较差，但快速、简便，能鉴别 DNA 与 RNA，是检定核酸、核苷酸的常用方法。

实验器材

1. 恒温水浴　　2. 电炉
3. 离心机　　4. 布氏漏斗装置
5. 吸管　　6. 烧杯
7. 量筒　　8. 剪刀

试剂和材料

1. 新鲜菜花
2. 95% 乙醇　600 mL
3. 丙酮　400 mL
4. 5% 高氯酸溶液　200 mL
5. 0. 5 mol/L 高氯酸溶液　200 mL
6. 10% 氯化钠溶液　400 mL
7. 标准 RNA 溶液(5 mg/100 mL)　50 mL
8. 标准 DNA 溶液(15 mg/100 mL)　50 mL
9. 粗氯化钠　250 g
10. 海砂　5 g
11. 二苯胺试剂　60 mL

将 1 g 二苯胺溶于 100 mL 冰醋酸中，再加入 2. 75 mL 浓硫酸(置冰箱中可保存 6 个月，使用前在室温下摇匀)。

12. 三氯化铁浓盐酸溶液　25 mL
13. 苔黑酚乙醇溶液　200 mL

实验操作

(一) 核酸的分离

(1) 取菜花的花冠 20 g，剪碎后置于研钵中，加入 20 mL 95% 的乙醇和 400 mg 海砂，研磨成匀浆。然后用布氏漏斗抽滤，弃去滤液。

(2) 向滤渣中加入 20 mL 丙酮，搅拌均匀，抽滤，弃去滤液。

(3) 再向滤渣中加入 20 mL 丙酮，搅拌 5 min 后抽干(用力压滤渣，尽量除去丙酮)。

(4) 在冰盐浴中，将滤渣悬浮在预冷的 20 mL 5% 高氯酸溶液中，搅拌，抽滤，弃去滤液。

(5) 将滤渣悬浮于 20 mL 95% 乙醇中，抽滤，弃去滤液。

(6) 向滤渣中加入 20 mL 丙酮，搅拌 5 min，抽滤至干，用力压滤渣，尽量除去丙酮。

(7) 将干燥的滤渣重新悬浮在 40 mL 10% 氯化钠溶液中，在沸水浴中加热 15 min。放置，冷却，抽滤至干，留滤液。并将此操作重复进行一次。将两次滤液合并，为提取物一。

(8) 将滤渣重新悬浮于20 mL 0.5 mol/L高氯酸溶液中，加热到70 ℃，保温20 min(恒温水浴)后抽滤，滤液为提取物二。

(二) RNA、DNA的定性检定

(1) 二苯胺反应(表1-14-1)。

表1-14-1 二苯胺反应

管号	1	2	3	4	5
蒸馏水/mL	1	—	—	—	—
DNA溶液/mL	—	1	—	—	—
RNA溶液/mL	—	—	1	—	—
提取物一/mL	—	—	—	1	—
提取物二/mL	—	—	—	—	1
二苯胺试剂/mL	2	2	2	2	2
放沸水浴中10 min后的现象					

(2) 苔黑酚反应(表1-14-2)。

表1-14-2 苔黑酚反应

管号	1	2	3	4	5
蒸馏水/mL	1	—	—	—	—
DNA溶液/mL	—	1	—	—	—
RNA溶液/mL	—	—	1	—	—
提取物一/mL	—	—	—	1	—
提取物二/mL	—	—	—	—	1
三氯化铁浓盐酸溶液/mL	2	2	2	2	2
苔黑酚乙醇溶液/mL	0.2	0.2	0.2	0.2	0.2
放沸水浴中10 min后的现象					

根据现象分析提取物一和提取物二主要含有什么物质。

思考题

1. 核酸分离时为什么要除去小分子物质和脂类物质？本实验是怎样除掉的？
2. 实验中呈色反应时RNA为什么能产生绿色复合物？DNA为什么能产生蓝色物质？

实验15 酵母核糖核酸的分离及组分鉴定

实验目的

了解核酸的组分，并掌握鉴定核酸组分的方法。

实验原理

酵母核酸中RNA含量较多。RNA可溶于碱性溶液，在碱提取液中加入酸性乙醇溶液可以使解聚的核糖核酸沉淀，由此即得到 RNA 的粗制品。

核糖核酸含有核糖、嘌呤碱、嘧啶碱和磷酸各组分。加硫酸煮沸可使其水解，从水解液中可以测出上述组分的存在。

实验器材

1. 乳钵
2. 150 mL 锥形瓶
3. 水浴
4. 量筒
5. 布氏漏斗及抽滤瓶
6. 吸管
7. 滴管
8. 试管及试管架
9. 烧杯
10. 离心机
11. 漏斗

试剂和材料

1. 0.04 mol/L 氢氧化钠溶液　1 000 mL
2. 酸性乙醇溶液　500 mL

将 0.3 mL 浓盐酸加入 30 mL 乙醇中。

3. 95% 乙醇　1 000 mL
4. 乙醚　500 mL
5. 1.5 mol/L 硫酸溶液　200 mL
6. 浓氨水　50 mL
7. 0.1 mol/L 硝酸银溶液　50 mL
8. 三氯化铁浓盐酸溶液　80 mL

将 2 mL 10% 三氯化铁溶液（用 $FeCl_3 \cdot 6H_2O$ 配制）加入到 400 mL 浓盐酸中。

9. 苔黑酚乙醇溶液

溶解 6 g 苔黑酚于 100 mL 95% 乙醇中（可在冰箱中保存 1 个月）。

10. 定磷试剂

（1）17% 硫酸溶液：将 17 mL 浓硫酸（相对密度 1.84）缓缓加入到 83 mL 水中。

（2）2.5% 钼酸铵溶液：将 2.5 g 钼酸铵溶于 100 mL 水中。

（3）10% 抗坏血酸溶液：将 10 g 抗坏血酸溶于 100 mL 水中，贮棕色瓶保存。溶液呈淡黄色时可用，若呈深黄或棕色则失效，需纯化抗坏血酸。

临用时将上述 3 种溶液与水按如下比例混合：

17% 硫酸溶液∶2.5% 钼酸铵溶液∶10% 抗坏血酸溶液∶水 =1∶1∶1∶2（*V/V*）。

11. 酵母粉　200 g

实验操作

将 15 g 酵母悬浮于 90 mL 0.04 mol/L 氢氧化钠溶液中，并在乳钵中研磨均匀。将悬浮液转移至 150 mL 锥形瓶中。在沸水浴中加热 30 min 后，冷却。离心（3 000 r/min）15 min，将上清液缓缓倾入 30 mL 酸性乙醇溶液中,注意要一边搅拌一边缓缓倾入。待核糖核酸沉淀完全后,离心(3 000 r/min)3 min。弃去上清液,用 95% 乙醇洗涤沉淀两次,乙醚洗涤沉淀一次后,再用乙醚将沉淀转移至布氏漏斗中抽滤。沉淀可在空气中干燥。

取 200 mg 提取的核酸,加入 1.5 mol/L 硫酸溶液 10 mL,在沸水浴中加热 10 min,制成水解液并进行组分的鉴定。

1. 嘌呤碱。取水解液 1 mL 加入过量浓氨水,然后加入约 1 mL 0.1 mol/L 硝酸银溶液,观察有无嘌呤碱的银化合物沉淀。

2. 核糖。取 1 支试管,加入水解液 1 mL、三氯化铁浓盐酸溶液 2 mL 和苔黑酚乙醇溶液 0.2 mL。放沸水浴中 10 min。观察溶液是否变成绿色,说明核糖是否存在。

3. 磷酸。取 1 支试管,加入水解液 1 mL 和定磷试剂 1 mL。在水浴中加热,观察溶液是否变成蓝色,说明磷酸是否存在。

思考题

1. 如何得到高产量的 RNA 粗制品?
2. 本实验 RNA 组分是什么? 怎样验证?

实验 16　酵母 RNA 提取与地衣酚显色法

实验目的

了解并掌握稀碱法提取 RNA 及地衣酚显色法测定 RNA 含量的基本原理和具体方法。

实验原理

由于 RNA 的来源和种类很多,因而提取制备方法也各异。一般有苯酚法、去污剂法和盐酸胍法,其中苯酚法是实验室最常用的。组织匀浆用苯酚处理并离心后,RNA 即溶于上层被酚饱和的水相中,DNA 和蛋白质则留在酚层中,向水层加入乙醇后,RNA 即以白色絮状沉淀析出,此法能较好地除去 DNA 和蛋白质。此方法提取的 RNA 具有生物活性。工业上常用稀碱法和浓盐酸提取 RNA,用这两种方法所提取的核酸均为变性的 RNA,主要用作制备核苷酸的原料,其工艺比较简单。浓盐酸法是用 10% 左右氯化钠溶液,90 ℃提取 3 ~4 h,迅速冷却,提取液经离心后,上清液用乙醇沉淀 RNA。

稀碱法用稀碱(本实验用 0.2% NaOH 溶液)使酵母细胞裂解,然后用酸中和,除去蛋白质和菌体后的上清液用乙醇沉淀 RNA 或调 pH 值利用等电点沉淀 RNA。

酵母含 RNA 达 2.67% ~10.00%,而 DNA 含量仅为 0.030% ~0.516%,为此,提取 RNA 多以酵母为原料。

RNA 含量测定,除用紫外吸收法及定磷法外,也常用地衣酚法测定。其反应原理是:当 RNA 与浓盐酸共热时发生降解,形成的核糖继而转变成糠醛,后者与 3,5 - 二羟基甲苯(地衣酚 orcinol)反应,在 Fe^{3+} 或 Cu^{2+} 的催化作用下,生成鲜绿色复合物。反应产物在 670 nm

处有最大吸收,RNA 浓度在 10～100 μg/mL 范围内,光吸收与 RNA 浓度呈正比。地衣酚法特异性差,凡戊糖均有此反应,DNA 和其他杂质也能与地衣酚反应产生类似颜色,因此,测定 RNA 时可先测得 DNA 含量再计算 RNA 含量。

试剂和器材

(一) 材料

干酵母粉。

(二) 试剂

0.2% NaOH 溶液、0.05 mol/L NaOH 溶液、乙酸、95% 乙醇、无水乙醚。

1. 标准 RNA 母液(须经定磷法测定取纯度)。

准确称取 RNA 10.0 mg,用少量 0.05 mol/L NaOH 湿透,用玻璃棒研磨至糊状的混浊液,加入少量蒸馏水,混匀,调 pH =7.0,再用蒸馏水定容至 10 mL,此溶液每毫升含 RNA 1 mg。

2. 标准 RNA 溶液。

取母液 1.0 mL 置 10 mL 容量瓶中,用蒸馏水稀释至刻度,此溶液为 100 μg/mL。

3. 样品溶液。

控制 RNA 浓度在 10～100 μg/mL 范围内,本实验称量自制干燥 RNA 粗制品 10 mg(估计其纯度约为 50%),按标准 RNA 溶液方法配制到 100 mL。

4. 地衣酚—铜离子试剂。

将 100 mg 地衣酚溶于 100 mL 浓盐酸中,再加入 100 mg CuO,临用前配制。

(三) 器材

容量瓶(10 mL)、吸量管(2.0 mL,5.0 mL)、量筒(10 mL,50 mL)、沸水浴、离心机、布氏漏斗、抽滤瓶、石蕊试纸等。

操作方法

(一) 酵母 RNA 提取

称 4 g 干酵母粉置于 100 mL 烧杯中,加入 40 mL 0.2% NaOH 溶液,沸水浴加热 30 min,经常搅拌,然后加入数滴乙酸溶液使提取液呈酸性(石蕊试纸检查),以 4 000 r/min 的速度离心 10～15 min,取上清液,加入 30 mL 95% 乙醇,边加边搅动。加毕,静置,待 RNA 沉淀完全后,布氏漏斗抽滤。滤渣先用 95% 乙醇洗两次,每次用 10 mL。再用无水乙醚洗两次,每次 10 mL,洗涤时可用细玻璃棒小心搅动沉淀。最后,用布氏漏斗抽滤,沉淀在空气中干燥,称量所得 RNA 粗品的重量,计算:

$$\text{干酵母粉 RNA 含量}(\%) = \frac{\text{RNA 重}(g)}{\text{干酵母粉重}(g)} \times 100\%$$

(二) RNA 地衣酚显色测定

1. 标准曲线的制作。

取 12 支干净试管烘干,按表 1－16－1 编号及加入试剂,平行做两份。置沸水浴中加热 25 min,取出冷却,以 0 号管作对照,于 670 nm 波长处测定光吸收值,取两管平均值。以 RNA

浓度为横坐标、光吸收为纵坐标作图,绘制标准曲线。

表 1-16-1　标准曲线制作　　单位:mL

试剂＼试管编组	0	1	2	3	4	5
标准 RNA 溶液	0.0	0.4	0.8	1.2	1.6	2.0
蒸馏水	2.0	1.6	1.2	0.8	0.4	0.0
地衣酚 - Cu^{2+}	2.0	2.0	2.0	2.0	2.0	2.0

2. 样品的测定。

取 2 支试管,各加入 2.0 mL 样品液,再加 2.0 mL 地衣酚 - Cu^{2+} 试剂,如前所述进行测定。

3. RNA 含量的计算。

根据测得的光吸收值,从标准曲线上查出相当该光吸收的 RNA 含量。按下式计算出制品中 RNA 的百分含量:

$$\text{RNA 百分含量} = \frac{\text{待测液中测得的 RNA 含量}(\mu g/mL)}{\text{待测液中制品的含量}(\mu g/mL)} \times 100\%$$

注意事项

1. 样品中蛋白质含量较高时,应先用 5% 三氯乙酸溶液沉淀蛋白质后再测定。

2. 本法特异性较差,凡属戊糖均有此反应。微量 DNA 无影响,较多 DNA 存在时,亦有干扰作用。如在试剂中加适量 $CuCl_2 \cdot H_2O$ 可减少 DNA 的干扰。某些己糖在持续加热后生成的羟甲基糠醛也能与地衣酚反应,产生显色复合物。此外,利用 RNA 和 DNA 显色复合物的最大光吸收不同,且在不同时间显示最大色度加以区分。反应 2 min 后,DNA 在 600 nm 呈现最大光吸收,而 RNA 则在反应 15 min 后,在 670 nm 下呈现最大吸收。

思考题

1. 用你所学过的化学知识,分析 3 种催化剂:$FeCl_3 \cdot 6H_2O$、$CuCl_2 \cdot H_2O$、CuO 中,哪种催化剂的催化效果更好?

2. 地衣酚反应中,干扰 RNA 测定的因素有哪些?如何减少它们的影响?

实验 17　紫外吸收法测定核酸含量

实验原理

核酸、核苷酸的组成成分中都含有嘌呤、嘧啶碱基,这些碱基全含有共轭双键,能强烈吸收 250 ~ 280 nm 波段的紫外光,最大吸收在 260 nm 左右。

利用核酸吸收紫外光的性质,在核酸研究工作中解决了两方面的问题。

一是通过吸收光谱的分析推测出结构特点。如早期研究糖苷键位置时,通过对比紫外吸收光谱的方法，确定糖苷键连接方式。腺嘌呤核苷和次黄嘌呤核苷的紫外吸收光谱与9－甲基腺嘌呤和9－甲基次黄腺嘌呤的紫外吸收光谱极其相似，但与7－甲基衍生物的紫外吸收光谱显著不同。同样，鸟嘌呤核苷和黄嘌呤核苷的紫外吸收光谱与9－甲基衍生物的紫外吸收光谱相似，但与7－甲基衍生物的紫外吸收光谱不同。由此可知自然界中存在的嘌呤核苷为9－糖苷键。

二是通过紫外光吸收值的测定既可定性又可定量地计算核酸含量。在定性鉴定各核苷酸类物质时，可测定它们在几个特定波长下的紫外吸收值，然后根据其OD（光密度）比值（250 nm/260 nm、280 nm/260 nm、290 nm/260 nm）来判断为何种核苷酸。定量测定核酸类物质，可根据在特定波长下的紫外吸收值计算出含量。

还可以用紫外灯确定嘌呤和嘧啶衍生物在纸层析谱和电泳谱上的位置。

核酸和核苷酸的摩尔消光系数（或称吸收系数）用$k(P)_{260\ nm}$来表示，$k(P)_{260\ nm}$为每升溶液中含有1 mol核酸磷的光吸收值。RNA的$k(P)_{260\ nm}$（pH＝7）为7 700～7 800。RNA的含磷量约为9.5%，因此每毫升溶液含1 μg RNA的光吸收值相当于0.022～0.024。小牛胸腺DNA钠盐的$k(P)_{260\ nm}$（pH＝7）为6 600，含磷量为9.2%，因此每毫升溶液含1 μg DNA钠盐的光吸收值为0.020。

由于核酸中的碱基在不同pH下发生互变异构，由此引起紫外吸收光谱也发生改变。碱基、核苷酸的摩尔消光系数在不同波长处随pH的变化而不同。所以在测定紫外吸收值与定量计算时应固定pH值。不仅溶液中的pH值影响核酸的摩尔消光系数，还有其他因素对核酸的摩尔消光系数有影响。如不同浓度氯化钠溶液对DNA的光吸收系数，$k(P)$随盐浓度增大而变化，还有乙醇，也可能使$k(P)$增大，50%乙醇对此作用最大，较浓的或较稀的乙醇对$k(P)$有降低作用。因此用紫外吸收测定核酸的含量时要注意这些问题。

蛋白质由于含有芳香氨基酸，因此也能吸收紫外光。通常蛋白质的吸收在280 nm处，在260 nm处吸收值仅为核酸的十分之一或更低，故样品中蛋白质含量较低时对核酸的紫外测定影响不大。RNA的260 nm与280 nm吸收比值在2.0以上，DNA的260 nm与280 nm吸收的比值则在1.9左右。当样品中蛋白质含量较高时，比值下降。

试剂和器材

（一）试剂

（1）钼酸铵—过氯酸沉淀剂（0.25%钼酸铵—2.5%过氯酸溶液）：取3.6 mL 70%过氯酸和0.25 g钼酸铵溶于94.6 mL蒸馏水中。

（2）样品RNA或DNA干粉。

（3）5%～6%氨水：浓氨水稀释5倍。

（二）器材

（1）容量瓶（50 mL）；

（2）离心管；

（3）离心机；

（4）紫外分光光度计。

操作方法

将样品配制成每毫升含 5 ~50 μg 核酸的溶液，于紫外分光光度计上测定 260 nm 和 280 nm 吸收值，计算核酸浓度和两者吸收比值。

$$\text{RNA 浓度}(\mu g/mL) = \frac{A_{260}}{0.024 \times L} \times \text{稀释倍数}$$

$$\text{DNA 浓度}(\mu g/mL) = \frac{A_{260}}{0.020 \times L} \times \text{稀释倍数}$$

式中 A_{260}——260 nm 波长处光吸收读数；

L——比色池的厚度，一般为 1cm 或 0.5 cm；

0.024——每毫升溶液内含 1 μg RNA 的光吸收；

0.020——每毫升溶液内含 1 μg DNA 钠盐时的光吸收。

如果待测的核酸样品中含有酸溶性核苷酸或可透析的低聚多核苷酸，则在测定时需加钼酸铵—过氯酸沉淀剂，沉淀除去大分子核酸，测定上清液 260 nm 处吸收值作为对照。

由于钼酸铵在 260 nm 处有较大吸收，因此所测核酸样品在加入沉淀剂后，上清液需稀释 100 倍后再测定 260 nm 的光密度值。

具体操作如下：

(1) 取四只试管分别以 A_1、B_1、A_2、B_2 编号，每管都加入 2 mL DNA 溶液，A_1、A_2 管中再分别加入 2 mL 去离子水，B_1、B_2 管中再分别加入 2 mL 钼酸铵—过氯酸沉淀剂，摇匀后试管全部放入冰箱中沉淀 30 min。

(2) B_1、B_2 两管取出，以 3 000 r/min 的速度离心 10 min，分别吸取上清液 1 mL 配成 100 mL 的 DNA 稀释液，A_1、A_2 两管也做同样操作。

(3) 四种稀释液在紫外分光光度计上测定 260 nm 处吸收值。

$$\text{RNA(或 DNA)浓度}(\mu g/mL) = [\Delta A_{260}/(0.024 \text{ 或 } 0.020 \times L)] \times \text{稀释倍数}$$

式中 ΔA_{260}——甲管稀释液在 260 nm 波长吸收值减去乙管稀释液在 260 nm 波长处吸收值。

核酸% =（待测液中测得的核酸微克数/待测液中制品的微克数）×100%

(4) DNA 液取 1 mL 于 100 mL 容量瓶中，配成 100 mL 稀释液，在 752 分光光度计上测 220 nm、230 nm、240 nm、250 nm、260 nm、265 nm、270 nm、280 nm、290 nm、300 nm、305 nm 波长处的 OD 值。

(5) 重复第(4)步操作，数据填表。

实验 18 糖类的性质实验——糖类的颜色反应

实验目的

1. 了解糖类某些颜色反应的原理。
2. 学习应用糖的颜色反应鉴别糖类的方法。

颜色反应

(一) α-萘酚反应(Molisch 反应)[1]

1. 原理。

糖在浓无机酸(硫酸、盐酸)作用下,脱水生成糠醛及糠醛衍生物,后者能与 α-萘酚生成紫红色物质。因为糠醛及糠醛衍生物对此反应均呈阳性,故此反应不是糖类的特异反应。

```
HC——CH                     HC——CH
‖    ‖                     ‖    ‖
HC    C—CHO       HOCH2—C    C—CHO
 \   /                     \   /
   O                         O
```

糠醛(呋喃醛)　　　　糠醛衍生物:羟甲基糠醛

2. 器材。

试管及试管架、滴管。

3. 试剂。

(1) 莫氏(Molisch)试剂:5% α-萘酚的酒精溶液 1 500 mL

称取 α-萘酚 5 g,溶于 95% 酒精中,总体积达 100 mL,贮存于棕色瓶内。用前配制。

(2) 1% 葡萄糖溶液	100 mL
(3) 1% 果糖溶液	100 mL
(4) 1% 蔗糖溶液	100 mL
(5) 1% 淀粉溶液	100 mL
(6) 0.1% 糠醛溶液	100 mL
(7) 浓硫酸	500 mL

4. 操作。

取 5 支试管,分别加入 1% 葡萄糖溶液、1% 果糖溶液、1% 蔗糖溶液、1% 淀粉溶液、0.1% 糠醛溶液各 1 mL。再向 5 支试管中各加入 2 滴莫氏试剂[2],充分混合。斜执试管,沿管壁慢慢加入浓硫酸约 1 mL,慢慢立起试管,切勿摇动。浓硫酸在试液下形成两层。在二液分界处有紫红色环出现。观察、记录各管颜色。

(二) 间苯二酚反应(Seliwanoff 反应)

1. 原理。

在酸的作用下,酮糖脱水生成羟甲基糠醛,后者再与间苯二酚作用生成红色物质。此反应是酮糖的特异反应。醛糖在同样条件下呈色反应缓慢,只有在糖浓度较高或煮沸时间较长时,才呈微弱的阳性反应。在实验条件下蔗糖有可能水解而呈阳性反应。

2. 器材。

试管及试管架、滴管、水浴锅。

3. 试剂。

(1) 塞氏(Seliwanoff)试剂[3]　0.05% 间苯二酚—盐酸溶液　1 000 mL

称取间苯二酚 0.05 g 溶于 30 mL 浓盐酸中,再用蒸馏水稀释至 100 mL

(2) 1%葡萄糖溶液 100 mL

(3) 1%果糖溶液 100 mL

(4) 1%蔗糖溶液 100 mL

4. 操作。

取3支试管,分别加入1%葡萄糖溶液、1%果糖溶液④、1%蔗糖溶液各0.5 mL,再向各管分别加入塞氏试剂5 mL,混匀。将3支试管同时放入沸水浴中,注意观察、记录各管颜色的变化及变化时间。

思考题

1. 可用何种颜色反应鉴别酮糖的存在?
2. α-萘酚反应的原理是什么?

实验总结

(一) α-萘酚反应(表1-18-1)

表1-18-1 α-萘酚反应

试剂	现象	解释现象
1%葡萄糖溶液		
1%果糖溶液		
1%蔗糖溶液		
1%淀粉溶液		
0.1%糠醛溶液		

(二) 间苯二酚反应(表1-18-2)

表1-18-2 间苯二酚反应

试剂	现象	解释现象
1%葡萄糖溶液		
1%果糖溶液		
1%蔗糖溶液		

附注

① α-萘酚试法很灵敏,0.001%的葡萄糖及0.0001%的蔗糖溶液即有反应。

② 操作中注意滴加莫氏试剂时,试剂勿与试管壁接触,否则在加浓硫酸时,会变为绿色,影响实验结果。

③ 配制塞氏试剂时,盐酸的浓度不能超过12%,否则最易使糖生成糠醛及其衍生物,影响实验结果。

④ 果糖进行此反应时,有时有沉淀产生,沉淀能溶于乙醇成红色溶液。

实验 19　糖类的性质实验——糖类的还原作用

实验目的

学习几种常用的鉴定糖类还原性的方法及其原理。

实验原理

许多糖类由于其分子中含有自由的或潜在的醛基或酮基，故在碱性溶液中能将铜、铋、汞、铁、银等金属离子还原，同时糖类本身被氧化成糖酸及其他产物。糖类这种性质常被用于检测糖的还原性及还原糖的定量测定。

本实验进行糖类的还原作用所用的试剂为斐林试剂和本尼迪克特试剂①，它们都是含有 Cu^{2+} 的碱性溶液，能使还原糖氧化，而本身被还原成红色或黄色的 Cu_2O 沉淀。生成 Cu_2O 沉淀的颜色之所以不同是由在不同条件下产生的沉淀颗粒大小不同引起的，颗粒小呈黄色，颗粒大呈红色。如有保护性胶体存在，常生成黄色沉淀。

实验器材

1. 试管及试管架
2. 竹试管夹
3. 水浴锅
4. 电炉

实验试剂

1. 斐林(Fehling)试剂②　1 000 mL

甲液(硫酸铜溶液)：称取 34.5 g 硫酸铜($CuSO_4 \cdot 5H_2O$)溶于 500 mL 蒸馏水中。

乙液(碱性酒石酸盐溶液)：称取 125 g 氢氧化钠和 137 g 酒石酸钾钠溶于 500 mL 蒸馏水中。

为了避免变质，甲、乙二液分开保存。用前将甲、乙二液等量混合即可。

2. 本尼迪克特(Benedict)试剂③　1 000 mL

称取柠檬酸钠 173 g 及碳酸钠($Na_2CO_3 \cdot H_2O$)100 g 加入 600 mL 蒸馏水中。加热使其溶解，冷却，稀释至 850 mL。

另称取 17.3 g 硫酸铜溶解于 100 mL 热蒸馏水中，冷却，稀释至 150 mL。

最后，将硫酸铜溶液徐徐加入柠檬酸钠—碳酸钠溶液中，边加边搅拌，混匀，如有沉淀，过滤后贮于试剂瓶中可长期使用。

3. 1% 葡萄糖溶液　100 mL
4. 1% 果糖溶液　100 mL
5. 1% 蔗糖溶液　100 mL
6. 1% 麦芽糖溶液　100 mL
7. 1% 淀粉溶液　100 mL

实验操作

先取 1 支试管加入斐林试剂约 1 mL,再加入 4 mL 蒸馏水,加热煮沸,如有沉淀生成,说明此试剂已不能使用。经检验,试剂合格后,再进行下述实验。

取 5 支试管,分别加入 2 mL 斐林试剂,再向各试管分别加入 1% 葡萄糖溶液、1% 果糖溶液、1% 蔗糖溶液、1% 麦芽糖溶液、1% 淀粉溶液各 1 mL。置沸水浴中加热数分钟,取出,冷却。观察各管溶液的变化。

另取 6 支试管,用本尼迪克特试剂重复上述实验。

比较两种方法的结果(表 1-19-1)。

表 1-19-1 斐林试剂与本尼迪克特试剂比较

溶液 / 现象 / 试剂	1% 葡萄糖溶液	1% 果糖溶液	1% 蔗糖溶液	1% 麦芽糖溶液	1% 淀粉溶液
斐林氏试剂					
本尼迪克特试剂					

思考题

1. 斐林试剂、本尼迪克特试剂检验糖的原理是什么?
2. 试比较斐林试剂和本尼迪克特试剂检验糖的方法。

实验总结

试解释表 1-19-1 的现象。

附注

① 斐林和本尼迪克特试剂中的酒石酸钾钠或柠檬酸钠的作用是防止反应产生的氢氧化铜或碳酸铜沉淀。碱的作用是使糖烯醇化变为强还原剂,碱也能使糖分子分解成活性碎片,这些碎片能使金属离子还原。同时碱能使硫酸铜变成氢氧化铜。

② 氯仿、铵盐对斐林氏试剂有干扰作用,但氯仿不干扰本尼迪克特试剂。

③ 本尼迪克特试剂是改良的斐林试剂,其优点是试剂稳定、灵敏度高,即使葡萄糖含量很少(0.1%)也能生成大量沉淀。

实验 20 还原糖和总糖含量的测定——3,5-二硝基水杨酸比色定糖法

目的要求

1. 掌握 3,5-二硝基水杨酸比色定糖法的原理及方法。

2. 用3,5－二硝基水杨酸比色定糖法测定山芋粉中的总糖及还原糖。

3. 熟悉721型光电比色计的原理及使用方法。

实验原理

3,5－二硝基水杨酸在强碱溶液中与还原糖在沸水浴中共热后被还原成棕红色的氨基化合物,在一定范围内,还原糖的量和反应液的颜色强度呈比例关系,利用比色法可测知样品的含糖量。

该方法是半微量定糖法,操作简便、快速,杂质干扰较少。

试剂和器材

(一) 试剂

(1) 6 mol/L盐酸溶液、10%氢氧化钠溶液、碘化钾—碘溶液(碘试剂)、酚酞指示剂、85%乙醇。

(2) 3,5－二硝基水杨酸试剂(又称DNS试剂):

甲液:溶解6.9 g结晶酚于15.2 mL 10%氢氧化钠中,并稀释至69 mL,在此溶液中加入6.9 g亚硫酸氢钠。

乙液:称取255 g酒石酸钾钠,加到300 mL 10%氢氧化钠中,再加入880 mL 1%的3,5－二硝基水杨酸溶液。

将甲液与乙液混合即得到黄色试剂,贮于棕色试剂瓶中,在室温下放置7～10 d以后使用。

(3) 0.2%葡萄糖标准液:准确称取200 mg分析纯的葡萄糖(预先在70 ℃干燥至恒重),用少量蒸馏水溶解后定容至100 mL,冰箱保存备用。

(二) 器材

试管和试管架、碱滴定管(50 mL)、铁架台、滴定管夹、移液管(1 mL,2 mL)、移液管架、容量瓶(100 mL)、铜水浴锅、玻璃漏斗、烧杯、铁三脚架、量筒(10 mL,100 mL)、电热恒温水浴、煤气灯、玻璃棒、白瓷板、721型分光光度计。

操作方法

(一) 葡萄糖标准曲线的制作

取9支刻度试管(25 mL)或血糖管,分别按表1－20－1顺序加入各种试剂。

表1－20－1　葡萄糖标准曲线的制作

项目 数量 管号	空白	1	2	3	4	5	6	7	8
含糖总量/mg	0	0.4	0.8	1.2	1.6	2.0	2.4	2.8	3.2
葡萄糖液/mL	0	0.2	0.4	0.6	0.8	1.0	1.2	1.4	1.6
蒸馏水/mL	2.0	1.8	1.6	1.4	1.2	1.0	0.8	0.6	0.4

续表

项目 \ 数量 \ 管号	空白	1	2	3	4	5	6	7	8
DNS 试剂/mL	1.5	1.5	1.5	1.5	1.5	1.5	1.5	1.5	1.5
加热	均在沸水浴中加热 5 min								
冷却	立即用流动冷水冷却								
蒸馏水/mL	21.5	21.5	21.5	21.5	21.5	21.5	21.5	21.5	21.5

将上述各管溶液混匀后，在 721 型分光光度计上进行比色测定，用空白管溶液调零点，记录光密度值，以葡萄糖浓度为横坐标，光密度值为纵坐标绘制出标准曲线。

（二）山芋粉中总糖和还原糖含量的测定

（1）样品中还原糖的提取：准确称取 2 g 山芋粉，放入 100 mL 烧杯内，加入 85% 乙醇 50 mL，混匀，在 50 ℃恒温水浴中保温 30 min，过滤，滤渣再用 85% 乙醇提取二次，将滤液合并，蒸去乙醇，加少量水，移入 100 mL 容量瓶中，用水稀释到刻度，备用。

（2）样品中总糖的水解及提取：准确称取山芋粉 1 g，放入大试管中，加入 10 mL 6 mol/L 盐酸和 15 mL 蒸馏水，混匀，在沸水浴中加热 0.5 h 后，用碘化钾—碘溶液检查水解程度。若已水解完全，则不呈现蓝色。冷却后加入酚酞指示剂 1 滴，以 10% 氢氧化钠中和至溶液呈微红色，过滤并定容至 100 mL，再精确吸取上述溶液 10 mL，放入 100 mL 容量瓶中，稀释到刻度，备用。

（3）样品中含糖量的测定：取 7 支大试管，分别按表 1－20－2 加入各种试剂。

表 1－20－2　测定含糖量的加样表

项目 \ 数量 \ 管号	空白	还原糖			总糖		
		1	2	3	4	5	6
样品量/mL	0	1.0	1.0	1.0	1.0	1.0	1.0
蒸馏水/mL	2.0	1.0	1.0	1.0	1.0	1.0	1.0
DNS 试剂/mL	1.5	1.5	1.5	1.5	1.5	1.5	1.5
加热	均在沸水浴中加热 5 min						
冷却	立即用流动冷水冷却						
蒸馏水/mL	21.5	21.5	21.5	21.5	21.5	21.5	21.5
光密度(OD_{520})							

将各管混匀后，按制作标准曲线时同样的操作测定各管的光密度，在标准曲线上查出相应的还原糖含量，按下述公式计算出山芋粉内还原糖与总糖的百分含量。

$$还原糖的百分含量=\frac{还原糖毫克数\times 样品稀释倍数}{样品重量(mg)}\times 100\%$$

$$总糖的百分含量=\frac{水解后还原糖毫克数\times 样品稀释倍数}{样品重量(mg)}\times 100\%$$

思考题

1. 写出 3,5 - 二硝基水杨酸的化学结构式。
2. 比色测定的操作要点是什么？基本原理是什么？
3. 721 型光电比色计的原理及使用时的注意事项是什么？
4. 比色测定时为什么要设计空白样？
5. 总糖包括哪些化合物？

实验 21　可溶性总糖的测定（地衣酚 - 硫酸法）

目的要求

学习一种测定可溶性总糖的方法——地衣酚 - 硫酸比色法。

实验原理

可溶性糖经无机酸处理脱水产生糠醛（戊糖）或糠醛衍生物（如羟甲基糠醛、己糖），生成物能与酚类化合物缩合成有色物质，无机酸通常使用硫酸，常用的酚有地衣酚（又名苔黑酚）、间苯二酚、α - 萘酚等。

仪器和试剂

（一）仪器

（1）可见光分光光度计 1 台；

（2）试管 9 支；

（3）吸管 5 mL 3 支；

（4）电热恒温水浴。

（二）试剂

（1）100 μg/mL 标准甘露糖溶液：10 mg 甘露糖，水溶解后定容至 100 mL。

（2）地衣酚—硫酸试剂：将 600 mL 冷却至 4 ℃的浓硫酸小心地加入到 400 mL 冷水中，配制成为 60% 硫酸，4 ℃储存。另配 1.6% 地衣酚水溶液，4 ℃储存。使用前将 75 mL 60% 硫酸加到 10 mL 地衣酚溶液中，即为地衣酚—硫酸试剂。

（三）材料

玻璃球、小麦分蘖节或其他植物材料。

操作步骤

（一）制作甘露糖标准曲线

取 7 支试管，编号，分别加 100μg/mL 甘露糖标准液 0 mL、0.5 mL、1.0 mL、1.5 mL、2.0 mL、2.5 mL、3.0 mL，再各加蒸馏水 3.0 mL、2.5 mL、2.0 mL、1.5 mL、1.0 mL、0.5 mL、0 mL 补

足至 3.0 mL，各管加 8.5 mL 冷却到 4 ℃的地衣酚—硫酸试剂，管口各加一个玻璃球，将试管放入 80 ℃水浴中加热 15 min。取出后流动水冷却，505 nm 比色（以空白样调零）。

（二）可溶性糖样品液显色

将制备（或其他材料提取）的可溶性糖样品适量（含糖 50 ~ 200 μg）加入试管，加蒸馏水补至 3.0 mL，再加 8.5 mL 冷的地衣酚—硫酸试剂，同标准曲线制作一样处理。冷却后 505 nm 比色。

结果处理

1. 以甘露糖含量（μg）为横坐标，以 A_{505} 为纵坐标，制作标准曲线。

2. 根据样品的 A_{505} 在标准曲线上查出相应的甘露糖含量（μg），再按下式计算样品中可溶性糖含量（以甘露糖计）。

$$\text{植物样品可溶性糖含量（\%）} = \frac{\text{查曲线所得糖量（μg）} \times \text{稀释倍数} \times 100}{\text{样重（g）} \times 10^6}$$

注意事项

1. 该法操作简便，可广泛用于测定糖蛋白中总糖含量。

2. 氨基酸存在可导致颜色变浅。大量的色氨酸存在也可导致一些误差，但对中性糖的测定结果是可靠的。

3. 如果样品中含有较多葡萄糖，加热时间应延长至 45 min，因为葡萄糖显色较慢。

思考题

样品显色过程中，试管口为何加盖玻璃球？

实验 22　蔗糖酶米氏常数的测定

目的要求

了解底物浓度与酶反应速度之间的关系，学习蔗糖酶米氏常数的测定方法。

实验原理

在酶的研究应用中，人们经常会遇到底物浓度对酶的反应速度的影响问题，Michaelis 和 Menten 得到了一个表示底物浓度与反应速度之间相互关系的方程式，称为米氏方程式。

米氏方程不仅给出了酶反应速度和酶浓度、底物浓度的关系，而且还给出了一个非常重要的物理常数——米氏常数 K_m。米氏常数 K_m 等于酶反应速度达到最大反应速度一半时的底物浓度，单位 mol/L。

K_m 值是酶的特征常数之一，只与酶的性质有关，而与酶浓度无关，和 pH、温度等其他因素有关。

如果酶有几种底物，则对每一种底物，各有一个特定的 K_m 值。因此，K_m 值可作为鉴别酶的一种手段。

同一种酶有几种底物就有几个 K_m 值,其中 K_m 值最小的底物一般称为该酶的最适合底物或天然底物,因此可以判断酶的专一性,并有助于研究酶的活性中心结构。

在一个酶反应中,如果已知该 E-S 系统的 K_m 值,就可由所需的反应速度求出应当加入底物的合理浓度。反之,也可以由已知的底物浓度,求出该条件下的反应速度。所以,用此法只能粗略地求得 K_m 和 V_m 值。

为了准确得到 K_m 和 V_m 值,通常用下面几种方法处理动力学数据:

1. Lineweaver - Burk 双倒数作图法:$1/V \sim 1/[S]$ 作图。
2. Hanes - Woolf 法:$[S]/V \sim [S]$ 作图。
3. Woolf - Angustinsson - Hofstee 作图法,$V \sim V/[S]$ 作图。
4. Eadie - Scatchard 作图法:$V/[S] \sim V$ 作图。

近年来,Eisenthal 和 Connish - Bowden 介绍用直接线形作图法,这个方法简单、快速,不必进行计算就可以直接利用数据作图。

在此将介绍一种求 K_m 值的简易方法,只在两个底物浓度下测定初速度,通过计算即可求得 K_m。

$$V_{01} = V_m[S]_{01}/(K_m + [S]_{01});V_{02} = \frac{V_m[S]_{02}}{K_m + [S]_{02}}$$

$$V_{02}/V_{01} = \frac{[S]_{02}(K_m + [S]_{01})}{[S]_{01}(K_m + [S]_{02})}$$

$$K_m = \frac{[S]_{01}[S]_{02}(V_{01} - V_{02})}{V_{02}[S]_{01} - V_{01}[S]_{02}}$$

本实验先用 Linewcaver - Burk 双倒数作图法测定 K_m 值,如图 1-22-1 所示。本法所用米氏公式是直线方程,使用方便,应用广泛。但由于在计算时要取两个倒数,易引起误差。

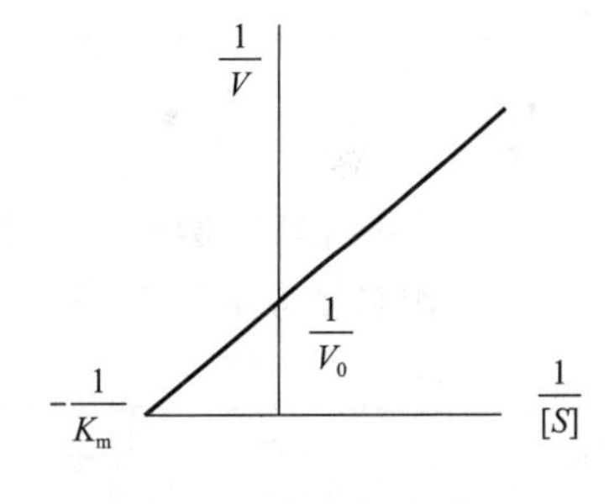

图 1-22-1　求 K_m 值的双倒数作图法

设计本实验时,要注意实验自变量[S]的选择,因横轴是 1/[S],如果实验时[S]值等距,则 1/[S]轴上的点就不等距,在低值处(靠近纵轴处)点太密,而远离纵轴处点过稀,而此处的实验点正是底物浓度的速度数据,取倒数本来就误差较大,再加上点太稀,就会引起更大的误差。为了克服这个弱点,在实验选择底物浓度时要注意,一般选在 K_m 值左右且要考虑底物浓度间的适当间距。

试剂和器材

1. 0.1 mol/L 蔗糖液:称取 34.29 g 蔗糖用醋酸缓冲液配制定容至 1 000 mL。
2. 其他同实验 21。

操作方法

1. 取试管 15 只,按 0、1 ~ 7、1′ ~ 7′编号,其中 0 号为空白。

2. 按表 1-22-1 将蔗糖液、醋酸缓冲液分别加入 0~7 号试管中，于 35 ℃水浴中保温 10 min。

3. 取约 30 mL 酶液，放入同一水浴中保温约 10 min。

4. 于各管中依次按同一时间间隔（1 min 或 2 min）加入已保存过的酶液 2 mL，计时，立即摇匀，在 35 ℃水浴中作用 5 min。

5. 按同样次序和时间间隔，加入 0.5 mL 1 mol/L NaOH，摇匀，终止反应。

6. 吸取反应物 0.5 mL，加入盛有 1.5 mL 3,5-二硝基水杨酸试剂和 1.5 mL 水的血糖管中，放入沸水中加热 5 min，冷却后稀释至 25 mL，摇匀后，在 540 nm 比色测定 OD 值。

7. 以 OD 值为相对反应速度，以 1/[S] 为横坐标、1/OD 为纵坐标作图，由图求出 K_m 值。

8. 另取 7 只试管，重复上述操作。

9. K_m 值的测定。

表 1-22-1　各试管加样量

反应物				活力测定				数据处理			
管号	0.1mol/L 蔗糖液 /mL	醋酸缓冲液/mL	酶液/mL	1mol/L NaOH/mL	吸取反应物/mL	水杨酸试剂/mL	水/mL	OD_{510}	底物浓度 /[S]	1/[S] 1M	1/V (1/OD)
0	0	2.00	2.00	0.5	0.5	1.5	1.5		0	—	—
1	0.40	1.60	2.00	0.5	0.5	1.5	1.5		0.010 0	100.0	
2	0.50	1.50	2.00	0.5	0.5	1.5	1.5		0.012 5	80.0	
3	0.60	1.40	2.00	0.5	0.5	1.5	1.5		0.015 0	66.7	
4	0.80	1.20	2.00	0.5	0.5	1.5	1.5		0.020 0	50.0	
5	1.00	1.00	2.00	0.5	0.5	1.5	1.5		0.025 0	40.0	
6	1.50	0.50	2.00	0.5	0.5	1.5	1.5		0.037 5	26.7	
7	2.00	0	2.00	0.5	0.5	1.5	1.5		0.050 0	20.0	

思考题

1. 说明米氏常数的物理意义和单位。
2. 用双倒数法测 K_m 值时，应注意的主要问题是什么？

实验 23　肌糖元的酵解作用

目的要求

1. 学习检验糖酵解作用的原理和方法。
2. 了解糖酵解作用在糖代谢过程中的地位及生理意义。

实验原理

在动物、植物、微生物等许多生物机体内，糖的无氧分解几乎都按完全相同的过程进行，本实验以动物肌肉组织中肌糖元的酵解过程为例。肌糖元的酵解作用，即肌糖元在缺氧条件下，经过一系列的酶促反应最后转变成乳酸的过程。肌肉组织中的肌糖元首先与磷酸化合而分解，经过已糖磷酸酯、丙糖磷酸酯、丙酮酸等一系列中间产物，最后生成乳酸。它是糖类供给组织能量的一种方式。可用下列反应式表示酵解作用的总过程。

$$\frac{1}{n}(C_6H_{10}O_5)_n + H_2O \longrightarrow 2CH_3CHOHCOOH$$

糖原　　　　　　　　乳酸

一般用肌肉糜或肌肉提取液作为糖原酵解实验的材料。在用肌肉糜时，实验必须在无氧条件下进行；用肌肉提取液时，则可在有氧条件下进行。因为催化酵解作用的酶系全部存在于肌肉提取液中，而催化呼吸作用（即三羧酸循环）的酶系统，则集中在线粒体中。糖原可用淀粉代替。

本实验用乳酸的生成来检验糖原或淀粉的酵解作用。若有大量糖类和蛋白质等杂质存在，则严重干扰乳酸的测定。在除去蛋白质与糖后，乳酸可与硫酸共热变成乙醛，后者再与对羟基联苯反应产生紫红色物质。

此法比较灵敏，每毫升溶液含 1 ~5 μg 乳酸即可给出明显的颜色反应。

实验器材

1. 试管及试管架
2. 吸管（5 mL、2 mL、1 mL、0.5 mL）
3. 滴管
4. 量筒（10 mL）
5. 恒温水浴
6. 沸水浴
7. 小台秤
8. 剪刀及镊子
9. 漏斗
10. 冰浴
11. 表面皿
12. 橡皮塞
13. 滤纸
14. 玻璃棒

试剂和材料

1. 大白鼠
2. 0.5% 糖原溶液（或 0.5% 淀粉溶液）　80 mL
3. 液体石蜡　100 mL
4. 15% 偏磷酸溶液　80 mL
5. 氢氧化钙（粉末）　20 g
6. 浓硫酸　100 mL
7. 饱和硫酸铜溶液　50 mL

硫酸铜溶解度为 20.7 g（20 ℃）。

8. 1/15 mol/L 磷酸缓冲液　200 mL

A. 1/15 mol/L 磷酸二氢钾溶液。称量 9.078 g KH_2PO_4 溶于蒸馏水中，于 1 000 mL 容量瓶中稀释到刻度。

B. 1/15 mol/L 磷酸氢二钠溶液。称量 11.876 g $Na_2HPO_4 \cdot 2H_2O$（或 23.894 g $Na_2HPO_4 \cdot 12H_2O$）溶于蒸馏水中，于 1 000 mL 容量瓶中定容到刻度。

1/15 mol/L 磷酸缓冲液(pH7.4)将上述 A 液与 B 液按 1∶4 的体积比混合,即成为 pH 7.4 的缓冲液。

9. 1.5% 对羟基联苯试剂　　　　20 mL

称取对羟基联苯 1.5 g,溶于 100 mL 0.5% 氢氧化钠溶液中,配成 1.5% 的溶液。若对羟基联苯颜色较深,应用丙酮或无水乙醇重结晶。此试剂放置时间久后会出现针状结晶,应摇匀后使用。

操作方法

(一) 肌肉糜的制备

鼠被处死后,放血。立即割取鼠背部和腿部的肌肉。在低温条件下用剪刀把肌肉剪碎制成肌肉糜,低温保存备用(应在临用前制备)。

(二) 肌肉的糖酵解

(1) 取 4 支试管,编号后各加入 3 mL pH 7.4 的磷酸缓冲液和 1 mL 0.5% 糖原溶液(或 0.5% 淀粉溶液)。1 和 2 号管为试验管,3 和 4 号管为对照管。向对照管内加入 15% 偏磷酸溶液 2 mL,以沉淀蛋白质和终止酶的反应。然后在每支试管中加入新鲜肌肉糜 0.5 g,用玻璃棒将肌肉碎块打散,搅匀,再分别加入一薄层液体石蜡(约 1 mL/管)以隔绝空气。将 4 支试管同时放入 37 ℃恒温水浴中保温。

(2) 1～1.5 h 后取出试管,立即向试管内加入 15% 偏磷酸溶液 2 mL 并混匀。将各试管内溶物分别过滤,弃去沉淀。量取每个样品的滤液 4 mL,分别加入已编号的试管中,然后向每管内加入饱和硫酸铜溶液 1 mL,混匀,再加入 0.4 g 氢氧化钙粉末,塞上橡皮塞后用力振荡。因皮肤上有乳酸勿与手指接触。放置 30 min,并不时振荡,使糖沉淀完全。将每个样品分别过滤,弃去沉淀。

(三) 乳酸的测定

取 4 支洁净、干燥的试管,编号。各加入浓硫酸 1.5 mL 和 2～4 滴对羟基联苯试剂,混匀后放入冰浴中冷却。将每个样品的滤液 0.25 mL 逐滴加入到已冷却的上述硫酸与对羟基联苯混合液中,随加随摇动冰浴中的试管,注意冷却。

将各试管混合均匀,放入沸腾的水浴锅中待显色后立即取出,比较和记录各管溶液的颜色深浅,并加以解释。

思考题

1. 本实验在 37 ℃保温前不加液体石蜡是否可以?为什么?
2. 本实验如何检验糖酵解作用?

实验 24　粗纤维的测定(酸性洗涤剂法)

实验目的

植物性饲料和食品中,含有一定量的纤维,包括纤维素、半纤维素、木质素和果胶物质。

测定粗纤维，有助于对饲料、食品及果蔬产品进行品质评定。

实验原理

十六烷基三甲基溴化铵（CTAB）是一种表面活性剂，其在 0.50 mol/L 的 H_2SO_4 溶液中能有效地使动物饲料、植物样品中蛋白质、多糖、核酸等组分水解、湿润、乳化、分散，而纤维素和木质素则很少变化。酸性洗涤剂法就是利用这个原理，将样品用含 2% CTAB 的 0.50 mol/L H_2SO_4 溶液煮沸 1 h，过滤，洗净酸液后烘干，由残渣重量计算酸性洗涤剂纤维百分比。

仪器、试剂和材料

（一）仪器

电子分析天平、250 mL 回流装置 1 套、100 mL 量筒 1 个、可调电炉、玻璃坩埚滤器 2 个、多用循环水泵 1 台、干燥箱。

（二）试剂

（1）酸性洗涤剂溶液：称取十六烷基三甲基溴化铵 20 g，加到已标定好的 0.50 mol/L H_2SO_4 溶液（1 000 mL）中，摇动，使之溶解。

（2）丙酮。

（三）材料

（1）酸洗石棉；

（2）植物或食品样品。

操作步骤

（1）称取过 1 mm 筛的风干样品 1 g 或相当量的鲜样，放入回流装置的 250 mL 三角瓶中，加酸性洗涤剂溶液 100 mL。

（2）加热，使三角瓶内容物在 5 ~ 10 min 内沸腾，立即计时并装上冷凝管回流 1 h（始终保持缓沸状态）。

（3）取下三角瓶，将内容物倾入已知重量的玻璃坩埚式滤器中，减压抽滤。

（4）用玻璃棒搅散滤器中残渣，用 90 ℃ ~ 100 ℃ 热水清洗 3 ~ 4 次，洗净酸性洗涤剂。

（5）用丙酮洗残渣 3 次，至滤液无色为止。

（6）用循环泵抽干残渣中的丙酮，将滤器放入 100 ℃ 的干燥箱中干燥 3 h，冷却后称重。

结果处理

计算公式

$$粗纤维量(\%) = \frac{m_2 - m_1}{烘干样品质量(g)} \times 100\%$$

式中　m_1——玻璃滤器质量（g）；

　　　m_2——玻璃滤器加残渣质量（g）。

注意事项

两次平行测定结果允许误差：当含量 <5% 时，允许误差 0.5%；当含量在 5% ~25% 时，允许误差 1%；当含量 >25% 时，允许误差 2%。

思考题

和常规酸碱洗涤法相比，酸性洗涤剂法测定纤维有何优点？

实验 25　细胞中糖类化合物的提取及成分鉴定

糖类是一类多羟基的醛或酮及其缩合物或衍生物的总称，可分为单糖、寡糖、多糖、复合糖及糖的衍生物，如糖胺、糖酸等。糖类是生物界分布极广、含量十分丰富的一类有机化合物，几乎所有的动物、植物、微生物体内都含有糖类，其功能也是多样的。过去认为糖类在生物体内的作用主要是作为能量来源及结构物质，但近 20 年以来发现糖的复合物在细胞识别、细胞间物质的运输和免疫调节等方面有重要的作用。糖复合物的信息量非常大，是生物的另一类重要生物大分子化合物。因此糖的分离、纯化、结构测定、结构与功能的研究也受到科学家广泛的关注。

糖的提取分离方法很多，主要是依据不同糖分子的物理化学性质、溶解度的差异进行分离提取。近年也发展了许多新的分离、纯化方法，如薄层层析法、各种柱层析法、气相色谱及高效液相色谱法等。

糖的定量分析方法也很多，有化学计量法如次亚碘酸法，以及非化学计量法如铜试剂法、硝基试剂法等方法。

本实验主要介绍单糖、蔗糖及淀粉的分离提取、鉴定和测定的一般原理和方法。

实验原理

（一）单糖及多糖的提取

凡不能水解为更小分子的糖即为单糖。单糖种类很多，其中以葡萄糖分布最为广泛，存在于各种水果、谷类、蔬菜和动物血液中。由于单糖分子中有多个羟基，增加了它的水溶性，尤其在热水中溶解度很大，在乙醇中也有很好的溶解性，但不溶于乙醚、丙酮等有机溶剂。而蔗糖等双糖分子也易溶于水和乙醇中，因此单糖和双糖一般可用热水或乙醇将之提取出来。

多糖是由多个单糖分子失水缩合而成的大分子化合物。在自然界中分子结构复杂，多种多样，有不溶性的结构多糖如植物纤维素、半纤维素、动物的几丁质等；另有一些为贮存物质如淀粉、糖原等；还有一些多糖具有更复杂的生理功能，在动植物的生理活动中起重要作用。多糖中的淀粉不溶于冷水及乙醇，但可溶于热水中形成胶体溶液。因此可以用乙醇提取单糖及低聚糖，然后提取淀粉等多糖。样品中的蛋白质、色素等杂质可通过加入醋酸铅、氢氧化钡、铁氰化钾等清洁剂将之除去。

（二）单糖和寡糖的测定——Somogyi - Nelson 法

单糖具有还原性，可将铜试剂还原生成氧化亚铜，在浓硫酸存在下与钼酸盐生成蓝色化合物,可在 560 nm 下测出其光密度值,在一定浓度范围内其光密度值与糖浓度呈比例关系。

其反应如下:

$$2Cu^{2+} + 还原糖 \longrightarrow Cu_2O$$

$$Cu_2O + H_2SO_4 \longrightarrow 2Cu^{+}$$

$$2Cu^{+} + MoO_4^{2-} + SO_4^{2-} \longrightarrow 2Cu^{2+} + 蓝色化合物$$

(三) 硫酸—酚法测定糖含量

糖类物质与硫酸作用脱水,生成糖醛酸或糖醛酸衍生物。糖醛酸及其衍生物可与苯酚反应,生成有色的物质,已糖在 490 nm 处、戊糖及糖醛酸在 480 nm 处有最大吸收,吸收值与糖含量呈线性关系。

(四) 淀粉的测定

淀粉是由葡萄糖通过 α-1,4-糖苷键及 α-1,6-糖苷键连接而成的大分子化合物(支链淀粉),一般需要酸或淀粉酶将之水解为葡萄糖后,测定其葡萄糖含量,根据葡萄糖含量再换算为淀粉含量,其水解方程式如下:

$$(C_6H_{10}O_5)_n + nH_2O \xrightarrow{催化剂(酶)} n(C_6H_{12}O_6)$$

因其水解时一个葡萄糖单位增加了一个 H_2O 分子,故从葡萄糖含量换算为淀粉含量时,需乘上换算系数 0.9。

(五) 纸层析及薄层层析法分离、鉴定及定量测定糖类组分

在某些样品或提取液中,糖的组分较为复杂,常常是一些单糖、寡糖的混合物。为了进一步了解样品中糖的组成及含量,常可通过色谱法进一步分离、鉴定及定量测定其组成。在糖的色谱分析中纸层析法及薄层层析法由于其操作简便、快速,不需特殊分析设备而被广泛应用。

(1) 纸层析法。

纸层析属于分配层析的范畴,其原理主要是利用各组分之间的分配系数存在差异实现分离的目的。纸层析以滤纸为支持物,滤纸的纤维素与水牢固结合而形成固定相,与固定相不相混溶的有机溶剂则为流动相。如果有多种物质(如不同糖类组分)存在于两相中,则其随着流动相的移动而连续不断地、动态地在两相中进行分配,由于各种物质的分配系数不同,各组分以不同速度移动,结果不同组分彼此分离。被分离的物质在滤纸上移动的速率可用比移值 R_f 表示:

$$R_f = 起点到层析点中心的距离/起点到溶剂前沿的距离$$

R_f 随被测物质的结构、固定相与流动相的性质、温度以及滤纸的质量等因素而变化。当温度、滤纸等实验条件固定时,比移值就是一个特有的常数,因而可作为定性分析的依据。几种糖的 R_f 值见表 1-25-1。

表 1-25-1 在不同溶剂条件下几种糖的 R_f(20 ℃)

溶剂 \ 糖类	阿拉伯糖	果糖	半乳糖	葡萄糖	甘露糖	半乳糖醛酸	葡萄糖醛酸	木糖	麦芽酸	蔗糖
酚水饱和液 +1% NH_3(下行法)	0.54	0.51	0.44	0.39	0.45	0.13	0.12	0.44	0.33	0.39
正丁醇:醋酸:水(体积比 4:1:5)	0.21	0.23	0.16	0.18	0.20	0.14	0.12	0.28	0.11	0.14

一般说来,糖类的 R_f 值依次为单糖 > 二糖、三糖;戊糖 > 己糖;在己糖中,酮糖 > 醛糖。也有例外情况,如展开剂内含有酚时,果糖移动速度较木糖就要慢些。

二糖的 R_f 中,α - 1,4 - 键要比 α - 1,6 - 键的大一些;而 α - D - 葡萄糖苷的二糖则较 β - D - 葡萄糖苷的二糖要大一些。

层析展开剂常用的有机溶剂是酚、正丁醇、乙酸乙酯,也可采用与水互溶的溶剂,如丙醇、丙酮、吡啶。常用的展开剂有正丁醇：乙酸：水,酚：水(20 ℃饱和)等。分离单糖及二糖常用的展开剂组成见表 1 - 25 - 2。

表 1 - 25 - 2　分离单糖和二糖常用的展开剂

展开剂	体积比	被分离的混合物
乙酸乙酯：吡啶：水	2：1：2	木糖、阿拉伯糖、甘露糖、半乳糖、葡萄糖
乙酸乙酯：乙酸：水	3：1：3	木糖、阿拉伯糖、甘露糖、半乳糖、葡萄糖
苯甲醇：乙酸：水	3：1：3(用下层)	庚酮酸
正丁醇：吡啶：水	45：25：40	乳糖、半乳糖、葡萄糖
正丁醇：乙醇：水：NH_3	40：10：49：1	从尿中分离葡萄糖
正丁醇：乙醇：水	10：1：2	蜜二糖、果糖、葡萄糖
正丁醇：乙酸：水	4：1：5(溶剂层)	葡萄糖、半乳糖、甘露糖等六碳糖,阿拉伯糖、木糖等五碳糖,乳糖等二糖
正丁醇：吡啶：水	6：4：3	鼠李糖、岩藻糖、半乳糖、甘露糖、葡萄糖等
乙酸丁酯：乙酸：水	3：2：1	用于分离中性糖
异戊醇：吡啶：0.1 mol/L HCl	2：2：1	用于分离中性糖
正丁醇：乙醇：水	4：1：1	用于分离戊糖
乙酸乙酯：吡啶：水：乙酸	5：5：3：1	用于分离中性单糖

(2) 薄层层析法。

薄层层析是一种快速、简单的层析法,因固定相的不同可分为分配层析(如以纤维素为固定相)及吸附层析(如以硅胶为吸附剂)。分配层析利用不同溶质分子在互不相溶的两相之间的分配系数(K)不同而达到分离的目的。

$$K = 流动相中溶质的浓度/固定相中溶质的浓度$$

吸附层析(本实验使用的方法)则是根据吸附剂对所分离物质的吸附能力不同,而将它们分开。但不论是分配层析还是吸附层析,被分离物质的 R_f 是一个重要的分离参数,R_f 为溶质在固定相上移动的速率。

对于某一物质,在一定溶剂系统中,在一定温度下,R_f 是该物质的一个特征常数。R_f 差别越大,则分离效果越好。因此可以根据分离物质的性质,配制不同配比的展开剂,以扩大分离物质之间的 R_f 差异,从而达到良好的分离效果。

根据同一块硅胶板中分离的糖组分的 R_f 与已知标准糖的 R_f 作比较,即可鉴定提取液中糖的组成。

需要定量测定某种糖时,可以从薄层板上将该点刮下,用蒸馏水或甲醇将之浸提出来,然后用硫酸—酚法测定洗脱液中糖的含量。

实验材料与设备

(一) 用品与仪器

电热恒温水箱、离心机、离心管、分析天平、烘箱，容量瓶、三角烧瓶、大试管、试管架、722型分光光度计、25 mL 比色管、层析缸、新华 1 号滤纸、硅胶层析板 10 cm × 20 cm、烧杯、刻度吸量管、移液器、毛细管。

(二) 试剂

(1) 铜试剂 A：将 25 g 无水碳酸钠、25 g 酒石酸钾钠、20 g 碳酸氢钠和 200 g 无水硫酸钠溶解在 800 mL 蒸馏水中，待完全溶解后，定容至 1 000 mL。

铜试剂 B：配制 15 g/100 mL $CuSO_4 \cdot 5H_2O$，每 100 mL 滴加 1 ~ 2 滴浓硫酸。

在应用前取 25 mL A 与 1 mL B 混合，现配现用。

(2) 砷钼酸盐显色剂：溶解 25 g 钼酸钠在 450 mL 蒸馏水中，在搅拌下加入 21 mL 浓硫酸，加 25 mL 砷酸钠(3 g $Na_2HAsO_4 \cdot 7H_2O$ 溶解在 25 mL 蒸馏水中)，将此混合液在 37 ℃水浴中保温 24 ~ 48 h，或在 55 ℃保温 25 min 后方可使用，贮存于棕色瓶中。砷酸钠有毒，配制时要小心。

(3) 标准葡萄糖液：准确称取 100 mg 无水葡萄糖，溶解后，定容至 100 mL 即为 1 mg/mL 葡萄糖溶液。

(4) 5 mol/L HCl。

(5) 1% 碘—碘化钾(I - KI)溶液：将碘化钾 20 g 及碘 10 g 溶于 100 mL 蒸馏水中，使用前需稀释 10 倍。

(6) 0.1% 甲基红指示剂：取 0.1 g 甲基红溶于 100 mL 80% 乙醇中。

(7) 1% 酚酞指示剂：1 g 酚酞溶于 100 mL 95% 的乙醇中。

(8) 5 mol/L NaOH：取 20 g NaOH 溶于蒸馏水，并定容至 100 mL 70% ~ 85% 乙醇。

(9) 80% 苯酚：80 g 重蒸分析纯苯酚，加水 20 mL 使之溶解，置冰箱中保存备用。

(10) 6% 苯酚溶液：取 80% 苯酚临时配制。

(11) 浓硫酸：分析纯。

(12) 苯胺—二苯胺显色剂：V(2% 二苯胺丙酮溶液) ∶ V(2% 苯胺溶液) ∶ V(85% 磷酸)为 5 ∶ 5 ∶ 1。

(13) 50g/100 mL 硫酸锌溶液。

(14) 0.3 mol/L $Ba(OH)_2$ 溶液。

(15) 10 g/100 mL NaOH：取 10 g NaOH 溶解后，加 H_2O 定容至 100 mL。

(16) 乙酸乙酯、乙醇、葡萄糖、果糖、甘露糖、蔗糖。

实验操作程序

(一) 还原糖及蔗糖的提取及测定

(1) 抽提：称取 25 g 葡萄(去核)或其他材料，将之磨碎后转入 250 mL 三角烧瓶中，加入 80% 乙醇 50 mL，放在 50 ℃水浴箱中抽提 30 min。以 5 000 r/min 的离心速度离心 10 min，收集上清液，沉淀用 85% 乙醇适量再提取 1 ~ 2 次(视样品不同而定反复抽提的次数)。收集合并所有上清液，沉淀部分烘干，留待提取测定淀粉等多糖时用。

（2）去色素及蛋白质等杂质：取25 mL乙醇提取液，在水浴锅上蒸干，用pH试纸检查，如溶液为酸性，可加少许固体碳酸钠中和，以免蔗糖被酸解。蒸干后加入少量水，边搅拌边加入$Ba(OH)_2$ 2～10 mL，加入的量视色素深浅而定，色素深则多加（7～8 mL）。沉淀完全后，加入1滴酚酞指示剂，然后滴加$ZnSO_4$溶液，边加边搅拌，以沉淀钡盐。滴至红色褪去，再回滴$Ba(OH)_2$溶液，刚出现淡红色，即为终点。过滤并用少量蒸馏水清洗沉淀，将滤液倒入容量瓶中，并定容至刻度，便可留待测定还原糖及蔗糖。

（3）测定（Somogyi－Nelson法）：吸取糖液1 mL（含糖25～50 μg，如糖浓度太高，可适当稀释），加入到25 mL的比色管中，加入1 mL铜试剂（25 mL A＋1 mL B，现用现配），用蒸馏水作空白对照，充分混匀后，在沸水浴中加热20 min，用冷水冷却至室温。加入1 mL砷钼酸盐显色剂，用蒸馏水稀释至25 mL，在560 nm处测定光密度值，然后查标准曲线，即可知待测液中还原糖的含量。

（4）标准曲线的绘制：配制每毫升含10 μg、20 μg、40 μg、60 μg、80 μg、100 μg的葡萄糖标准溶液各10 mL。将试管编号，依次向每管内加入1 mL上述葡萄糖标准溶液及1 mL铜试剂，充分混匀后，在沸水浴中加热20 min，用冷水冷却至室温。加入1 mL砷钼酸盐显色剂，用蒸馏水稀释至25 mL，在560 nm处测定光密度值。以蒸馏水代替葡萄糖作为空白对照，以光密度值作纵坐标、糖的浓度作横坐标，在坐标纸上绘制标准曲线。

（5）计算结果：根据光密度值从标准曲线上查出相应的糖浓度，按下式算出样品含糖量：

$$X=\frac{A\times B}{C(\mathrm{mg}/100\ \mathrm{g})}\times 100\%$$

式中 X——样品中含糖量的百分数；

A——样品待测液的稀释倍数；

B——样品待测液中含糖的毫克数；

C——样品质量（g）。

（二）蔗糖含量的测定

如果需要测定样品中的蔗糖含量，则须先经盐酸水解糖的提取液后，测定样品中的总的糖含量，然后减去上述所测得的还原糖的含量，即为蔗糖含量：

$$C_{12}H_{22}O_{11}+H_2O\xrightarrow{HCl}C_6H_{12}O_6(\text{葡萄糖})+C_6H_{12}O_6(\text{果糖})$$

吸取上述糖的提取液10 mL，放入50 mL三角烧瓶中，加入5 mol/L HCl 2 mL煮沸5 min，使之转化为还原糖后，用5 mol/L NaOH溶液中和（用酚酞为指示剂）。中和后用水稀释至刻度，吸取5 mL水解液按上述Somogyi－Nelson法测定提取液中总糖含量。从测得的光密度值查标准曲线后即可算出总糖含量。

蔗糖含量可按下式计算：

$$\text{蔗糖含量}=(\text{总糖含量}-\text{还原糖含量})\times 0.95$$

式中 0.95——由于蔗糖水解时增加了一个水分子的质量后的换算值。

（三）淀粉的水解及测定

（1）提取：取乙醇提取后的沉淀物0.5 g，放入三角烧瓶中，加2% HCl 25 mL，盖上表面皿，在沸水浴锅中加热水解，并经常摇动，1.5～2 h后，取1滴水解液放在白瓷板上，加1滴

1% I－KI 溶液，检查淀粉是否水解完全，如为紫蓝色，则说明水解不完全，再继续水解 0.5 h，直至水解液对 I－KI 不显色为止。

（2）转移和沉淀蛋白质：样品冷却后，小心将三角烧瓶中的水解液转移至 100 mL 的容量瓶中，并用蒸馏水冲洗三角烧瓶 3 次。向溶液中加入 1 滴甲基红指示剂，用 10 g/100 mL NaOH 中和至微碱性（溶液由红色变为淡黄色）。再慢慢加入 5 mL $ZnSO_4$ 溶液和 5 mL 0.3 mol/L $Ba(OH)_2$ 以沉淀蛋白质，振荡后静置，待上清液澄清后，再滴加几滴 $Ba(OH)_2$ 溶液，直至无白色沉淀产生为止，加水定容至 100 mL，混匀后过滤或离心。上清液即为淀粉的水解液。

（3）测定水解液中还原糖的含量：吸取水解液 5 mL，稀释至 25 mL（稀释度应视样品中淀粉含量而定，要求在比色时，光密度值落在标准曲线上）。取 1 mL 稀释液加入试管中，然后加 1 mL 铜试剂，在试管口盖上玻璃球，放入沸水浴中煮沸 20 min（时间要准确），取出后放入冷水中冷却 5 min，随后加入 1 mL 砷钼酸盐显色剂（有毒，小心操作，不能用嘴吸取）。最后加 7 mL 蒸馏水稀释，摇匀，在分光光度计上 560 nm 处测定光密度值，然后计算出葡萄糖含量。

（4）结果计算：

$$淀粉含量(\%) = (A \times N \times 100) \times 0.9/(W \times 10^6)$$

式中 A——标准曲线上查得的葡萄糖含量；

N——稀释倍数；

W——样品质量（g）。

（四）糖的纸层析及薄层层析

（1）糖类的纸层析鉴定及定量。

1）鉴定。

① 滤纸的准备：纸层析法以滤纸为固定相的载体，因此需要选择适合供层析分离用的滤纸，裁成适宜大小，即可使用。对纸的要求一般应是质地均一，厚薄均匀，纸应平整无折痕，否则会使流动相流速不匀，分离不规则。

② 点样：分别用毛细管吸取各种标准糖溶液及糖类提取液在滤纸一端约 1.5 cm 处取约 2 cm 间距点上各样品溶液。点样不宜过多或过少，常用量为 5～30 μg，制备型的分离可点样到毫克量，记录各样本在滤纸上的排列位置。待溶剂蒸发后将滤纸置于盛有展开剂的标本缸中，点样一端在下（但样本不能浸没在展开剂中），按上行方式进行展开。

③ 待展开剂上升至适当高度，将滤纸取出，热风吹干，喷洒新鲜配制的苯胺—二苯胺试剂，放置片刻或热风吹干后即见色斑显出。

④ 层析后糖的定性：苯胺—二苯胺试剂使大多数糖呈各种不同的颜色，从而帮助糖的鉴定。

2）定量：其测定方法可分为两大类。一类为洗脱测定法，将所需测定的斑点所在部位的纸剪下，用适当溶剂洗脱（常用的溶剂有甲醇、乙醚、氯仿、氯仿—甲醇、丙酮等），再选用适当方法定量；另一类为直接测定法，层析分离后，用仪器扫描斑点而测定其含量。

① 标准曲线的制作：准确称取标准葡萄糖 100 mg 于 100 mL 的容量瓶中，用蒸馏水定容至 100 mL（1 mg/mL），然后稀释至 100 μg/mL 供测定使用。

取 6 支试管，分别加入 0.2 mL、0.4 mL、0.6 mL、0.8 mL、1.0 mL、1.2 mL（100 μg/mL）标准葡萄糖溶液，依次加水至总体积为 1 mL，另取一支试管加 1 mL 蒸馏水作空白对照，向每一试管加入 1 mL 6% 苯酚溶液摇匀,再加入 5 mL 浓硫酸,摇匀后煮沸 20 min,在 490 nm 下测出各管的光密度值(OD)。以 OD 值为纵坐标、葡萄糖的含量为横坐标绘制标准曲线。

② 样品测定:把需要定量测定的层析点切下,同时在同一层析滤纸上剪下一块同样大小的空白滤纸作对照。将滤纸片剪成小块,分别放入一支大试管中,加入适量的蒸馏水,进行浸提,并不时轻轻振荡,10 min 后以玻璃棉过滤,得到样品洗脱液。取 1 mL 洗脱液置一支大试管中,加入 1 mL 6% 苯酚溶液,再加入 5 mL 浓硫酸,摇匀。煮沸 20 min 后,以空白对照调零测出在 490 nm 处光密度值,然后从标准曲线上查出样品的糖含量。

(2) 糖的薄层层析鉴定。

1) 上样:取一块硅胶 G 薄层玻板,在使用前先在 110 ℃ 放置 30 min,取出冷却后,距薄板的一端 2.5 cm 处画一条直线,然后每隔 1 cm 用铅笔轻轻作一记号,但不要刺破硅胶薄层,共 5 个点。取一支管口平齐、内径约 1 mm 的毛细管,分别点上标准样(葡萄糖、果糖、蔗糖、甘露糖)及糖的提取液。每次点样后,原点扩散直径应不超过 2 mm,可用吹风机吹干,重复点样 3 ~ 4 次,总体积 5 μL(约 5 μg)。

2) 展开剂的选择原则:主要根据样品的极性和样品在溶剂中的溶解度。常用溶剂的极性顺序是甲醇 > 乙醇 > 丙醇 > 正丁醇 > 乙酸乙酯 > 氯仿 > 乙醚 > 苯 > 石油醚。在一般情况下先选用单一的溶剂如乙酸乙酯进行展开。如果所分析的成分 R_f 很大,可考虑选用一种极性较小的溶剂,或采用加进一种或两种极性较小的溶剂组成混合溶剂。本实验采用乙酸乙酯∶甲醇∶乙酸∶水(12∶3∶3∶2)作为展开剂,展开剂使用前临时配制。

3) 展层:展层需在密闭器皿中进行,为了加速玻璃器皿内蒸气的饱和,可用浸有展开剂的滤纸,贴在层析缸内壁上,这样会使 R_f 更恒定。按上行方式,将已点样的薄层层析板放入层析缸内,点样端浸入展开剂中,但要注意样品点勿浸入溶剂中(图 1-25-1)。待展开剂到达离层析板上沿 1 ~ 2 cm 时,取出层析板,置空气中自然干燥,或用吹风机吹干。

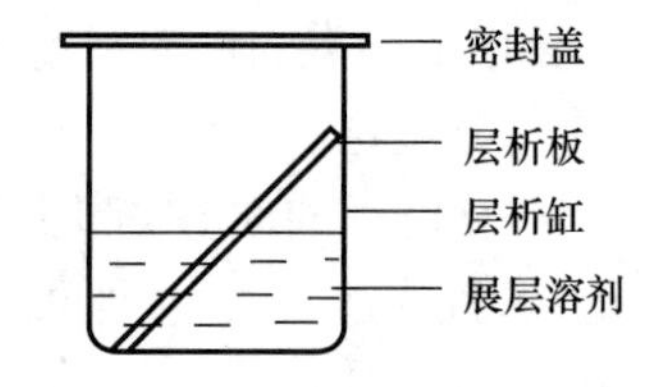

图 1-25-1 薄层层析装置

4) 显色:显色一般可用纸层析的显色剂。对于单糖可用茴香醛—硫酸试剂,喷雾后在 100 ℃ ~105 ℃下烘烤至显色,最低检出量为 0.05 μg,不同的糖显出不同的颜色;另一种常用的显色剂是苯胺—二苯胺显色剂,喷雾后在 80 ℃加热 10 min,不同的糖显出不同的颜色。

如果分离的是寡糖和多糖,则可使用表 1-25-3 的展开剂。

表 1-25-3 用于寡糖和多糖分离的展开剂

展开剂系统	体积比	糖种类
正丁醇∶乙醇∶水	10∶1∶2	寡糖
正丁醇∶乙醇∶水	4∶1∶5	寡糖
乙酸乙酯∶吡啶∶水	8∶2∶1	寡糖
杂醇油∶吡啶∶水	6∶4∶3	寡糖
正丁醇∶吡啶∶水∶苯	1∶1∶1	寡糖
25% 丙醇溶液在 0.067 mol/L	50∶30∶30∶4.5	棉籽糖
磷酸盐缓冲液中(pH 6.4)75 mL/100 mL	9∶1	黏多糖
异丙醇∶乙醇		支链淀粉

鉴定直链淀粉时可用苯胺—邻苯二甲酸试剂;还原性多糖用 Somogyi 试剂;黏多糖用甲苯胺蓝试剂显色;鉴定淀粉用1%碘乙醇溶液;棉籽糖可用α—苯酚试剂显色。

讨论

1. 自植物中提取糖类时,一般都是利用水和醇进行抽提。因此能溶于水的色素、蛋白质、丹宁、果胶、有机酸等也会随同糖一起被提取出来,从而干扰糖的分析。为了除去干扰物,常需使用澄清剂,如中性醋酸铅、碱性醋酸铅、氢氧化钡等,选用澄清剂时应注意选择那些使蛋白质等干扰物质沉淀而糖类不沉淀、不被吸附,也不会影响糖的物理化学性质和随后糖的鉴定和测定的澄清剂。

2. 植物体内有许多能水解糖的酶,因此在分离糖时必须适当地破坏或抑制酶的活性,方能提取天然状态下的糖类。比如采集的新鲜材料应迅速加热干燥或冷冻保存等,使用新鲜材料提取时,宜用沸水并提高乙醇的浓度至85%。如果材料的脂类和色素很高,可用石油醚浸提除去脂和色素。

3. 淀粉测定采用酸水解方法时,如果样品含有半纤维素等多糖,也会被水解为具还原力的单糖,如木糖、阿拉伯糖等,从而影响分析结果。用酶法水解则专一性强,可避免提取液中半纤维素等多糖的干扰。

4. Somogyi - Nelson 方法测定还原糖时重复性较好,生成的蓝色络合物非常稳定,但用该法测定还原糖时,不能用柠檬酸配制铜试剂,因为柠檬酸会抑制显色反应。

5. 用比色法测定糖的含量时,需同时制作标准曲线,未知样品的浓度必须调节至其 OD 值在标准曲线的范围以内。

6. 硫酸—酚法除可测定单糖外,还能测定寡糖及多糖。该方法简单、迅速、灵敏度高、重复性好,用以测定从纸层析或薄层层析斑点上洗脱下的糖时,效果很好,但样品中含有色氨酸或色氨酸含量高的蛋白质时,对显色反应有一定干扰。

7. 应用纸层析或薄层层析分离糖时,应用密封式展层时,其 R_f 可作为鉴定糖的参考依据。在层析时要同时点上已知标准的糖以作比较。进行定性及定量分析时,要注意在相同条件下做重复实验,这样方能获得重复的结果。

实验 26 脂肪的提取和定量测定

实验目的

1. 学习和掌握用索氏(Soxhlet)提取器提取脂肪的原理和方法。
2. 学习和掌握用重量分析法对粗脂肪进行定量测定。

实验原理

利用实验脂类物质溶于有机溶剂的特性,在索氏提取器中用有机溶剂(本实验用石油醚,沸程为30 ℃ ~60 ℃)[①]对样品中的脂类物质进行提取。因提取的物质是脂类物质的混合物，故称其为粗脂肪。

索氏提取器是由提取瓶、提取管、冷凝器三部分组成的，提取管两侧分别有虹吸管和连接管，如图1－26－1所示。各部分连接处要严密不漏气。提取时，将待测样品包在脱脂滤纸包内，放入提取管内。提取瓶内加入石油醚。加热提取瓶，石油醚汽化，由连接管上升进入冷凝器，凝成液体滴入提取管内，浸提样品中的脂类物质。待提取管内石油醚液面达到一定高度，溶有粗脂肪的石油醚经虹吸管流入提取瓶。流入提取瓶内的石油醚继续被加热汽化、上升、冷凝，滴入提取管内，如此循环往复，直到抽提完全为止。

本法为重量法，将由样品中抽提出的粗脂肪，蒸去溶剂，干燥，称重，按后面给的公式计算，求出样品中粗脂肪的百分含量。

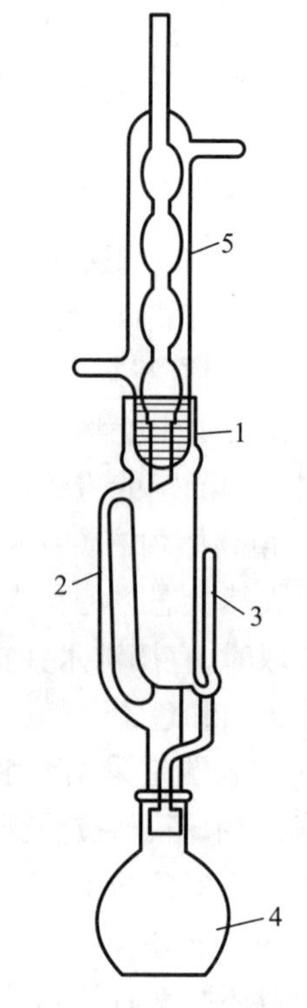

图1－26－1 索氏脂肪提取器

1—提取管；2—连接管；3—虹吸管；4—提取瓶；5—冷凝管

实验器材

1. 索氏提取器(50 mL)
2. 分析天平
3. 烧杯
4. 烘箱
5. 干燥器
6. 恒温水浴
7. 脱脂滤纸
8. 脱脂棉
9. 镊子

试剂和材料

（一）样品：芝麻种子[2]

将洗净、晒干的芝麻种子放在80 ℃～100 ℃烘箱中烘4 h。待冷却后，准确地称取2～4 g，置于研钵中研磨细，将研碎的样品及擦净研钵的脱脂棉一并用脱脂滤纸包住，用丝线扎好，勿让样品漏出。或用特制的滤纸斗装样品后，斗口用脱脂棉塞好。放入索氏提取器的提取管内，最好再用石油醚洗净研钵后倒入提取管内。

（二）石油醚

化学纯，沸程30 ℃～60 ℃。[3]

实验操作

洗净索氏提取瓶，在105 ℃烘箱内烘干至恒重，记录重量。将石油醚加到提取瓶内瓶容积的1/3～1/2处，将样品包入提取管内。将提取器各部分连接后，接口处不能漏气。用70 ℃～80 ℃恒温水浴加热提取瓶，使抽提进行16 h左右，直至抽提管内的石油醚用滤纸检验无油迹为止。此时表示提取完全。

提取完毕，取出滤纸包，再回馏一次。洗涤提取管，再继续蒸馏，当提取管中的石油醚液面接近虹吸管口而未流入提取瓶时，倒出石油醚。若提取瓶中仍有石油醚，继续蒸馏，直至提取瓶中的石油醚完全蒸发完。取下提取瓶，洗净瓶的外壁，放入 105 ℃烘箱中烘干至恒重，记录重量。

按下式计算样品中粗脂肪的百分含量。

$$粗脂肪含量(\%)=\frac{提取后提取瓶的重量(g)-提取前提取瓶的重量(g)}{样品重量(g)}\times 100\%$$

思考题

1. 索氏提取法提取的为什么是粗脂肪？
2. 做好本实验应注意哪些事项？

附注

① 本法采用沸点低于 60 ℃的有机溶剂，不能提取出样品中结合状态脂类，故此法又称为游离脂类定量测定法。

② 待测样品若是液体，应将一定体积的样品放在 60 ℃～80 ℃脱脂滤纸上在烘箱中烘干后，放入提取管内。

③ 本法使用有机溶剂石油醚（沸程为 30 ℃～60 ℃），故加热时不能用明火。

实验 27　脂肪碘值的测定

实验目的

学习测定脂肪碘值的原理和方法。

实验原理

碘值（价）是指 100 g 脂肪在一定条件下吸收碘的克数。碘值是鉴别脂肪的一个重要常数，可用以判断脂肪所含脂肪酸的不饱和程度。

碘值高低之所以能表示脂肪不饱和度的大小，是因为脂肪中常含有不饱和脂肪酸，不饱和脂肪酸具有双键，能与卤素起加成作用而吸收卤素。由于氟和氯与油脂作用剧烈，除了能起加成作用外还能取代氢原子，而碘在一定条件下主要与双键起加成作用，故用碘与脂肪中不饱和脂肪酸的双键起加成作用。脂肪的不饱和程度越高，所含有的不饱和脂肪酸越多，需要与其双键起加成作用的碘量就越多，碘值就越高。故可用碘值表示脂肪的不饱和度。

由于碘与不饱和脂肪酸中双键的加成反应较慢，所以测定时常用氯化碘（ICl）或溴化碘（IBr）代替碘。其中的氯原子或溴原子能使碘活化。本实验采用的是溴化碘（Hanus 试剂）。用一定量（必须过量）溴化碘和待测的脂肪作用后，用硫代硫酸钠滴定的方法测定溴化碘剩余量，根据后面所给的公式计算出待测脂肪吸收的碘量，求得脂肪的碘值。

具体反应过程如下：

加成作用： $IBr + -CH=CH- \longrightarrow -CHI-CHBr$

剩余溴化碘的释放： $IBr + KI \longrightarrow KBr + I_2$

用硫代硫酸钠滴定释放出来的碘：

$$I_2 + 2NaS_2O_3 - \longrightarrow 2NaI + NaS_4O_6$$

实验器材

1. 碘瓶(250 mL)
2. 量筒(10 mL,50 mL)
3. 滴定管(50 mL)
4. 吸量管(5 mL,10 mL)
5. 滴管
6. 分析天平

试剂和器材

1. 花生油或猪油 30 g
2. Hanus 试剂 2 000 mL

称取 12.2 g 碘溶于 1 000 mL 冰醋酸(99.5%)中①,溶时冰醋酸要慢慢加入,边加边摇,在水浴中加热,使碘溶解,冷却,加溴约 3 mL。贮于棕色瓶中。

3. 纯四氯化碳 500 mL
4. 10% 碘化钾溶液 1 000 mL

称取 100 g 碘化钾溶于水,稀释至 1 000 mL。

5. 0.05 mol/L 硫代硫酸钠溶液 5 000 mL

称取 $Na_2S_2O_3 \cdot 5H_2O$ 25 g,溶于新煮沸后冷却的蒸馏水(除去 CO_2,杀死细菌)中,加入 Na_2CO_3 约 0.2 g,稀释至 1 000 mL。用此法配制的硫代硫酸钠溶液比较稳定。贮于棕色瓶中置阴暗处,一天后进行标定。

6. 1% 淀粉溶液 100 mL

操作方法

准确称取 0.3 ~ 0.4 g 花生油或 0.5 ~ 0.6 g 猪油两份,分别放入干燥洁净的碘瓶内。再向各碘瓶加入 10 mL 四氯化碳。轻轻振摇,使样品(油脂)完全溶解。分别准确地向各碘瓶加入 Hanus 试剂 25 mL(勿使试管接触瓶颈),塞好玻璃塞。在塞子和瓶口之间加入数滴 10% KI 溶液以封闭瓶口缝隙,防止碘升华逸出。混匀后,置暗处(20 ℃ ~ 30 ℃)30 min(放置期间,不断摇动碘瓶),然后,小心打开碘瓶的塞子,使加的数滴碘化钾溶液流入瓶内(勿损失)。用 10% KI 溶液 10 mL 和蒸馏水 50 mL 把碘瓶塞和瓶颈上的液体冲入瓶内,混匀。用 0.05 mol/L 硫代硫酸钠溶液滴定,至瓶内溶液呈淡黄色后加 1% 淀粉溶液约 1 mL,继续滴定。当接近滴定终点时(蓝色极淡),加塞用力振荡,使碘由四氯化碳层完全进入水层,再滴至水层与非水层全都无色时为滴定终点。

另外再做两份空白实验(除不加样品外,其他操作同样品实验)②。

按下式计算碘值：

$$碘值=\frac{(A-B)C}{样品重量(g)}\times 0.1269\times 100$$

式中 A——滴定空白所消耗的 $Na_2S_2O_3$ 溶液毫升数；

B——滴定样品所消耗的 $Na_2S_2O_3$ 溶液毫升数；

C——$Na_2S_2O_3$ 溶液的摩尔浓度。

0.1269——与 1.00 mL 硫代硫酸钠标准溶液相当的，以克表示的碘的质量。

思考题

何谓碘值？其具有什么意义？

附注

① 本实验所用试剂均需高纯度。如 Hanus 试剂中的冰醋酸，不能含还原剂，冰醋酸与硫酸及重铬酸钾共热不呈绿色时才算合格。

② 样品和空白应同时加入 Hanus 试剂。因为醋酸膨胀系数较大，温度稍有变化，就会影响其体积，造成误差。

实验 28 维生素 C 的定量测定

实验目的

1. 学习维生素 C 定量测定法的原理和方法。
2. 进一步熟悉、掌握微量滴定法的基本操作技术。

实验原理

测定维生素 C(抗坏血酸)的化学方法，一般是利用维生素 C 的还原性。本实验即利用维生素 C 的这一性质，使其与 2,6－二氯酚靛酚作用，其反应如下：

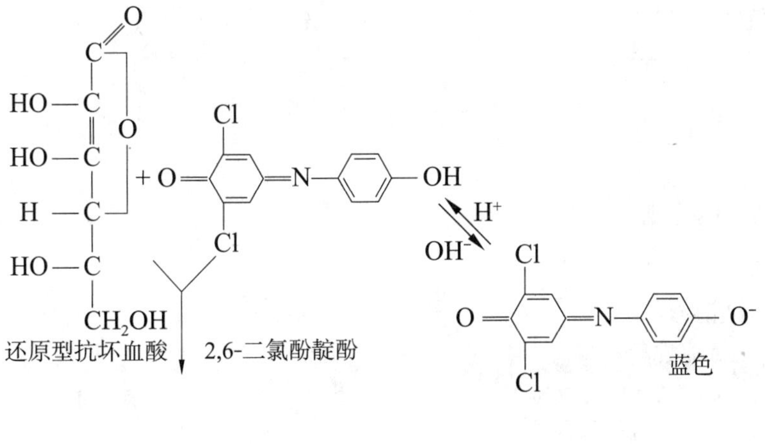

还原型抗坏血酸 2,6-二氯酚靛酚

蓝色

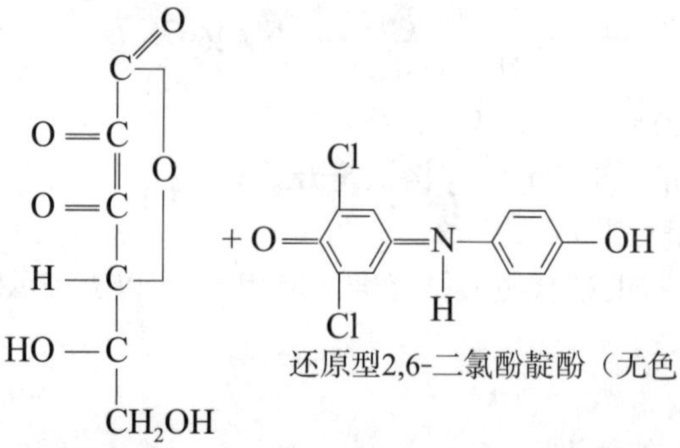

氧化型脱氢抗坏血酸　＋　还原型2,6-二氯酚靛酚（无色）

2,6－二氯酚靛酚钠盐的水溶液呈蓝色，在酸性环境中为玫瑰色，当其被还原时，则脱色。

根据上述反应，利用2,6－二氯酚靛酚在酸性环境中滴定含有维生素C的样品溶液。开始时，样品液中的维生素C立即将滴入的2,6－二氯酚靛酚还原脱色，当样品液中维生素C全部被氧化时，再滴入的2,6－二氯酚靛酚就不再被还原脱色而呈玫瑰色。故当样品液用2,6－二氯酚靛酚标准液滴定时，溶液出现浅玫瑰色时表明样品液中的维生素C全部被氧化，达到了滴定终点。此时，记录滴定所消耗的2,6－二氯酚靛酚标准液量，按下述公式计算出样品液中还原型维生素C的含量。

计算公式：

$$维生素C样品(mg/100\ g)=\frac{(V_A-V_B)\times S}{W}\times 100\%$$

式中　V_A——滴定样品提取液所用的2,6－二氯酚靛酚的平均毫升数；

V_B——滴定空白对照所用的2,6－二氯酚靛酚的平均毫升数；

S——1 mL 2,6－二氯酚靛酚溶液相当于维生素C的毫克数；

W——10 mL样品提取液中含样品的克数。

实验器材

1. 研钵
2. 吸量管(10 mL)
3. 容量瓶(50 mL)
4. 锥形瓶(50 mL)
5. 微量滴定管(5 mL)
6. 漏斗
7. 纱布
8. 滤纸
9. 药物天平

试剂和材料

1. 绿豆芽　800 g
2. 10%盐酸溶液　1 500 mL
3. 2,6－二氯酚靛酚溶液　2 000 mL

称取0.21 g碳酸氢钠，0.26 g 2,6－二氯酚靛酚溶于250 mL蒸馏水中，稀释至1 000 mL。过滤，装入棕色瓶内，置冰箱内保存，不得超过3天。使用前用新配制的标准抗坏血酸溶液标定。取 5 mL 标准抗坏血酸溶液加入 5 mL 偏磷酸—醋酸溶液，然后用 2,6－二氯酚靛酚溶液滴定，以生成微玫瑰红色并持续 15 s 不退为终点。计算 2,6－二氯酚靛酚溶液的浓度，以每毫升 2,6－二氯酚靛酚溶液相当于抗坏血酸的毫克数来表示。

4. 标准抗坏血酸溶液。

准确称取纯抗坏血酸结晶 50 mg 溶于偏磷酸—醋酸溶液中定容到 250 mL。装入棕色瓶，贮于冰箱内。

5. 偏磷酸—醋酸溶液。

称取偏磷酸 15 g，溶于 40 mL 冰醋酸和 450 mL 蒸馏水所配成的混合液中，过滤。贮于冰箱内，此溶液保存不得超过 10 d。

实验操作

制备含维生素 C 的样品提取液。

称取 30 g 绿豆芽（37 ℃发芽 3～7 d）置研钵中研磨，放置片刻（约 10 min），用 2 层纱布过滤，将滤液（如混浊可离心）滤出至 50 mL 容量瓶中。反复用酸化的蒸馏水冲洗研钵及纱布 2～3 次，将滤液并入同一容量瓶中。最后，用酸化的蒸馏水定容③，混匀，备用。

量取样品提取液 10 mL 于锥形瓶中。用微量滴定管，以 2,6－二氯酚靛酚溶液滴定样品提取液，呈微弱的玫瑰色，持续 15 s 不退为终点，记录所用 2,6－二氯酚靛酚的毫升数。整个滴定过程不要超过 2 min④。

另取 10 mL 用 10% 盐酸酸化的蒸馏水做空白对照滴定。样品提取液和空白对照各做三份。

计算结果。

思考题

试述本实验介绍的 2,6－二氯酚靛酚滴定法的优缺点。

附注

① 生物组织提取液中维生素 C 还能以脱氢维生素 C 和结合维生素 C 的形式存在。这两种形式的维生素 C 都具有还原型维生素 C 的生物活性，却不能将 2,6－二氯酚靛酚还原脱色。

② 生物组织提取液中常含有天然色素，干扰对滴定终点的观察。

③ 酸化蒸馏水的制备：每 10 mL 蒸馏水加入 10% 盐酸 1 滴。

④ 用氧化剂滴定维生素 C 的反应并不是特异的，其他还原物质对此反应有干扰。为了增加反应的特异性，最简单的方法是加快滴定的速度，因为很多干扰物质与 2,6－二氯酚靛酚的反应比较慢。

实验 29　酶的特性

实验目的

加深对酶的性质的认识。

实验内容

本实验由温度对酶活力的影响、pH 对酶活性的影响、唾液淀粉酶的活化和抑制、酶的专一性 4 组实验组成。

一、温度对酶活力的影响

实验原理

酶的催化作用受温度的影响。在最合适的温度下,酶的反应速度最高。大多数动物酶的最适温度为 37 ℃ ~40 ℃,植物酶的最适温度为 50 ℃ ~60 ℃。

酶对温度的稳定性与其存在形式有关。有些酶的干燥制剂,虽加热到 100 ℃,其活性并无明显改变,但在 100 ℃的溶液中却很快失去活性。

低温能降低或抑制酶的活性,但不能使酶失活。

实验器材

(1) 试管及试管架
(2) 恒温水浴
(3) 冰浴
(4) 沸水浴

试剂和材料

(1) 0.2% 淀粉的 0.3% 氯化钠溶液　　150 mL

需新鲜配制。

(2) 稀释 200 倍的唾液　　50 mL

用蒸馏水漱口,以清除食物残渣,再含一口蒸馏水,半分钟后使其流入量筒并稀释 200 倍(稀释倍数可根据各人唾液淀粉酶活性调整),混匀备用。

(3) 碘化钾—碘溶液

将碘化钾 20 g 及碘 10 g 溶于 100 mL 水中,使用前稀释 10 倍。

实验操作

淀粉和可溶性淀粉遇碘呈蓝色。糊精按其分子的大小,遇碘可呈蓝色、紫色、暗褐色或红色。最简单的糊精遇碘不呈颜色,麦芽糖遇碘也不呈色。在不同温度下,淀粉被唾液淀粉酶水解的程度可由水解混合物遇碘呈现的颜色来判断。

取 3 支试管,编号后按表 1-29-1 加入试剂。

表 1-29-1　加样表　　单位:mL

管号	1	2	3
淀粉溶液	1.5	1.5	1.5
稀释唾液	1	1	—
煮沸过的稀释唾液	—	—	1

摇匀后，将1、3号两支试管放入37 ℃恒温水浴中，2号试管放入冰水中。10 min后取出（将2号管内液体分为两半），用碘化钾—碘溶液来检验1、2、3号管内淀粉被唾液淀粉酶水解的程度。记录并解释结果，将2号试管剩下的一半溶液放入37 ℃水浴中继续保温10 min后，再用碘液实验，观察结果。

二、pH对酶活性的影响

实验原理

酶的活力受环境pH值的影响极为显著。不同酶的最适pH值不同。本实验观察pH对唾液淀粉酶活性的影响，唾液淀粉酶的最适pH值约为6.8。

实验器材

（1）试管及试管架
（2）吸管
（3）滴管
（4）50 mL锥形瓶
（5）恒温水浴

试剂和材料

（1）新配制的溶于0.3%氯化钠的0.5%淀粉溶液250 mL。
（2）稀释200倍的新鲜唾液100 mL。
（3）0.2 mol/L磷酸氢二钠溶液600 mL。
（4）0.1 mol/L柠檬酸溶液400 mL。
（5）碘化钾—碘溶液50 mL。
（6）pH试纸　pH=5.0、pH=5.8、pH=6.8、pH=8.0四种。

实验操作

取4个标有号码的50 mL锥形瓶。用吸管按表1－29－2添加0.2 mol/L磷酸氢二钠溶液和0.1 mol/L柠檬酸溶液以制备pH值为5.0～8.0的4种缓冲液。

表1－29－2　缓冲液的取制备

锥形瓶号码	0.2 mol/L 磷酸氢二钠溶液/mL	0.1 mol/L 柠檬酸溶液/mL	pH
1	5.15	4.85	5.0
2	6.05	3.95	5.8
3	7.72	2.28	6.8
4	9.72	0.28	8.0

从4个锥形瓶中各取缓冲液3 mL，分别注入4支带有号码的试管中，随后于每个试管中添加0.5%淀粉溶液2 mL和稀释200倍的唾液2 mL。向各试管中加入稀释唾液的时间间隔各为1 min。将各试管中物质混匀，并依次置于37 ℃恒温水浴中保温。

待向第4管加入唾液2 min后，每隔1 min由第3管取出一滴混合液，置于白瓷板上，加

1 小滴碘化钾—碘溶液,检验淀粉的水解程度。待混合液变为棕黄色时,向所有试管依次添加 1 ~2 滴碘化钾—碘溶液。添加碘化钾—碘溶液的时间间隔,从第 1 管起,均为 1 min。

观察各试管中物质呈现的颜色,分析 pH 对唾液淀粉酶活性的影响。

三、唾液淀粉酶的活化和抑制

实验原理

酶的活性受活化剂或抑制剂的影响。氯离子为唾液淀粉酶的活化剂,铜离子为其抑制剂。

实验器材

(1) 恒温水浴　　(2) 试管及试管架

试剂和材料

(1) 0.1% 淀粉溶液　150 mL
(2) 稀释 200 倍的新鲜唾液　150 mL
(3) 1% 氯化钠溶液　50 mL
(4) 1% 硫酸铜溶液　50 mL
(5) 1% 硫酸钠溶液　50 mL
(6) 碘化钾—碘溶液　100 mL

实验操作

取 4 支试管,编号后按表 1 -29 -3 加入试剂。

表 1 -29 -3　各试管加样量

管号	1	2	3	4
0.1% 淀粉溶液/mL	1.5	1.5	1.5	1.5
稀释唾液/mL	0.5	0.5	0.5	0.5
1% 硫酸铜溶液/mL	0.5	—	—	—
1% 氯化钠溶液/mL	—	0.5	—	—
1% 硫酸钠溶液/mL	—	—	0.5	—
蒸馏水/mL	—	—	—	0.5
37 ℃恒温水浴,保温 10 min*				
碘化钾—碘溶液/mL	2 ~3	2 ~3	2 ~3	2 ~3
现象				

* 保温时间可根据各人唾液淀粉酶活力调整。

解释结果,说明本实验第 3 管的意义。

四、酶的专一性

实验原理

酶具有高度的专一性。本实验以唾液淀粉酶和蔗糖酶对淀粉和蔗糖的作用为例,来说明酶的专一性。

淀粉和蔗糖无还原性，唾液淀粉酶水解淀粉生成有还原性的麦芽糖，但不能催化蔗糖的水解。蔗糖酶能催化蔗糖水解产生还原性葡萄糖和果糖，但不能催化淀粉的水解。用 Benedict 试剂检查糖的还原性。

实验器材

（1）恒温水浴　　（2）沸水浴

（3）试管及试管架

试剂和材料

（1）2% 蔗糖溶液　150 mL

（2）溶于 0.3% 氯化钠的 1% 淀粉溶液（需新鲜配制）　150 mL

（3）稀释 200 倍的新鲜唾液　100 mL

（4）蔗糖酶溶液　100 mL

将啤酒厂的鲜酵母用水洗涤 2 ~ 3 次（离心法），然后放在滤纸上自然干燥。取干酵母 100 g，置于研钵内，添加适量蒸馏水及少量细沙，用力研磨约 1 h，再加蒸馏水使总体积约为原来体积的 10 倍。离心，将上清液保存于冰箱中备用。

（5）Benedict 试剂

无水硫酸铜 17.4 g 溶于 100 mL 热水中，冷却后稀释至 150 mL。取柠檬酸钠 173 g，无水碳酸钠 100 g 和 600 mL 水共热，溶解后冷却并加水至 850 mL。再将冷却的 150 mL 硫酸铜溶液倾入。本试剂可长久保存。

实验操作

（1）淀粉酶的专一性（表 1 – 29 – 4）。

表 1 – 29 – 4　加样表

管号	1	2	3	4	5	6
1% 淀粉溶液/滴	4	—	4	—	4	—
2% 蔗糖溶液/滴	—	4	—	4	—	4
稀释唾液/mL	—	—	1	1	1	—
煮沸过的稀释唾液/mL	—	—	—	—	1	1
蒸馏水/mL	1	1	—	—	—	—
37 ℃恒温水浴 15 min						
Benedict 试剂/mL	1	1	1	1	1	1
沸水浴 2 ~ 3 min						
现象						

解释实验结果（提示：唾液除含淀粉酶外还含有少量麦芽糖酶）。

（2）蔗糖酶的专一性（表 1 – 29 – 5）。

表 1－29－5　加样表

管号	1	2	3	4	5	6
1% 淀粉溶液/滴	4	—	4	—	4	—
2% 蔗糖溶液/滴	—	4	—	4	—	4
蔗糖酶溶液/mL	—		1	1	—	—
煮沸过的蔗糖酶溶液/mL	—	—	—	—	1	1
蒸馏水/mL	1	1	—	—	—	—
37 ℃恒温水浴 5 min						
Benedict 试剂/mL	1	1	1	1	1	1
沸水浴 2 ~3 min						
现象						

解释实验结果。

思考题

1. 什么是酶的最适温度？其应用意义是什么？
2. 什么是酶反应的最适 pH？其对酶活性有什么影响？
3. 什么是酶的活化剂？
4. 什么是酶的抑制剂？其与变性剂有何区别？
5. 本实验结果如何证明酶的专一性？

实验总结

（一）温度对酶活力的影响（表 1－29－6）

表 1－29－6　温度对酶活力的影响

管号	呈现的颜色	解释结果
1		
2		
2 号剩一半		
3		

（二）pH 对酶活性的影响（表 1－29－7）

表 1－29－7　pH 对酶活性的影响

管号	呈现的颜色	解释现象
1		
2		
3		
4		

（三）唾液淀粉酶的活化和抑制（表 1－29－8）

表 1－29－8　唾液淀粉酶的活化和抑制

管号	呈现的颜色	解释结果	第 3 管的意义
1			
2			
3			
4			

（四）酶的专一性

（1）淀粉酶的专一性（表 1－29－9）。

表 1－29－9　淀粉酶的专一性

管号	现象	解释现象
1		
2		
3		
4		
5		
6		

（2）蔗糖酶的专一性（表 1－29－10）。

表 1－29－10　蔗糖酶的专一性

管号	现象	解释现象
1		
2		
3		
4		
5		
6		

结论：

实验 30　超氧化物歧化酶的分离纯化

目的要求

1. 通过超氧化物歧化酶的分离纯化，了解有机溶剂沉淀蛋白质以及纤维素离子交换柱层析方法的原理。

2. 掌握测定超氧化物歧化酶活性和比活性的方法。

实验原理

超氧化物歧化酶简称 SOD,它广泛存在于各类生物体内,按其所含金属辅基的不同,可分为 3 种:铜锌超氧化物歧化酶(Cu·Zn－SOD)、锰超氧化物歧化酶(Mn－SOD)和铁超氧化物歧化酶(Fe－SOD)。SOD 催化如下反应:

$$O_2^- + O_2^- + 2H^+ \longrightarrow H_2O_2 + O_2$$

在生物体内,SOD 是一种重要的自由基清除剂,能治疗人类多种炎症、放射病、自身免疫性疾病和抗衰老,对生物体有保护作用。

在血液里,Cu·Zn－SOD 与血红蛋白等共存于红血球,当红血球破裂溶血后,用氯仿—乙醇处理溶血液,使血红蛋白沉淀,而 Cu·Zn－SOD 则留在水—乙醇均相溶液中。磷酸氢二钾极易溶于水,在乙醇中的溶解度甚低,将磷酸氢二钾加入水—乙醇均相溶液中时,溶液明显分层,上层是具有 Cu·Zn－SOD 活性的含水乙醇相,下层是溶解大部分磷酸氢二钾的水相(比重大)。用分液漏斗处理,收集上层具有 SOD 活性的含水乙醇相,再加入有机溶剂丙酮,使 SOD 沉淀,极性有机溶剂能引起蛋白质脱去水化层,并降低介电常数而增加带电质点间的相互作用,致使蛋白质颗粒凝集而沉淀。采用这种方法沉淀蛋白质时,要求在低温下操作,并且需要尽量缩短处理时间,避免蛋白质变性。

Cu·Zn－SOD 的 pI 值为 4.95,将上一步收集的 SOD 丙酮沉淀物溶于蒸馏水中,在 pH 值为 7.6 的条件下,Cu·Zn－SOD 带负电,过纤维素阴离子交换柱可得到进一步纯化。

试剂和器材

(一) 原料

猪血(要保证新鲜,无污染)。

(二) 试剂及配制

(1) 95% 乙醇(CP 级配制)、丙酮(CP 级配制)、氯仿(CP 级配制)、柠檬酸三钠(AR 级配制)、盐酸(AR 级配制)、0.9% 氯化钠(AR 级配制)、磷酸氢二钾(AR 级配制)、DEAE－Sephadex A－50。

(2) pH＝8.2,100 mmol/L Tris－二甲胂酸钠缓冲液(内含 2 mmol/L 二乙基三氨基五乙酸):以 200 mmol/L Tris－二甲胂酸钠缓冲液(内含 4 mmol/L 二乙基三氨基五乙酸)50 mL 加 200 mmol/L HCl 22.38 mL,然后用重蒸水稀释至 100 mL。

(3) 6 mmol/L 邻苯三酚:用 10 mmol/L HCl 作溶剂配制,4 ℃下保存。

(4) 磷酸氢二钾(K_2HPO_4)—磷酸二氢钾(KH_2PO_4)缓冲液:

A. 2.5 μmol/L K_2HPO_4 溶液的配制:一般市售的化学试剂其化学式为 $K_2HPO_4 \cdot 3H_2O$,称取 0.569 K_2HPO_4 溶解在 10 00 mL 蒸馏水中,搅拌均匀。

B. 2.5 μmol/L KH_2PO_4 溶液的配制:如果市售的化学试剂分子式为 KH_2PO_4,则在 1 000 g 蒸馏水中加入 0.34 g,搅拌均匀。如果化学式为 $KH_2PO_4 \cdot 2H_2O$,则在 1 000 g 水中加入 0.43 g,

搅拌均匀。

C. 缓冲溶液的配制：按上述方法配好 2.5 μmol/L K_2HPO_4 溶液和 2.5 μmol/L KH_2PO_4 溶液后，将 K_2HPO_4 溶液缓慢地倒入 KH_2PO_4 溶液中，直至调整溶液的 pH 值到 7.6 为止。此时配好的溶液即为 2.5 μmol/L $K_2HPO_4-KH_2PO_4$ 缓冲液，若将 K_2HPO_4、KH_2PO_4 的量各加大 20 倍，配成的即为 50 μmol/L $K_2HPO_4-KH_2PO_4$ 缓冲液。

（三）器材

离心机、搅拌机、搪瓷桶、分光光度计、分液漏斗、玻璃柱（1.0 cm × 10 cm）、自动收集器、紫外检测仪、移液管、量筒、烧杯、试管、pH 试纸、温度计。

（四）制造工艺

（1）技术路线。

$$\text{新鲜猪血}\xrightarrow[\text{离心}]{\text{除去血浆}}\text{红血球}\xrightarrow[\text{反复洗三次}]{\text{洗浮氯化钠}}\text{干净红血球}\xrightarrow[5\ ℃,30\ \text{min}]{\text{溶血，去离子水}}\text{溶血物}$$

$$\xrightarrow[15\ \text{min}]{\text{去血红蛋白乙醇　氯仿}}\text{上清液}\xrightarrow[0\ ℃]{\text{沉淀丙酮}}\text{沉淀物}\xrightarrow[55\ ℃\sim65\ ℃,10\sim15\ \text{min}]{\text{热处理，去离子水}}\text{黄绿色澄清液}$$

$$\xrightarrow[0\ ℃\text{透析}\ 6\sim8\ \text{h}]{\text{沉淀，去不溶蛋白，透析丙酮去离子水}}\text{透析液}\xrightarrow[\text{pH}=7.6]{\text{吸附、洗脱、超滤、浓缩、冻干 DEAE - Sephadex A - 50 磷酸钾缓冲液}}$$

超氧化物歧化酶成品

（2）工艺过程。

① 收集、洗浮：取新鲜猪血，离心除去黄色血浆，红血球用 0.9% 氯化钠溶液离心洗浮，除去洗浮液，反复洗 3 次，得干净红血球。

② 溶血、去血红蛋白：干净红血球加去离子水，温度 5 ℃，搅拌 30 min，然后加入 0.25 倍体积的 95% 乙醇和 0.15 倍体积的氯仿，搅拌 15 min，离心去血红蛋白，收集上清液。

③ 沉淀、热处理：操作温度在 0 ℃左右，将上清液加入 1.2、1.5 倍体积的丙酮，产生大量絮状沉淀，离心，除去上清液，得沉淀物。再将沉淀物加适量去离子水后使其溶解，离心，除去不溶性蛋白，上清液于 55 ℃ ~65 ℃热处理 10 ~ 15 min，离心，除去大量热变性蛋白，收集黄绿色的澄清液。

④ 沉淀、去不溶蛋白、透析：在 0 ℃操作条件下，将澄清液加入适量丙酮，使其产生大量絮状沉淀，离心，除去上清液，沉淀再加去离子水，充分搅匀，离心除去不溶性蛋白，清液置透析袋中动态透析 6 ~ 8 h，得透析液。

⑤ 吸附、洗脱、超滤、浓缩、冻干：将透析液小心地加到已用 2.5 mmol/L、pH = 7.6 的磷酸缓冲液平衡好的 DEAE - Sephadex A - 50 柱上吸附，用 pH = 7.6、2.5 ~ 50 mmol/L 的磷酸钾缓冲液进行梯度洗脱，收集具有 SOD 活力的洗脱液，超滤、浓缩、冷冻干燥即得 SOD 成品。

⑥ 电泳鉴定条件：用 0.5% 琼脂糖凝胶平板电泳，缓冲液为 pH = 8.4 的三羟甲基氨基甲烷—苷氨酸，电压梯度 22 V/cm，电流 3 mA/cm，电泳时间 35 min，固定染色液（0.5% 氨基黑 10B），底色褪色液为 7% 醋酸。

酶活性及纯度的测定

(一) 酶活性测定

超氧离子(O_2^-)与生物体的生理现象及病理变化有密切关系,超氧化物歧化酶能催化超氧离子(O_2^-)自由基发生歧化反应:

$$O_2^- + O_2^- + 2H^+ \longrightarrow H_2O_2 + O_2$$

具有消除 O_2^- 自由基的能力,而超氧化物歧化酶的活性测定也是根据这一反应进行。以 O_2^- 作为底物,O_2^- 是一种寿命很短的自由基,除非用脉冲辐解技术进行纳秒级快速动力学跟踪或快速冰冻结合 ESR 波谱观察,才能获得 SOD 与 O_2^- 反应动力学信息,但这需要有特殊的仪器设备。在一般情况下,只能应用间接活性测定法来测定。

(1) 邻苯三酚自氧化法。

邻苯三酚($C_6H_6O_3$,1,2,3 – benzenetriol)在碱性条件下,能迅速自氧化,释放出 O_2^- ,生成带色的中间产物。反应开始后,反应液先变成黄棕色,几分钟后转绿,几小时后又转变成黄色,这是因为生成的中间物不断氧化的结果。这里测定的是邻苯三酚自氧化过程中的初始阶段,中间物的积累在滞留 30 ~ 45 s 后,与时间呈线性关系,一般线性时间维持在 4 min 的范围内。中间物在 420 nm 波长处有强烈光吸收。当有 SOD 存在时,由于它能催化 O_2^- 与 H^+ 结合生成 O_2 和 H_2O_2 ,从而阻止了中间产物的积累,因此,通过计算即可求出 SOD 的酶活性。

邻苯三酚自氧化速率的测定:在试管中按表 1 – 30 – 1 加入缓冲液和重蒸水,25 ℃下保温 20 min,然后加入 25 ℃预热过的邻苯三酚(对照管用 10 mmol/L 的 HCl 代替邻苯三酚),迅速摇匀,立即倾入比色杯中,在 420 nm 波长处测定光吸收值,每隔 30 s 读数一次,要求自氧化速率控制在每分钟的光吸收值为 0.06(可增减邻苯三酚的加入量,以控制光吸收值)。

表 1 – 30 – 1 邻苯三酚自氧化速率测定加样表

试剂	对照管/mL	样品管/mL	最终浓度/($mmol \cdot L^{-1}$)
pH = 8.2、100 mmol/L Tris – 二甲胂酸钠缓冲液(内含 2 mmol/L 二乙基三氨基五乙酸)	4.5	4.5	5.0(内含 1 mmol/L 二乙基三氨基五乙酸)
重蒸水	4.2	4.2	—
10 mmol/L HCl	0.3	—	—
6 mmol/L 邻苯三酚	—	0.3	0.2
总体积	9	9	—

酶活性的测定:酶活性的测定按表 1 – 30 – 2 进行,操作与测定邻苯三酚自氧化速率相同。根据酶活性情况适当增减酶样品的加入量。酶活性单位的定义为:在 1 mL 反应液中,每分钟抑制邻苯三酚自氧化速率达 50% 时的酶量定义为一个活性单位,即在 420 nm 波长处测定时,每分钟光吸收值为一个活性单位。若每分钟抑制邻苯三酚自氧化速率在 35% ~ 65% 之间,通常可按比例计算,若数值不在此范围内,应增减酶样品加入量。

表 1－30－2　酶活性测定加样表

试剂	对照管/mL	样品管/mL	最终浓度/(mmol·L^{-1})
pH＝8.2、100 mmol/L Tris－二甲胂酸钠缓冲液(内含 2 mmol/L 二乙基三氨基五乙酸)	4.5	4.5	50(内含 1 mmol/L 二乙基三氨基五乙酸)
酶溶液	—	0.1	—
重蒸水	4.2	4.1	—
6 mmol/L 邻苯三酚	—	0.3	0.2
10 mmol/L HCl	0.3	—	—
总体积	9	9	—

活性和比活性的计算：

$$单位体积酶液活性 = \frac{\frac{0.06 - 酶样品管自氧化速率}{0.06} \times 100\%}{50\%} \times 反应液总体积 \times \frac{酶样品液稀释倍数}{酶样品液体积}$$

$$总活性 = 单位体积酶活性 \times 酶原液总体积$$

$$比活性 = \frac{单位体积酶液活性}{单位体积蛋白含量} = \frac{总活性}{总蛋白}$$

式中，单位体积酶液活性的单位为 U/mL，总活性的单位为 U，单位体积蛋白含量的单位为 mg/mL，总蛋白的单位为 mg。

(2) 连苯三酚微量进样法。

本方法的条件为：连苯三酚 45 mmol/L，pH＝8.2 的 50 mmol/L Tris－HCl 缓冲液，反应总体积 4.5 mL，测定波长 325 nm，温度 25 ℃。

连苯三酚自氧化速率的测定：在试管中按表 1－30－3 加入缓冲液，于 25 ℃保温 20 min，然后加入预热的连苯三酚(对照管用 10 mmol/L HCl 代替)，迅速摇匀倒入 1 cm 比色皿中，在 325 nm 的波长下，每隔 30 s 测定光吸收值一次，要求自氧化速率控制在每分钟光吸收值为 0.07。

表 1－30－3　测定连苯三酚自氧化速率试剂用量表

试剂	加入量/mL	最终浓度/(mmol·L^{-1})
pH＝8.2 的 50 mmol/L Tris－HCl 缓冲液	4.5	50
45 mmol/L 连苯三酚	0.01	0.10
总量	4.5	—

SOD 或粗酶提取液的活性测定：按表 1－30－4 加样，测定方法同上。

表 1－30－4　测定 SOD 及粗酶活性的试剂和酶液用量表

试剂	加入量/mL	总浓度/(mmol·L^{-1})
pH＝8.2 的 50 mmol/L Tris－HCl 缓冲液	4.5	50
酶或粗酶液	0.01	—
45 mmol/L 连苯三酚	0.01	0.10
总量	4.5	—

$$单位体积活性 = \frac{\frac{0.07 - 样液速率}{0.07} \times 100\%}{50\%} \times 反应液总体积 \times \frac{样液稀释浓度}{稀释体积}$$

总活性 = 单位体积活性 × 原液总体积

(二)SOD 纯度检验

SOD 纯度可用聚丙烯酰胺凝胶电泳来测定,看其在相对分子质量为 32 000 左右的条带是否与标准品相同。

注意事项

(1)猪血 SOD 对热敏感,因此在分离过程中温度应控制在 5 ℃左右,最好在 0 ℃,时间不要超过 4 d。

(2)分离出的红血球经生理盐水洗涤后,如暂不用,可冷冻保存,不影响其酶活力。

(3)上柱分离纯化要注意 pH 值和盐浓度,pH 值控制酶分子的带电状态,盐浓度控制结合键的强弱。为了得到高纯度的 SOD,常采用梯度洗脱,也可用 DE-32、CM-32 等作交换剂。

(4)有机溶剂用量应掌握适当比例,在存在有机溶剂的情况下,可有效地沉淀蛋白质,但应控制适当的温度,才可达到最佳分离效果。

(5)猪血 SOD 在 pH 值为 7.6 ~ 9.0 范围内比较稳定,因此在提取过程中应注意掌握 SOD 酶的最适 pH 值。

实验 31 亲和层析纯化乳酸脱氢酶

乳酸脱氢酶(Lactate Dehydrogenase,LDH)是机体代谢中一种很重要的酶,它催化下述反应:

$$丙酮酸 + NADH + H^{+} \xrightarrow{LDH} 乳酸 + NAD^{+}$$

研究表明,大多数动物体内的 LDH 含有 5 种同工酶。它们是由两种亚基(H 亚基与 M 亚基)按不同组合形成的四聚体,其中 LDH-1 和 LDH-5 分别为四个 H 亚基和四个 M 亚基组成的纯合体。后来在很多动物睾丸和精子中,又发现了另一种 LDH 同工酶命名为 LDH-X,由四个 X 亚基组成。已经证明,形成不同 LDH 同工酶的上述三种亚基是由三个不同的基因所编码。LDH 的各种同工酶的蛋白质组成与结构,生物体内的组织分布、酶学性质与生理功能均各有差异。因此,纯化 LDH 的各同工酶并对其进行比较酶学的研究,对于进一步认识蛋白质结构与功能的关系,机体内代谢的调控以及基因的进化等均有重要意义。在这方面,国外学者已做了很多工作,并取得不少有意义的结果。

早期的 LDH 纯化比较繁琐,周期长,收率低。20 世纪 70 年代以来,由于 Axen 等人进行的开创性工作,亲和层析技术得到迅速发展。由于其具有专一性强、操作简捷、回收率高等特点,已成为分离纯化生物大分子的强有力的手段。由于使用了能与酶专一结合的配基,尽管各种同工酶在电荷效应上存有差异,也均能得到较高的回收率。这对于 LDH 同工酶的研究是很有意义的，尤其对纯化体内含量甚微的某些 LDH 同工酶如 LDH - X，亲和层析更是最为理想的手段。

实验原理

亲和层析（Affinity Chromatography）是在一种对目的分子具有专一吸附能力的吸附剂上进行层析的方法。这种专一吸附能力是由于共价偶联在惰性载体上的物质（通常称为配基）与需要纯化的物质之间存在一种专一的可逆的亲和力。相互具有这种亲和力的生物分子有抗体与抗原、酶与其底物或抑制剂、激素与其受体等。将具有这种亲和关系的两种分子（A、B）中的一种（如 A）以共价偶联到载体上，则可成为纯化另一种分子 B 的亲和吸附剂。当待纯化的混合物通过带有这种亲和吸附剂做成的层析柱时，只有分子 B 能保留在柱上，其他分子皆流出柱子。最后可用特殊洗脱条件将分子从柱上洗脱下来，这样经过一次柱层析可得到高纯度的 B 分子。亲和层析的原理如图 1 - 31 - 1 所示。

AMP 是 LDH 的竞争性抑制剂，与 LDH 有亲和性结合能力，故可以成为纯化 LDH 的专一性配基，由于 LDH 相对分子质量较大，为了使配基与 LDH 分子更容易结合，在 AMP 上加一个含有 6 个碳原子链的分子臂。因此本实验中我们采用 8 -（6 - 氨基己基）- 氨基 - 5′ - AMP 作为配基，与琼脂糖 Sepharose 4B 偶联成为纯化 LDH 的亲和层析材料。

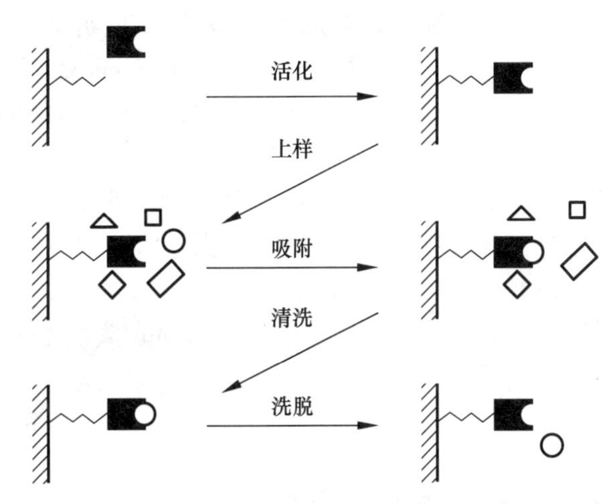

图 1 - 31 - 1 亲和层析示意图

实验材料与设备

（一）用品与仪器

紫外检测仪、pH 计、旋转蒸发仪、组织捣碎机。

（二）试剂

5′ - AMP；NAD^+；NADH；Dowex 阴离子交换树脂；Sepharose 4B；1，6 - 己二胺；甲硫吩嗪；溴化氰；氯化硝基四氮唑蓝。

（三）动物材料

大鼠骨骼肌。

实验操作程序

（一）8－溴－5′－AMP 的制备

取 2 g 5′－AMP 溶于 160 mL 1 mol/L 乙酸钠缓冲液（pH＝3.9）中，与含有 0.32 mL 溴的溴水 30 mL 混匀后在暗处反应 18 h；然后加入 0.2 g 偏重亚硫酸钠，摇动至溶液的橙红色消失。取一滴反应液稀释至 OD_{260} 为 0.8 左右，在 402 型紫外分光光度计上扫描，最大吸收峰由 257 nm 移至 262 nm，说明反应已大部分完成。把反应混合液在 37 ℃下进行减压旋转蒸发，除去溶剂，分数次加入 120 mL 无水乙醇洗涤沉淀物，蒸去乙醇后得到 3.1 g 白色固体。将之溶于 180 mL 去离子水中，上 Dawex 1×2 阴离子交换柱（柱床 2 cm×30 cm，200～400 目，1 mol/L 甲酸钠转型，0.1 mol/L 甲酸平衡），上样完毕用 360 mL 无离子水洗柱，然后用 0.1 mol/L 与 0.5 mol/L 甲酸溶液各 500 mL 做线性梯度洗脱，速度 42 mL/h。得到两个主要洗脱峰，第一峰最大紫外吸收在 257 nm，为未经溴化的 5′－AMP。第二峰最大紫外吸收在 263 nm，为 8－溴－5′－AMP。收集第二峰物质，冷冻干燥得白色 8－溴－5′－AMP。

（二）8－(6－氨基己基)－氨基－5′－AMP 的制备

取 8－溴－5′－AMP 1 g，溶于 60 mL 蒸馏水中，加入 8 g 1,6－己二胺，用浓盐酸调至 pH＝9.3，分装于 6 个厚壁玻璃刻度管中，封口，99 ℃温箱中反应 6 h。取一滴反应液稀释后进行紫外吸收光谱扫描。最大吸收峰由 264 nm 移至 280 nm，说明反应基本完成。反应液稀释 40 倍后调至 pH＝12，上 Dawex 1×2 阴离子交换柱（柱床 2 cm×22 cm，1 mol/L 乙酸钠转型，用去离子水平衡），上样完毕用 500 mL 去离子水洗柱，直至流出液中不含 1,6－己二胺为止（用茚三酮鉴定）。

然后用去离子水和 0.5 mol/L 乙酸各 600 mL 做线性梯度洗脱，收集 280 nm 吸收峰的物质，冷冻干燥以后得到的白色固体，即 8－(6－氨基己基)－氨基－5′－AMP。

（三）8－(6－氨基己基)－氨基－5′－AMP 的鉴定

紫外吸收光谱的鉴定：取合成的样品 1 mg 溶于 40 mL 蒸馏水中，分为两份，分别以 NaOH 和 HCl 调至 pH＝11 与 pH＝1。在紫外分光光度计上进行紫外光谱扫描，测出最大吸收峰与最小吸收峰的波长，与文献对照。同样条件也对 5′－AMP 与 8－溴－5′－AMP 进行扫描。

各官能团的定性鉴定：脂肪族氨基的鉴定用茚三酮显色反应：取一滴样品溶液滴于干净滤纸上，吹干后喷 0.5% 茚三酮丙酮溶液，50 ℃恒温 15 min 后显色，以 5′－AMP 与 8－溴－5′－AMP 为对照。核糖环的鉴定用联苯胺过碘酸钠显色反应：取一滴样品溶液滴于干净滤纸上，吹干后先喷 0.1% 过碘酸钠水溶液，5 min 后喷联苯胺溶液显色（1.8 g 联苯胺溶于 50 mL 乙醇，加 50 mL 水与 20 mL 丙酮及 10 mL 0.2 mol/L 盐酸），以 5′－AMP 与 8－溴－5′－AMP 为对照。磷酸基的鉴定用磷钼酸显色反应：称 2 mg 样品，加入 5 mol/L 硫酸于 140 ℃消化 2 h，然后稀释到 20 mL，取 1 mL 加入 3 mL 显磷试剂（3 mol/L 硫酸：水：2.5% 钼酸铵：10% 抗环血酸＝1：2：1：1），显色，以蒸馏水和未经消化的样品为对照。

不同溶剂系统的纸层析鉴定：用 Whatman NO.1 滤纸纸层析，对三种溶剂系统进行分析。1 号溶剂系统为正丁醇：乙酸：水（5：2：3）；2 号溶剂系统为乙醇：1 mol/L 乙酸铵

(pH =7.5)(2∶1);3 号溶剂系统为异丁酸∶氨水∶水(66∶1∶33)。层析后在紫外灯下观察光收吸斑点,或用茚三酮或联苯胺—过碘酸钠显色。

(四) 配基与 Sepharose 4B 的偶联

量取 30 mL Sepharose 4B 分别用 500 mL 0.5 mol/L NaCl 溶液和 1 L 蒸馏水在 G-3 型抽滤漏斗中洗涤并抽干,加蒸馏水至总体积 60 mL,调至 pH =11,置于小烧杯中,外置冰浴,内插 pH 电极,安放电磁搅拌。在通风橱中称取 6 g 溴化氰(剧毒),用预冷过的研钵研成粉末,一次加入到盛有 Sepharose 4B 的小烧杯中。随着活化反应的进行随时滴加 4 mol/L NaOH 以维持 pH =11。约 50 min 以后,反应液 pH 值不再下降,迅速将活化的 Sepharose 4B 转移到烧结玻璃漏斗中,加入一小块冰块,用 1 L 预冷的 0.1 mol/L 碳酸氢钠缓冲液(pH =9.6)洗涤。抽干后迅速与含有 600 mg 配基的 50 mL 0.1 mol/L 碳酸钠(pH =9.6)混合。含配基的溶液需预先测出 OD_{280},混合液 4 ℃下反应 20 h,安放电磁搅拌。偶联反应完成以后,依次用下列溶液洗涤已偶联的亲和吸附剂:100 mL 0.2 mol/L 甲酸,300 mL 2 mol/L KCl,500 mL 0.2 mol/L Tris·HCl 缓冲液(pH =7.5)和 200 mL 无离子水,收集全部洗涤液,测量总的 OD_{280}值,以计算配基的偶联率。洗涤后的亲和吸附剂即 8-(6-氨基己基)-氨基-5′-AMP-Sepharose 4B,置于 4 ℃冰箱中待用。

(五) 亲和洗脱剂 NAD′-丙酮酸加成物的合成

方法如下:将 100 mg NAD^+ 和 100 mg 丙酮酸钠溶于 2 mL 无离子水中,用 1 mol/L NaOH 调至 pH =11.5,在室温反应 20 min,反应液呈黄色,然后用 0.01 mol/L 磷酸缓冲液(pH =6.5)稀释至 OD_{340}为 2.0 左右,置于低温待用。

(六) LDH 的亲和层析纯化

取大鼠骨骼肌 100 g,剪碎后加入 4 ℃,0.01 mol/L 磷酸缓冲液(pH =6.5)600 mL,用 DS200 型高速组织捣碎机捣碎 1 min(10 000 r/min),冰箱内静置 4 h,用两层纱布过滤,15 000 r/min 离心 30 min,取红色上清液即为组织粗提液。准确量其体积,测蛋白含量与酶活性。8-(6-氨基己基)-氨基-5′-AMP 亲和柱用 0.01 mol/L 磷酸缓冲液(pH =6.5)平衡。粗提液在4 ℃下过柱吸附,流速 30 mL/h。上样完毕用 0.05 mol/L 磷酸缓冲液(pH =6.5)洗杂蛋白。直至 OD_{380} <0.02,然后用 NAD^+-丙酮酸加成物溶液 300 mL 做亲和洗脱,流速 30 mL/h,每管收集 10 mL。每管测酶活性与蛋白质含量。收集活性峰,测总蛋白与总活性并做聚丙烯酰胺凝胶电泳鉴定。收集 LDH 活性峰溶液加入硫酸铵到 70% 饱和度,于 4 ℃保存,或经脱盐后冰冻干燥保存。

讨论

1. 用非亲和层析方法纯化 LDH,一次纯化过程常需十多天,活性回收率一般低于 30%。从本实验结果来看,用上述亲和层析方法从新鲜组织到得到电泳的 LDH 只需 2 d 即可,而且回收率能达到 90%。一个体积为 30 mL 的亲和柱,一次可以拿到 40~50 mg 的 LDH。如果合成 300 mL 这种亲和吸附剂,两三天内可以得到 0.5 g 电泳纯的 LDH,这对于进一步分离 LDH 各同工酶并做结构分析是很可观的。由于回收率高,对于纯化机体内含量很少的 LDH 同工酶如 LDH-X,也提供了一种有力的手段。本实验中合成的上述亲和柱,对不同动物材料反复使用了20次，亲和性并无明显下降。

2. 这种以AMP为配基的亲和吸附剂能吸附其他以NAD^+为辅酶的脱氢酶类。由于利用了能与配基竞争LDH的NAD′-丙酮酸加成物（它也是LDH的竞争性抑制剂），故能专一地把LDH洗脱下来，而其他脱氢酶类仍旧吸附在柱上。然而，这也为纯化其他脱氢酶提供了一个潜在的手段。问题在于选择什么样的方法把它们专一地从亲和柱上洗脱下来，Kaplan等人以N6-6-（氨基己基）-AMP-Sepharose为亲和吸附剂，用草酰乙酸与NAD^+的加成物能特异地把苹果酸脱氢酶从亲和柱上洗脱下来，并用NAD^+与羟胺的混合物把醇脱氢酶从亲和柱上专一地洗脱下来。理论上分析，这些方法用于8-（6-氨基己基）-氨基-5′-AMP-Sepharose 4B同样可行，因而值得进一步研究从组织粗提液利用上述亲和柱一次纯化数种脱氢酶的方法，这对于研究脱氢酶类的结构与功能是很有意义的。

实验32　聚丙烯酰胺凝胶电泳分离乳酸脱氢酶同工酶（活性染色鉴定法）

目的要求

（1）复习同工酶的有关知识。

（2）掌握聚丙烯酰胺凝胶电泳分离乳酸脱氢酶同工酶、底物染色技术及有关原理。

实验原理

1959年Markert等用电泳的方法将牛心肌提纯的LDH结晶分离出5条区带，靠近阳极一端的称为LDH-1，靠近阴极一端的称为LDH-5，其余3种，由阳极到阴极依次命名为LDH-2，LDH-3及LDH-4。它们均具有LDH催化活性，从而首先提出了同工酶（lsoenzyme）的概念。目前，已知LDH同工酶是由H亚基及M亚基按不同比例组成的四聚体，包括H_4（LDH1）、H_3M（LDH2）、H_2M_2（LDH3）、HM_3（LDH4）及M_4（LDH5）5种，这些LDH同工酶广泛分布于动物的各种组织以及微生物和植物中。心肌中以LDH1，含量高，骨骼肌及肝中LDH5含量高。图1-32-1是正常人血清、心肌和肝组织提取液的LDH同工酶示意图。

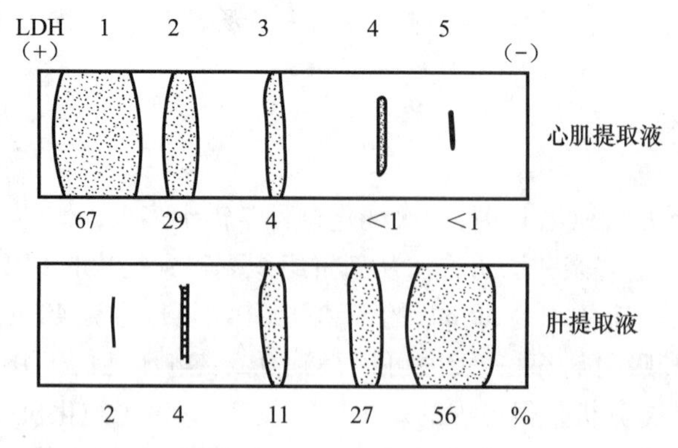

图1-32-1　正常人血清、心肌和肝组织提取液的LDH同工酶

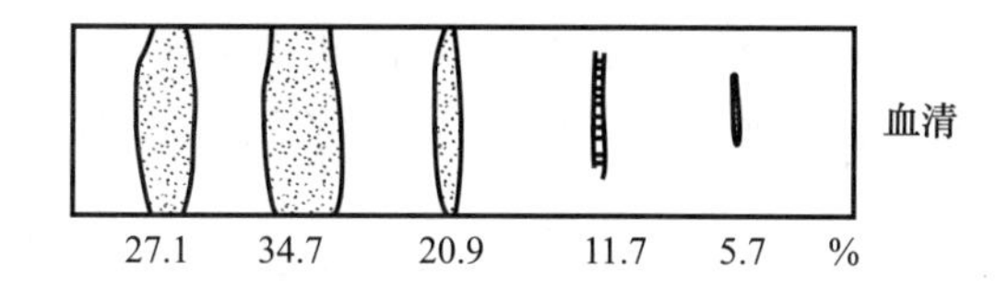

图 1－32－1 正常人血清、心肌和肝组织提取液的 LDH 同工酶(续)

LDH 同工酶底物染色显色反应如下：

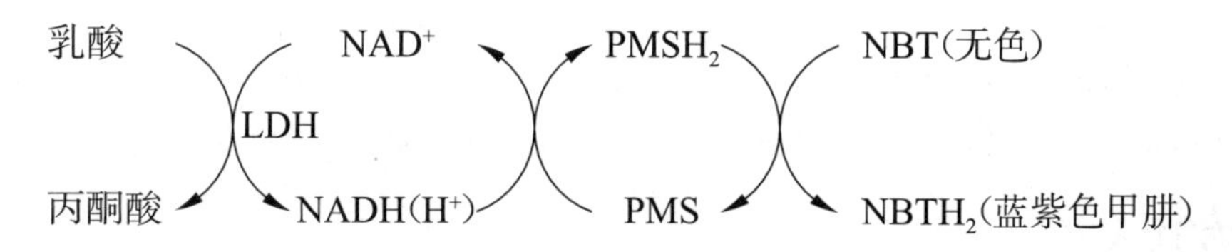

反应式中 PMS 为甲硫吩嗪(Phenazine methosulfate)，NBT 为氯化硝基四氮唑蓝(Nitrotetrazolium blue chloride)的缩写，它们都是接受电子的染料。LDH 与底物染色液在 37 ℃温浴中脱下的氢最后传递给 NBT 生成蓝紫色的 $NBTH_2$ 称为甲肼，此物不溶于水，有利于显色后区带的保存，但可溶于氯仿及 95% 乙醇(9∶1)的混合液。因此，电泳后的显色区带可通过浸泡法浸出，于 560 nm 波长下比色，也可用光吸收扫描仪扫描得出 LDH 同工酶间相对百分含量。

目前，LDH 及其同工酶检测已广泛用于临床，作为某些疾病鉴别诊断的依据，常用醋酸纤维素薄膜电泳、琼脂糖电泳及聚丙烯酰胺电泳分离 LDH 及其同工酶，这 3 种不同支持物电泳及染色原理完全相同，但灵敏度不同，因而正常值不完全相同。本实验用连续 PAGE 法分离 LDH 及其同工酶。

试剂与器材

(一) 材料

人(动物)未溶血新鲜血清、动物组织提取液(组织重量与组织匀浆缓冲液体积比为 1∶5 或 1∶10)。

(二) 试剂

1. PAGE 有关试剂。

凝胶贮液为 28% Acr－0.735% Bis，凝胶缓冲液为 pH＝8.9 的 Tris－HCl，电极缓冲液为 pH＝8.3 的 Tris－甘氨酸及 AP 溶液、洗脱液及保存液。

2. LDH 同工酶染色贮存液。

(1) 5 mg/mL 氧化型辅酶Ⅰ溶液：称 50 mg NAD^+，加蒸馏水 10 mL，置棕色试剂瓶，4 ℃贮存可稳定两星期。

(2) 1 mol/L 乳酸钠溶液：取 60% 乳酸钠 9.25 mL，加蒸馏水定容到 50 mL。置棕色瓶中，4 ℃贮存。

(3) 0.1 mol/L 氯化钠溶液：称 0.584 g NaCl，加蒸馏水溶解并定容至 100 mL。

(4) 1 mg/mL 甲硫吩嗪(PMS)溶液：称 5 mg PMS，加蒸馏水 5 mL 使其溶解。

(5) 1 mg/mL 氯化硝基四氮唑蓝(NBT)溶液：称 20 mg NBT，加蒸馏水 20 mL 使其溶解。

PMS 及 NBT 溶液遇光不稳定，应置于棕色试剂瓶中，4 ℃贮存，若黄色溶液变绿，则不能应用，需重新配制。

(6) 0.5 mol/L pH =7.5 的磷酸盐缓冲溶液(或 Tris - HCl 缓冲液)。

(三) 器材

稳压、稳流电泳仪(100 mA，600 V)、双板夹芯式垂直板电泳槽、吸量管(1.5 mL，10 mL)，微量注射器(50 μL)、烧杯(25 mL，50 mL)、培养皿(ϕ12 cm)、恒温水浴(37 ℃)、玻璃板(13 cm×13 cm)、玻璃纸(16 cm×16 cm)、可见光分光光度计或光密度扫描仪。

操作方法

(一) 安装及配制

电泳仪安装及凝胶配制参见之前实验，配制 20 mL pH =8.9 的 5.5% 或 7.0% 凝胶混合液。

(二) 灌胶

本实验采用连续 PAGE 法。待凝胶聚合后，小心地取出样品模板，用窄滤纸条吸去样品槽中的液体。倒入电极缓冲液至电极槽中，并没过短玻璃板。

(三) 预电泳

为防止 LDH 及其同工酶受凝胶聚合后残留物(如 AP 等)的影响，引起酶的钝化或其他人为效应，在加样前，应进行预电泳，电泳条件为 10 mA，进行 2 h，关闭电源后准备加样。

(四) 加样

取 10 ~ 15 μL 血清或组织匀浆，加等体积 40% 蔗糖(内含少许 1% 溴酚蓝)混匀后，用微量注射器吸取 20 ~ 30 μL 样品，小心地加到凹形样品槽内。

(五) 电泳

加样后，打开电源，将电流调至 10 mA，待样品进入分离胶后，改为 20 ~ 25 mA，当溴酚蓝前沿距离硅橡胶下缘 1 ~2 cm 时，将电流调回零，关闭电源。

(六) 染色、脱色与制干板

在临用前将有关试剂混合配制 25 mL LDH 活性染色液(表 1 - 32 - 1)。

表 1 - 32 - 1　LDH 活性染色液的配制

贮存液	NAD^+	乳酸钠	NaCl	NBT	PMS	磷酸缓冲液
用量/mL	4.0	2.5	2.5	10.0	1.0	5.0

电泳结束后，取下凝胶膜，剥下硅橡胶框，撬开玻璃板，在凝胶右下角切除一小角作为标记，小心取出凝胶板，将其放在盛有染色液的培养皿中，置于 37 ℃，水浴中保温 20 ~ 30 min，待 LDH 同工酶呈现蓝紫色区带，即可用蒸馏水洗去染色剂，加入脱色液终止酶反应并使底

色脱净，将凝胶板放在保温液中浸泡 2 ~ 3 h。按 PAGE 法将凝胶板放置在两层玻璃纸中间，自然干燥制成干板。图 1 - 32 - 2 为 PAGE LDH 同工酶活性染色示意图。

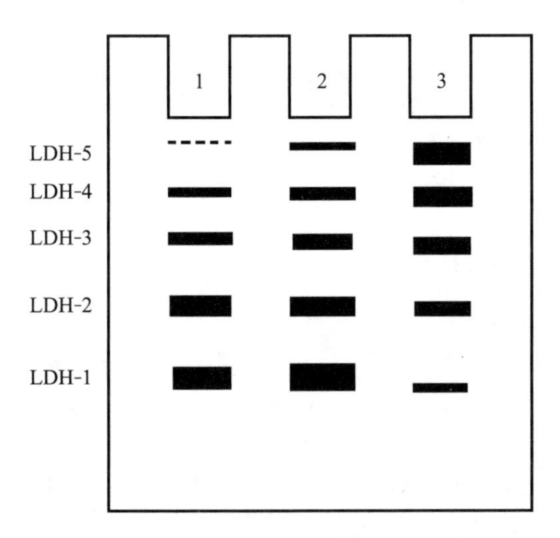

图 1 - 32 - 2　LDH 同工酶活性染色

1—正常人血清；2—猪心提取液；3—猪肉提取液

干板经扫描即可得知 LDH 同工酶相对百分含量。值得指出的是，由于各实验室 PAGE 电泳条件以及扫描仪器灵敏度不同，因此正常人血清电泳后，LDH 同工酶相对百分含量的分布略有差异。有关数据见表 1 - 32 - 2。

表 1 - 32 - 2　健康成人与 50 岁以上老人血清 LDH 同工酶相对百分含量分布

数据/来源	年龄范围	测定人数	LDH 同工酶活性分布/%				
			LDH - 1	LDH - 2	LDH - 3	LDH - 4	LDH - 5
本实验室	50 岁以上	61	27.06 ± 9.64	43.46 ± 7.81	27.94 ± 9.45	1.10 ± 2.43	0
方丁等人	成年人	20	38.4 ± 5.1	43.0 ± 3.4	14.5 ± 4.3	4.1 ± 1.6	0

此外，人的精液经 PAGE 酶活性染色，在 LDH - 3 和 LDH - 4 之间有另一条区带，称为 LDH_x。

注意事项

1. 组织匀浆制备时，一般用 0.01 mol/L pH = 6.5 的磷酸盐缓冲液，此溶液需 4 ℃预冷。组织重量(g)与缓冲液体积(mL)之比为 1 ∶ 5 或 1 ∶ 10。用玻璃匀浆器在冰浴中匀浆，将匀浆液置离心管中，以 10 000 r/min 的速度离心 10 ~ 15 min，取上清液进行电泳。

2. 电泳时，电流不要太高，以防止热效应引起 LDH 同工酶失活。

3. LDH 同工酶活性染色时间不要太长，一般以 15 ~ 30 min 为宜，当大多数条带均显蓝紫色即可终止染色。

思考题

简述 LDH 同工酶活性染色原理。

实验 33 黑木耳多糖的提取、分离、纯化及初步测定

实验目的

1. 学习真菌多糖的提取方法。
2. 掌握测定多糖组成、总糖含量的基本方法。
3. 掌握柱层析技术。

实验原理

通过水提法浸提出木耳中的多糖,经过有机溶剂脱脂,Sevag 试剂脱蛋白,透析除去无机盐等小分子杂质,经干燥获得粗多糖。粗多糖经酸水解后通过纸层析或薄层层析测出多糖的单糖组成,经酚硫酸法测得总糖含量。获得的粗多糖经 G－100 纯化,获得较纯多糖样品,为进一步研究奠定基础。

设备及试剂

1. 设备:721 型分光光度计、回流装置、台式离心机、电热恒温水浴锅、真空干燥箱、恒温磁力搅拌器、柱层析系统、层析缸、布氏漏斗。

2. 材料:黑木耳,使用前烘干、粉碎,过 80 目筛,得到木耳粉。

3. 试剂:苯酚、硫酸、无水乙醇、丙酮、乙醚、乙酸、正丁醇、邻苯二甲酸、CPC、P_2O_5、$NaSO_4$、NaCl、NaOH、$BaCO_3$、石油醚、氯仿、粉末状活性炭、阿拉伯糖、鼠李糖、木糖、甘露糖、半乳糖、葡萄糖。

实验步骤

1. 提取。

(1) 取 50 g 粉末,用石油醚回流脱脂 2 h,反复两次,抽滤,取残渣。

(2) 残渣经 80% 乙醇除去低聚糖后,热水浴浸提 4 h,重复一次,六层纱布粗滤、抽滤、取滤液。

(3) 向滤液中加入 1% 粉末活性炭,用磁力搅拌器搅拌 15 min,抽滤除净活性炭。

(4) 浓缩至 80 mL 左右,加入糖液总体积的 1/4 的 Sevage 试剂(正丁醇∶氯仿 =1∶4),充分搅拌 2 h,静置,离心,取上清液重复,至无游离蛋白为止。

(5) 将上清液装入透析袋,流水透析过夜。

(6) 将袋内溶液专移至 250 mL 烧杯中,加入三倍体积 95% 乙醇沉淀多糖,静置 30 min。

(7) 以 4 000 r/min 的速度离心 10 min。

(8) 弃上清液,沉淀依次用无水乙醇、丙酮、氯仿洗涤。

(9) 将沉淀置于通风橱内挥净有机溶剂。

(10) 60 ℃真空干燥过夜,得粗多糖干品。

2. G-100 柱纯化。

3. 酚硫酸法测总糖含量。

(1) 称量提取出来的多糖粗品 100 mg,定量溶解于 1 000 mL 容量瓶。

(2) 6 g 苯酚蒸馏水定容于 100 mL 容量瓶中,得 6% 苯酚。

(3) 取(1)中母液 0 mL、0.1 mL、0.2 mL、0.3 mL、0.4 mL、0.5 mL、0.6 mL、0.7 mL、0.8 mL、0.9 mL,分别加蒸馏水定容到 50 mL。

(4) 从(3)中每管精确取 2.0 mL 溶液,置于有塞试管中,分别加 1 mL 6% 苯酚溶液,再加入 5.0 mL 浓硫酸,充分振荡,置于沸水中加热 30 min,流动水冷却 20 min。

(5) 721 分光光度计 490 nm 测 OD 值,做标准曲线。

(6) 制得多糖同(1)~(5)处理,490 nm 测 OD 值,在标准曲线上获得含量,算得百分比。

4. 组分分析。

(1) 完全酸水解。

取 20 mg 糖样加入 1mol/L H_2SO_4 密封,100 ℃水解 8 h。用 $BaCO_3$ 中和至 pH 7.0,离心,取上层清液滤液作纸层析。

(2) 纸层析。

滤纸:新华 1 号(20 cm×20 cm)。

溶剂系统:正丁醇:乙酸:水为:4:5:1(上层)。

显色剂:苯胺—邻苯二甲酸正丁醇饱和水溶液。

展层时间约为 8 h,喷雾,100 ℃,15 min 显色。

思考题

1. 真菌多糖收率的影响因素有哪些?
2. 影响酸水解效果的因素有哪些?
3. 装柱的技术要点有哪些?
4. 检测多糖纯度的方法有哪些?

实验 34 单向定量免疫电泳

目的要求

学习免疫电泳法的原理。

学习掌握单向定量免疫电泳的方法。

实验原理

火箭电泳又称单向定量免疫电泳。在琼脂板的琼脂内渗入适量的抗体，在电场作用下，定量的抗原泳动时，遇到琼脂内的抗体，形成抗原—抗体复合物，沉淀出来。在抗原孔内，走在后面的抗原继续在电场作用下向正极泳动，在向前泳动的过程中，遇到了琼脂内沉淀的抗原—抗体复合物，由于抗原的增加造成抗原过量而使复合物沉淀溶解，并一同向正极移动而进入新的琼脂内与未结合的抗体结合，又形成新的抗原—抗体复合物，沉淀出来，这样不断地沉淀—溶解—再沉淀，直至全部抗原与抗体结合，并在琼脂糖内形成锥形的沉淀孤峰，故形象地称为火箭电泳。抗原含量越高，所形成的火箭峰越长，根据火箭峰的长度与标准抗原比较，可较精确地计算待测抗原的浓度。

试剂和器材

（一）试剂

1. 1.5% 离子琼脂。

（1）琼脂的净化：高度净化的琼脂，买来即可使用，如果不纯则需要经过净化处理。取 30 g 优质琼脂加 970 mL 水，加热至琼脂全部熔化，即成 3% 的琼脂。用三四层纱布热过滤，滤液流入一搪瓷盘内，凝固后，切成 1 cm 见方的小块，放在大容器中，将自来水通到容器底部，流水冲洗 3 d。冲洗时在容器上捆好一层纱布，以防琼脂块顺水冲走。然后用蒸馏水浸泡2 ~ 3 d，每天换水 2 ~ 3 次。琼脂块净化后即浸没在蒸馏水中，加万分之一硫柳汞防腐，至冰箱内保存待用。

（2）巴比妥离子的制备：

离子强度 0.06、pH = 8.6 的巴比妥缓冲液：称取 10.3 g 巴比妥钠，1.84 g 巴比妥酸（若 $\mu = 0.05$，则称 1.82 g）溶于水稀释至 1 000 mL。

取净化的 3% 琼脂块，加热熔化后加入等体积的离子强度 0.06、pH = 8.6 巴比妥缓冲液，加热均匀，即获得离子强度 0.03、pH = 8.6、1.5% 的巴比妥离子琼脂。在制备离子琼脂时，可在琼脂中加入万分之一的硫柳汞防腐。

琼脂中的缓冲液，其离子强度最好比电极槽中的低 1/2，这样可以避免电泳时因电流过大引起琼脂变形（凹凸不平）。

2. 抗原：甲胎蛋白制品或正常人 A、B、O 混合血清。

3. 抗体：兔抗人 A、B、O 抗血清（自制）。

4. 生理盐水：0.9% NaCl。

（二）器材

（1）7.5 cm × 3.5 cm 玻璃片（或显微镜用的载玻片）。

（2）10 mL 量筒。

（3）4 mm 打孔器。

（4）注射器针头。

（5）试管及试管架。

（6）小滴管（带胶皮管头）。

（7）恒温水浴箱。

操作方法

（一）制备抗体琼脂板

（1）取熔化的 1.5% 离子琼脂约 10 mL，置 55 ℃恒温水浴中平衡。加适量抗体，搅拌混匀（搅拌时不引起琼脂产生泡沫），此为抗体琼脂。

（2）将抗体琼脂倒在 6 cm×7 cm 的玻璃板上，制成抗体琼脂板。冷却后打孔，用注射器针头将孔内琼脂挑出。孔距底边约 5 mm。用滤纸条将琼脂板与电极缓冲液连接。接通电源，将电压调在 10～20 V 范围内。

（二）加样和电泳

将抗原或二倍稀释抗原按孔序加入琼脂孔内（图 1－34－1）。增加电压至 100～150 V，电泳 3～5 h，当泳动距离（火箭峰）3～5 cm 或出现沉淀的峰形不变时关闭电源。取下琼脂板，观察实验结果。

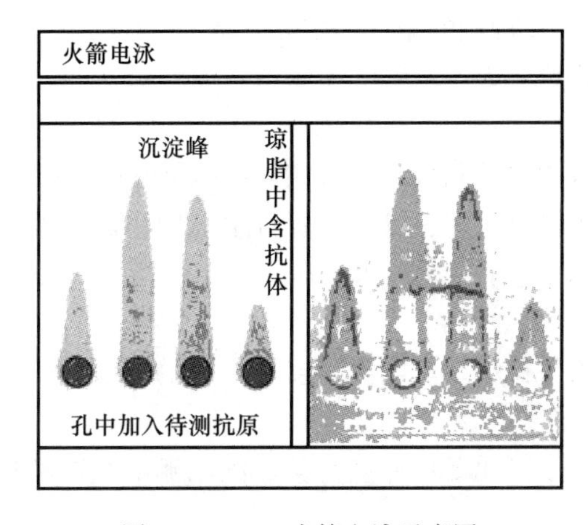

图 1－34－1　火箭电泳示意图

（三）染色

（1）漂洗琼脂板：将琼脂板至生理盐水中浸泡 2 d，每天更换生理盐水 2 次以洗去未结合的抗原或抗体。生理盐水浸泡后，更换蒸馏水浸泡 1 d，换水 2 次以便除去盐分。琼脂较脆易破，操作需小心。

（2）干燥：取出琼脂板，覆盖滤纸片，置室温自然干燥或吹干、烘干。

（3）染色：将琼脂板置于染色剂（0.05% 氨基黑 10B）中浸泡，约 5 min（注意观察染色深度），再用 5% 乙酸浸泡以脱去背景颜色。脱色后滴加少量 5% 甘油到琼脂板上，置室温干燥保存。如欲取下琼脂薄膜，则需在干燥前浸泡于 10% 甘油中（或在染色剂、脱色剂中加 10% 甘油），烘干后轻轻取下琼脂薄膜。

本实验用琼脂糖效果最好，琼脂粉次之，琼脂所含杂质较多时，制备出的琼脂凝胶板透明度较差，影响沉淀线的观察，且重复性差，必须做净化处理后才可使用。

加样时，在琼脂板两端加一小电压（10 ~ 20 V）是为了避免样品扩散，样品扩散后虽可出现火箭峰，但无法定量。

抗体用量必须合适。抗体用量过低即出现抗原过量，不能形成完整的火箭峰，出现冲刷现象。抗体用量过高即表现为抗原相对量偏低，抗原泳动距离很短，有时甚至走不出琼脂孔。

为了寻找合适的抗体用量，可在一块较大的玻璃板上分别倒上不同抗体浓度的抗体琼脂，在抗原孔内分别加入不同浓度的抗原，选择合适的抗原—抗体浓度后，再进行正常的火箭电泳，对抗原定量测定。在本实验条件下，将抗体用熔化的 1.5% 离子琼脂稀释 5 ~ 10 倍，便可得到较好的峰形。

注意事项

1. 抗原、抗体的浓度必须合理选择。若二者的浓度均过高，则沉淀峰形成钝圆鞋底状：抗体过浓时沉淀峰低；抗原过浓时则不形成闭合的沉淀峰，而呈平行线或放射状沉淀线向前伸长。抗原、抗体浓度过低时，沉淀峰淡而不清晰。

2. 制备抗血清板时，熔化琼脂的温度一定要降到 60 ℃以下，才能加入抗血清。不能只看水浴锅的水温，否则，温度过高可导致抗体球蛋白变性灭活，导致实验失败或不能得出良好的重复性结果。

3. 电场必须均匀。电泳时琼脂板的放置应与两电极等距平行。琼脂板离两极槽液面也应等距。滤纸（盐桥）的放置要均匀、平坦，以保证电泳时电场的均匀。因电场不均匀时，琼脂板上不同位置孔洞中样品电泳移动的速度不同，会影响沉淀峰的高度，甚至使沉淀峰形歪曲，导致结果难以测量。

4. 每次电泳条件必须保持恒定。电流强度与电压的改变，均会影响沉淀峰的高度及结果的重复性。

5. 电泳槽所用缓冲液以巴比妥缓冲液为佳。因以硼酸缓冲液进行电泳时，样品泳动距离短，且电渗现象明显。

6. 每次电泳时，同一块抗血清琼脂板上要有标准抗原作对照，加样量必须准确，否则将影响测定结果。

思考题

（1）如何计算待测抗原的浓度？

（2）单向定量免疫电泳的原理是什么？

实验 35　IEF 电泳测定蛋白质等电点

等电点（isoelectric point）是蛋白质最重要的理化性质之一，其定义是蛋白质的酸性解离与碱性解离趋势相等、蛋白质分子的净电荷为零时环境的 pH。当蛋白质分子的 pI < 环境 pH 时，蛋白质分子带正电荷，向负极移动，当其 pI > 环境 pH 时带负电荷，向正极移动，处于等电点时的蛋白质在电场中既不向正极移动，也不向负极移动。每一种蛋白质都有一个特定的等电点，测定蛋白质的等电点最为普遍的方法是等电聚焦(isoelectric focusing，IEF)电泳法。IEF 是 20 世纪 60 年代建立起来的一种蛋白质分离分析手段，其分辨率高，可达 0.001pH，且操作方便、迅速，因此除用于蛋白质等电点测定外，也常被用于蛋白质纯度鉴定及分离制备蛋白质方面，是生物化学、分子生物学、遗传学等研究中的重要分离、分析方法。

实验原理

等电聚焦电泳的基本原理是通过在凝胶中加入载体两性电解质，使其在电场作用下，从正极到负极形成一个连续而稳定的线性 pH 梯度，其正极为酸性，负极为碱性，通常使用的载体两性电解质是脂肪族多氨基多羧酸化合物，其在电泳中形成的 pH 梯度范围有 3 ~ 10，4 ~ 6，5 ~ 7，8 ~ 10 等。蛋白质在 IEF 电泳时，若样品置于负极时，则因 pH > pI，蛋白质分子带负电荷，电泳时向正极移动，在移动过程中，由于 pH 逐渐下降，蛋白质分子所带的负电荷逐渐减少，蛋白质分子移动的速度逐渐变慢。当移动到使 pH = pI 时，蛋白质所带的净电荷为零，蛋白质即停止移动而聚焦成带。当蛋白质置于正极时，也会获得同样的结果。因此在进行 IEF 电泳时，样品可以置于任何位置。由于不同蛋白质的氨基酸组成不同，因而有不同的等电点，在 IEF 电泳时，会分别聚焦于相应的等电点位置，形成一个很窄的区带。在 IEF 电泳中，蛋白质区带的位置是由电泳 pH 梯度的分布和蛋白质的 pI 决定的，而与蛋白质分子的大小及形状无关。因此根据蛋白质区带在 pH 梯度中的位置便可测得该蛋白质的等电点。

实验材料与设备

(一) 用品与仪器

玻璃管(内径 1 ~ 1.5 mm，长 110 mm)、医用穿刺器械长针头(型号 6 号，针长 100 mm)，注射器(2 mL、5 mL、20 mL)、蜡膜(parafilm)、高压电源(最大 3 000 V 恒压，最大 300 mA 恒流，400 W 恒功率)、盘状等电聚焦电泳槽、Bio - Rad 等电聚焦仪及制胶模具、移液器(200 μL、1 mL)。

(二) 试剂

裂解缓冲液(lysis buffer)：9.5 mol/L 脲，2% NP - 40，5% β - 巯基乙醇，2% 两性载体电解质(pH 值为 5 ~ 7、1.6%；pH 值为 3 ~ 10、0.4%)；

30% 丙烯酰胺凝胶贮液：28.38 g/100 mL 丙烯酰胺，1.62 g/100 mL N，N′ - 甲叉双丙烯酰胺，10% NP - 40；

阳极电极溶液(0.01 mol/L 磷酸溶液)：取 63.64 mL 85% 的磷酸用双蒸水稀释至 1 L，即为 1 mol/L 贮存液，使用时取少量 1 mol/L 的贮存液，稀释 100 倍，即为 0.01 mol/L 磷酸液；

阴极电极溶液(0.02 mol/L NaOH 溶液)：取 40 g NaOH 溶解后定容至 1 L，即为 1 mol/L NaOH 贮存液，取贮存液稀释 50 倍，即为 0.02 mol/L NaOH 溶液；

样品覆盖液：8 mol/L 脲，1% 载体两性电解质(0.8%、pH 值为 5 ~ 7；0.2%、pH 值为 3 ~ 10)；

10% 过硫酸铵：500 mg 过硫酸铵加水至 5 mL，当天新鲜配制；

TEMED（四甲基乙二胺）；

固定液：溶解 29 g 三氯乙酸和 8.5 g 磺基水杨酸于 100 mL 水中，溶解后加水至 250 mL；

染色液：将乙醇 25 mL，冰乙酸 10 mL，考马斯亮蓝 0.1 g 加水溶解后，定容至 100 mL，过滤备用；

脱色液：乙醇 25 mL、冰乙酸 10 mL，加水定容至 100 mL。

实验操作程序

（一）等电聚焦管的准备

选择内外径均匀的玻璃管（内径 1 ~ 1.5 mm，长 110 ~ 150 mm），用新鲜配制的 KOH 酒精溶液（0.4 g KOH 加入到 20 mL 乙醇中）浸泡 20 min，然后用水冲洗干净，再以双蒸水冲洗 3 次，60 ℃ 烘干备用。在玻璃管一端用二层蜡膜紧紧密封，保证灌胶时不会漏胶，在另一端做灌胶高度的记号，然后垂直将玻璃管用橡皮圈固定在一个 250 mL 试剂瓶外侧（图 1 – 35 – 1），等待灌胶使用。

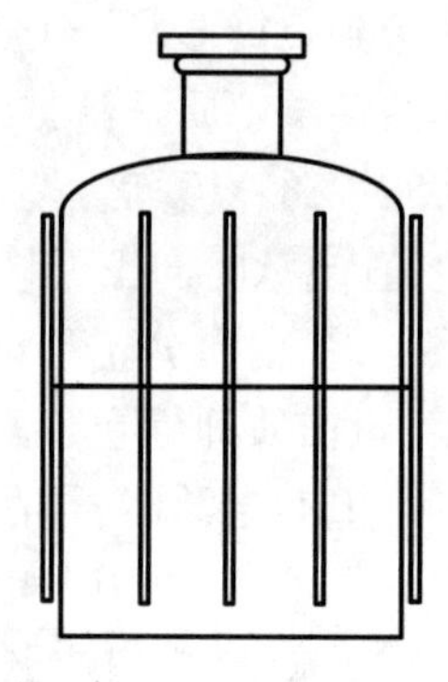

图 1 – 35 – 1　垂直固定等电聚焦管示意图

（二）等电聚焦凝胶液的配制

按以下配方配制 5 mL 等电聚焦凝胶液：

脲　2.75 g

凝胶贮液　0.665 mL

Np – 40（10%）　1 mL

两性载体电解质（pH 值为 5 ~ 7）　0.3 mL

（pH 值为 3 ~ 10）　0.575 mL

在 37 ℃ 水浴上使脲充分溶解，真空脱气 5 ~ 10 min，加入 7 μL TEMED 和 10 μL 10% 过硫酸铵，充分混匀。

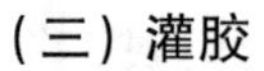

（三）灌胶

用 2 mL 注射器吸取凝胶溶液，然后插上长针头，插入前面准备好的蜡膜封底的玻璃底部，缓缓将溶液注入管内，随灌入的胶面的升高，慢慢提高注射针头，直到溶液灌注至上端刻度处。在灌胶过程中尽量避免气泡的产生，在胶面覆盖 10 μL 双蒸水，隔绝空气，保证凝胶良好聚合。待凝胶完全聚合后（约 1 h），小心去掉底部的蜡膜，并吸去顶端的水层，再加入 20 μL 裂解缓冲液，在上面覆盖少量水，静置 1 h，备用。

（四）IEF 管的安装及预电泳

把上述凝胶玻璃管垂直插入电泳槽（图 1 – 35 – 2）上槽的硅胶塞孔中，使管的刻度露于塞孔外，以便观察到胶面，管的下端放入电泳槽的下槽，离下槽底部 2 cm 左右。下槽放正极电极液 0.01 mol/L H_3PO_4，小心检查管底，不要留气泡，如有气泡，轻弹凝胶管以排除气泡，吸去顶端胶面上的水层及裂解缓冲液，然后加入 10 μL 新鲜裂解缓冲液、10 μL 覆盖液，并用 0.02 mol/L NaOH 充满玻璃管，在上槽加上 0.02 mol/L 的 NaOH 液，浸没玻璃管上端管口约 2 cm，上槽接负极，下槽连上正极，200 V 预电泳 15 min，然后 300 V 预电泳 30 min，400 V 预电泳 30 min,这些过程中电流应小于 1.5 mA。

(五) 点样及电泳

预电泳后,小心地移去上槽的 NaOH 溶液,并吸去胶面上的溶液,用双蒸水洗三次后,小心加入 10 ~ 30 μL 蛋白质样品液(每管上样量为 100 ~ 150 μg 蛋白质样品,将一定量的蛋白质样品溶于裂解缓冲液中),然后加入 10 μL 样品覆盖液,再用 0.02 mol/L NaOH 充满凝胶管。上槽加入 0.02 mol/L NaOH 溶液,并盖过管口 2 ~ 3 cm,接上负极。下槽接正极,在 400 V 电压下电泳至电流为 0.2 mA 时,将电压增加到 500 V,再电泳 0.5 h,便可结束电泳。

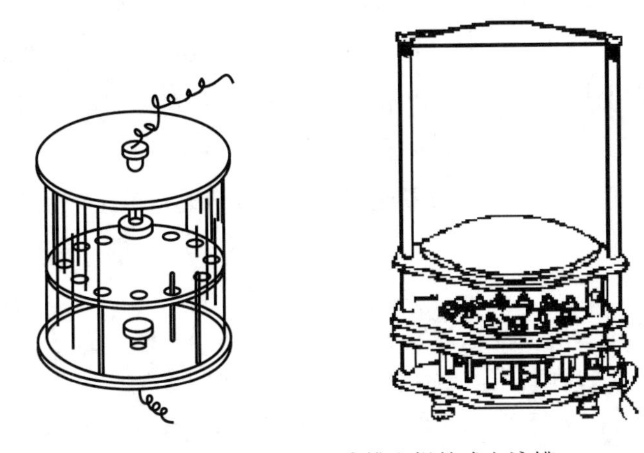

图 1 - 35 - 2 原形电泳槽和提篮式电泳槽

(六) 剥胶

在聚焦结束后,立即取下凝胶玻璃管,并用蒸馏水充分洗涤玻璃管两端,尽量避免电极液污染凝胶,影响凝胶真实的 pH 值,用洗耳球套住玻璃管的一端,将胶条从玻璃管中挤出。将其放在干净的培养皿中,并在一端做上记号,立即进行固定及染色。

(七) 蛋白质带的显现

(1) 固定法:取剥出的凝胶条,用尺量出固定前的长度后,迅速放入 10% 的三氯醋酸固定液中,固定 1 ~ 2 h,蛋白质变性沉淀析出,从而显现出白色的区带,待蛋白质白色沉淀带完全显现后,再量出固定后凝胶条的长度及凝胶柱正极端至蛋白质白色沉淀区带中心的距离。

(2) 染色法:量取固定染色前凝胶柱长度后,立即将其浸入预热至 60 ℃的 0.1% 考马斯亮蓝固定染色液中约 30 min,取出胶条,用蒸馏水洗涤,再用脱色液进行脱色,脱色后再量取凝胶条的长度及凝胶正极端至蛋白质区带的中心距离。

未经固定染色的凝胶条长度与固定染色后的凝胶条长度之比称为变形系数。用蛋白质区带的迁移距离乘以变形系数,即得区带未经固定染色时在凝胶条上相对的位置。由此可从 pH 梯度曲线上查出蛋白质的等电点。

(八) pH 梯度的测定

将1根未经固定染色液处理的胶条,用双蒸水充分洗净两端的电极液后,置于干净的玻璃板上,玻璃板下衬着一张有分度的坐标纸。先量出凝胶长度,再按坐标纸上的分度用刀片将胶条依次切成5 mm长的小段,从正极端开始,顺序放入编好号并盛有1 mL双蒸水的带塞小试管中浸泡,在冰箱中放置过夜,中间振摇数次,次日取出平衡至室温后,用酸度计测出每管的pH值,以凝胶长度为横坐标、pH值为纵坐标,在坐标纸上作图,绘制出凝胶的pH梯度曲线。

(九) 实验数据处理及 pI 的计算

将已量出的未经固定染色的凝胶条长度和固定染色后的凝胶条长度及蛋白质区带中心距凝胶柱正极端的长度,按下式计算,得到蛋白质区带距凝胶条正极端的实际长度(L_0):

$$L_0 = \frac{\text{蛋白质区带中心距凝胶柱正极端的长度(mm)} \times \text{未经固定染色的凝胶条长度}}{\text{固定染色后的凝胶条长度}}$$

通过计算出的L_0值,可直接从pH梯度曲线上查得pH,这就是该蛋白质的等电点。

讨论

1. 进行等电聚焦电泳的关键是首先要建立一个适合的、稳定的、连续的pH梯度,只有在这样稳定的pH梯度电场中,蛋白质才能根据等电点进行聚焦。

2. 如在宽pH范围内进行等电聚焦电泳,为了克服在中性区域形成纯水区带,可适当添加中性载体两性电解质,帮助pH梯度均匀分布。

3. 当电泳因电流降至最小值而恒定时,要尽快结束电泳,若IEF电泳时间过长,则会引起pH梯度的衰变。

4. 许多蛋白质在pI附近会产生沉淀,为了解决这个问题,可在样品中添加脲、Triton X－100,或CHPAS、NP－40等非离子型表面活性剂。

5. 如果样品含盐量过高,会产生扭曲的蛋白质带,因此要求样品的含盐量不超过5～10 mmol/L,含盐量过高时,需进行透析去盐。

6. 两性载体电解质可以形成稳定的pH梯度,但在实际应用中,由于两性载体电解质是小分子物质,在电泳体系中易移动,因此常引起阴极漂移,使碱性蛋白质达不到真正的聚焦位置。目前Pharmacia公司生产了一种稳定的凝胶IEF固相系统(Immobiline),可较好地解决阴极漂移问题。

7. 等电点聚焦电泳除垂直管式外,还可采用垂直平板、水平平板及薄层水平平板等方式。薄层板式有许多优点:节省试剂,加样量高,便于比较不同样品的等电点;固定、染色、脱色方便,可用平板pH电极直接测定pH梯度,可克服pH漂移,其操作方法见附。

附:薄层 IEF 电泳操作方法

(一) 试剂和储存液配制

(1) 10 g/100 mL过硫酸铵:100 mg过硫酸铵加水至1 mL,当天新鲜配制;

（2）24.25 g/100 mL 丙烯酰胺和 0.75 g/100 mL N,N′－甲叉双苯烯酰胺储存液，过滤后 4 ℃保存，保存时间不超过 1 个月；

（3）25 g/100 mL 甘油：25 g 甘油加双蒸水至 100 mL；

（4）TEMED；

（5）两性电解质（根据需要选择 pH 范围）。

（二）制胶模具的准备

取一片玻璃片（65 mm×125 mm），表面上滴 1～2 滴双蒸水，均匀涂在玻璃片的表面，玻璃片带水面朝下，平行放在凝胶制作模具两侧的塑料隔条上并压紧，玻璃片与模具板之间形成夹缝作灌胶用。

（三）凝胶的制备

按以下配方，配制凝胶液：

双蒸水	5.5 mL
丙烯酰胺－Bis 储存液	2.0 mL
25% 甘油	2.0 mL
40% 两性电解质	0.5 mL
抽气 10 min 后加入	
10 g/100 mL 过硫酸铵	40 μL
TEMED	10 μL

轻轻混匀后用 10 mL 移液管将凝胶液一次吸入管内，管口放在上述模具盒中玻璃板缝边上，慢慢地将凝胶液灌注入玻璃板框内。液流需连续不断，以免形成气泡。当凝胶灌注至充满整个玻璃板框时停止。水平放置 1 h，待凝胶充分聚合。聚合后玻璃板和凝胶已连在一起，从模具盒中取出即可进行加蛋白质样品和 IEF 电泳。

（四）加样

将模具中制备好的聚丙烯酰胺凝胶转移至电泳盒的平台上，排列整齐（同时可放 8 块胶）。取 2 μL 样品滴在点样滤纸小块上，将有样品的滤纸小块放在凝胶表面的不同位置上（每块胶可同时做 4～5 个样品）。

（五）电泳

在电泳盒两侧的电极盒中分别加入正、负极电极液，并取两张合适大小的滤纸放在凝胶两端及电极液之间作为电极桥便可以开始电泳。在 100 V 开始聚焦，15 min 后增加电压至 200 V，聚焦 15 min 后再增加电压至 450 V，当电流下降至 0.5～1 mA 便可结束电泳。

（六）染色和脱色

固定液、染色液和脱色液见垂直管式 IEF。

IEF 结束后可用微量表面电极液测定 pI。如凝胶需染色，可将凝胶取下，浸泡于固定液中 20～30 min 后转移到染色液中染色 30～60 min；随后转移至脱色液脱色，直至凝胶背景清晰。全过程在慢速振荡器上进行。

（七）凝胶保存

在染色后的凝胶表面覆盖一层预先用蒸馏水浸湿的多孔聚乙烯膜，将膜向塑料膜背面折叠,保持凝胶面多孔聚乙烯膜平整而无气泡,并在室温下干燥。此胶可永久保存或扫描保存。

实验 36 免疫印迹技术与酶联免疫吸附测定法

一、免疫印迹

实验原理

免疫印迹(western plotting)是一种利用抗体—抗原反应检测 SDS - PAGE 或 IEF 胶上的单一蛋白带的电泳技术。该方法可确定蛋白带是否为靶蛋白。在免疫印迹实验中,蛋白质首先从胶上电转移至硝酸纤维素膜(或 PVDF 膜)上,剩余的硝酸纤维素膜用非抗原性蛋白质饱和(常为 BSA 或脱脂牛奶),以防止非专一的免疫球蛋白结合于该膜上,然后用抗靶蛋白的第一抗体处理,接着用带标记的第二抗体与第一抗体结合,通过该方法,可确定靶蛋白的存在及其迁移方式。

材料与设备

1. 水平或直立电印迹装置、电泳仪、恒温振荡器、滤纸、蛋白质转印膜(硝酸纤维素膜或 PVDF 膜)、SDS - 凝胶电泳装置。

2. 试剂。

(1) 转移缓冲液(pH 值为 8.1 ~ 8.4):取 2.9 g Tris 和 14.5 g 甘氨酸溶解于 500 mL 双蒸水中,加入 200 mL 甲醇并混合,用双蒸水定容至 1 000 mL,4 ℃保存。

(2) 封闭溶液(blocking solution):取 5 g 脱脂奶粉溶解于 50 mL TBS 溶液中,用 TBS 定容至 100 mL,4 ℃保存。该溶液在 1 周内就会降解,因而实验中需要新鲜配制,通过加入 0.02% 的细菌生长抑制剂 NaN_3,可保存更长时间。

(3) 10 × TBS Tris 缓冲液:12.11 g Tris,87.66 g NaCl 和 39 mL 1 mol/L HCl 混合于 500 mL 双蒸水中,充分混匀后,用 1 mol/L HCl 调至 pH = 7.5,用双蒸水定容至 1 L。实验时用双蒸水稀释 10 倍。

(4) TTBS 缓冲液:在 TBS 缓冲液中加入 Tween - 20,浓度为 0.1%,4 ℃可保存 1 个月。

(5) 10 × PBS:称取 2.0 g KCl、2.0 g KH_2PO_4、21.6 g $Na_2HPO_4 \cdot 7H_2O$ 和 80 g NaCl,加入 500 mL 双蒸水中混匀,用双蒸水定容至 1 L。实验时用双蒸水稀释 10 倍。

(6) PBS/EDTA:取 0.58 g EDTA 和 10 mL 10 × PBS 加入 50 mL 双蒸水中,定容至 100 mL。

(7) NBT 贮液:将 0.5 g NBT(硝基四氮唑蓝)溶解于 10 mL 70% 的 DMF(二甲基甲酰胺)中,4 ℃保存。

(8) BCIP 贮液:将 0.5 g BCIP(broloroindolyl phosphate disodium salt,磷酸溴氯代吲哚二钠盐)溶解于 10 mL 100% 的 DMF,4 ℃保存。

（9）碱性磷酸酶缓冲液（100 mmol/L Tris，100 mmol/L NaCl，5 mmol/L $MgCl_2$，pH = 9.0）：分别称取 12.11 g Tris、5.84 g NaCl 和 1.02 g $MgCl_2 \cdot 6H_2O$，溶解于 500 mL 双蒸水中，调至 pH = 9.5，定容至 1 000 mL，4 ℃保存。

（10）针对待分析靶蛋白的特异性第一抗体，用封闭液适当稀释。

（11）酶标第二抗体：一般用辣根过氧化酶（HRP）或碱性磷酸酶（AKP）标记，本实验用后者。

实验操作

1. 制备 SDS - PAGE 或 IEF 胶，切记不要污染胶。

2. 将胶在转移缓冲液中浸泡 30 min。

3. 戴上手套，按照胶的大小切取一层硝酸纤维素膜和 4 层 Whatman 滤纸，在双蒸水表面将硝酸纤维素膜漂洗 5 min 后，将其浸入水中 2 min。将硝酸纤维素膜转移至转移缓冲液中浸润 5 min，同样滤纸也在转移缓冲液中浸润。

4. 按照厂商的操作手册将胶、硝酸纤维素膜和滤纸叠成三明治状。

5. 将其放入转移槽中，确定硝酸纤维素膜紧连着阳极，在冷室中将槽置于磁搅拌器平面，加入转移缓冲液，开始搅拌，并将电极连接在电源上。

6. 将蛋白质从胶中电转移至硝酸纤维素膜上，用 100 V 电压转移 1 h 或 30 V 电压转移过夜。

7. 用封闭液覆盖硝酸纤维素膜，振荡反应 1 h。

8. 用 TBS 洗涤硝酸纤维素膜 5 min，重复洗涤 2 次以上。

9. 用 8 mL 适当稀释后的第一抗体 TBS 溶液（含 0.5% BSA）覆盖，振荡反应 1 h 以上（也可反应过夜）。

10. 用 TBS 洗涤硝酸纤维素膜 5 min，重复 3 次。

11. 用经适当倍数稀释的碱性磷酸酶标记的第二抗体溶液覆盖膜，第二抗体的浓度为 1 ~ 5 μg/mL，振荡反应 1 ~ 2 h。

12. 用 TBS 洗涤膜 5 min，重复 4 次。

13. 将 66 μL NBT 贮液加入 10 mL 碱性磷酸酶缓冲液中，充分混合，并加 33 μL BCIP 贮液，需在 1 h 内使用该溶液。

14. 将膜放置于干净的容器，用 10 mL 上述溶液覆盖，振荡反应直至出现清晰的条带。

15. 移走上述溶液以终止反应，用 PBS - EDTA 溶液洗涤条带。

16. 照相记录实验结果（在室内光线的照射下，颜色几小时内会褪去）。

讨论

1. 第一抗体稀释的倍数完全由经验决定，通常使用的第一抗体终浓度为 1 ~ 50 μg/mL。

2. 脱脂奶粉在某些情况下会干扰抗体—抗原反应，一种替换的方法是采用 3% BSA - TBS 溶液封闭硝酸纤维素膜，但该方法较为昂贵。

3. 免疫印迹中最常见的问题是硝酸纤维素膜背景污染问题，造成背景污染的原因主要有两个,一是第一抗体贮存时间过长,二是硝酸纤维素膜饱和不充分。可以尝试通过改变封闭液的浓度与封闭时间来解决,以获得最佳的反应条件。

4. 如果采用 PVDF 膜,使用前应在甲醇中浸泡一下,再移至转移缓冲液中平衡。另外,PVDF 膜在检测时采用 TTBS 缓冲液。

二、酶联免疫吸附测定法

实验原理

酶联免疫吸附实验(enzyme-linked immunosorbent assay,ELISA)是目前最常见的免疫检测手段。其基本原理是通过酶标记的抗原或抗体与待测抗体或抗原反应,形成免疫复合物,这个特殊的抗原-抗体复合物中带着人工标记的特殊酶,而底物易被酶分解且能够显色,这样即可通过显色反应来测定样品中抗原或抗体的含量。

抗原、抗体的反应在固相载体——聚苯乙烯微量滴定板的孔中进行,每加入一种试剂孵育后,可通过洗涤除去多余的游离反应物,从而保证实验结果的特异性与稳定性。在实际应用中,根据不同的设计,具体的方法步骤可有多种:用于检测抗体的间接法、用于检测抗原的双抗体夹心法以及用于检测小分子抗原或半抗原的抗原竞争法等。比较常用的是 ELISA 双抗体夹心法及 ELISA 间接法。

操作步骤

方法一　用于检测未知抗原的双抗体夹心法

1. 包被。用0.05 mol/L pH=9.6 的碳酸盐包被缓冲液将抗体稀释至蛋白质含量为1~10 μg/mL。然后在每个聚苯乙烯板的反应孔中加0.1 mL 该溶液,4 ℃过夜。次日,弃去孔内溶液,用洗涤缓冲液洗3次,每次3 min(简称洗涤,下同)。

2. 加样。加稀释的待检样品0.1 mL 于上述已包被的反应孔中,37 ℃孵育1 h。然后洗涤(同时做空白孔、阴性对照孔及阳性对照孔)。

3. 加酶标抗体。于各反应孔中,加入新鲜稀释的酶标抗体(经滴定后的稀释度)0.1 mL。37 ℃孵育0.5~1 h,洗涤。

4. 加底物液显色。于各反应孔中加入临时配制的 TMB 底物溶液0.1 mL,37 ℃孵育10~30 min。

5. 终止反应。于各反应孔中加入2 mol/L 硫酸0.05 mL。

6. 结果判定。可于白色背景上,直接用肉眼观察结果。反应孔内颜色越深,表示阳性程度越强,阴性反应为无色或颜色极浅。依据所呈颜色的深浅,以"+""-"号表示。也可测 OD 值,在 ELISA 检测仪上,于450 nm(若以 ABTS 显色,则于410 nm)处,以空白对照孔调零后测各孔 OD 值,若大于规定的阴性对照 OD 值的2.1倍,即为阳性。

方法二　用于检测未知抗体的间接法

用包被缓冲液将已知抗原稀释至1~10 μg/mL,每孔加0.1 mL,4 ℃过夜,次日洗涤3次。加稀释的待检样品(未知抗体)0.1 mL 于上述已包被的反应孔中,37 ℃孵育1 h,洗涤

(同时做空白孔、阴性及阳性对照孔)。于反应孔中,加入新鲜稀释的酶标第二抗体(抗抗体)0.1 mL,37 ℃孵育30~60 min,洗涤,最后一遍用DDW洗涤。其余步骤同“双抗体夹心法”中的4、5、6。

试剂器材

(一)试剂

(1)包被缓冲液(pH=9.6的0.05 mol/L碳酸盐缓冲液):

Na_2CO_3　　1.59 g

$NaHCO_3$　　2.93 g

加蒸馏水至1000 mL

(2)洗涤缓冲液(pH=7.4的PBS):0.15 mol/L

KH_2PO_4　　0.2 g

$Na_2HPO_4 \cdot 12H_2O$　　2.9 g

NaCl　　8.0 g

KCl　　0.2 g

Tween-20 0.05%　　0.5 mL

加蒸馏水至1 000 mL

(3)稀释液:

牛血清白蛋白(BSA)0.1 g,加洗涤缓冲液至100 mL或以羊血清、兔血清等血清与洗涤液配成5%~10%使用。

(4)终止液(2mol/L H_2SO_4):蒸馏水178.3 mL,逐滴加入浓硫酸(98%)21.7 mL。

(5)底物缓冲液(pH=5.0的磷酸氢二钠—柠檬酸):

0.2 mol/L Na_2HPO_4(28.4 g/L)　　25.7 mL

0.1 mol/L柠檬酸(19.2 g/L)　　24.3 mL

加蒸馏水50 mL。

(6)TMB(四甲基联苯胺)使用液

TMB(10 mg/5 mL无水乙醇)　　0.5 mL

底物缓冲液(pH=5.5)　　10 mL

0.75% H_2O_2　　32 μL

(7)ABTS使用液:

ABTS　　0.5 mg

底物缓冲液(pH值为5.5)　　1 mL

3% H_2O_2　　2 μL

(8)抗原、抗体和酶标记抗体。

(9)正常人血清和阳性对照血清。

(二)器材

(1)聚苯乙烯塑料板(简称酶标板)40孔或96孔、ELISA检测仪、50 μL及100 μL加样器、塑料滴头、小毛巾、洗涤瓶。

(2) 小烧杯、玻璃棒、试管、吸管和量筒等。

(3) 4 ℃冰箱、37 ℃孵育箱。

注意事项

1. 正式实验时,应分别以阳性对照与阴性对照控制实验条件,待检样品应一式两份,以保证实验结果的准确性。有时本底较高,说明有非特异性反应,可采用羊血清、兔血清或BSA 等封闭。

2. 在 ELISA 中,进行各项实验条件的选择是很重要的,其中包括:

(1) 固相载体的选择。许多物质可作为固相载体,如聚氯乙烯、聚苯乙烯、聚丙酰胺和纤维素等。其形式可以是凹孔平板、试管、珠粒等,目前常用的是40 孔聚苯乙烯凹孔板。不管何种载体,在使用前均可进行筛选。即用等量抗原包被,在同一实验条件下进行反应,观察其显色反应是否均一,据此判明其吸附性能是否良好。

(2) 包被抗体(或抗原)的选择。将抗体(或抗原)吸附在固相载体表面时,要求纯度要好,吸附时一般要求 pH 在 9. 0 ~9. 6 之间。吸附温度、时间及其蛋白量也有一定影响,一般多采用 4 ℃,18 ~24 h。蛋白质包被的最适浓度需进行滴定,即用不同的蛋白质浓度(0. 1 μg/mL、1. 0 μg/mL 和 10 μg/mL 等)进行包被后,在其他实验条件相同时,观察阳性标本的 OD 值,选择 OD 值最大而蛋白量最少的浓度,对于多数蛋白质来说,最适浓度通常为 1 ~10 μg/mL。

(3) 酶标记抗体工作浓度的选择。首先用直接 ELISA 法进行初步效价的滴定(见酶标记抗体部分)。然后再固定其他条件或采取“方阵法”(包被物、待检样品的参考品及酶标记抗体分别为不同的稀释度)在正式实验系统里准确地滴定,确定其工作浓度。

(4) 酶的底物及供氢体的选择:供氢体的选择要求是:价廉、安全、有明显的显色反应而本身无色。有些供氢体(如 OPD 等)有潜在的致癌作用,应注意防护。有条件者应使用不致癌、灵敏度高的供氢体,如 TMB 和 ABTS 等目前较为满意的供氢体。底物作用一段时间后,应加入强酸或强碱以终止反应。通常底物作用时间以 10 ~30 min 为宜。底物使用液必须新鲜配制,尤其是 H_2O_2 需在临用前加入。

讨论

ELISA 发展至今有 30 余年历史,在可以预见的将来,这一技术将继续被广泛使用,它具有高灵敏度、高精度等优点,而且由于 96 孔酶标板的使用使其具备了快速检测大量标本的能力。但是初学者可能会因为缺乏免疫学、生物化学等知识,或者由于操作不当,在使用此技术时会遇到一些困难,我们在此作一些简短讨论。

1. 首先是酶标板的选择,适用于 ELISA 的酶标板要求吸附性能好、空白值低、孔底透明度高,各板之间、同一板的各孔之间性能相近,通常选用聚苯乙烯塑料。目前国产酶标板基本能达到实验要求。

2. 抗原与抗体的质量是实验成功的关键因素,实验要求抗原纯度高,抗体效价高、亲和力强。

3. 实验用水的选择。不同的实验室由于使用不同的水,尽管实验试剂一样,其实验结果也可能有所不同,这样给实验的标准化带来困难,我们建议使用双蒸水或三蒸水。

4. 实验器皿和移液枪头。所有实验器皿均需用双蒸水清洗以免污染。移液枪头要选择较平整的,加液时枪头不能划损96孔板底部,以免影响效果,建议使用一次性枪头以免交叉污染。

5. 试剂保存。建议使用国内外著名厂商的产品,目前市售酶标二抗等试剂,一个包装往往可以使用上千次,所以,特别注意要按说明书上的要求保存,以免试剂失活。

6. ELISA中最常用的酶为辣根过氧化物酶(HRP)。底物邻苯二胺(OPD)灵敏度高、比色方便,但是配成应用液后稳定性差。在ELISA中另一种常用的酶为碱性磷酸酶,一般采用对硝基苯磷酸酯(p-NPP)作为底物,可制成片状试剂,使用方便,产物为黄色的对硝基酚。在ELISA中应用AKP系统,其敏感性一般高于HRP系统,空白值也较低。但由于AKP较难得到高纯度制剂,价格较HRP高,目前国内在ELISA中一般采用HRP。笔者依据自己的多年实验经验,推荐科学工作者使用AKP系统,特别是实验者希望提高其灵敏度时;而在临床上诊断某些常见病时,考虑到成本问题,建议使用HRP系统。

附:辣根过氧化物酶标记法

用酶联免疫吸附反应检测抗体时,间接法是检测抗体最常用的方法。利用酶标记的二抗来检测抗体,根据酶催化底物显色的深度来表示抗体量的多少,除了上述的生物素—亲和素—碱性磷酸酶标记系统以外,常用的酶为辣根过氧化物酶(HRP)。HRP在蔬菜辣根中含量很高,纯化方法容易。柠檬酸邻苯二胺(OPD)为ELISA中应用最多的底物,灵敏度高、比色方便。

实验37　利用RNAi技术鉴定基因功能

RNAi(RNA interference)即RNA干扰,是一种新的“基因敲除”技术,1998年首先在线虫(Caenorhabditis elegans)中建立。RNAi并非真正意义上的“基因敲除”,而只是使基因沉默不表达。与其他“基因敲除”技术相比,RNAi技术操作相对简便,结果出来快,尤其对于那些不容易获得突变体的基因或生物体来说,RNAi技术更是一种快速有效的研究基因功能的新方法。由于双链RNA引入生物体内的剂量和时间可以人为控制,RNAi技术还可以用于研究某个特定基因在特定发育阶段的功能,RNAi技术具有广阔的应用前景。目前已在线虫、果蝇、真菌及拟南芥等生物中分别建立RNAi技术,并且具有较好的效果。人类基因的功能鉴定中,最大的困难就是无法人为地诱导获得基因的突变体,RNAi技术的引入有望进行特异性的“基因敲除”,从而检测“突变体”的性状,研究特定基因的功能。RNAi技术在用于研究人类基因的功能方面具有更加广阔的应用前景。

本实验的目的在于掌握利用RNAi技术鉴定基因功能的方法,并从中进一步理解其原理。

实验原理

RNAi 技术是通过人为地引入与内源靶基因具有相同序列的双链 RNA(有义 RNA 和反义 RNA),从而诱导内源靶基因的 mRNA 降解,达到阻止基因表达的目的的。因此它并非真正意义上的“基因敲除”,而只是使基因沉默不表达。制备双链 RNA 使用的 DNA 模板可通过两种方法获得:利用表达质粒克隆靶基因;利用 PCR 技术扩增靶基因。因 PCR 扩增法简单快捷,本实验采用该法制备 DNA 模板,原理与一般 PCR 扩增法相同,只是在设计 PCR 反应引物中,在正反向的 5′-端加上一条 T7 启动子序列。在 RNA 制备反应中,带 T7 启动子的靶基因在 T7RNA 聚合酶的作用下作为模板合成双链 RNA。制备的双链 RNA 通过显微注射导入胚胎中。双链 RNA 的存在可抑制胚胎内靶基因的转录,从而导致靶基因的“失活”。利用抗原抗体可以特异性结合的原理,结合免疫过氧化物酶技术,可以检测出该基因的表达情况,观察 RNAi 的实验结果。在免疫过氧化物酶技术中采用“夹心法”来增强信号:使未标记的第一抗体与抗原特异性结合,再用与辣根过氧化物酶偶联的第二抗体结合第一抗体;辣根过氧化物酶可使无色底物转变成不溶性有色底物,沉积在酶所在的位置,利用显微镜即可观察到抗原在组织或细胞中的分布。

本实验利用 RNAi 技术鉴定控制果蝇心脏早期发育的 tin 基因的功能。

实验材料与设备

(一) 用品与仪器

PCR 仪、离心机、移液器、TIP 头、1.5 mL Eppendorf 管、200 μL 薄壁管、5 mL 玻璃瓶、-80 ℃冰箱、体视镜、玻璃拉针仪、培养皿、真空泵、显微操作仪、转基因仪、倒置显微镜、恒温培养箱、高压灭菌锅。

(二) 试剂

PCR 试剂盒、酚/氯仿溶液、无水乙醇、正庚烷、甲醇、TE 溶液、Amebion MEGAscript Kits、Tris · HCl(0.12 mol/L, pH = 7.6)、琼脂糖、溴化乙锭、葡萄汁培养基、漂白液(4.5% $NaClO_3$)、halocarbon oil、小牛血清血蛋白(BSA)、一抗(兔抗 eve)、二抗(羊抗兔)、DAB、焦炭酸二乙酯(DEPC)。

注射缓冲液:5 mmol/L KCl,0.1 mmol/L NaH_2PO_4(pH = 7.8)。

NaCl - Triton(1 000 mL):NaCl 7 g,Triton X - 100 0.4 mL。

固定液(140 mL):HCHO 1.75 mL、1 mol/L 磷酸缓冲液 11.25 mL。

PBT(1 000 mL):1 mol/L 磷酸缓冲液(pH = 7.6)100 mL、Deoxycholate 3 g、Triton X - 100 5 mL。

实验操作

(一) 双链 RNA 的制备

1. PCR 合成用于双链 RNA 制备的模板 DNA。

(1) 设计 PCR 引物,分别在两个引物的 5′-端加上 T7 启动子序列(TAATACGACTCACTATAGGGAGACCAC)。

（2）按常规方法进行 PCR 扩增并检测扩增结果。

2. 纯化模板 DNA。

（1）取等体积的酚/氯仿溶液与 PCR 产物充分混匀，以 12 000 r/min 的速度离心 5 min。

（2）将上清液转移到另一支洁净的 Eppendorf 管中，加入等体积氯仿，充分混匀，以 12 000 r/min 的速度离心 5 min。重复该操作 1 次。

（3）加入 0.1 倍体积的 3 mol/L NaAC(pH = 5.2)，混匀，再加入 2.5 倍体积的预冷无水乙醇，充分混匀，以 12 000 r/min 的速度 4 ℃离心 15 min。

（4）加 1 mL 70% 乙醇洗涤 DNA。

（5）加 TE 溶解 DNA。

3. 用 Amebion MEGAscript Kits 制备双链 RNA。

（1）在 0.5 mL 离心管中添加下列试剂：

纯化的 DNA 模板	20 μL(1 μg)
5 × buffer	20 μL
T7 RNA 多聚酶	2 μL
NTP	20 μL
10 × DTT	10 μL
RNase inhibiter(RNase 抑制剂)	2 μL
双蒸水(含 DEPC)	26 μL

反应总体积为 100 μL，轻轻混匀后置 37 ℃过夜。

（2）加入 2 个单位的 DNase(RNase free)，37 ℃处理 15 min。

（3）将反应后的溶液 95 ℃处理 5 ~ 10 min，然后缓慢冷却至室温，以保证得到足够的双链 RNA。

4. 纯化双链 RNA，用注射缓冲液溶解双链 RNA，并用琼脂糖凝胶检测双链 RNA 含量及相对分子质量大小，确保其浓度在 1 ~ 3 μg/μL(操作见本实验“纯化模板 DNA”)。

5. 将制备好的双链 RNA 存放于 -80 ℃冰箱。

（二）显微注射

1. 拉制玻璃注射针。

在玻璃拉针仪上将毛细玻璃管拉成尖端长为 1 ~ 1.5 cm，直径 0.2 ~ 0.5 mm 的玻璃注射针。

2. 果蝇胚胎的准备。

（1）收集羽化 3 ~ 5 d 的野生型成体果蝇，用葡萄汁培养基培养。

（2）收集产出 0.5 ~ 1 h 的果蝇胚胎。

（3）用漂白液漂洗胚胎，去壳。

（4）在体视镜下，将胚胎呈线性排列于盖玻片上。

（5）将盖玻片放在载玻片上，然后置于倒置显微镜下，准备显微注射。

3. 显微注射。

（1）待胚胎干燥 1 ~ 2 min 后，滴加一滴 halocarbon oil。

(2) 吸取已制备好的双链 RNA 溶液 1 μL,装入拉制好的玻璃注射针中。

(3) 利用显微注射仪调节好玻璃注射针内的压力。

(4) 将双链 RNA 注入胚胎后部。

(5) 将注射完毕的胚胎置于培养基上,25 ℃恒温培养。

(三) 抗体显色反应

1. 抗体固定

(1) 在 20 mL 的玻璃小瓶中,加入 5 mL 正庚烷和 5 mL 固定液(可见溶液分成等体积的两相,底层为无机相)。

(2) 将 25 ℃恒温箱中培养后的胚胎置于该小瓶中固定处理。

(3) 20 min 后,吸走底层无机相。

(4) 加 5 mL 双蒸水漂洗 1 次,再吸走水相。

(5) 加 5 mL 100% 的甲醇,盖紧瓶盖,马上用力摇 25 ~ 30 次,胚胎将沉于瓶底。

(6) 弃去上层液,用玻璃吸管将胚胎移至 96 孔板中,并用甲醇漂洗 1 次。

(7) 尽可能吸尽有机试剂,加 PBT 溶液轻摇漂洗 3 次,每次 30 min。

2. 抗体反应

(1) 加 2% 的 BSA/PBT 溶液封闭非特异性组织,轻摇 1 h。

(2) 按抗体 BSA/PBT 溶液 = 1 ∶ 5000 的比例加入一抗,室温轻摇过夜。

(3) 次日用 PBT 溶液轻摇漂洗 3 次,每次 30 min。

(4) 按抗体 BSA/PBT 溶液 = 1 ∶ 200 的比例加入二抗,室温轻摇 1.5 h。

(5) 加 PBT 溶液轻摇漂洗 3 次,每次 30 min。

3. 显色。

(1) 临时配备 1 mL DAB 溶液(10 mg/mL)。

(2) 每孔加 150 μL DAB/Tris - HCl,室温轻摇 10 min。

(3) 加 5 μL H_2O_2 于剩下的 850 μL DAB/Tris - HCl 溶液中。

(4) 每孔加 100 μL DAB/Tris - HCl/H_2O_2 溶液,体视镜下观察。

(5) 见到胚胎心脏部位的特异显色反应后,马上用 Tris - HCl 终止反应,并漂洗 3 次。

4. 脱水制片。

(1) 显色的胚胎用 70%、75%、80%、85%、90% 乙醇分别处理一次,每次 10 min。

(2) 在通风橱中,备好 95%、100% 的乙醇、100% 的二甲苯、中性树脂、干净的载玻片、盖玻片、干燥洁净的 5 mL 小瓶等。将胚胎用 95%、100% 的乙醇、100% 的二甲苯各处理一次,每次 15 min。

(3) 将胚胎转至载玻片上,待其接近干燥时滴加中性树脂,盖上盖玻片,做成永久封片。

5. 结果观察。

显微镜下观察胚胎制片,并分析实验结果。正常情况下,eve 抗体显色的 11 期野生型果蝇可观察到 11 团心脏前体细胞(EPC),而 tin 基因突变体的表型表现为 EPC 完全缺失;tin 基因双链 RNA 注射的胚胎可观察到一个 EPC,其余的均消失。结果表明 tin 基因双链 RNA 干扰的 RNAi 表型与 tin 基因的突变体非常相似,即确实表现了 tin 基因“基因敲除”的表型,说明 tin 基因的功能与果蝇心脏前体细胞的形成是密切相关的。

讨论

1. 在设计引物扩增 DNA 模板时,需选择靶基因非同源框区段作为扩增片段。当用同源框区段作模板时,扩增的双链 RNA 因与其他基因有同源性,会出现非特异性的抑制作用。

2. 注意保持注射的 RNA 是双链结构,无论是有义链还是反义链,保持其双链 RNA 结构才能达到最好的效果。

3. 注射双链 RNA 的量要适当,一般保证每个细胞有 3～5 个双链 RNA 分子,太少不起作用,太多则会因注射体积增大而使细胞破裂。

4. 在本实验中,正常对照是用双蒸水代替双链 RNA。

5. 在双链 RNA 的制备及注射过程中注意防止 RNA 酶的污染。

实验 38　胰蛋白酶的比活力测定

实验目的

通过实验掌握测量酶活力的原理及操作步骤。

实验原理

胰蛋白酶能催化蛋白质的水解,该酶对于由碱性氨基酸(如精氨酸,赖氨酸)的羧基与其他氨基酸所形成的肽键具有高度专一性。本实验利用胰蛋白酶能催化 N－苯甲酰－L－精氨酸乙酯(BAEE)水解生成 N－苯甲酰－L－精氨酸(BA)的原理,进行胰蛋白酶的比活力测定。由于 BAEE 在 253 nm 处的紫外吸收值远低于 BA,而 BAEE 在胰蛋白酶的催化下逐渐生成 BA,反应体系在 253 nm 的紫外吸收值随之增加,因此可以用 ΔA_{253}来计算胰蛋白酶的酶活力。

胰蛋白酶的酶活力单位定义:在本实验条件下,以 BAEE 为底物,每分钟使 ΔA_{253}增加 0.001 所需的酶量定义为 1 个酶活力单位。

实验器材

1. 设备:分光光度计(UV mini－1240)、旋涡混合器(QL－901)、微量移液器(200 μL)。

2. 材料:试管、试管架、石英比色皿、记号笔、枪头(200 μL)、5 mL 移液管、吸耳球、擦镜纸、滤纸、洗瓶、烧杯。

3、试剂:胰蛋白酶样品(浓度为 1 mg/mL)、0.05 mol/L pH = 7.8 Tris－HCl 缓冲液、2 mmol/L BAEE、20% 稀醋酸。

实验步骤

1. 取 2 支试管,分别标号为 1、2。1 号为空白组,2 号为测定组,按照表 1－38－1 顺序加入各相关试剂。

表 1－38－1　胰蛋白酶活性测定加样程序

试剂	空白组/mL	测定组/mL
0.05 mol/L，pH＝7.8 的 Tris－HCl 缓冲液	3.00	3.00
2 mmol/L BAEE	2.80	2.80
去离子水	0.18	—
待测胰蛋白酶	—	0.18
总体积	5.98	5.98

2. 以空白组校正 A_{253} 值至 0，测定组中加入待测胰蛋白酶后，立即混合均匀，在比色皿中加入 3 mL 待测样品，在 UVmini－1240 分光光度计上测定光吸收值 A_{253}，同时记录时间。

3. 每间隔 1 min 读取 A_{253} 值一次，至 6 min 终止读数。

4. 测定组测得 ΔA_{253}/min 在 0.05～0.10 之间数据视为有效。

5. 计算每分钟平均 A_{253} 增加值即 ΔA_{253}/min。

$$\Delta A_{253}=\frac{(A_{6\ \text{min}}-A_{3\ \text{min}})/3+(A_{5\ \text{min}}-A_{2\ \text{min}})/3+(A_{4\ \text{min}}-A_{1\ \text{min}})/3}{3}$$

实验要求

1. 比色杯用完后要用水清洗干净，并倒扣放置。如有挂壁，可用 20% 稀醋酸清洗。

2. 撰写实验报告，包括实验名称、实验目的、实验原理、器材与材料、实验步骤、结果与讨论这几个部分。

3. 实验报告需计算出 ΔA_{253}/min、胰蛋白酶活性单位数（U）、胰蛋白酶的比活力。

$$\text{胰蛋白酶活性单位数(BAEE)}=\frac{\Delta A_{253}/\text{min}}{0.001}$$

$$\text{胰蛋白酶的比活力}(\text{BAEE}\cdot\text{mg}^{-1})=\frac{\text{胰蛋白酶活性单位数}}{\text{胰蛋白酶质量浓度(g/L)}\times[(3/5.98)\times 0.18]}$$

实验 39　基因工程重组蛋白的表达、分离、纯化和鉴定

第一部分　蛋白质的表达、分离、纯化

实验目的

（1）了解克隆基因表达的原理和方法。

（2）了解重组蛋白亲和层析分离纯化的方法。

实验原理

克隆基因在细胞中的表达对理论研究和实验应用都具有重要的意义。通过表达能探索和研究基因的功能以及基因表达调控的机理，同时克隆基因表达出的编码蛋白质可供进行

结构与功能的研究。

大肠杆菌是目前应用最广泛的蛋白质表达系统，其表达外源基因产物的水平远高于其他基因表达系统，表达的目的蛋白量甚至能达到细菌总蛋白量的 80%。本实验中，携带有目标蛋白基因的质粒存在于大肠杆菌 BL21 中，在 37 ℃、IPTG(异丙基-β-D-硫代半乳糖苷)诱导下，超量表达携带有 6 个连续组氨酸残基的重组氯霉素酰基转移酶蛋白，该蛋白可用一种通过共价偶联的次氨基三乙酸(NTA)对镍离子(Ni^{2+})固相化的层析介质加以提纯，实为金属螯合亲和层析(MCAC)。蛋白质的纯化程度可通过聚丙烯酰胺凝胶电泳进行分析。

镍柱提纯蛋白原理：镍柱中的氯化镍或者硫酸镍可以与有组蛋白标签的蛋白结合，使其他杂蛋白流出柱子。而氯化镍或硫酸镍也可以与咪唑结合，利用咪唑梯度洗脱，咪唑便竞争性地结合到柱上。用 NPI-1～NPI-30 洗脱杂蛋白，NPI-200 洗脱目的蛋白。

试剂和器材

(一) 试剂

(1) PET-15b 转化的大肠杆菌。

(2) LB 培养液。

(3) 氨苄青霉素(Amp)。

(4) 溶菌酶。

(5) NPI-1、NPI-400、PBS(pH=7.4)、1%乙酸、20%乙醇、NPI-20、NPI-30、NPI-200。

(二) 器材

恒温摇床、小型高速离心机、超声波组织细胞破碎仪、玻璃试管、锥形瓶、15 mL 和 50 mL 塑料离心管、微量移液器、枪头、镍柱、透析袋、注射器、滤器。

操作方法

(一) 大肠杆菌的诱导培养

从 Amp/LB 琼脂板上培养的、质粒转化的大肠杆菌中挑取 2～3 个菌落，接种于 Amp(终浓度为 100 μg/mL)的 5 mL LB 的玻璃试管中，培养两管，放置于恒温摇床中，37 ℃培养过夜。将其中一管保存于 4 ℃，另一管所有 5 mL 的培养物加到装有 150 mL LB 培养液的锥形瓶中，加入 Amp(终浓度为 100 μg/mL)，恒温摇床上 37 ℃振荡，进行 2 h 扩大培养。

(二) IPTG 诱导蛋白表达

将 IPTG 加入上述培养液进行扩大后培养，诱导 6 h(IPTG 终浓度 0.5 mmol/L)。

(三) 超声破碎抽提

将诱导培养的大肠杆菌培养物转移到数只 50 mL 离心管中，以 8 000 r/min 的速度离心 10 min，倾去上清液后，在沉淀上面再加培养物，继续离心，将所有的培养物都收集在一起。每管沉淀中加入 5 mL PBS 用于清洗残留培养基，以 8 000 r/min 的速度离心 10 min，去上清液留沉淀，反复两次后向每管加入 10 mL NPI-1 和溶菌酶(终浓度为 100 μg/mL)，用枪吹打，使沉淀悬浮。反复冻融三次后进行超声破碎，将离心管放在小试管架上，将超声波破碎仪的金属头插到离心管中，调整好试管的位置后关上超声破碎仪的门，打开仪器的电源，对每只离心管中的菌体进行超声破碎。

条件：功率200W，工作5 s间隔9 s，每一次处理30个循环。超声破碎结束后，以10 000 r/min的速度离心10 min，收集上清液为所需样品。

（四）过镍柱纯化（每只镍柱纯化的用量）

（1）30 mL 0.22 μm滤器过滤1%乙酸，清洗镍柱杂质。

（2）20 mL 0.22 μm滤器过滤PBS，平衡镍柱。

（3）10 mL 0.22 μm滤器过滤NPI－1，平衡镍柱。

（4）0.22 μm滤器过滤将可溶性蛋白加入柱中。

（5）10 mL 0.22 μm滤器过滤NPI－20，洗脱杂蛋白。

（6）10 mL 0.22 μm滤器过滤NPI－30，洗脱杂蛋白。

（7）5 mL 0.22 μm滤器过滤NPI－200，洗脱目的蛋白。

（8）20 mL 0.22 μm滤器过滤PBS，平衡镍柱pH。

（9）20 mL 0.22 μm滤器过滤1%乙酸，清洗镍柱杂质。

（10）8 mL 0.22 μm滤器过滤20%乙醇，4 ℃保存镍柱。

其中（4）（7）是所要保留的样品，用蛋白电泳进行鉴定。

第二部分 SDS－聚丙烯酰胺凝胶电泳

实验目的

学习SDS－聚丙烯酰胺凝胶电泳法（SDS－PAGE）测定蛋白的分子量的原理和基本操作技术。

实验原理

蛋白质是两性电解质，在一定的pH条件下解离而带电荷。当溶液的pH大于蛋白质的等电点（pI）时，蛋白质本身带负电，在电场中将向正极移动；当溶液的pH小于蛋白质的等电点时，蛋白质带正电，在电场中将向负极移动。蛋白质在特定电场中移动的速度取决于其本身所带净电荷的多少、蛋白质颗粒的大小和分子形状、电场强度等。

聚丙烯酰胺凝胶是由一定量的丙烯酰胺和双甲叉丙烯酰胺聚合而成的三维网状孔结构的凝胶。本实验采用不连续凝胶系统，调整双丙烯酰胺用量的多少，可制成不同孔径的两层凝胶。这样，当含有不同分子量的蛋白质溶液通过这两层凝胶时，受阻滞的程度不同，因而表现出不同的迁移率。由于上层胶的孔径较大，不同大小的蛋白质分子在通过大孔胶时，受到的阻滞基本相同，因此以相同的速率移动；当进入小孔胶时，分子量大的蛋白质移动速度减慢，因而在两层凝胶的界面处，样品被压缩成很窄的区带，这就是常说的浓缩效应和分子筛效应。同时，在制备上层胶（浓缩胶）和下层胶（分离胶）时，采用两种缓冲体系；上层胶pH＝6.7～6.8，下层胶pH＝8.9；Tris－HCl缓冲液中的Tris用于维持溶液的电中性及pH，是缓冲配对离子；Cl^-是前导离子。在pH＝6.8时，缓冲液中的Gly^-为尾随离子，而在pH＝

8.9 时，Gly 的解离度增加，浓缩胶和分离胶之间 pH 的不连续性，控制了慢离子的解离度，进而达到控制其有效迁移率的目的。

不同蛋白质具有不同的等电点，在进入分离胶后，各蛋白质由于所带的静电荷不同，而有不同的迁移率。由于聚丙烯酰胺凝胶电泳中存在浓缩效应、分子筛效应及电荷效应，因此不同的蛋白质在同一电场中能够实现有效地分离。

实验器材

垂直板电泳槽、电泳仪、小烧杯、细长头滴管、电吹风。

实验试剂

10% SDS（十二烷基磺酸钠）、10% AP（过硫酸铵）、1% TEMED、分离胶贮液、分离胶缓冲液、浓缩胶贮液、浓缩胶缓冲液、电极缓冲液、蛋白样品处理液、染色液、脱色液。

实验步骤

（1）学习垂直板电泳仪的组装和使用，学习电泳仪恒流与恒压的调节。

（2）按照表 1－39－1 配制分离胶，试剂混合后充分摇匀，倒入制胶玻璃板缝隙中、距楔形板上横梁下缘 1～2 cm 处。小心地用滴管加水封住上端液面（水封的目的是赶走气泡）。

表 1－39－1　分离胶加样表　　单位：mL

分离胶（约 20 mL）	
分离胶贮液	8.0
分离胶缓冲液	2.5
10% SDS	0.2
1% TEMED	2.0
蒸馏水	7.1
10% AP	0.2

（3）静置大约 40 min，待分离胶凝固后，倒掉上层蒸馏水，用滤纸将残留的蒸馏水吸干。

（4）按表 1－39－2 配制浓缩胶，试剂加入后充分混匀，倒入两块玻璃板之间，直至加满。

（5）将样品梳子插入玻璃板之间。

（6）待浓缩胶凝胶成型后，拔出样品梳子。

（7）样品前处理后（待电泳蛋白样品：处理液 =2：1，混匀，100 ℃水浴 8 min），每孔加样 10～20 μL。

（8）样品进入分离胶前用 20 mA 恒流电泳，样品处于浓缩胶和分离胶分界时换用 50 mA 电泳，待电泳跑至离下端约 2 cm 处时，停止电泳。

表 1-39-2　浓缩胶加样表　　单位:mL

浓缩胶(约 10 mL)	
浓缩胶贮液	3.00
浓缩胶缓冲液	1.25
10% SDS	0.10
1% TEMED	1.00
蒸馏水	4.60
10% AP	0.07

(9) 取下玻璃板,将两板用刀片撬开。胶留在大板上,切掉浓缩胶,将分离胶用水冲取下保留。

(10) 将取下的分离胶放入染色缸中倒入染色液,染色时间不低于 1 h。

(11) 回收染色液,将分离胶先用清水冲洗。

(12) 将分离胶置于脱色液中脱色直至能够看清蛋白条带(或者可以将分离胶放入清水中煮沸脱色,此法速度快、效果好,注意不能使用脱色液煮沸)。

(13) 观察并拍照。

实验结果及分析

1. 粘贴电泳图片,用箭头指示并说明各样品。
2. 分析电泳效果。

实验 40　维生素 A 的提取及定量测定

实验原理

维生素 A 的异丙醇溶液在 325 nm 波长下有最大吸收峰,吸光度与维生素 A 的含量成正比。

实验试剂

1. 维生素 A 标准液;
2. 异丙醇。

实验仪器

紫外分光光度计。

标准曲线的绘制及样品测定

1. 维生素 A 标准液 100 U/mL,按表 1-40-1 加样,样品浓度 1 mg/mL。

表 1-40-1　各试管加样量　　单位：mL

	空白管	1	2	3	4	5
标准液	0	30	60	90	120	150
异丙醇	3.00	2.97	2.94	2.91	2.88	2.85

以空白管调仪器零点，用紫外分光光度计在 325 nm 波长下分别测定吸光度，绘制标准曲线。

2. 测定样品 325 nm 波长下吸光度值，并记录。

实验结果处理

用所绘制的标准曲线求出维生素 A 的含量。

实验 41　植物总 DNA 的提取及鉴定

实验目的

1. 掌握植物总 DNA 的抽提方法和基本原理。
2. 学习根据不同生物样品和实验要求设计和改良抽提总 DNA 的方法。
3. 掌握琼脂糖凝胶电泳检测 DNA 的方法。

实验原理

先采用机械研磨的方法破碎植物的组织和细胞。十六烷基三甲基溴化铵（CTAB）、十二烷基硫酸钠（SDS）等离子型表面活性剂，能溶解细胞膜和核蛋白，使核蛋白解聚，从而使 DNA 游离出来。再加入苯酚和氯仿等有机溶剂，能使蛋白质变性，并使抽提液分相，因核酸（DNA、RNA）水溶性很强，经离心后即可从抽提液中除去细胞碎片和大部分蛋白质。再吸取上清液，加入无水乙醇使 DNA 沉淀，将沉淀 DNA 溶于 TE 溶液中，即得植物总 DNA 溶液。

实验材料

SDS、Tris 饱和酚、氯仿、无水乙醇、70% 乙醇、5 mol/L NaCl、TAE 或 TBE 缓冲液、琼脂糖、氯化钠、蛋白胨、酵母提取物、氢氧化钠、移液器一套、低温高速离心机、水平电泳槽、凝胶成像系统。

实验步骤

（一）植物总 DNA 的提取

1. 取 1～2 g 植物嫩叶剪碎置于研钵中，加入 2～3 mL 65 ℃预热的提取液[Tris-HCl（pH=8.0）0.1 mol/L、EDTA（pH=8.0）0.02 mol/L、NaCl 1.5 mol/L、PVP40（W/V）2%、CTAB（W/V）2%]，用研棒快速充分研磨，用移液枪吸 700～800 μL 组织研磨液注入 1.5 mL 离心管中，置 65 ℃水浴中温育 45 min，期间每隔 10 min 将离心管颠倒混匀一次。

2. 将离心管从水浴中取出,稍微冷却,加入 500 μL 氯仿：异戊醇 = 24：1(*V/V*),盖紧管盖,颠倒振荡混匀。以 8 000 r/min 的速度离心 3 min。

3. 将上清液转移到另一离心管中,再次加入 300 μL Tris 饱和酚、氯仿,盖紧管盖振荡混匀,以 8 000 r/min 的速度离心 3 min,取上清液。

4. 加入 0.6 倍体积预冷的异戊醇、0.1 倍体积的 5 mol/L NaCl,颠倒混匀,冰上放置 10 min。

5. 以 8 000 r/min 的速度离心 10 min,保留沉淀。

6. 加入 1 mL 75% 乙醇,颠倒离心管。以 8 000 r/min 的速度离心 5 min,保留沉淀。

7. 将离心管倒置或平放晾干。

8. 加 50 ~ 70 μL 无菌 ddH_2O,盖上管盖,充分弹动管外壁,使 DNA 充分溶解。

(二)琼脂糖凝胶电泳鉴定 DNA

1. 称取 0.7 ~ 0.8 g 的琼脂糖置锥形瓶中,加入 100 mL 1 × TAE 缓冲液,放微波炉中加热熔化。溶液沸腾即停止加热,连续沸腾 3 次,至琼脂糖粉末完全熔化。

2. 在制胶板中插好梳子,倒入胶液。冷却至充分凝固,约需 35 min。

3. 轻轻拔掉梳子,将胶板置电泳槽中,向电泳槽中加入电泳缓冲液,至液面完全淹没加样孔。

4. 取 10 μL DNA 溶液,置于塑料片上,加入 2 μL 6 倍体积上样缓冲液,混匀,注入加样孔中。

5. 80 V 恒压电泳 45 min ~ 1 h。

6. 电泳结束后,戴上一次性手套,将胶小心移至 EB 染色液中,浸泡染色 5 min,再转到清水中浸洗 3 min,烘干水,转到凝胶成像仪上,紫外照射观察 DNA 条带,并保存图片。

注意事项

1. 植物研磨时速度要快,但要注意尽量不要打出过多泡沫,有泡沫的话可以多从研钵中取出一些提取液,因为泡沫消掉体积会变小,最终达到实验中要求的量。

2. 每一步离心过后注意自己要的目的物质在什么地方,尤其在取出 DNA 时,不要取出蛋白。

3. 乙醇洗过后,要充分晾至无乙醇状态。

4. 溶胶时,要充分使琼脂糖溶入,每次沸腾要摇晃混匀。

5. 使用药品时注意安全,应戴手套。

6. 大肠杆菌菌液取用时,要先摇荡一下。

7. 药品和枪等使用完放回原处。

实验 42　大肠杆菌总 DNA 的提取及鉴定

实验原理

苯酚是一种强烈的蛋白变性剂,所以也可以用来裂解细菌的细胞壁,使细菌 DNA 释放出来，然后加入氯仿等有机溶剂进行抽提，后续步骤与提取植物总 DNA 相同，最终可获得细菌总 DNA 溶液。

实验步骤

1. 取冻存的大肠杆菌在 LB 平板上划线，37℃培养 8 ~ 10 h。

2. 挑单菌落，接种于 10 mL LB 液体培养基，190 r/min 恒温水浴过夜培养。

3. 取 1 ~ 3 mL 菌液，以 10 000 r/min 的速度离心 5 min，收集沉淀（若沉淀量较少可适当增加菌液量），弃上清液。

4. 加入 200 μL ddH_2O，吹打重悬，充分重悬。

5. 加入 200 μL 酚/氯仿（1 : 1），涡旋混匀，以 10 000 r/min 的速度离心 2 min。

6. 取上清液，重复步骤 5 一次。

7. 取上清液，移到一个新的 EP 管中，加入 2 倍体积的 100% 乙醇和 1/10 倍体积的 5 mol/L NaCl，混匀。

8. 以 10 000 r/min 的速度离心 5 min，弃上清液，保留沉淀。该沉淀即为细菌总 DNA 和 RNA 样品。500 μL 75% 乙醇洗涤一次。

9. 室温敞口放置 5 min 晾干，加入 20 μL ddH_2O 溶解沉淀。

注意事项

1. 使用药品时注意安全，应戴手套。

2. 大肠杆菌菌液取用时，要先摇荡一下。

3. 药品和枪等使用完放回原处。

第二章

分子生物学实验

实验1 质粒 DNA 的提取

实验原理

采用碱变性法抽提质粒 DNA。该法基于染色体 DNA 与质粒 DNA 的变性与复性的差异而达到分离目的。在 pH 值大于 12 的碱性条件下，染色体 DNA 的氢键断裂，双螺旋结构解开变性。质粒 DNA 的大部分氢键也断裂，但超螺旋共价闭合环状结构的两条互补链不会完全分离，当以 pH = 5.2 的乙酸钠高盐缓冲液调节其 pH 至中性时，变性的质粒 DNA 又恢复到原来的构型，保存在溶液中，而染色体 DNA 不能复性而形成缠连的网状结构。通过离心，染色体 DNA 与不稳定的大分子 RNA、蛋白质 - SDS 复合物等一起沉淀下来而被除去。

实验方法

1. 挑取一环在 LB 固体培养基平板上生长的含 pUC57 质粒的大肠杆菌，接在含有 100 μg/mL 氨苄青霉素（Amp）的 LB 液体培养基（5 mL/15 mL 试管）中，37 ℃振摇培养过夜。

2. 将 1.5 mL 菌液加入离心管中，以 14 000 r/min 的速度离心 30 s，取其上清液。重复数次，收集全部菌体。

3. 倾去上清液，用滤纸吸干。

4. 加 30 μL TE 缓冲液（10 mmol/L Tris - HCl，1 mmol/L EDTA，pH = 8.0），振荡菌体。

5. 加 30 μL TENS 溶液（10 mmol/L Tris - HCl，1 mmol/L EDTA，0.1mol/L NaOH，0.5% SDS，pH = 8.0），振荡 10 s 至溶液变黏稠。

6. 加 150 μL 3.0 mol/L NaAc，振荡 3 ~ 5 s，以 14 000 r/min 的速度离心 3 min，沉淀细胞碎片及染色体 DNA。

7. 上清液转移至另一支离心管中，加等体积饱和酚，混匀，以 12 000 r/min 的速度离心 2 min。

8. 上层水相转移至另一支离心管中，加 2 倍体积无水乙醇，以 14 000 r/min 的速度离心 2 min。

9. 倾去乙醇，加入 70% 冷乙醇淋洗。

10. 倾去乙醇，用滤纸吸干，真空抽吸 2～3 min。

11. 加入 50 μL TE 缓冲液，溶解 DNA。

12. 加入 1 μL 核糖核酸酶（10 mg/mL），以 14 000 r/min 的速度离心 20 s，使核糖核酸酶与管底液体混匀。

13. 37 ℃水浴 30 min。

14. 样品放入 -20 ℃冰箱保存备用。

实验试剂

（一）TE 缓冲液（10 mmol/L Tris-HCl，1 mmol/L EDTA，pH=8.0）

配制方法：

Tris	1.211 g
EDTA · Na	0.037 g

用 800 mL 重蒸水溶解，用分析纯盐酸调整 pH 值至 8.0，加重蒸水定容至 1 000 mL。

（二）TENS 溶液（10 mmol/L Tris-HCl、pH=8.0；1 mmol/L EDTA，0.1 mol/L NaOH，0.5% SDS）

配制方法：

NaOH	0.4 g
SDS	0.5 g

加 80 mL TE 缓冲液溶解。加 TE 缓冲液定容至 100 mL。

（三）3.0 mol/L 醋酸钠溶液（pH=5.2）

配制方法：醋酸钠 24.6 g，用 70 mL 重蒸水溶解，再用冰乙酸调 pH 值大约至 5.2，加重蒸水定容至 100 mL。

（四）Tris 饱和酚的制备

纯净的酚使用时不需要重蒸。市售的酚一般为红色或黄色结晶体，使用之前必须重蒸，除去能引起 DNA 和 RNA 断裂和聚合的杂质。将苯酚置于 65 ℃水浴中溶解，重新进行蒸馏，当温度升至 183 ℃时，开始收集在若干个棕色瓶中。纯酚和重蒸酚都应贮存在 -20 ℃条件下，使用前取一瓶重蒸酚于分液漏斗中，加入等体积的 1 mol/L Tris-HCl（pH=8.0）缓冲液，立即加盖，激烈振荡，并加入固体 Tris 摇匀调 pH 值（一般 100 mL 苯酚约加 1 g 固体 Tris，分层后测上层水相 pH）至 7.6～8.0。从分液漏斗中放出下层酚相于棕色瓶中，并加一定体积 0.1 mol/L Tris-HCl（pH=8.0）覆盖在酚相上，置 4 ℃冰箱中贮存备用。酚是一种强腐蚀剂，能引起腐蚀性损伤，操作时应戴上眼镜和手套。如果皮肤上溅了酚，应用大量水冲洗或用肥皂水冲洗。酚在空气中极易氧化变红，要随时加盖，也可加入抗氧化剂：0.1 %8-羟基喹啉及 0.2% β-巯基乙醇。

（五）无水乙醇

置于 -20 ℃冰箱中保存备用。

（六）70 %乙醇

置于 -20 ℃冰箱中保存备用。

（七）核糖核酸酶（10 mg/mL）

配制方法：称取 10 mg 核糖核酸酶 A（RNaseA，美国 SIGMA 或中科院上海生物化学研究所东风试剂厂)。于灭菌的离心管内,加 1 mL 100 mmol/L pH = 5.0 的 NaAc 溶液(完全溶解),即得到 10 mg/mL RNase,为了破坏脱氧核糖核酸酶(DNase),置于 80 ℃水浴中 10 min 或100 ℃水浴中 2 min,然后置于 -20 ℃(或家用冰箱的冰格内)保存。

实验材料

(一) 菌种

大肠杆菌(pUC57)。

(二) 培养基

LB 液体培养基

精解蛋白胨	3 g
酵母浸出粉	1.5 g
氯化钠	3 g

按上述配方用重蒸水(ddH_2O 或 dH_2O 表示,下同)溶解至 300 mL。用 10 mol/L NaOH 调 pH 值至 7.2 ~7.4。分装于 15 mL 试管中,每支 5 mL。然后置于高压蒸汽消毒锅中以 1.1 kg/cm^2 灭菌 20 min。

(三) 抗菌素

氨苄青霉素(Amp)临用时用无菌水配制,放在无菌有盖试管中,浓度为 100 mg/mL。

实验仪器

1. 恒温振荡器。
2. 低温冰箱(-20 ℃)。
3. 真空泵。
4. 台式高速离心机。

实验说明

1. 质粒 DNA 提取的方法很多,如碱变性法、羟基磷灰石柱层析法、溴化乙锭—氯化铯梯度超离心法等。本实验采用的是小量快速提取法。小量快速提取法也有多种,但基本原理和步骤是一致的。包括下述步骤:

(1) 裂解菌体细胞;

(2) 质粒和染色体 DNA 的分离;

(3) 除去蛋白质、RNA 及其他影响、限制性酶活性的细胞成分;

(4) 除去提取过程中使用的去垢剂、盐等。

2. 在基因操作实验保存或提取 DNA 过程中,一般都采用 TE 缓冲液,而不选用其他缓冲液。虽然很多缓冲系统,如磷酸盐缓冲系统、硼酸系统都符合细胞内环境的生理范围,可以作为 DNA 的保存液,但在某些实验中,这些缓冲液会影响实验。如在转化实验中,要用到 Ca^{2+},如果用磷酸盐缓冲液,磷酸根将与 Ca^{2+} 反应产生 $Ca_3(PO_4)_2$ 沉淀。在各种工具酶反应时,不同的酶对辅助因子的种类及数量要求不同,有的要求高盐离子浓度,有的则要求低盐浓度。采用 Tris - HCl 缓冲系统，不存在金属离子的干扰作用，EDTA 是二价离子 Mg^{2+}、Ca^{2+} 等的螯合剂，可降低系统中这些离子的浓度，由于这些离子是脱氧核糖核酸酶的辅助因子，所以 EDTA 可以抑制脱氧核糖核酸酶对 DNA 的降解作用。

3. TENS 中的 NaOH。核酸在 pH 值大于 5、小于 9 的溶液中稳定存在，但当 pH 值大于 12 或小于 3 时，就会引起 DNA 两条链之间氢键的解离而变性。TENS 中有 NaOH 会使其 pH 值大于 12，从而使染色体 DNA 与质粒 DNA 变性。

TENS 中的 SDS。SDS 是离子型表面活性剂。它的主要功能有：溶解细胞膜上的脂肪与蛋白质，因溶解膜蛋白而破坏细胞膜；解聚细胞中的核蛋白；能与蛋白质结合成为 $R_1 - O - SO_3 \cdots R_2^+$ - 蛋白质的复合物，使蛋白质变性而沉淀下来。但是 SDS 能抑制核糖核酸酶的作用，所以在之后的提取过程中，必须把它去除干净，以防止在下一步操作中（用 RNase 去除 RNA 时）受干扰。

4. 3.0 mol/L NaAc（pH = 5.2）使 pH 值大于 12 的 DNA 抽提液回到中性，使变性的质粒 DNA 能够复性，并能稳定存在。染色体 DNA 不能复性（因为染色体 DNA 不存在超螺旋共价闭合环结构），而高盐的 3 mol/L NaAc 有利于变性的大分子染色体 DNA、RNA，以及 SDS - 蛋白质复合物凝聚沉淀。pH = 5.2 的环境也能促进其中和核酸上的电荷，减少相互斥力而聚合。同时，钠盐与 SDS - 蛋白质复合物作用后，能形成溶解度较小的钠盐形式的复合物，使沉淀更完全。

5. 饱和酚。酚是一种表面变性剂，属非极性分子。水是极性分子，当蛋白质溶液与酚混合时，蛋白质分子之间的水分子被酚挤走，使蛋白质失去水合状态而变性。经过离心，变性蛋白质的密度比水的密度大，因而与水相分离，沉淀在水相下面。酚比重更大，保留在最下层。酚作为变性剂也有一些缺点：酚与水有一定程度的互溶，酚相中水的溶解度为 10% ~ 15%，溶解在这部分水相中有 DNA 会损失；酚很容易氧化，变成粉红色，氧化的酚容易降解 DNA，解决酚氧化和带水问题的方法是将酚重蒸，除去氧化的部分，再用 Tris - HCl 缓冲液饱和，使酚不至于夺去 DNA 中的水而带走部分 DNA。饱和酚中加入 8 - 羟基硅啉及巯基乙醇，能防止酚氧化，它还是弱的螯合剂，可抑制 DNase。由于有颜色，溶解在酚中后，使酚带上颜色，便于酚相与水相的分层，酚饱和后，表面盖上一层 Tris 水溶液，隔绝空气，阻止酚氧化。

6. 关于无水乙醇沉淀 DNA 的说明。

用无水乙醇沉淀 DNA，是实验中最常用的沉淀 DNA 的方法。乙醇的优点是具有极性，可以任意比例和水混溶。乙醇与核酸不会起化学反应，对 DNA 很安全，因此是理想的沉淀剂。

乙醇之所以能沉淀 DNA，是由于 DNA 溶液是以水合状态稳定存在的，乙醇会夺去 DNA 周围的水分子，使 DNA 失水而易于聚合沉淀。一般实验中，用 2 倍体积的无水乙醇与 DNA 相混合，使乙醇的最终含量占 67% 左右。由此，也可用 95% 乙醇沉淀 DNA，但是用 95% 乙醇使总体积增大，而 DNA 在乙醇溶液中总有一定程度的溶解。因而 DNA 损失也增大，影响收率。

乙醇沉淀 DNA 时，DNA 溶液中应该有一定的盐浓度，中和 DNA 表面电荷。如果溶液中盐浓度太低，则要加入 NaAc 或 NaCl 使最终浓度为 0.1 ~ 0.25 mol/L。在 pH = 8 左右的 DNA 溶液中，DNA 分子带负电荷，加入一定浓度的 NaAc 或 NaCl，使 Na^+ 中和 DNA 分子上的负电荷，减少 DNA 分子之间的同性电荷相斥力，易于互相聚合而形成 DNA 钠盐沉淀。当加入的盐溶液浓度太低时，只有部分 DNA 形成 DNA 钠盐而聚合，这样就造成 DNA 沉淀不完全。但加入的盐溶液浓度太高时，效果也不好。在沉淀的 DNA 中，由于存在过多的盐杂质，影响 DNA 的酶切等反应，因此必须进行洗涤或重沉淀。

乙醇沉淀 DNA，一般采用低温条件。这是由于在低温条件下，分子运动大大减缓，DNA 易于聚合沉淀。为了使质粒 DNA 能充分沉淀，一般保存时间要尽量长，同时也要视样品的体积调整时间，在小离心管中的样品要比 40 mL 离心管中 DNA 样品的量少，冷却较迅速。大量提取 DNA 时，目前常采用如下几种方法：

保存在家用冰箱结冰盒内	过夜
保存在 -2 ℃冰箱内	过夜
保存在 -70 ℃冰箱内	30 min ~ 2 h
放置干冰中（约 -20 ℃）	30 min
放置干冰加酒精中（约 -70 ℃）	16 min

放置在液氮缸中液氮的气相内（不可以浸在液氮中，温度在 -198 ℃左右），5 ~ 15 min。除了用乙醇外还可用 1 倍体积异丙醇（相当于 2 倍体积乙醇）使 DNA 沉淀。用异丙醇的好处是离心的液体体积小，但异丙醇挥发性不如乙醇，最终除去其残留部分的难度更大。此外，异丙醇能促使蔗糖、氯化钠等溶质与 DNA 一起沉淀，在 -70 ℃时更易发生，所以一般以乙醇沉淀为宜，除非要求液体体积很小。

7. 影响质粒 DNA 提纯质量和产率的因素说明。

（1）菌株。

质粒的宿主菌菌株的不同对质粒 DNA 纯化的质量和产率的影响很大。一般选用 enA 基因突变的宿主菌，即 enA⁻ 菌株，如 DH5 α、JM109 和 XL1 - Blue 等。使用含野生型 enA 基因的菌株会影响质粒 DNA 的纯度。

enA 基因是核酸内切酶Ⅰ。核酸内切酶Ⅰ是一种 12 kDa 的壁膜蛋白，受镁离子激活，可被 EDTA 抑制，对热敏感。双链 DNA 是核酸内切酶Ⅰ的底物，但 RNA 是该酶的竞争性抑制剂，能改变酶的特异性，使其由水解产生 7 个碱基的寡聚核苷酸的双链 DNA 内切酶活性，变为平均每底物切割一次的切口酶活性。核酸内切酶Ⅰ的功能仍不清楚，enA 基因突变的菌株没有明显地表现改变，但质粒产量及稳定性明显提高。细菌不同生长期内核酸内切酶Ⅰ的表达水平不同。生长的指数期与稳定期相比，核酸内切酶Ⅰ水平高 300 倍。此外，培养基中促进快速生长的成分，如高葡萄糖水及补充氨基酸，都会使核酸内切酶Ⅰ水平增高。

此外，菌株的其他性质有时也应加以考虑。如 XL1 - Blue 生长速度较慢，HB101 及其衍生菌株如 TG1 及 JM100 序列，含大量的糖，这些糖如果在质粒纯化过程中不除去，在菌体裂解后释放出来，可能抑制酶活性。

（2）质粒的拷贝数。

细菌中质粒的拷贝数是影响质粒产量最主要的因素。质粒的拷贝数主要由复制起点（replication origin），如 pMB1 及 pSC101 及其附近的 DNA 序列决定。这些被称作复制点的区域通过细菌的酶复合物控制质粒 DNA 的复制。当插进一些特殊的载体时，能降低质粒的拷贝数。此外，太大的 DNA 插入也能使质粒拷贝数下降。一些质粒，如 pUC 系列，由于经过了突变和改造，在细菌细胞内的拷贝数很大，以 pBR322 质粒为基础的质粒拷贝数较低，黏粒（cosmid）及特别大的质粒通常拷贝数极低（表 2－1－1）。

表 2－1－1　各种质粒和黏粒的复制起点和拷贝数

载体特点		复制起点	拷贝数
质粒			
pUC 载体	ColE1	500 ~ 700	高拷贝
pBluescript 载体	ColE1	300 ~ 500	高拷贝
pGEM 载体	pMB1	300 ~ 400	高拷贝
pTZ 载体	pMB1	>1 000	高拷贝
pBR322 及其衍生质粒	pMB1	15 ~ 20	低拷贝
pACYC 及其衍生质粒	p15A	10 ~ 12	低拷贝
pSC101 及其衍生质粒	pSC101	~5	极低拷贝
黏粒			
SuperCos	ColE1	10 ~ 20	低拷贝
PWE15	ColE1	10 ~ 20	低拷贝

（3）细菌培养。

用于制备质粒的细菌培养应该从选择性培养的平板中挑取单个菌落进行培养。不应该直接从甘油保存菌、半固体培养基及液体培养基中挑菌，因为这可能导致质粒丢失。也不该从长期保存的平板上直接挑菌，这也可能使质粒突变或丢失。挑取单个菌落至 3 mL 选择性培养基中，培养至饱和状态（12 ~ 14 h）就可进行小量质粒提取。

8. 除了本实验采用的小量质粒 DNA 提取法外，很多生物试剂公司还提供试剂盒用于小量质粒 DNA 的提取。通常情况下，采用试剂盒能获得较高质量的 DNA，所得到的 DNA 可直接用于传染、测序及限制酶分析等。下面介绍三种试剂盒。

A. 用 Bio－Rad 质粒小量制备试剂盒提取质粒 DNA。

（1）取过夜培养的菌液 1 ~ 2 mL 至离心管中。离心 30 s 沉淀细胞，吸去所有上清液。

（2）加 200 μL 细胞悬浮液（Cell Resuspension Solution）并吹打数次（或旋涡振荡），使沉淀完全悬浮。

（3）加 250 μL 细胞裂解液（Cell Lysis Solution），轻轻颠倒管 10 次（不旋涡振荡）如果细胞裂解了，溶液应变得黏稠且稍清亮。如果仍然浑浊，继续混合。

（4）加 250 μL 中和液（Neuralization Solution），轻轻颠倒管 10 次（不旋涡振荡）混合（此时应该形成可见沉淀）。

（5）在离心机上以最高转速（12 000 ~ 14 000 r/min）沉淀细胞碎片 5 min。在管底或沿着管壁有紧密白色沉淀。

（6）将一支过滤柱（Spin Filter）插在一支新离心管上。

（7）直接吸 200 μL 基质悬液到含白色沉淀的管中（吸基质成分前，彻底混合基质），为避免管壁有沉淀，吹吸 2 次混合，立即将悬液倒在过滤柱内，当所有样品转移到过滤柱内后，离心 30 s。

（8）从离心管上移开过滤柱，弃去离心管底的滤液。

（9）放过滤柱到同一管上。加 500 μL 洗涤液（Wash Solution 第一次使用前加 63 mL 95% 乙醇到洗涤液中）洗涤基质，离心 30 s。

（10）从离心管上移开过滤柱，弃去离心管底的滤液，再放过滤柱到同一管上。

（11）加 500 μL 洗涤液洗涤基质，离心 2 min，除去残存的乙醇。移开过滤柱，弃去离心管。

（12）将过滤柱放在一支新离心管上，加 100 μL 去离子水或 TE，离心 30 s，洗脱 DNA。弃去过滤柱，将洗脱的 DNA 保存在 -20 ℃。

B. 用泛特津公司的日常型质粒 DNA 小量制备试剂盒提取质粒 DNA。

（1）取 5 mL 过夜培养的菌液，用台式离心机以最高速度离心 1 min，倾尽上清液。

（2）加入 250 μL Solution 1 溶液悬浮细菌，加入 250 μL Solution 2 溶液，温和但充分地上下混合均匀3 ~4 次。

（3）加 400 μL 4 ℃ 预冷的 Solution 3 溶液，温和但充分地上下混合均匀，静置 2 min。

（4）将溶液连同凝结块一起转入到微量滤器中，以 1 000 r/min 的速度离心 30 s，使溶液直接过滤到 2 mL 离心管中。

（5）将过滤液从 2 mL 离心管中转入到 DNA 小量制备管中，以 3 600 r/min 的速度离心 1 min。

（6）弃 2 mL 离心管中溶液，将 DNA 小量制备管重新置回到 2 mL 离心管中。

（7）加 500 μL W1 溶液，以 3 600 r/min 的速度离心 1 min，弃 2 mL 离心管中溶液，将 DNA 小量制备管重新置回到 2 mL 离心管中。

（8）加 650 μL Solution 5 溶液，以 3 600 r/min 的速度离心 1 min。

（9）将 DNA 制备管移入另一支 2 mL 离心管中，再加 650 μL S5 溶液，以 1 200 r/min 的速度离心 2 min。

（10）将小量制备管移到 1. 5 mL 离心管中，加 60 μL 65 ℃ 预热的 TE 缓冲液于 DNA 结合膜中间，室温下置 1 min，以 1 200 r/min 的速度离心 1 min，洗脱质粒 DNA。

C. 用 Qiegan 质粒 DNA 小量制备试剂盒（Plasmid Mini Kit）提取质粒 DNA。

试剂盒组成见表 2 -1 -2。

表 2 -1 -2　试剂盒组成

质粒提取试剂盒（Plasmid Kits）厂家 目录号（Catalog No. ）	小量 25 次（mini 25） 12123	小量 100 次（mini 100） 12125
纯化柱（QIAGEN - tip 20）	25	100
P1 缓冲液（Buffer，P1）/mL	20	40
P2 缓冲液（Buffer，P2）/mL	20	40
P3 缓冲液（Buffer，P3）/mL	20	40
QBT 缓冲液（Buffer QBT）/mL	40	110
QC 缓冲液（Buffer QC）/mL	120	480
QF 缓冲液（Buffer QF）/mL	30	110
RNase A（100 mg/mL）/mg	2	4
使用手册（Handbook）	1	1

实验步骤

（1）取 3 mL 过夜培养的菌液，用台式离心机以最高速度离心 2 min，倾去上清液。沉淀用 0.3 mL 含 RNase A 的 P1 缓冲液（Buffer P1）溶解。

注：P1 缓冲液在使用前应该加入试剂盒中提供的 RNase A 溶液。RNase A 溶液加入 P1 缓冲液前，可先短时高速离心至管底。含 RNase A 的 P1 缓冲液可于 2 ℃ ~8 ℃保存 6 个月。

（2）加 0.3 mL P2 缓冲液（Buffer P2），轻轻颠倒管 4 ~6 次混匀（不要旋涡振荡），室温放置 5 min。

注：裂解反应时间不要大于 5 min。P2 缓冲液开盖取完试剂后，立即重新旋上盖子，以免试剂中的 NaOH 与空气中的 CO_2 反应。

（3）加 0.3 mL 预冷的 P3 缓冲液（Buffer P3），立即轻轻颠倒管。

（4）再次混匀样品，在台式离心机上以最大转速（10 000 ~13 000 r/min 或 14 000 ~18 000 r/min）离心 10 min，移出上清液。

注：离心后，上清液应该是清亮的。如果上清液不清亮，则再次离心至上清液清亮，不清亮的成分将堵塞柱子。

（5）用 1 mL QBT 缓冲液（Buffer QBT）平衡 QIAGEN – tip20，让补上的液体自然（以重力）流干。

（6）向 QIAGEN – tip 20 柱上加入步骤（4）收集的上清液，让上清液自然（以重力）流入柱中。

上清液尽快加入到柱中。如果存放时间太久，由于蛋白质沉淀变混，上样前应重新离心，以免堵塞柱子。

（7）用 4 ×1 mL 缓冲液（Buffer QC）洗涤 QIAGEN – tip 20 柱。

（8）用 0.8 mL 缓冲液（Buffer QF）洗脱 DNA。

（9）用 0.7 倍体积（0.8 mL 洗脱流出液则为 0.56 mL）室温放置的异丙醇沉淀离心机上以不低于 10 000 r/min 的速度离心 3 min，小心倒出上清液。

（10）用 1 mL 70% 乙醇洗涤 DNA，空气干燥 5 min，以适当体积缓冲液重新溶解 DNA。

实验试剂

（1）P1 缓冲液（菌体重悬缓冲液）：50 mmol/L Tris – HCl；10 mmol/L EDTA，pH =8.0；100 μg/mL RNaseA 4 ℃保存。

配制方法：Tris 6.06 g，EDTA · $2H_2O$ 3.72 g，用 800 mL ddH_2O 溶解，用 HCl 调 pH 值至 8.0，加 ddH_2O 至 1 000 mL。1 000 mL P1 缓冲液中加入 100 mg RNaseA。

（2）P2 缓冲液（裂解缓冲液）：200 mmol/L NaOH，1% SDS，室温保存。

配制方法：NaOH 8.0 g 溶于 950 mL ddH_2O 中，加入 50 mL 20% SDS 溶液加 ddH_2O 至 1 000 mL。

（3）P3 缓冲液（中和缓冲液）：3.0 mmol/L 乙酸钾，pH =5.5，室温或 4 ℃保存。

配制方法:乙酸钾 294.5 g 溶于 500 mL ddH_2O 中,用冰乙酸(约 110 mL)调 pH 值至 5.5,加 ddH_2O 至 1 000 mL。

(4) QBT 缓冲液(平衡缓冲液):750 mmol/L NaCl;50 mmol/L MOPS,pH = 7.0;15% 异丙醇;0.15% Triton X - 100,室温保存。

配制方法:NaCl 43.83 g,MOPS(自由酸)10.46 g 溶于 860 mL ddH_2O。调 pH 值至 7.0。加 150 mL 纯异丙醇及 15 mL 10% TritonX - 100 溶液,加 ddH_2O 至 1 000 mL。

(5) QC 缓冲液(冲洗缓冲液):1.0 mmol/L NaCl;50 mmol/L MOPS,pH 7.0;15% 异丙醇。室温保存。

配制方法:NaCl 58.44 g,MOPS(自由酸)10.46 g 溶于 800 mL ddH_2O。调 pH 值至 7.0。加 150 mL 纯异丙醇,加 ddH_2O 至 1 000 mL。

(6) QF 缓冲液(洗脱缓冲液):1.25 mol/L NaCl;50 mmol/L Tris HCl,pH = 8.5;15% 异丙醇。室温保存。

配制方法:NaCl 73.05 g,Tris 6.06 g,溶于 800 mL ddH_2O。用 HCl 调 pH 值至 8.5。加 150 mL纯异丙醇,加 ddH_2O 至 1 000 mL。

(7) TE:10 mmol/L Tris - HCl,pH = 8.0,1 mmol/L EDTA。室温保存。

(8) STE:100 mmol/L NaCl,10 mmol/L Tris - HCl,pH = 8.0,1 mmol/L EDTA。室温保存。

配制方法:NaCl 5.84 g,Tris 1.21 g,EDTA · $2H_2O$ 0.37 g,溶于 800 mL ddH_2O 中,用 HCl 调 pH = 8.0,加 ddH_2O 至 1 000 mL。

实验 2　琼脂糖凝胶电泳鉴定 DNA

实验原理

用于 DNA 分离、纯化和鉴定的凝胶电泳有两类,一类是琼脂糖凝胶电泳,适用于 1 kb 和大于 1 kb 的 DNA;另一类是聚丙烯酰胺凝胶电泳,适用小于 1 kb 的 DNA。琼脂糖凝胶电泳是一种非常简便的快速分离、纯化和鉴定 DNA 的方法,已广泛应用于核酸研究中。DNA 在琼脂糖凝胶中迁移率和凝胶浓度、DNA 分子大小、DNA 分子的构象及电泳电压密切相关。染色采用溴化乙锭(EB),EB 在紫外线照射下发射荧光。EB 能插入 DNA 分子中形成荧光结合物,使发射的荧光增强几十倍。荧光的强度正比于 DNA 的含量。如将已知浓度的标准样品作电泳对照,就可估计出待测样品的浓度。

实验方法

1. 制备琼脂糖凝胶:称取琼脂糖 0.15 g,溶解在 15 mL 电泳缓冲液中,置微波炉中至琼脂糖溶化均匀。

2. 灌胶:将电泳槽载胶板两侧用透明胶布或医用胶布密封好。防止灌胶时出现渗漏。然后在凝胶溶液中加 EB 3 μL,摇匀。插好点样梳子,轻轻倒入电泳槽载胶板中,除掉气泡。

3. 待凝胶冷却凝固后,轻轻取出点样梳,将电泳槽载胶板两侧封胶用的透明胶布或医用胶布撕下。

4. 点样：提取的质粒 DNA 样品液 8μL 与 1.6 μL 溴酚蓝指示剂混匀、点样。记录点样次序及点样量。

5. 在电泳槽中加入电泳缓冲液，将点好样的载胶板轻轻放在电泳槽内。

6. 电泳。接上电极线，点样侧接电泳仪负极，另一侧接电泳仪正极，50 V 电泳 45 ~ 60 min。

7. 将电泳槽载胶板拿到暗室，在紫外灯下直接观察结果。

实验试剂

（一）电泳缓冲液

40 mmol/L Tris – HCl（pH = 8.0）

20 mmol/L NaAc

2 mmol/L EDTA

配制方法：先配 50 倍电泳缓冲液，用时取 5 mL，重蒸水稀释至 250 mL。

50 倍电泳缓冲配制方法：

Tris	12.1 g
无水 NaAc	41.0 g
EDTA · 2Na	18.6 g

先用 400 mL 重蒸水加热搅拌溶解后，再用冰乙酸调节 pH 值至 8.0（大约 25 mL），然后加蒸馏水定容至 500 mL，1.1 kg/cm^2 灭菌 20 min。

（二）溴酚蓝指示剂

称取溴酚蓝 200 mg，加重蒸水 10 mL。在室温下过夜，待溶解后再称取蔗糖 50 g，加蒸馏水溶解后移入溴酚蓝溶液中，摇匀后加重蒸水定容至 100 mL。加 10 mol/L NaOH1 ~ 2 滴，调至蓝色。

（三）EB（10 mg/mL 溴化乙锭）

配制方法：溴化乙锭　1 g

ddH_2O　100 mL

（四）琼脂糖凝胶

配制方法：琼脂糖　0.2g

lx TAE　20ml

微波炉加热至沸腾 2 – 3 次，溶液透明无杂质即可。

实验仪器

微波炉、电泳仪、手提式紫外检测仪、电泳槽。

实验说明

1. DNA 在琼脂糖凝胶中的电泳迁移率与凝胶浓度、DNA 分子大小、DNA 分子构象及电泳电压有关。

(1) 凝胶浓度。根据待分离DNA分子的大小,选择凝胶中琼脂糖的含量(凝胶浓度),见表2-2-1。

(2) DNA分子大小。线状双链DNA分子在一定浓度凝胶上电泳的迁移率与线性双链DNA分子的分子量对数成反比。

表2-2-1 凝胶浓度

琼脂糖的含量/%	分离线状DNA分子的有效范围/kb
0.3	60~5
0.6	20~1
0.7	10~0.8
0.9	7~0.5
1.2	6~0.1
1.5	4~0.1
2.0	3~0.1

(3) DNA分子的构象。线状双链DNA分子在一定浓度琼脂糖凝胶中电泳动距离与DNA的分子量对数成反比,但当DNA分子处于不同构象时,它在电场中移动的距离不仅和分子量有关,还和它本身构象有关。有相同分子量的线状、开环状(超螺旋为0)和超螺旋DNA在琼脂糖凝胶中移动速度是不一样的。高度超螺旋的DNA移动速度最快,随着超螺旋程度降低,相应DNA的移动速度依次减慢,最慢者为线状双链DNA。例如SV40病毒DNA处于高度超螺旋状态,电泳速度最快,经拓扑异构酶作用产生不同程度的超螺旋DNA在凝胶电泳时,按不同速度在胶上移动而形成多条带。了解这一点,对分析DNA电泳图谱至关重要。当用琼脂糖凝胶电泳鉴定质粒纯度时,发现凝胶上有数条DNA带,难以确认是由于质粒本身存在着超螺旋引起的,还是因为含有其他DNA引起的,可采用上述方法鉴定。从琼脂糖凝胶上将DNA带逐个回收,用同一种限制性内切酶酶切,然后在琼脂糖凝胶上电泳,如果在凝胶上出现相同的DNA图谱,则说明它们是处于不同超螺旋状态的同一种DNA。

(4) 电泳电压。低压条件下,线状DNA在琼脂糖凝胶上泳动速度和电压成正比。随着电压升高,高分子量的DNA片段泳动速度和电压不成正比关系,分辨率反而下降。因此为了得到良好的分离效果,电场电压不要超过5 V。

2. DNA琼脂糖凝胶电泳图谱分析离不开紫外分析灯,可是紫外光对DNA分子有切割作用。从胶上回收DNA供重组用时,避免紫外光切割是非常重要的,尽量缩短光照时间并采用长波长紫外灯(300~360 nm),可减少紫外光切割DNA。

3. 溴化乙锭(EB)染色:溴化乙锭是核酸的染色剂,在水平式琼脂凝胶电泳中,DNA的染色一般有三种做法:

(1) 在胶中与电泳缓冲液中同时加入0.5 μg/mL的EB。

(2) 只在胶中加入0.5 μg/mL的EB,而在电泳缓冲液中不加EB,这就减少了操作时双手受EB污染的机会,而且DNA区带也清晰可见。这是目前绝大多数实验使用的方法。

(3) 在电泳结束以后,取出琼脂糖凝胶,放在含有0.5 μg/mL EB的电泳缓冲液(或ddH_2O)中染色40 min。如果天气寒冷,琼脂糖浓度高凝胶板厚也可在37 ℃保温染色或轻微振荡染色，也可加大 EB 的剂量(1 μg/mL)或延长染色时间。

但是(1)的操作更需小心、谨慎，防止实验用具及台面的 EB 污染。所以一般选用(2)。(2)的好处是电泳过程中 DNA 保持本来的状态，有利于凝胶图谱分析，更能准确地测定 DNA 分子量。因为在凝胶中有 EB 时，一定量 EB 插入 DNA 就会使双链线状 DNA 的迁移速度下降。

EB 是强致癌剂，因此使用过程中要注意戴手套，及时用高锰酸钾处理污染物。具体的方法如下。

1）加入足量的水使溴化乙锭的浓度降低至 0.5 μg/mL 以下。

2）加入 1 倍体积的 0.5 mol/L $KMnO_4$，小心混匀后再加 1 倍体积的 2.5 mol/L HCl 混匀，于室温放置数小时。

3）加入 1 倍体积的 2.5 mol/L NaOH，小心混匀后可丢弃该溶液。

以前曾广泛采用的用次氯酸处理溴化乙锭稀溶液的方法，效果不好。此外，溴化乙锭在 262 ℃分解，在标准条件下焚化后也不再具有危害性。

4. 溴酚蓝指示剂：常用的电泳上样缓冲液含溴酚蓝，有的还含有二甲苯青。这些指示剂可以指示电泳的速度，也可以利用其迁移率大致估计 DNA 的分子量。溴酚蓝在琼脂糖凝胶中移动的速率约为二甲苯青 FF 的 2.2 倍，而与琼脂糖浓度无关。以 0.5 × TBE 作电泳缓冲液时，溴酚蓝在琼脂糖中的泳动速率约与长 300 bp 的双链线状 DNA 相同，而二甲苯青 FF 的泳动则与长 4 kb 的双链线状 DNA 相同。在琼脂糖浓度为 0.5% ~1.1% 的范围内，这些对应关系受凝胶浓度变化的影响并不显著，但在聚丙烯酰胺凝胶中其对应关系受凝胶浓度影响较大。此外蔗糖使样品密度增大，使样品在点样时沉于点样孔底部，不扩散。上样缓冲液一般配成 6 倍的，加样时，加入点样量的 1/6 即可。

实验 3　琼脂糖凝胶中 DNA 片段的回收

实验原理

从琼脂糖凝胶中回收 DNA 片段，可得到大小一致的 DNA 片段。有多种方法可用于琼脂糖凝胶中 DNA 片段的回收，例如低熔点琼脂糖法、洗脱法等。本实验方法是先使凝胶被 NaI 溶解，然后 DNA 与玻璃粉结合，再从玻璃粉中洗脱出 DNA 片段。

实验方法

1. 在琼脂糖凝胶中电泳分离 DNA 片段，当 DNA 片段完全分开后，停止电泳。

2. 在长波长紫外灯下观察凝胶，切下含所需的琼脂糖部分。将凝胶放入预称重的离心管中。

3. 称含凝胶的离心管重量，每 0.1 g 凝胶加 200 μL NaI 溶液。

4. 于 50 ℃温育离心管，每 5 min 颠倒几次离心管混匀，直到琼脂糖完全溶解。

5. 每 1 μg DNA 加入 5 μL 玻璃粉悬液。轻轻颠倒使之混匀，于冰上放置 10 min，使 DNA

结合在玻璃粉上。

6. 于室温离心 30 s,收集结合有 DNA 的玻璃粉。

7. 倒掉上清液。加 700 μL -20 ℃预冷的清洗缓冲液,轻轻地抽吸,使玻璃粉重悬浮。冰上放置 5 min。

8. 重复第 6 与第 7 步两次,于室温离心 10 s,使玻璃粉沉淀下来。倒掉上清液,重复离心,小心地除去全部残存液体。

9. 加入 30 ~ 50 μL TE,轻轻吹打使玻璃粉重悬浮。于 50 ℃温育 10 min,将 DNA 洗脱下来。

10. 于室温离心 10 s,使玻璃粉沉淀下来。将上清液转移到另支一管中。不要吸入玻璃粉,因为它可抑制许多酶的活性。

实验试剂

(一) 玻璃粉

(1) 取 30 g 玻璃粉(Sigma 325 目二氧化硅)悬于 200 mL 蒸馏水的烧杯中。搅拌混匀后,静置 9 min。

(2) 将上清液转移到离心管中。于 6 000 ×g 离心 10 min,沉淀玻璃粉。

(3) 倒掉上清液,将玻璃粉重悬于 50 mL 25% 硝酸中,室温放置过夜。

(4) 于 6 000 ×g 沉淀玻璃,用无菌双蒸水洗涤,沉淀玻璃粉 4 ~ 6 次,直到 pH 值至中性。

(5) 用无菌水重悬沉淀,配成 10% 的浆液。

(6) 将此浆液分装成 0.1 mL 一管,贮存于 -80 ℃。待用的样品贮存于 -20 ℃或 4 ℃。

(二) NaI 溶液

NaI	90.8 g
Na_2SO_3	15 g
ddH_2O	100 mL

(三) 乙醇清洗液

成分为:100 mmol/L NaCl、1 mmol/L DETA、pH = 8.0、10 mmol/L Tris - HCl、pH = 7.5、50% 乙醇。

实验说明

1. 本方法琼脂糖凝胶电泳缓冲液只能使用 TAE,回收的 DNA 片段应在 0.8 ~ 6.0 kb 之间。

2. 切胶时,尽量除去多余的胶块。

3. 除了本实验的方法外,许多公司都有专用于从琼脂糖凝胶中回收 DNA 的试剂盒,下面就介绍其中几个。

A. 用 Supelco 公司的旋转柱从琼脂糖凝胶上回收 DNA 片段。

(1) 加 100 μL TE(10 mmol/L Tris - HCL, pH = 8.0, 1 mmol/L EDTA - 2Na)到 Supelco 公司的从琼脂糖中回收 DNA 旋转柱(GenEluteTM Agarose Spin Columns)内,将旋转柱插在一支

1. 5 mL 离心管中,在台式高速微离心机上以最大转速离心(15 000 r/min)离心 10 min。

(2) 弃去 1. 5 mL 离心管中收集的 TE。

(3) 用手术刀片或剃须刀片在暗室中、紫外灯照射下,从琼脂糖凝胶上切下特异 DNA 片段,放到旋转柱内。

(4) 将旋转柱插到一支新的 1. 5 mL 离心管中,在台式高速微离心机上以最大转速(15 000 r/min)离心 10 min。

(5) 1. 5 mL 离心管中的液体就是回收的 DNA。

B. 用 BM 公司从琼脂糖凝胶中回收 DNA 试剂盒回收 DNA。

(1) 先进行琼脂糖凝胶电泳,从中切下目的条带。放入预称重的 1. 5 mL 离心管中进行称重,计算出凝胶净重。

(2) 每 100 mg 凝胶加 300 μL 琼脂糖溶解缓冲液。

(3) 取 10 μL 硅胶至样品中(样品 >2. 51 μg,则按 4 μL/μg DNA 加入硅胶),混匀。

(4) 56 ℃ ~60 ℃孵育 10 min,每 2 ~3 min 混匀一次。

(5) 以 16 000 r/min 的速度离心 1 min,弃上清液。

(6) 加 500 μL 核酸结合缓冲液,混匀。以 16 000 r/min 的速度离心 1 min,弃上清液。

(7) 加 500 μL 清洗缓冲液,混匀。以 16 000 r/min 的速度离心 1 min,弃上清液。

(8) 再加 500 μL 清洗缓冲液,混匀。以 16 000 r/min 的速度离心 1 min,弃上清液。

(9) 用微量加样器,吸干液滴,倒置离心管在吸水纸上,室温干燥 15 min。

(10) 用 50 μL TE 缓冲液,50 ℃ ~60 ℃洗脱 10 min,每 2 ~3 min 混匀一次。以 16 000 r/min 的速度离心,回收上清液至 0. 5 mL 离心管上。所回收的上清液即为从凝胶中回收的 PCR 产物片段。

C. 用 TaKaRa 公司从琼脂糖凝胶中回收 DNA 试剂盒回收 DNA。

(1) 试剂盒中成分:硅胶树脂　　1 mL

NaI 溶液　　50 mL

浓缩缓冲液 30 mL(使用时加 100% 乙醇等体积混合,加入乙醇后的混合液称为洗净用缓冲液)。

(2) 样品用琼脂糖凝胶电泳后,将目的 DNA 片段切出。

(3) 将切下的凝胶块放入 1. 5 mL 的离心管中。注意:制作琼脂糖凝胶及电泳时建议使用 TAE 缓冲液。

(4) 向反应管中加入 1. 5 ~3 倍凝胶量的 NaI 溶液(通常 600 μL),55 ℃加热 5 ~10 min,使凝胶完全熔化。

(5) 按每 2 μL 硅胶树脂结合为 1 μg DNA 比例加入适量的硅胶树脂后,充分混合,室温放置 20 min。注意在使用硅胶树脂前,一定要将硅胶树脂液充分搅匀。

(6) 离心(10 000 r/min,1 min),除去上清液。

注意:此上清液在整个回收过程结束后,确认回收率较高时方可扔掉,可在此上清液中再次加入硅胶树脂液,重新回收。

(7) 在反应管中加入 500 μL 洗净用缓冲液,振荡搅匀后离心(10 000 r/min,1 min),除去上清液。此操作重复一次。

(8) 离心后除净上清液,加入 TE 缓冲液或灭菌蒸馏水后搅匀,55 ℃水浴中放置 5 min。注意 TE 缓冲液或灭菌蒸馏水的添加量为硅胶体积的 1 倍。

(9) 离心(10 000 r/min,1 min),回收上清液,此上清液即为回收的 DNA 溶液。注意再重复一次(8)、(9)的操作可提高回收率。

实验 4　DNA 定量分析

实验原理

在 DNA 分子操作过程中,DNA 浓度是一个非常关键的因素,例如要对 DNA 进行酶切、PCR、测序等操作都需要对 DNA 进行定量。常用 DNA 定量方法有两个,一个是紫外光谱分析,另一个是 EB 荧光分析。

紫外光谱分析:其原理基于 DNA(或 RNA)分子在 260 nm 处有特异的紫外吸收峰且吸收强度与系统中 DNA 或 RNA 的浓度成正比。分子形状双链、单链之间的转换,也会导致吸收水平的改变,但是这种偏差可以用特定的公式来纠正。该方法的特点是:准确、简便,但需要紫外分光光度计。

EB 荧光分析:EB 也就是溴化乙锭,是一种荧光染料,它能插入 DNA 或 RNA 碱基对的平面之间而结合上。一旦 EB 结合在 DNA 分子上,它就能在紫外光的激发下产生橘黄色荧光。由于结合于 DNA 分子之上的 EB 的量与 DNA 分子长度和数量成正比,因此荧光强度可以表示 DNA 量的多少。这种方法的优点是简单、经济,若结合凝胶电泳还可同时分析出 DNA 的纯度;缺点是准确性较低。

实验方法

(一) 应用紫外分光光度法定量分析 DNA

1. 用 TE 或蒸馏水对待测 DNA 样品进行稀释。

2. 用 TE 或蒸馏水作为空白,在紫外分光光度计上测定 DNA 稀释液的 260 nm、280 nm、310 nm 光密度值(OD 值)。

3. 通过计算确定 DNA 浓度或纯度。

DNA 浓度计算公式为:

单链 DNA(ssDNA):$[DNA] = 33 \times (OD_{260} - OD_{280}) \times$稀释倍数

双链 DNA(dsDNA):$[dsDNA] = 50 \times (OD_{260} - OD_{280}) \times$稀释倍数

单链 RNA(ssRNA):$[ssRNA] = 40 \times (OD_{260} - OD_{280}) \times$稀释倍数

(二) 应用溴化乙锭琼脂糖凝胶电泳法进行 DNA 定量分析

1. 用含 0.5 μL/mL 的 EB 的 1% TAE(或 TBE)琼脂糖凝胶制备微型水平电泳凝胶。

2. 凝胶凝固后,对待测样品及标准 DNA 进行梯度稀释。

3. 把稀释的 DNA 样品液及标准 DNA(0.1 ~0.5 μL)分别与加样缓冲液混匀,然后将混合液加在新制备的凝胶的点样 7 孔内。

4. 以 30 mA 稳流方式或 100 V 稳压方法电泳，直到溴酚蓝达到胶的 3/4 处。

5. 紫外灯下观察，肉眼可见样品的最高稀释度，含 DNA 80 ng 左右，相片上最后可见稀释度含 DNA 20 ng 左右。同时与标准 DNA 对照，就可确定出待测样品的浓度。

（三）用溴化乙锭斑点定量法对 DNA 浓度进行快速估测

1. 用 TE 缓冲液配制 DNA 标准液：0 μg/mL、1 μg/mL、2. 5 μg/mL、5 μg/mL、7. 5 μg/mL、10 μg/mL 和 20 μg/mL。

2. 吸取标准 DNA 及样品 4 μL 分别点在塑料膜上，每个样品一个点，分别向每个样品中加入 4 μL 1 μg/mL 溴化乙锭，混匀。

3. 将塑料膜置于紫外分析仪上照相，通过与标准溶液的荧光进行比较，估测未知 DNA 的浓度。

试剂和仪器

1. 已知浓度的标准 DNA 样品。

2. EB 贮存液（10 μg/mL）。

3. 5 ×SDS 加样液：

甘油 50%、SDS0. 5%、溴酚蓝 0. 1%、二甲氢苯 0. 1%。

4. 琼脂糖。

5. TE 缓冲液。

6. ddH_2O。

7. TAE 缓冲液。

50 ×浓缩贮存液；

Tris 121 g；

冰醋酸 29. 6 mL；

0. 5 mol/L EDTA，pH = 8. 0；

EDTA $Na_2 \cdot 2H_2O$ 18. 61 g；

ddH_2O 80 mL；

用 NaOH 调 pH 值至 8. 0（约需 NaOH 2 g），然后定容至 100 mL。

8. 紫外分光光度剂。

9. 电泳仪。

10. 潜水式微型水平电泳槽。

11. 透射式紫外分析仪。

实验说明

1. 紫外分光光度计法测定浓度时 OD_{310} 值是背景，若盐浓度较高，OD_{310} 值也高。此外 230 nm 的光吸收反映了样品被酚或尿素污染的程度，而 325 nm 的光吸收则提示有特殊物质污染或比色杯太脏。

2. OD_{260}/OD_{280}对 DNA 而言,其值为 1.8 ~ 1.9,高于 1.9 则可能有 RNA 污染,低于 1.8 则可能有蛋白质污染。

3. OD_{260}/OD_{280}对 RNA 而言,其值为 1.9 ~ 2.0。

实验 5　DNA 的酶切

实验原理

(一) 三类限制酶

限制酶特异地结合于其识别的特殊 DNA 序列之内或附近的特异位点上,并在此切割双链 DNA。限制酶可分为 3 类。Ⅰ类和Ⅲ类限制酶在同一蛋白质分子中兼有修饰(甲基化)作用及依赖于 ATP 的限制性酶切活性。Ⅲ类限制酶在识别序列上切割 DNA,然后从底物上解离。而Ⅰ类限制酶结合在识别序列上,却随机地切割回转到被结合酶处的 DNA。

在基因工程中Ⅰ类和Ⅲ类限制酶都不常用。常用的是Ⅱ类限制酶。

(二) Ⅱ类限制酶

Ⅱ类限制酶又可分为两种酶:一种是限制性内切酶,它切割特异性的核苷酸序列;另一种为独立的甲基化酶,它使识别序列甲基化。

基因工程中常指的限制酶或限制性内切酶就是第一种Ⅱ类限制酶。

(三) 限制性内切酶

1. 识别序列一般为回文对称型,如 EcoRⅠ识别序列为:

5′…GAATTC…3′
3′…CTTAAG…5′

对称轴两侧等距离的碱基两条互补链识别序列完全一样。

2. 识别序列长度大多数为 4 ~ 6 个核苷酸。

3. 切割方式有两种。

(1) 错位切割。

大多数限制性内切酶不在识别序列的对称轴上切割 DNA 链,而在偏离对称轴数个核苷酸处切割。

$$\begin{matrix}5'\cdots GAATTC\cdots 3'\\3'\cdots CTTAAG\cdots 5'\end{matrix}\xrightarrow{EcoR\ V}\begin{matrix}5'\cdots G\quad 3'\\3'\cdots CTTAA\ 5'\end{matrix}+\begin{matrix}5'\ AATTC\cdots 3'\\3'\quad G\cdots 5'\end{matrix}$$

错位切割所产生的 DNA 末端,两条链不平齐,一条链凸出,一条链凹进,这种末端称为黏性末端(Cohesive Ends)。带有相同黏性末端的 DNA 分子很容易在末端互补配对,连接成新的重组分子。

(2) 沿对称轴切割。

一些酶在对称轴处切割,产生平齐末端(Blunt Ends)。

$$\begin{matrix}5'\cdots AGCT\cdots 3'\\3'\cdots ACGA\cdots 5'\end{matrix}\xrightarrow{Alu\ I}\begin{matrix}5'\cdots AG\ 3'\\3'\cdots TC\quad 5'\end{matrix}+\begin{matrix}5'\quad CT\cdots 3'\\3'\ GA\cdots 5'\end{matrix}$$

4. 同裂酶(同切口限制性内切酶)。

一般说来,不同的限制性内切酶识别不同的序列。然而有一些从不同来源分离的酶能在相同靶序列切割,这些酶称为同裂酶(Ischizomers)。

有一些识别四核苷酸序列的酶识别序列在另一种六核苷酸识别序列之内,如 Mbo Ⅰ 和 Sau3A Ⅰ,识别序列在 BamH Ⅰ之内。

两种酶切割反应要求最严的成分是底物 DNA,酶切产物直接受 DNA 底物纯度的影响。提取过程中的酚、氯仿、乙醇、EDTA、SDS、NaCl 均能干扰反应,有些甚至改变识别序列,两种酶切割后得到相同末端。所以这两种酶产生的片段可以连接。

5. 来源及命名。

一般采用 Smith 和 Nathans(1973)提出的方法对限制性内切酶进行命名,以产生该酶的微生物属名的第一个字母(大写)、种名的前两个字母(小写),以及菌株型号或质粒、噬菌体名称组成。如从 Bacillus amyloliqu－faciens H 中提取的性内切酶称为 BamH,从 Escherichia Coli RT 中提出的酶称为 EcoR(大肠杆菌耐药质粒 R1)。在同一型号细菌中的几种不同酶可以编成不同的号,如 Hind Ⅱ、Hind Ⅲ、Hpa Ⅰ、Hpa Ⅱ、Mbo Ⅰ、Mbo Ⅱ等。

6. 限制性内切酶的星活性。

一般来说,限制性内切酶存在严格的识别序列特异性,但某些条件改变,会使其对识别序列特异性放宽,而导致在 DNA 内产生附加切割,限制性内切酶表现的这种活性称为星活性,或第二活性,在名称右上角加一个星号表示。

产生星活性的条件:

(1) 甘油浓度。

(2) 离子强度:高盐缓冲液酶降低盐。

(3) pH 值:7.5～8.5 产生。

(4) 有机溶剂:DMSO(二甲基亚砜)1%～2%(V/V)。

(5) 二价阳离子 Mn^{2+} 代替 Mg^{2+}。

(6) 酶与 DNA 的比例。

酶与 DNA 比为 50 U/μg 产生星活性。为了防止星活性的出现,所有限制性内切酶反应在标准条件下(特别是 pH、离子强度、二价离子浓度的条件下)进行。某些限制性内切酶诱导产生星活性的反应条件见表 2－5－1。

表 2－5－1　某些限制性内切酶诱导产生星活性的反应条件

酶	诱导星活性条件
Ava Ⅰ	A,B,D
EcoR Ⅰ	A,B,D,E,F
Hae Ⅲ	B,D
Hha Ⅰ	B,D,G
BamH Ⅰ	A,B,C,D,E,H

A. 乙二醇(45%);

B. 甘油(11%～20%);

C. 乙醇(12%);

D. 高酶:DNA 比值 25 U/μg;

E. Mn^{2+}代替 Mg^{2+}；　　G. DMSO(8%)；

F. pH = 8.5；　　H. 无 NaCl

（四）影响限制性内切酶反应的因素

限制性内切酶能否有效、特异地切割 DNA，最关键的因素有：

1. 底物 DNA 的纯度与物理特性。

（1）纯度。

酶切反应要求最严的成分是底物 DNA，酶切产物直接受 DNA 底物纯度的影响。

提取过程中的酚、氯仿、乙醇、EDTA、SDS、NaCl 均能干扰反应，有些甚至改变识别序列特性，处理办法为酶切前透析或乙醇沉淀。

（2）DNA 浓度。

DNA 浓度太稀、加量大，含有 EDTA，影响结果。

（3）识别序列位点及与其相邻的特异性。

限制性内切酶对 DNA 序列显示高度特异性，因此，识别序列内核苷酸的甲基化或糖苷化都会影响酶切反应，识别位点接近末端的程度也影响切割，如 EcoR Ⅰ要求识别序列后在末端至少有一个碱基存在才能切割。

5′…GAATTC 3′
3′…CAATTG 5′　　不能切割

5′…GAATTCA 3′
3′…CAATTGT 5′　　能切割

各种内切酶对识别序列处于末端位置时的切割效率不同，表 2-5-2 列出了用 20 U 常用内切酶在 20 ℃对 0.1 A 260 单位接近末端识别序列的切割效率。

表 2-5-2　常用内切酶对识别序列接近末端的 DNA 的切割效率

内切酶名	识别序列	链长	切割效率/%	
			酶解 2 h	酶解 20 h
Acc Ⅰ	GGTCGACC	8	0	0
	CGGTCGACCG	10	0	0
	CCGGTCGACCGG	12	0	0
Afi Ⅲ	CACATGTG	8	0	0
	CCACATGTGG	10	>90	>90
	CCCACATGTGGG	12	>90	>90
Asc Ⅰ	GGCGCGCC	8	>90	>90
	AGGCGCGCCT	10	>90	>90
	TTGGCGCGCCAA	12	>90	>90
Ava Ⅰ	CCCCGGGG	8	50	>90
	CCCCCGGGGG	10	>90	>90
	TCCCCCGGGGGA	12	>90	>90
BamH Ⅰ	CGGATCCG	8	10	25
	CGGATCCCG	10	>90	>90
	CGCGGATCCGCG	12	>90	>90

续表

内切酶名	识别序列	链长	切割效率/%	
			酶解 2 h	酶解 20 h
BgL Ⅱ	CAGATCTG	8	0	0
	GAAGATCTTC	10	75	>90
	GGAAGATCTTCC	12	25	>90
BssH Ⅰ	GGCGCGCC	8	0	0
	AGGCGCGCCT	10	0	0
	TTGGCGCGCCAA	12	50	>90
BstE Ⅱ	GGGT(A/T)ACCC	9	0	10

(4) DNA 的二级/三级结构。

识别/切割位点的二级结构和三级结构也影响酶切效率,切割超螺旋比线状需要更多的酶。

2. 反应系统。

(1) 缓冲液:pH、Na^+离子。

(2) 金属离子 Mg^+。

(3) 甘油能使酶稳定,防止长期低温(-20 ℃)保存时发生冻结。甘油会使很多酶的识别特异性下降,酶切反应含甘油量应低于5%。

(3) 反应体积:酶浓度 EDTA。

(4) 保温时间与温度:DNA 浓度。

实验方法

1. 制备 pUC57 质粒 DNA。

2. 对 pUC57 质粒 DNA 进行定量,并调整至 0.2 μg/μL。

3. 用 EcoR Ⅴ 酶解 pUC57 DNA。

取一支 0.5 mL 离心管,加入:

pUC57 DNA(0.2 μg/μL)	75.0 μL
10 × EcoR Ⅴ 缓冲液	1.8 μL
Decor(10 U/μL)	1.0 μL
加 ddH_2O 至	100 μL

以 10 000 r/min 的速度离心 5 s 混匀,37 ℃水浴 60 min。

4. 取酶解样品,按表 2-5-3 点样,用 0.7% 琼脂糖凝胶电泳鉴定酶解效果,如果酶解不完全,继续酶解。

表 2-5-3　酶解样品电泳鉴定点样表　　单位:μL

DNA 样品表	样品量	电泳缓冲液量	点样缓冲液量
pUC57 酶切样品	6.0	1.5	1.5
pUC57 质粒 DNA	6.0	1.5	1.5
λDNA/EcoR Ⅰ + Hind Ⅲ	1.5	6.0	1.5

以 50 V 电压电泳 30 min,在透射式紫外分析仪上观察、记录电泳结果。

如果酶解完全,酶解样品应为一条线性带。

5. 电泳鉴定确认酶解完全后,65 ℃ 10 min 灭活 EcoRⅤ,终止酶解反应。

实验试剂

1. EcoRⅤ内切酶。

2. EcoRⅤ内切酶 10×缓冲液(pH=7.9)

60 mmol/L Tris-HCL;

1.5 mmol/L NaCl;

60 mmol/L $MgCl_2$;

10 mmol/L DTT。

3. 电泳缓冲液(pH=8.0)

40 mmol/L Tris-HCl;

20 mmol/L NaAC;

2 mmol/L EDTA;

配制方法:先配 50 倍电泳缓冲液,用时取 5 mL,重蒸水稀释至 250 mL。

50 倍电泳缓冲液配制方法:

Tris	121.1 g
无水 NaAC	41.0 g
EDTA-2Na	18.6 g

先用 400 mL 重蒸水加热搅拌溶解后,再用冰乙酸调节 pH 值至 8.0(大约 25 mL),然后加重蒸水定容至 500 mL。1.1 kg/cm^2 灭菌 20 min。

4. 溴酚蓝指示剂。

称取溴酚蓝 200 mg,加重蒸水 10 mL,在室温下过夜,待溶解后再称取蔗糖 50 g,加蒸馏水溶解后,移入溴酚蓝溶液中,摇匀后加重蒸水定容至 100 mL,加 10 mol/L NaOH 1~2 滴,调至蓝色。

5. EB(10 mg/mL 溴化乙锭)。

配制方法:溴化乙锭　1 g

ddH_2O　100 mL

6. 琼脂糖。

7. λDNA/EcoRⅠ+HindⅢ分子量标准物:21 226,5 148,4 973,4 268,3 530,2 027,1 904,1 584,1 375,947,831,564。

实验说明

1. 酶切时所用 DNA 的量根据不同需要可有所增减,切点增多,所用 DNA 量亦相应增加。但是,所用 DNA 溶液的体积不能太大,否则 DNA 溶液中其他成分会干扰酶反应和电泳。

2. 酶活性通常用酶单位表示,酶单位的定义是:在最适反应条件下,1 h 完全降解

1 μg λDNA的酶量为一个单位。但是,许多实验室制备的 DNA 不像 λDNA 那样易于降解,需适当增加酶的用量。如有必要,可以用不同的酶量做实验,以决定最适酶量。反应液中加入过量的酶不合适,除考虑成本外,酶液中的微量杂质可能干扰随后的连接反应。

3. 市售内切酶一般浓度很大,为节约起见,使用前可事先用酶反应缓冲液(1×)进行稀释。另外,酶通常保存在 50% 的甘油中,实验时,应将反应液中甘油浓度控制在 1/10 以下,否则,酶活性将受影响。

4. 延长反应时间通常可以弥补酶量的不足,但是这对一部分酶不适用,因为随着反应时间的延长,这些酶的活性迅速下降。

5. 在制作酶切图谱时,有时需要用两种酶切割 DNA 样品,如果这两种酶反应条件一致,可将酶一起加入反应液。如果两种酶所需缓冲液不同,可采用下列方法:

(1) 将要求低盐浓度缓冲液的酶先反应,然后加入适量的盐溶液和第二种要求较高盐浓度缓冲液的酶。

(2) 第一个反应在较小的体积下进行,然后用第二种酶要求的缓冲液稀释。

(3) 第一个反应完成后,用等体积酚/氯仿处理,水相加 0.1 倍体积 3 mol/L 醋酸钠和 2 倍体积无水乙醇,混匀后置 -70 ℃低温冰箱 30 min,离心,干燥后进行第二个反应。

(4) 有些生产酶的公司,对双酶同时反应进行了研究,对双酶反应提出了推荐使用的缓冲液。使用所推荐的一种缓冲液,可同时用两种酶对 DNA 进行酶切。

6. 从冷藏处取出酶(包括各种工具酶),应立即放入冰水中。每次均应用清洁和消毒的吸管,以避免限制酶被 DNA 或其他酶所污染。酶自冰箱取出后,应迅速操作,将酶立即放回冷冻处。

7. 如果酶切反应体积太大,电泳凝胶槽中装不下时,可用下列方法浓缩 DNA:加入 3 倍体积 EDTA 及 2 倍体积乙醇,于干冰/甲醇浴中冷却 5 min,然后在台式高速离心机上离心 5 min,倾去上清液。当中含有较多蛋白质,可在真空下干燥沉淀。将 DNA 溶解到适量的 TE 液中。

8. 如果需纯化限制性内切酶调节的 DNA 片段,可用酚/氯仿提取一次,再用氯仿提取一次,用乙醇沉淀 DNA。

9. 购得的内切酶一般均附带 10×缓冲液,EcoR V 的缓冲液为 10×缓冲液 D(Promega),成分为 6 mmol/L Tris - HCl(pH = 7.9),150 mmol/L NaCl,6 mmol/L $MgCl_2$,1 mmol/L DTT。

实验 6 真核细胞 RNA 的提取

实验原理

本方法利用盐酸胍抑制 RNA 酶,匀浆裂解细胞,采用有机溶剂抽提去除蛋白质。通过选择性沉淀 RNA 分子去除 DNA。

实验方法

1. 样品处理。

(1) 组织样品处理。取新鲜的组织样品称重后,剪碎成约 1 cm^2 的组织块直接加入匀浆液中进行 RNA 提取,或在中速冻, -70 ℃保存。

(2) 贴壁培养细胞处理。用 PBS 洗细胞一次,吸干溶液后将培养板快速移至中冷冻后转到 -70 ℃保存;或加入 1 mL 匀浆至培养板中直接裂解细胞,然后将黏稠的裂解液进一步匀浆。

(3) 悬浮培养细胞处理:离心收集细胞,用 pHS 悬浮漂洗再离心收集,若不立即提取 RNA,则可经速冻后转至 -70 ℃贮存备用。

2. 加 10 倍体积盐酸胍匀浆液至准备好的样品细胞中,高速匀浆 1 min。

3. 匀浆液 5 000 g,室温离心 10 min。

4. 将上清液移至一个干净离心管中,加入 0.1 倍体积的 3 mol/L 乙酸钠(pH =5.2),混匀,再加 5 倍体积预冷的乙醇,立即充分混匀, -20 ℃放置至少 2 h。

5. 5 000 g,0 ℃离心 10 min,沉淀核酸,弃上清液,室温干燥。

6. 每个提取 RNA 的组织或细胞样品中,加入 10 ~15 min 盐酸胍匀浆液Ⅱ,搅拌溶解。

7. 加入 2.5 倍体积预冷的乙醇,立即充分混匀, -20 ℃至少放置 2 h。

8. 5 000 g,0 ℃离心 10 min,沉淀核酸,去上清液,室温挥发乙醇。

9. 按每克组织细胞加 5 min 的比例。分两次加入 0.02 mol/L EDTA(pH =8.0)。

先加 1/2 体积 EDTA 振荡 1 ~2 min,3 000 g 离心 2 min,吸出上清液。再加另一个 1/2 体积的 EDTA 振荡 1 ~2 min。合并两次核酸溶解液。

10. 用等体积氯仿—正丁醇(4 : 1)抽提核酸溶液,5 000 g 室温离心 10 min,吸出上清液至另一支干净离心管中。

11. 加 3 倍体积 1 mol/L 乙酸钠(pH =7.0)混匀, -20 ℃放置 1 h 以上,此时 RNA 将沉淀,而 DNA 仍为溶解状态。

12. 5 000 g,0 ℃离心 20 min,沉于管底的是 RNA。

13. 吸去上清液,用 4 ℃预冷的 1 mol/L 乙酸钠(pH =7.0)漂洗 RNA 沉淀。然后 5 000 g,20 ℃离心 20 min,回收 RNA。

14. 尽量去除上清液。按每克组织细胞 1 mL 的比例加入 RNA 溶解液(0.2% SDS,0.5% mol/L EDTA,pH =8.0)。注意:若有 SDS 沉淀析出,滴加 0.1 mol/L NaOH 调溶液 pH 值至 7.5。

15. 加入 2 倍体积冰预冷乙醇混匀,0 ℃放置至少 2 h,5 000 g,4 ℃离心 10 min,RNA 沉淀用 70% 乙醇漂洗,短暂离心后,弃上清液,室温干燥蒸发乙醇。

16. 用适当小容积 DEPC 处理过的 ddH_2O 溶解 RNA 沉淀,加入 3 倍体积乙醇, -70 ℃保存 RNA 备用。用时加入 0.1 体积的 3 mol/L 乙酸钠,混匀,12 000 g,4 ℃离心回收 RNA。

实验试剂

1. 盐酸胍匀浆液Ⅰ。

成分:8 mol/L 盐酸胍(分子量为 95.6)、0.1 mol/L 乙酸钠(pH =5.2)、5 mmol/L 2 -巯基乙醇、0.5% 十二烷基肌氨酸钠。

配制方法:取 191 g 盐酸胍,加 8.35 mL 3 mol/L 乙酸钠(pH =5.2)和 6.25 mL 0.2 mol/L 2 -巯基乙醇溶液中,再加水至 237.5 mL,混匀后加 12.5 mL 10% 十二烷基肌氨酸钠,振荡混

匀溶解。

2. 盐酸胍匀浆液Ⅱ。

成分:8 mol/L 盐酸胍(分子量力 95.6)、0.1 mol/L 乙酸钠(pH =5.2)、1 mmol/L 2 - 巯基乙醇、20 mmol/L EDTA(pH =8.0)。

配制方法:取 191 g 盐酸胍,加入 35 mL 3 mol/L 乙酸钠(pH =5.2)和 1.25 mL 0.2 mol/L 2 - 巯基乙醇溶液中,再加入 10 mL 0.5 mol/L EDTA(pH =8.0)。加水至 250 mL 混匀。

3. 乙醇。

4. 70% 乙醇。

5. 氯仿—正丁醇(4 : 1,体积比)。

6. 4 mol/L 乙醇钠,pH =7.0。

7. 3 mol/L 乙醇钠,pH =5.2。

8. RNA 溶解液。

成分:0.2% SDS,0.05 mol/L EDTA,pH =8.0。

实验说明

提取 RNA 时,要特别注意防止 RNase 的污染,所用玻璃器皿均应用 0.1% 的二乙基焦碳酸盐(DEPC)处理。塑料器材均使用一次性用品,并高压灭菌处理,必要时,也可用 0.1% DEPC 处理。

实验 7　pUC57 T 载体的制备

实验原理

PCR 产物的克隆是一种有效的克隆目的基因的方法,但是在实际应用中,由于方法学上的一些技术问题可能限制其应用。由于 PCR 产物 3′ - 末端突出一个 A,因此克隆 PCR 产物的载体 3′ - 末端必须突出一个 T,这样载体与 PCR 产物之间形成黏性长端。现在许多公司开发出了此类专用于 PCR 产物克隆的 T 载体。本实验中将平端内切酶 EcoR Ⅴ 酶解的 EcoR Ⅴ,用 Taq 酶将其 3′ - 末端加上 T,然后用 T4 连接酶将能自身环化的质粒连接。用凝胶电泳将自身环化的质粒与 3′ - 末端带有 T。不能自身环化的线性质粒分开,回收线性质粒片段即为 pUC57 T 载体。

实验方法

1. 制备 pUC57 质粒 DNA(见本章实验 1)。

2. 用 EcoR Ⅴ 酶解 pUC57 DNA(见本章实验 5)。

3. 在酶解的 pUC57 DNA 末端加上 T。

取一支 0.5 mL 离心管。加入:

EcoR Ⅴ 酶解的 pUC57 DNA　　10 μg

10×PCR 缓冲液	15 μL
dNTPs 10 mmol/L	20 μL
Taq DNA 聚合酶(5 U/μL)	1 μL
ddH_2O to	150 μL

以 10 000 r/min 的速度离心 5 s,混匀,72 ℃水浴 2 h。

4. DNA 片段的纯化。

(1) 在上述0.5 mL 离心管中加入等体积(15 μL)酚/氯仿混匀,放置数分钟,以5 000 r/min 的速度离心 5 min,使液体分层。

(2) 吸收酚/氯仿抽提之水相至另一支 1.5 mL 离心管中,加入 1/10 倍体积的乙酸钠,加 2 倍体积冷无水乙醇,混匀。-20 ℃冰箱放置 2 h,以 15 000 r/min 的速度离心 15 min。

(3) 倾去乙醇,加入 70% 冷乙醇淋洗。

(4) 倾去乙醇,滤纸吸干,真空抽吸 2~3 min。

(5) 加入 30 μL ddH_2O,溶解 DNA。

5. 载体 DNA 自身连接。

在 DNA 片段纯化管中,加入 5 μL 10×连接酶缓冲液和 2U T_4 DNA 连接酶,并用重蒸水补至总体积 50 μL,16 ℃连接 16 h。

6. 琼脂糖凝胶电泳。

将 DNA 连接液在 1%(Wt/V01)琼脂糖凝胶上电泳分离 pUC57 T 载体和原载体。

7. pUC57 T 载体的纯化。

用琼脂糖凝胶 DNA 回收试剂盒纯化线性载体,并用电泳对此载体进行定量。

(1) 10 mmol/L dTTP。

(2) Taq DNA 聚合酶,5 U/μL。

(3) 酚/氯仿。

(4) 乙醇放置 -20 ℃冰箱保存备用。

(5) 乙酸钠。

(6) 70% 冷乙醇。

(7) ddH_2O。

(8) 琼脂糖。

(9) T4DNA 连接酶。

(10) 10×连接酶缓冲液。

(11) 溴酚蓝指示剂。

(12) EB 溶液。

(13) 琼脂糖凝胶 DNA 回收试剂盒。

实验说明

本实验采用的是一个典型的将具有平齐末端的线性 DNA 片段变成黏性片段的方法。在基因工程过程中,经常要将平齐末端转变为黏性末端或要将黏性末端转变为平齐末端,除

了本实验中的方法外,还有下列方法:

(一) 在平齐末端产生新限制性内切酶位点的方法

1. 试剂。

(1) T4 DNA 连接酶。

(2) 10×T4 DNA 连接酶反应缓冲液。

300 mmol/L Tris-HCl, pH=7.8

100 mmol/L $MgCl_2$

100 mmol/L DTT

10 mmol/L ATP

注:10×连接酶缓冲液应 -20 ℃保存,不要多次冻存和融化。连接缓冲液中 ATP 降解是连接反应失败的最常见原因。

(3) 磷酸化限制酶接头。

(4) 无核酸酶重蒸水。

(5) 限制性内切酶及其缓冲液。

(6) 氯仿 : 异戊醇(24 : 1)。

TE 缓冲液

10 mmol/L Tris-HCI

1 mmol/L EDTA

酚 : 氯仿 : 异戊醇(25 : 24 : 1)

混合等体积的 TE 缓冲液与重蒸酚,分层后,再将 1 份下层酚相与 1 份氯仿 : 异戊醇(24 : 1)混合即可。

2. 原理。

限制酶接头是合成的 DNA 双链,含有限制性内切酶识别序列,可用于将一个新的限制性内切酶位点加入到含平端的 DNA 片段上。商品化的接头有 5′-末端磷酸化和非磷酸化两种。磷酸化的接头更适于本实验。因为 T4 DNA 连接酶需要一个 DNA 模板 5′-末端含磷酸基团。使用磷酸化的接头可以与非磷酸化的载体连接,这样可以降低载体自身重新连接的背景。

3. 方法。

(1) 取一支离心管,分别加入:

10×T4 DNA 连接酶反应缓冲液	1 μL
DNA(100~500 ng)	1 μL
磷酸化限制酶接头	超过 DNA 片段的摩尔数 100 倍
T4 DNA 连接酶(Weiss 单位)	2.5 u
加无核酸酶蒸馏水至	10 μL

*注:1 μg 1 kb DNA 片段约为 1.52 pmol。商品限制酶接头常以 A_{260}度量对于 10 碱基的限制酶接头,0.015 A_{260}的量相当于大约 152 pmol DNA。

(2) 15 ℃反应 6~18 h。

(3) 70 ℃加热 10 min 终止反应。

(4) 立即在冰上冷却反应管,用相应的限制性内切酶进行酶解。

(5) 酶解后,加等体积酚：氯仿：异戊醇(25：24：1)到反应管中提取 DNA,振摇 1 min,12 000 g 离心 5 min。

(6) 转移上层水相至另一支新离心管中。为增加回收率,有机相用小量 TE 缓冲液重提一次。

(7) 加等体积氯仿：异戊醇(24：1),振摇 30 s,12 000 g 离心 2 min,移上层水相至另一支新管中。

(8) 用琼脂糖凝胶电泳除掉未连接的限制酶接头片段,从胶中回收 DNA 片段。

(二) 将 5′突出末端转变为平端的方法

1. 试剂。

(1) 无核酸酶重蒸水。

(2) 限制性内切酶及其缓冲液。

(3) 氯仿：异戊醇(24：1)。

(4) TE 缓冲液。

10 mmol/L Tris - HCl

1 mmol/L EDTA

(5) 酚：氯仿：异戊醉(25：24：1)。

(6) 3 mol/L 乙酸钠,pH = 5.2。

(7) 无水乙醇。

(8) 70% 乙醇。

(9) DNA 聚合酶大片段(Klenow)。

(10) 10 × DNA 聚合酶 Klenow 片段缓冲液。

500 mmol/L Tris - HCl,pH = 7.2

100 mmol/L $MgSO_4$

1 mmol/L DTF

(11) T4 DNA 聚合酶。

(12) 10 × T4 DNA 聚合酶缓冲液。

330 mmol/L Tris - 乙酸,pH = 7.9

660 mmol/L 乙酸钾

100 mmol/L 乙酸镁

5 mmol/L DDT

(13) 乙酰化牛血清白蛋白 1 mg/mL。

(14) dNTPs 100 mmol/L。

2. 原理。

Klenow(DNA 聚合酶大片段)及 T4 DNA 聚合酶都能利用 dNTPs 补齐 5′突出末端。

3. Klenow 聚合酶法。

(1) 酶解 DNA,形成 5′突出末端。

(2) 加等体积酚：氯仿：异戊醇(25：24：1)到反应管中提取DNA,振摇1 min,12 000 g离心5 min。

(3) 转移上层水相至另一支新离心管中,为增加回收率,有机相用小量TE缓冲液重提一次。

(4) 加0.1倍体积3 mol/L乙酸钠和2倍体积无水乙醇,冰上或－20 ℃放置15～30 min,沉淀DNA。

(5) 4 ℃ 12 000 g离心10 min。如果DNA浓度较低,小于100 ng/mL,离心时间为30 min,这样可增加DNA的回收率。

注:小量DNA的回收也可通过加入核酸如酵母DNA到样品中,使其终浓度达50 μg/mL,而改进回收效果。如果tRNA会影响以后DNA的应用,也可使用糖原。

(6) 离心,弃上清液。加200 μL 70%乙醇。12 000 g 4 ℃离心5 min。

(7) 小心移去上清液,空气中干燥沉淀。

(8) 用含40 μmol/L每种dNTPs及0.1 mg/mL乙酰化牛血清白蛋的1倍Klenow酶缓冲液溶解DNA。每微克DNA加入1 U Klenow DNA聚合酶。总反应体积在10～100之间均可。

Klcnow DNA聚合酶在许多限制酶反应缓冲液中(如Promemt的核心缓冲液)有一定活性。这样可直接将酶及40 μmol/L每种dNTP加入到限制酶反应后的反应管中,省略以上的(1)～(7)步。

将反应管置室温中反应10min。

(9) 75 ℃作用10 min终止反应。

4. T4DNA聚合酶法。

(1) 采用Klenow聚合酶法的(1)～(7)步骤纯化DNA。

(2) 用含100 μmol/L每种dNTPs和0.1 mg/mL乙酰化牛血清白蛋白的1倍T4DNA聚合酶反应缓冲液溶解DNA。每微克DNA加5 U T4DNA聚合酶。

(3) 75 ℃作用10 min终止反应。

(三) 将3′突出末端转变为平端的方法

1. 试剂。

(1) 无核酸酶重蒸水。

(2) 限制性内切酶及其缓冲液。

(3) 氯仿：异戊醇(24：1)。

(4) TE缓冲液。

10 mmol/L Tris－HCl

1 mmol/L EDTA

(5) 酚：氯仿：异戊醇(25：24：1)。

(6) 3 mol/L乙酸钠,pH＝5.2。

(7) 无水乙醇。

(8) 70%乙醇。

(9) T4 DNA聚合酶。

（10）10×T4 DNA 聚合酶缓冲液。

330 mmol/L　Tris－乙酸，pH＝7.9

660 mmol/L　乙酸钾

100 mmol/L　乙酸镁

1 mmol/L　DTT

（11）乙酰化牛血清白蛋白。

（12）dNTPs 100 mmol/L。

2. 原理。

在过量 dNTP 存在下 T4 DNA 聚合酶具有 3′－5′核酸外切酶活性，能将 3′突出末端转变为平齐末端。

3. 方法。

（1）酶解 DNA，形成 3′突出末端。

（2）加等体积酚：氯仿：异戊醇(25：24：1)到反应管中提取 DNA，振摇 1 min，12 000 g 离心 5 min。

（3）转移上层水相至另一支新离心管中，为增加回收率，有机相用小量 TE 缓冲液重提一次。

（4）加 0.1 倍体积 3 mol/L 的乙酸钠和 2 倍体积无水乙醇，在冰上或－20 ℃放置 15～30 min，沉淀 DNA。

（5）4 ℃ 12 000 g 离心 10 min，如果 DNA 浓度较低，小于 100 ng/mL，离心时间为 30min，这样可增加 DNA 的回收率。

注：小量 DNA 的回收也可通过加入核酸如酵母 DNA 到样品中，使其终浓度达 50 μg/mL 而改进回收效果。如果 tRNA 会影响以后 DNA 的应用，也可使用糖原。

（6）离心，弃上清液，加 200 μL 70% 乙醇，以 12 000 r/min 的速度离心 5 min。

（7）小心移去上清液，空气中干燥沉淀。

（8）用含 100 μmol/L，每种 dNTP 及 0.1 mg/mL 乙酰化牛血清白蛋白的 1 倍 T4DNA 聚合酶缓冲液溶解 DNA。0.2～5 μg DNA 的反应体积为 20 μL，每微克 DNA 加 5 u T4DNA 聚合酶。37 ℃反应 5 min。

注：高浓度的 dNTPs（100 μmol/L）将使 DNA 的降解终止在双链 DNA 处，但是，如果 dNTPs 含量太低，T4DNA 聚合酶的外切酶活性则很高，可使双链 DNA 降解。在本反应中，4 种 dNTP 都必须有。

（9）75 ℃作用 10 min，终止反应。

（四）部分补齐 5′突出末端的方法

对上文介绍的“将 5′突出末端转变为平端的方法”进行改进。也可部分补齐 5′突出末端。操作步骤与该方法完全相同。只要采用含某一种或某几种碱性 dNTP 代替含 4 种 dNTP 的碱基即可。如 Xba I 产生的 5′突出末端为 5′－CTAG－3′，如果 dNTP 变为 dCTP，则可将其突出末端转变为 5′－CTA－3′。如果 dNTP 中仅含 dCTP 和 dTTP，则突出末端可转变为 5′－CT－3′。

实验 8 DNA 的连接

实验原理

(一) DNA 的连接方法

(1) 黏性末端连接法。

将目的基因 DNA 和载体 DNA 用同一种限制性内切酶或能产生相同末端的同裂酶酶切,产生相同的黏性末端,在退火条件下,末端单链间碱基配对,在 DNA 连接酶的作用下,共价连接封闭成新的 DNA 分子。

(2) 同聚物末端接尾连接法。

借助于末端转移酶的催化作用,在目的基因 DNA 的 3′端羟基末端加入同聚物尾(Poly dC),载体的 3′末端加入互补的同聚物尾(Poly dG),利用碱基配对,将两片段用连接酶连接起来。

(3) 平齐末端连接法。

在高浓度 DNA(0.2 μmol/L 以上)大酶量 T4 DNA 连接酶(5 U/mL)条件下,可将两种平齐末端 DNA 直接在体外进行重组连接。缺点是效率低,只有黏性末端连接法的 1%。

(4) 人工接头连接法。

利用平齐连接法,将人工合成的接头(含一种以上特异的限制性酶切位点的八或十核苷酸序列)加在外源 DNA 片段的两端。经特定的限制酶切割,再用黏性末端连接法,将其插入到载体 DNA 中去。

(二) DNA 连接酶

在大肠杆菌和动植物细胞中都发现了 DNA 连接酶。DNA 连接酶能催化 DNA 中相邻的 3′-OH 和 5′-PO_4 之间形成磷酸二酯键。大肠杆菌连接酶和 T4 噬菌体感染的大肠杆菌的连接酶(T4 连接酶)催化反应相似,但辅助因子不同,前者为 NAD^+,后者为 ATP。DNA 连接酶能封闭 DNA 双链中的缺口、RNA/DNA 杂种双链中的单链缺口,不能封闭双链 RNA 中的单链缺口。限制性内切酶造成的黏性末端在结合时出现的缺口也可用 DNA 连接酶封闭。

T4 DNA 连接酶催化的 DNA 连接过程为:

(1) T4 DNA 连接酶与辅助因子 ATP 形成酶-AMP 复合物。

(2) 酶-AMP 复合物再结合到具有 5′磷酸基和 3′羟基切口的 DNA 上,使 DNA 腺苷化。

(3) 产生一个新的磷酸二酯键,把切口封起来。

(三) 连接反应的温度与时间

连接酶反应的最适温度是 37 ℃,但对基因操作时的连接反应不采用 37 ℃,因为此温度下黏性末端之间的氢键结合很不稳定,常用的温度及反应时间有:

12 ℃ ~15 ℃	6 h 过夜
7 ℃ ~9 ℃	36 h 以上
4 ℃ ~5 ℃	1 周

实验方法

(一) 连接

取一支0.5 mL离心管,置于冰浴中,分别加入:

pUC57T载体DNA(0.15 μg)	3 μL
纯化的PCR产物(0.1 μg)	2 μL
10×T4 DNA连接酶反应缓冲液	2.5 μL
ddH_2O至21 μL	16.5 μL
T4 DNA连接酶(4 U)	1 μL

以10 000 r/min的速度离心5 s,混匀。

放在调好12 ℃的保温瓶内,并将保温瓶盖严,置4 ℃冰箱冷藏过夜。

(二) 检查连接效果

1. 在微型电泳槽中灌0.7%的琼脂糖凝胶。

2. 点样。

DNA	样品量	指示剂
连接反应液	10 μL	2 μL
PUC-T DNA	5 μL	1 μL
PCR引物	5 μL	1 μL
DL15 000	5 μL	—

50 V电泳30 min。

实验试剂

1. 10×T4 DNA连接酶缓冲液。

660 mmol/L Tris-HCl(pH=7.5)

55 mmol/L $MgCl_2$

50 mmol/L DTT

10 mmol/L ATP

2. 无菌水。

3. T4 DNA连接酶。

4. 电泳缓冲液。

40 mmol/L Tri-HCl(pH=8.0)

20 mmol/L NaAC

2 mmol/L EDTA

配制方法:先配50倍电泳缓冲液,用时取5 mL,用重蒸水稀释至250 mL。

50倍电泳缓冲配制方法:

Tris	121.1 g
无水NaAC	41.0 g

EDTA · Na_2　　　　18.6 g

先用400 mL重蒸水加热搅拌溶解后，再用冰乙酸调节pH值至8.0（大约25 mL）然后加重蒸水定容至500 mL，1.1 kg/cm^2压力下灭菌20 min。

5. 溴酚蓝指示剂。

称取溴酚蓝200 mg，加重蒸水10 mL，在室温下过夜，待溶解后再称取蔗糖50 g，加蒸馏水溶解后移入溴酚蓝溶液中，摇匀后加重蒸水定容至100 mL，加10 mol/L NaOH 1～2滴，调至蓝色。

6. EB（10 mg/mL溴化乙锭）。

配制方法：溴化乙锭　　1 g

ddH_2O　　100 mL

7. 琼脂糖。

8. DL 15 000。

分子量大小（bp）：15 000，10 000，7 500，5 000，2 500，1 000，250

9. pUC57 T DNA。

制备过程见本章实验7。

10. PCR产物。

见本章实验11。

实验仪器

1. 台式高速离心机
2. 恒温水浴箱
3. 4 ℃冰箱
4. 电泳仪
5. 微型电泳槽
6. 微波炉

实验说明

1. 连接缓冲液。

现使用的缓冲液多数是随商品连接酶由厂家同时提供的，也可自己配制。常用的缓冲液为Tris－HCl溶液，pH＝7.5，使用时需加含－SH的化合物如巯基乙醇和二硫苏糖醇，还应有一定浓度的Mg^{2+}及新鲜未降解的ATP。除此之外，还常加入一定量的牛血清白蛋白。为了保证ATP不被降解，每次要用新鲜的，也可直接配制在连接缓冲液中，因为在连接缓冲液中ATP比较稳定。连接缓冲液应在－20 ℃冰箱中保存，储备液不可反复冻融，最好配制后分装保存。

2. DNA连接酶用量。

T4 DNA连接酶的量以Weiss单位度量。1 Weiss单位是20 min 37 ℃催化1 nmol[^{32}p]从焦磷酸转化到[^{32}P]－ATP的酶量。连接酶用量与DNA片段的性质有关，如果需要连接平齐末端，必须加大酶量，一般是用连接黏性末端酶量的10～100倍。连接平齐末端时，还可加入T4 RNA连接酶，在T4 RNA连接酶存在下，可使平齐末端的连接效率提高数十倍，但对黏性末端的连接并无影响。

3. 连接带有黏性末端的 DNA 片段时，DNA 浓度一般为 2 ~ 10 μg/mL，连接平齐末端时，需加大 DNA 浓度至 100 ~ 200 μg/mL（这里浓度的计算以假定 DNA 片段长度为200 ~ 5 000 bp 对为前提）。提高 DNA 浓度将促进分子间的连接，降低浓度对分子本身环化有利。

4. 连接反应后，反应液可在 0 ℃储存数天，-8 ℃储存 2 个月。但是，在 -20 ℃冰冻保存将会降低转化效率。

5. 黏性末端形成的氢键在低温下更加稳定。所以，尽管 T4 DNA 连接酶的最适反应温度为 37 ℃，在连接黏性末端时，温度以 15 ℃ ~20 ℃为宜。

6. 5 mmol/L ATP 将完全抑制 T4 DNA 连接酶连接平齐末端，而 181 mmol/L ATP 才能抑制黏性末端的连接。连接反应液中 ATP 浓度一般在 0. 5 ~1 mmol/L 范围内。

实验 9　重组 DNA 的转化

实验原理

（一）转化的概念

外源基因 DNA 片段与载体组成的重组，需先进入受体细胞，才能进行增殖与表达。以质粒为载体得到的重组体或重组子是重组质粒。把重组质粒 DNA 转入受体细胞（菌）的操作称为转化。把重组噬菌体或重组病毒 DNA 引入受体细胞（菌）的操作叫转染。

（二）感受态

感受态就是细菌吸收周围环境中的 DNA 分子的生理状态。所以要转化成功，首先要使受体菌处于感受态。刺激细菌使之成为感受态的方法很多，如 $CaCl_2$ 处理、电激等。

（三）DNA 转化的过程

受体菌以 Ca^{2+} 处理，低温中与外来 DNA 分子相混合，DNA 分子转化的过程包括 4 步：

（1）吸附。完整的双链 DNA 分子，吸附在受体菌的表面；

（2）转化。双链 DNA 分子解链，单链 DNA 进入受体菌，另一链降解；

（3）自稳。外源质粒 DNA 分子在细胞内又复制成双链环状 DNA；

（4）表达。供体基因随同复制子同时复制并被转录、翻译。

实验方法

（一）受体菌的培养与 $CaCl_2$ 处理

1. 从固体培养基平板上挑菌接种到 2 mL LB 试管中，37 ℃振荡培养过夜。

2. 取 0. 1 mL 菌液转接到 30 mL 或 150 mL 三角烧瓶中，振荡培养 2. 5 h 以上。

3. 取 9 mL 菌液于灭菌有盖离心管，以 4 000 r/min 的速度离心 5 min，收集菌体。

4. 把菌体悬浮在 75 mmol/L $CaCl_2$ 溶液中（10 mL 左右），冰浴 25 min，以 4 000 r/min 的速度离心 5 min，收集菌体。

5. 再把菌体悬浮在 0. 6 mL 的 75 mmol/L 冷 $CaCl_2$ 溶液中，使菌液浓缩 15 倍(9 ~0. 6 mL)，

置于冰上,作为转化用的受体菌菌液。

(二) 转化反应

1. 取3支1.5 mL离心管,按表2-9-1加样。

表2-9-1　加样表　　单位:μL

	ddH_2O	NTE	$CaCl_2$	受体菌菌液	DNA	总体积
DNA对照组	2	5	20	0	3	30
受体菌对照组	5	5	0	20	0	30
转化组	0	5	0	60	5	70

2. 将各管置于冰浴中2 h。

在这个过程中,可轻轻摇动三次,以防止受体菌沉积在管底,但振荡不要太激烈,次数不要太多,以免影响已连接好的DNA在受体菌表面的吸附效果。

3. 样品置于42 ℃水浴中2 min,使受体菌受到极短暂热刺激,以利于DNA的吸收,提高转化效率。

4. 把它们转移到37 ℃水浴中5 min,然后加200 μL LB液体培养基于70 μL的转化组中,而其他30 μL的各对照组均加100 μL LB液体培养基。

5. 各管放在37 ℃恒温振荡器中振荡培养1 h,以利转化后的受体菌在良好的环境中(通气、新鲜的LB液体培养基中)繁殖生长。然后涂布在抗性的平板上培养,这样,转化子才能顺利地表达。

(三) 涂板

1. 从各组反应物中各取70 μL在平板上涂布,转化的反应物要全部涂完。

2. 将涂布菌液的平板置于室温下干燥,然后倒置在37 ℃温箱中培养过夜。

实验试剂

1. 75 mmol/L $CaCl_2$ 溶液。

无水氯化钙　4.16 g

ddH_2O　500 mL

1.1 kg/cm^2 灭菌20 min

2. NTE溶液。

20 mmol/L　NaCl

20 mmol/L　Tris-HCl(pH=8.0)

1 mmol/L　EDTA

实验材料

1. 菌种。

大肠杆菌DH5a

2. 培养基。

(1) LB 液体培养基:

精解蛋白胨　3 g

酵母浸出粉　1.5 g

氯化钠　3 g

葡萄糖　0.6 g

按上述配方用重蒸水(用 ddH_2O 或 dH_2O 表示,下同)溶解至 300 mL。用 10 mol/L NaOH 调 pH 值至 7.2 ~7.4,分装于 15 mL 试管中,每支 5 mL。然后置于高压蒸汽消毒锅中以 1.1 kg/cm^2 灭菌 20 min。

(2) LB 固体培养基:取 500 mL 三烧瓶,加入

琼脂　4 g

LB 液体培养基　200 mL

1.1 kg/cm^2 灭菌 20 min。

3. 抗菌素。

Amp(100 mg/mL)(同本章实验 1)

实验仪器

1. 恒温培养箱　2. 恒温振荡器　3. 普通离心机

实验说明

1. 连接后的 DNA 溶液与细胞混合后,一定要在冰浴条件下操作。因为如果温度时高时低,会导致转化效率极差。

2. DNA 连接液的盐浓度较高,与细胞混合时要加以稀释,因为高盐浓度会影响转化率。

3. 外源 DNA 的大小和结构对转化效率有很大影响,一般说来,分子越小,转化效率越高,环形分子的转化效率比线形分子的转化效率要高得多。共价闭环的超螺旋的质粒 DNA 比同种线形 DNA 分子的转化效率高上千倍,因此,在转化前要尽量保证重组 DNA 为完整的环状分子。

4. 用于转化的细菌细胞在对数生长期的转化能力最高,静止生长期以后,转化能力逐渐丧失。

实验 10　转化子的鉴定

实验原理

采用煮沸法快速提取阳性克隆质粒 DNA,对与设计大小一致的质粒 DNA 进行目的 DNA 片段的 PCR 扩增,然后对扩增产物进行电泳。若扩增产物中出现特异条带,则可初步确定所得到的转化子为目的基因的克隆。

(一) 煮沸法快速提取质粒 DNA

1. 取一张白纸,剪成培养皿大小,打上小格,给每个小格标上号。贴在盛 LB 培养基的

培养皿上。将散落在转化培养皿上的白色菌落(杂色菌落中载体质粒一般未插入片段)分别接种到各个小格中,37 ℃培养过夜。

2. 用已灭菌的扁平牙签,将编好号的白色菌落移至相应编号的含氨苄青霉素的 LB 液体 5 mL/15 mL 培养基试管中,于 37 ℃下剧烈振摇培养过夜。

3. 将 1.5 mL 培养物倒入 1.5 mL 离心管中,用离心机于 4 ℃以 12 000 r/min 的速度离心 30 s,将剩余的培养物于 4 ℃贮存。

4. 吸去培养液,使细菌沉淀尽可能干燥。

5. 向含细菌沉淀的离心管中加入 350 μL STET,重悬菌体。

6. 加 25 μL 新配制的 10 mg/mL 溶菌酶溶液,振荡 3 s,混匀。

7. 将离心管放入煮沸的水浴中,时间为 10 s。

8. 用离心机于室温以 12 000 r/min 的速度离心 10 min。

9. 用无菌牙签从离心管中去除细菌碎片。

10. 在上清液中加入 40 μL 5 mol/L 的乙酸钠(pH = 5.2)和 420 μL 异丙醇,振荡混匀,于室温放置 5 min。

11. 用离心机以 15 000 r/min 的速度离心。

12. 小心吸去上清液,将离心管倒置于一张纸巾,以使所有液体流出。再将附于管壁的液滴除尽。4 ℃下以 12 000 r/min 的速度离心,振荡混匀,于室温下放置 15 min,回收核酸沉淀。

13. 加 1 mL 70% 乙醇。以 15 000 r/min 的速度离心 10 min。

14. 小心吸去上清液,将离心管倒置于一张纸巾,以使所有液体流出。除去管壁上形成的所有乙醇液滴,打开管口,放于室温下直至乙醇挥发完,使管内无可见液体。

15. 用 50 μL 含无 DNA 酶的胰 RNA 酶(20 μg/mL)的 TE(pH = 8.0)溶解核酸,稍加振荡,贮存于 -20 ℃。

(二) 对所提取的阳性质粒 DNA 进行 PCR 扩增鉴定

取 0.2 mL 离心管,编号。加入下列成分:

10 ×PCR buffers	3 μL
引物	2 μL
4dNTPs(2.5 mmol/L)	3 μL
待鉴定质粒 DNA	4 μL
ddH_2O	17 μL
Taq 酶	1 μL

以 10 000 r/min 的速度离心 5 s,混合 PCR 反应液。

将离心管放在 PCR 仪上,93.5 ℃变性 30 s,55 ℃退火 30 s,72.5 ℃延伸 90 s,循环 30 次,之后 72.5 ℃再延伸 7 min,4 ℃保存备用。

(三) 电泳鉴定 PCR 产物

1. 灌胶。称取 0.15 g 琼脂糖,加入电泳缓冲液 15 mL,微波炉加热熔化。

2. 向胶中加入 4 μL EB。

3. 向胶中灌入事先用透明胶布封好并安好点样梳子的微型电泳槽。

4. 胶凝后，点样。

取一小块封口膜，加入 10μL PCR 产物及 3 μL 溴酚蓝指示剂，混匀，点入微型电泳槽上点样孔内。分子量 Mark 用 pBR322，点样量为 2 μL DNA 加 8 μL 电泳缓冲液加 3 μL 溴酚蓝示剂，也可用 DL2 000 直接点样 5 μL。

5. 50 V 电压下电泳 30 min，紫外灯下观察结果。

实验试剂

1. STET。

0.1 mol/L NaCl

10 mmol/L Tris－HCl(pH＝8.0)

1 mmol/L EDTA(pH＝8.0)

5% Triton X－100

2. 溶菌酶(10 mg/mL)。

溶菌酶 10 mg，加 10 mmol/L Tris－HCl(pH＝8.0)至 1 mL。

3. 3 mol/L 乙酸钠(pH＝5.2)。

无水乙酸钠	20.4 g
ddH_2O	10 mL

用冰乙酸调 pH＝5.2，加 ddH_2O 定容至 50 mL。

4. 无水乙醇。

5. 70% 乙醇。

6. 胰 RNA 酶(20 μg/mL)。

取 10 mg 胰 RNA 酶，加至 1 mL 10 mmol/L Tris－HCl(pH＝7.6)、15 mmol/L NaCl 中，配成 10 mg/mL 浓度的溶液，于 100 ℃加热 15 min，缓慢冷却至室温，分装成 100 μL，包装于－20 ℃保存。使用前，取一支离心管，加入 3 μL 10 mg/mL 胰 RNA 酶及 1.5 μL TE 缓冲液，混匀，即得到含 20 μg/mL 胰 RNA 酶的 TE。

7. TE 缓冲液(pH＝8.0)。

10 mmol/L Tris－HCl(pH＝8.0)

1 mmol/L EDTA(pH＝8.0)

8. 电泳缓冲液。

40 mmol/L Tris－HCl(pH＝8.0)

20 mmol/L NaAC

2 mmol/L EDTA

配制方法：先配制 50 倍体积的电泳缓冲液，用时取 5 mL，重蒸水稀释至 250 mL。

50 倍体积的电泳缓冲液的配制方法：

Tris	121.1 g
无水 NaAC	41.0 g
EDTA－2 Na	18.6 g

先用 100 mL 重蒸水加热搅拌溶解后。再用冰乙酸调节 pH 值至 8.0(大约 25 mL)然后加重蒸水定容至 500 mL,1.1 kg/cm^2 灭菌 20 min。

9. 溴酚蓝指示剂。

称取溴酚蓝 200 mg,加重蒸水 10 mL,在室温下过夜,待溶解后称取蔗糖 50 g,加蒸馏水溶解后移入溴酚蓝溶液中,摇匀后加重蒸水定容至 100 mL,加 10 mol/L NaOH 1 ~2 滴,调至蓝色。

10. EB(10 mg/mL 溴化乙锭)。

配制方法:溴化乙锭 1 g

ddH_2O 100 mL

11. 琼脂糖。

12. pBR322。

分子量大小(bp):163,517,506,396,344,298,221,220,154,75。

13. DL2000。

分子量大小(bp):2 000,1 000,750,500,250,100。

14. 氨苄青霉素。

氨苄青霉素(Amp)临用时用无菌水配制在无菌试管中,浓度为 100 mg/mL。

仪器与器材

1. 微型台式高速离心机
2. 0.5 mL 离心管
3. 1.5 mL 离心管
4. 0.2 mL 薄壁离心管(PCR 管)
5. 微型电泳槽
6. 电泳仪
7. 微波炉
8. 微量加样器
9. 微量加样器吸头(Tip)
10. 牙签
11. 吊菌环
12. 培养皿
13. 试管

实验说明

对可能含目的基因的克隆菌进行鉴定的方法很多,经常合并使用,一般是提取 DNA 后,对 DNA 进行酶切,使其线性化,根据其分子量大小初步判断,然后用两种酶酶切,观察是否能获得与设计大小一致的酶切片断。进一步鉴定可用 PCR 进行扩增,最全面的鉴定方法是对所得到的质粒进行序列分析,这样可完全确定克隆是否正确,并可确定插入片段的方向性。

实验 11 PCR 实验

实验原理

用 PCR 扩增 -637 bp DNA,扩增产物用 1.5% 琼脂糖凝胶电泳鉴定。

实验方法

(一) PCR

1. 取一支0.2 mL的离心管,依次加入表2-11-1中的试剂。

表2-11-1 PCR加样顺序与加样量

反应物	加样顺序	加样体积/μL	终浓度
灭菌重蒸水	1	33	
10×反应缓冲液(1×缓冲液)	2	10	
4×dNTP混合物(200 μmol/L)	3	4	
引物1(10 pmol/μL)	4	1	
引物2(10 pmol/μL)	5	1	
DNA模板	6	1	
Taq DNA聚合酶	7	1	

2. 以12 000 r/min的速度离心2 s。

3. 按下列步骤,在DNA扩增仪上进行35次循环。

92.5 ℃ 45 s;50 ℃ 45 s;72.5 ℃ 90 s。

4. 置于72 ℃ 5 min

(二) PCR产物电泳分析

1. 制备琼脂糖凝胶。

称取琼脂糖0.225 g,溶解在15 mL电泳缓冲液中,置于微波炉中加热至琼脂糖溶化均匀。

2. 灌胶。

将电泳槽两侧密封好,防止浇凝胶板时出现渗漏。然后在凝胶溶液中加EB 3 μL,摇匀,插好点样梳子,轻轻倒入电泳缓冲液,除去气泡。

(1) PCR产物(下层水相)15 μL与3 μL溴酚蓝指示剂混匀,点样。

(2) 分子量标准DNA DL2000点样5 μL。

记录点样次序与点样量。

3. 电泳。

接上电极线,点样槽侧接电泳仪负极,另一侧接电泳仪正极,50 V电泳30~60 min。

4. 观察结果。

将电泳槽拿到暗室,在紫外检测仪上,紫外灯下直接观察结果。

实验试剂

1. Taq DNA聚合酶。

2. 10×PCR缓冲液。

500 mmol/L DNA聚合酶;

100 mmol/L Tris – HCl(pH =9. 0) ;

15 mmol/L $MgCl_2$;

0. 1% 明胶;

1% Triton X – 100。

3. 4 × dNTP 混合物。

2. 5 mmol/L dATP;

2. 5 mmol/L dGTP;

2. 5 mmol/L dCTP;

2. 5 mmol/L DTTP。

4. 引物 1(10 pmol/μL)。

引物 2(10 pmol/μL)。

5. DNA 模板。

6. 灭菌重蒸水。

7. 电泳缓冲液(见本章实验 2)。

8. 溴酚蓝指示剂(见本章实验 2)。

9. EB(见本章实验 2)。

10. 琼脂糖。

11. 分子量标准 DNA,DL2000,TaKaRa 分子量大小(bp):2 000、1 000、750、250、100。

实验仪器

PE9600 型 PCR 扩增仪、微波炉、电泳仪、手提式紫外检测仪、微型台式离心机。

实验说明

PCR 产物克隆:

在进行 PCR 操作之后,经常要对 PCR 产物进行克隆,即将 PCR 产物与载体(一般是质粒载体)连接。要使 PCR 产物与载体正确连接,可以在 PCR 引物中加入限制性酶切位点序列及适当的保护碱基,PCR 操作之后,对 PCR 产物进行酶解,然后与用相同酶解的载体进行连接。由于采用 TaqDNA 聚合酶的 PCR 实验,其扩增产物 3′ – 末端有一突出的核苷酸,且主要是腺嘌呤核苷酸(A),因此不能简单地采用平齐末端连接法对 PCR 产物进行克隆。如果要用平齐末端连接法连接,则应该用酶将 PCR 产物末端补平,然后进行连接。更常用的办法是用末端含 T 的载体进行克隆。此类载体有 TaKaRa 的 Pmd18 – T、Promega 的 pGEM – T Vector System、Invitrogen 的 Original TA Cloning KiT、Eukayrotic TA Cloning Kit – Unidirectional、Eukayrotic TA Cloning Kit – Bidirectional、Baculovirus TA Cloning Kit,R&D Systems 的 LigATor Kit, Amershan 的 pMOSBLUE T – Vector Kit 等。但使用 T 载体要注意某些 DNA 聚合酶如 Pwo,是不产生类似的末端的。此外,引物 5′ – 末端碱基不同,PCR 产物的 3′ – 末端也有差异,详见表 2 – 11 – 2。

表 2-11-2　Taq DNA 聚合酶 PCR 扩增产生的 DNA 片段的 3′-末端

引物的 5′-末端核苷酸	PCR 产物的 3′-末端核苷酸	
A	T	-T, +A
C	G	+G > +A > > +C
G	C	+A > +C
T	A	(+A)但频率很低

实验 12　RT-PCR 实验

实验原理

逆转录聚合酶链反应(RT-PCR)可用来从 RNA 分子中扩增得到一段特异序列。实验中,RNA 首先被逆转录为 cDNA,用位于一段特异序列两侧的引物,以 cDNA 为模板,扩增出特异 PCR 产物。

实验方法

1. 逆转录。

(1) 从新鲜组织或细胞中提取细胞总 RNA,以 1 μg/μL 溶于无 RNase 的重蒸水中。

(2) RT 反应混合液(共 20 μL),在 0.2 mL PCR 管中加入以下组分:

RNA　1 μL

4 × dNTPs(dATP、dGTP、dCTP、dTTP 各 10 mmol/L)　1 μL

下游引物(10 pmol/mL)　2 μL

10 × RT 缓冲液　2 μL

25 mmol/L $MgC1_2$　4 μL 逆转录酶(AMV,20 U/μL)

RNasin(RNA 酶抑制剂,40 U/μL)　0.5 μL

加 ddH_2O(8.5 μL)至总体积 20 μL。

65 ℃ 1 min,30 ℃ 5 min,65 ℃ 15 ~ 30 min,98 ℃ 5 min,5 ℃ 5 min。

2. PCR 反应。

向 RT 反应管内加入以下组分:

25 mmol/L $MgCl_2$　6 μL

10 × Taq　buffer　8 μL

上游引物(10pmol/μL)　2 μL

ddH_2O　63 μL

Taq 酶　1 μL

总体积 100 μL。

94 ℃ 30 s,60 ℃ 30 s,72 ℃ 60 s,循环 30 次,再 72 ℃ 5 min。

3. RT－PCR 产物电泳分析。

（1）制备琼脂糖凝胶。

称取琼脂糖 0.225 g，溶解在 15 mL 电泳缓冲液中，置微波炉中至琼脂糖溶化均匀。

（2）灌胶。

将电泳槽两侧密封好，防止浇凝胶板时出现渗漏。然后在凝胶溶液中加 EB 3 μL，摇匀，插点样梳子，轻轻倒入电泳槽水平板上，除去气泡。

（3）取出点样梳。

待凝胶冷却凝固后，在电泳槽内加入电泳缓冲液，轻轻取出点样梳。

（4）点样。

① PCR 产物（下层水相）15 μL 与 3 μL 溴酚蓝指示剂混匀，点样。

② 分子量标准 DNA DL2000 点样 5 μL。

记录点样次序与点样量。

（5）电泳。

接上电极线，点样槽侧接电泳仪负极，另一侧接电泳仪正极，50 V 电泳 30～60 min。

（6）观察结果。

将电泳槽拿到暗室，利用紫外检测仪，在紫外灯下直接观察结果。

实验试剂

1. Taq DNA 聚合酶。

2. 10×Taq 缓冲液。

500 mmol/L KCl

100 mmol/L Tris－HCl

0.1% 明胶

1% Triton X－100

3. 4×dNTP 混合物。

10 mmol/L dATP

10 mmol/L dGTP

10 mmol/L dCTP

10 mmol/L dTTP

4. 上游引物（10 pmol/μL）。

5. 下游引物（10 pmol/μL）。

6. RNA 模板。

7. 25 mmol/L $MgCl_2$。

8. RNasin 40 U/μL。

9. 10×RT Buffer。

10. AMV 20 U/μL。

11. 无 RNase 灭菌重蒸水。

12. 电泳缓冲液(见本章实验 2)。
13. 溴酚蓝指示剂(见本章实验 2)。
14. EB(见本章实验 2)。
15. 琼脂糖。
16. 分子量标准 DNA,DL2 000,TaKaRa 分子量大小(bp):2 000、1 000、750、250、100。

仪器与器材

1. PCR 扩增仪:PE9600 型 PCR 仪。
2. 微波炉。
3. 电泳仪。
4. 水平琼脂糖凝胶电泳槽。
5. 手提式紫外检测仪。
6. 微型台式离心机。
7. 微形可调加样器。
8. PCR 管(0.2 mL 薄壁离心管)。
9. 微形加样器吸头(0.5 ~ 10 μL,5 ~ 200 μL)。

实验 13　从序列数据库查找序列

实验原理

生物信息学处理的最主要的对象是核酸或蛋白质序列,而这些序列数据可直接从公开序列数据库中获得。由于数据库总是在不断更新,因此,获得最新的序列数据的最常用方法就是从互联网上直接查找并下载。本实验主要是从美国国家生物技术信息中心建立的序列及生物技术资料查询工具 Entrez 中查找序列。

实验方法

1. 将计算机连接到互联网上。
2. 启动网络浏览器 Internet Explore。
3. 打开页面:http://www.ncbi.nlm.nih.gov/entrez。
4. 选定待查的对象和关键词。
5. 点击搜索进行查找。
6. 将查找的结果用浏览器主菜单上的文件存盘菜单进行存盘。

实验说明

从该网页中不仅可用 Entrez 查找核酸序列和蛋白质序列。还可查找基因组序列及

Medlin 中的分子生物学相关文献(Pubmed)。

实验 14　PCR 引物设计软件

实验原理

PCR 引物是 PCR 实验成功与否的关键因素。进行一个新的 PCR 实验,首先应在所选定的目的基因上,按实验要求进行引物设计。引物设计要考虑的因素有扩增片段的长度、引物的长度、引物的 G + C 含量、引物两端的性质等。现在国内外已建立了一些专用于 PCR 引物设计的软件,本实验即采用 PCR 引物设计软件进行 PCR 引物设计。

主要实验内容为用“PRIMERS”引物设计软件从 pBluescript Ⅱ 载体的序列文件中 2 000 ~ 2 850 bp范围内设计一对扩增 730 ~ 810 bp 片段的引物,并用“PCRDESN”PCR 引物分析软件分析所设计引物的可行性。再将所要扩增片段的序列从序列文件中拷出,形成一个新的序列文件。用“DNASIS”软件分析此扩增片段的酶切位点及其与 PUC19 的同源性。

一、引物设计

打开计算机:

1. 进入 PCR 子目录:CD\PCR[Enter]。
2. 启动 PRIMERS 软件:PRIMERS[Enter]。
3. 选择待分析的序列文件“PBLUESCR. SEQ”:[Enter]。
4. 进入 PRIMERS 主菜单后,选择改变引物设计参数项:2。
5. 将引物设计参数改为:扩增片段最小长度 750 bp
扩增片段最大长度 810 bp
引物最低 G/C 含量 47.0%
引物最高 G/C 含量 53.0%
扩增片段最低熔点 76.0 ℃
扩增片段最高熔点 84.0 ℃
引物设计起始位置 2 000 bp
引物设计结束位置 2 850 bp
6. 参数修改正确后,按“N”确认,不再修改引物设计参数,退回上级菜单。
7. 选择进行新的引物设计项。进行引物设计:3。
8. 引物设计完回到主菜单后,选择显示结果项:4。

记录第一对引物序列。

上游引物序列为:

下游引物的互补序列为:

9. 退回到主菜单,键入“6”退出 PRIMERS 系统,回到 DOS 提示符下。

二、PCR 引物分析

1. 进入 PCR 子目录:CD\PCR[Enter]。

2. 启动 PCRDESN 软件:PCRDESN[Enter]。

3. 按“A”选择分析全部项目。

4. 分别用大写字母输入第 1 条引物(上游引物)序列和第 2 条引物(下游引物)序列。

5. 按任意键显示分析结果。全部分析结果显示结束后,若要再显示分析结果,则在提示后分别输入“Y”和“N”即可。

退出 PCRDESN 系统。

实验 15　核酸分析软件 DNASIS

实验原理

在基因工程实验中,经常要对核酸进行一级结构和二级结构分析。其中最常用的软件是 DNASIS。DNASIS V7.00 的一级功能菜单有:

1	DNA Sequence Editing	(DNAEDIT)
2	DNA Primary Structure Analysis	(DNAS1)
3	DNA Secondary Structure Analysis	(DNAS2)
4	DNA Connecting	(CONNECT)
5	Restriction Map Construction	(REMAP)
6	DNA Sequence Database Access	(DBREF)
7	Utilities	(UTIL)
8	System Configuration	(SETUP)
9	Key Definitions and File Name Formats	

采用 DNASIS 分析软件,可对 DNA 序列、互补序列、双链序列进行编辑找印、对 DNA 二级结构开读框、密码子应用、限制酶位点、G/C 含量、拼接位点、蛋白质编码区预测、核酸二级结构的发夹结构、重复序列等进行分析。本实验采用本章实验 14 设计的 PCR 引物扩增出片段序列与 PCRPBL 及 PUC19 等序列进行同源分析,学习用 DNASIS 进行同源性分析。

实验方法

(一)形成 PCR 扩增片段序列文件

1. 进入 PCR 子目录:CD\PCR[Enter]。

2. 启动编辑软件:QE[Enter]。

3. 输入编辑的文件名:C:\PCR\PBLUESCR.SEQ[Enter]。

4. 文件调入后,按[ESC]键调出菜单,移动菜单条至“search”,按上下箭头键选“Find”,输入第 1 条引物的部分序列并按[Enter]找出第 1 条引物的位置,将光标移至第 1 条引物的起始处。准备进行“定义块”操作。

5. 按[Ctrl]+“K”及“B”键定义块首。

6. 将光标移至第二条引物互补序列后面的第1个碱基处,按[Ctrl]+“K”及“K”键定义块尾。

7. 按[Ctrl]+“K”及“W”键,出现要求输入文件名的菜单后,输入文件名“C:\DNASIS\SEQ\PCRPBL.SEQ”,再按[Enter]键将所定义的块形成所指定的文件。

(二)分析PCR扩增片段序列

1. 进入DNASIS子目录:CD\DNASIS[Enter]。

2. 启动DNASIS系统:DNASIS[Enter]。

3. 进入主菜单后按提示进入一级结构分析子菜单。

4. 进入一级结构分析子菜单后,选择酶切位点分析项,按提示输入所用的酶库及要分析的序列文件名。

5. 酶切位点分析完后,可按提示将分析结果用表格、线型酶切图等形式显示出来,根据提示,将分析结果存盘。

6. 按提示退回到主菜单,再从主菜单中选择序列库分析子菜单。

7. 在序列库分析子菜单中选择GENEBANK格式文件同源性分析项。

8. 按提示分别选择“PCRPBL”及“PUC19”进行同源性分析。

9. 第一次结果显示后,按“A”键继续分析。分析进行完后按“1”显示最高同源性的结果。

10. 可按提示将分析结果存盘。

实验16　基因组DNA的提取及检测

第一节　概　述

基因组DNA的提取通常用于构建基因组文库、Southern杂交(包括RFLP)及PCR分离基因等。利用基因组DNA较长的特性,可以将其与细胞器或质粒等小分子DNA分离。加入一定量的异丙醇或乙醇,基因组的大分子DNA便沉淀形成纤维状絮团飘浮其中,可用玻璃棒将其取出,而小分子DNA则只形成颗粒状沉淀附于壁上及底部,从而达到提取的目的。在提取过程中,染色体会发生机械断裂,产生大小不同的片段,因此分离基因组DNA时应尽量在温和的条件下操作,如尽量减少使用酚/氯仿抽提,混匀过程要轻缓,以保证得到较长的DNA。一般来说,构建基因组文库,初始DNA长度必须在100 kb以上,否则酶切后两边都带合适末端的有效片段很少。而进行RFLP和PCR分析,DNA长度可短至50 kb,在该长度以上,可保证酶切后产生RFLP片段(20 kb以下),并可保证包含PCR所扩增的片段(一般2 kb以下)。

不同生物(植物、动物、微生物)的基因组DNA的提取方法不同,不同种类或同一种类的不同组织因其细胞结构及所含的成分不同,分离方法也有差异。在提取某种特殊组织的

DNA 时,必须参照文献和经验建立相应的提取方法,以获得可用的 DNA 大分子。尤其是组织中的多糖和酶类物质对随后的酶切、PCR 反应等有较强的抑制作用,因此用富含这类物质的材料提取基因组 DNA 时,应考虑除去多糖和酚类物质。

本实验以水稻幼苗(禾本科)、李(苹果)叶子、动物肌肉组织和大肠杆菌培养物为材料,学习基因组 DNA 提取的一般方法。

第二节 从植物组织提取基因组 DNA

一、材料

水稻幼苗或其他禾本科植物,李(苹果)幼嫩叶子。

二、设备

移液器、冷冻高速离心机、台式高速离心机、水浴锅、陶瓷研钵、50 mL 离心管(有盖)及 5 mL 和 1.5 mL 离心管、弯成钩状的小玻璃棒。

三、试剂

1. 提取缓冲液Ⅰ:100 mmol/L Tris - HCl(pH = 8.0)、20 mmol/L EDTA、500 mmol/L NaCl、1.5% SDS。

2. 提取缓冲液Ⅱ:18.6 g 葡萄糖、6.9 g 二乙基二硫代碳酸钠、6.0 g PVP、240 μL 巯基乙醇,加水至 300 mL。

3. 80 : 4 : 16/氯仿 : 戊醇 : 乙醇。

4. RnaseA 母液。

5. 其他试剂:液氮、异丙醇、TE 缓冲液、无水乙醇、70% 乙醇、3 mol/L NaAc。

四、操作步骤

(一)水稻幼苗或其他禾木科植物基因组 DNA 提取

1. 在 50 mL 离心管中加入 20 mL 提取缓冲液Ⅰ,60 ℃水浴预热。

2. 取水稻幼苗或叶子 5 ~ 10 g,剪碎,在研钵中加液氮磨成粉状后立即倒入预热的离心管中,剧烈摇动混匀,60 ℃水浴保温 30 ~ 60 min(时间长,DNA 产量高),时常摇动。

3. 加入 20 mL 氯仿-戊醇-乙醇溶液,颠倒混匀(需戴手套,防止损伤皮肤),室温下静置 5 ~ 10 min,使水相和有机相分层(必要时可重新混匀)。

4. 室温下以 5 000 r/min 的速度离心 5 min。

5. 仔细移取上清液至另一支 50 mL 离心管,加入 1 倍体积异丙醇,混匀,室温下放置片刻即出现絮状 DNA 沉淀。

6. 在 1.5 mL 离心管中加入 1 mL TE。用钩状玻璃棒捞出 DNA 絮团,在干净吸水纸上吸干,转入含 TE 的离心管中,DNA 很快溶解于 TE。

7. 如 DNA 不形成絮状沉淀,则可以 5 000 r/min 的速度离心 5 min,再将沉淀移入 TE 管中。这样收集的沉淀,往往难溶解于 TE,可在 60 ℃水浴放置 15 min 以上,以帮助溶解。

8. 将 DNA 溶液以 3 000 r/min 的速度离心 5 min,将上清液倒入干净的 5 mL 离心管。

9. 加入 5 μL RNaseA(10 μg/μL),37 ℃放置 10 min,除去 RNA(RNA 对 DNA 的操作、分析一般无影响,可省略该步骤)。

10. 加入 1/10 倍体积的 3 mol/L NaAc 及 2 倍体积的冰乙醇,混匀,-20 ℃放置 20 min 左右,DNA 形成絮状沉淀。

11. 用玻璃棒捞出 DNA 沉淀,70% 乙醇漂洗,再在干净吸水纸上吸干。

12. 将 DNA 重溶解于 1 mL TE,-20 ℃贮存。

13. 取 2 μL DNA 样品在 0.7% Agarose 胶上电泳,检测 DNA 的分子大小。同时取 15 μL 稀释 20 倍,测定 ED_{260}/ED_{280},检测 DNA 含量及质量。

注意:5 g 样品可保证获得 500 μg DNA,足够 RFLP、PCR 等分析之用。

(二) 从李(苹果)叶子提取基因组 DNA

1. 取 3~5 g 嫩叶,加入液氮,磨成粉状。

2. 加入提取缓冲液Ⅱ10 mL,再研磨至溶浆状,以 10 000 r/min 的速度离心 10 min。

3. 去上清液,沉淀加提取液Ⅰ20 mL,混匀,65 ℃放置 30~60 min,常摇动。

4. 同本节(一) 中步骤 3~13 操作。

第三节　从动物组织提取基因组 DNA

一、材料

哺乳动物新鲜组织。

二、设备

移液管、高速冷冻离心机、台式离心机、水浴锅。

三、试剂

1. 分离缓冲液:10 mmol/L Tris · HCl(pH =7.4)、10 mmol/L NaCl、25 mmol/L EDTA。

2. 其他试剂:10% SDS、蛋白酶 K(20 mg/mL 或粉剂)、乙醚、酚 : 氯仿 : 异戊醇(25 : 24 : 1)、无水乙醇及 70% 乙醇、5 mol/L NaCl、3 mol/L NaAc、TE。

四、操作步骤

1. 切取组织 5 g 左右哺乳动物组织,剔除结缔组织,吸水纸吸干血液,剪碎放入研钵(越细越好)。

2. 倒入液氮,磨成粉末,加 10 mL 分离缓冲液。

3. 加 1 mL 10% SDS,混匀,此时样品变得很黏稠。

4. 加 50 μL 或 1 mg 蛋白酶 K,37 ℃保温 1~2 h,直到组织完全解体。

5. 加 1 mL 5 mol/L NaCl,混匀,以 5 000 r/min 的速度离心数秒钟。

6. 取上清液于新离心管,用等体积酚∶氯仿∶异戊醇(25∶24∶1)抽提。待分层后,以3 000 r/min 的速度离心 5 min。

7. 取上层水相至干净离心管,加 2 倍体积乙醚抽提(在通风情况下操作)。

8. 移去上层乙醚,保留下层水相。

9. 加 1/10 倍体积 3 mol/L NaAc 及 2 倍体积无水乙醇颠倒混合沉淀 DNA。室温下静止 10 ~ 20 min,DNA 沉淀形成白色絮状物。

10. 用玻璃棒钩出 DNA 沉淀,在 70% 乙醇中漂洗后,在吸水纸上吸干,溶解于 1 mL TE 中, -20 ℃保存。

11. 如果 DNA 溶液中有不溶解颗粒,可以 5 000 r/min 的速度短暂离心,取上清液;如要除去其中的 RNA,可加 5 μL RNaseA(10 μg/μL),37 ℃保温 30 min,用酚抽提后,按步骤 9 ~ 10 重沉淀 DNA。

第四节　细菌基因组 DNA 的制备

一、材料

细菌培养物。

二、设备

移液管、高速冷冻离心机、台式离心机、水浴锅。

三、试剂

1. CTAB/NaCl 溶液:4.1 g NaCl 溶解于 80 mL H_2O,缓慢加入 10 g CTAB,加水至 100 mL。

2. 其他试剂:氯仿∶异戊醇(24∶1)、酚∶氯仿∶异戊醇(25∶24∶1)、异丙醇、70% 乙醇、TE、10% SDS、蛋白酶 K(20 mg/mL 或粉剂)、5 mol/L NaCl。

四、操作步骤

1. 取 100 mL 细菌过夜培养液,以 5 000 r/min 的速度离心 10 min,去上清液。

2. 加 9.5 mL TE 悬浮沉淀,并加 0.5 mL 10% SDS,50 μL 20 mg/mL(或 1 mg 干粉)蛋白酶 K,混匀,37 ℃保温 1 h。

3. 加 1.5 mL 5 mol/L NaCl,混匀。

4. 加 1.5 mL CTAB/NaCl 溶液,混匀,65 ℃保温 20 min。

5. 用等体积酚∶氯仿∶异戊醇(25∶24∶1)抽提,以 5 000 r/min 的速度离心 10 min,将上清液移至干净离心管。

6. 用等体积氯仿∶异戊醇(24∶1)抽提,取上清液移至干净管中。

7. 加 1 倍体积异丙醇,颠倒混合,室温下静止 10 min,沉淀 DNA。

8. 用玻璃棒捞出 DNA 沉淀,70% 乙醇漂洗后吸干,溶解于 1 mL TE, -20 ℃保存。如 DNA 沉淀无法捞出,可以以 5 000 r/min 的速度离心,使 DNA 沉淀。

9. 如要除去其中的 RNA,可以按本实验第三节中操作步骤处理。

第五节　基因组 DNA 的检测

上述方法得到的 DNA，一般可以用作 Southern 印迹杂交，RFLP 标记、PCR 等分析。由于所用材料的不同，得到的 DNA 产量及质量均不同，有时 DNA 中含有酚类和多糖类物质，会影响酶切和 PCR 的效果。所以获得基因组 DNA 后，均需检测 DNA 的产量和质量。具体操作方法如下：

1. 取 DNA 溶液稀释 20 ~ 30 倍后，测定 OD_{260}/OD_{280} 比值，明确 DNA 的含量和质量。
2. 取 2 ~ 5 μL DNA 溶液在 0.7% agarose 胶上电泳，检测 DNA 的分子大小。
3. 取 2 μg DNA，用 10 单位（U）HindⅢ酶切过夜，0.7% agarose 胶上电泳，检测能否完全酶解（做 RFLP 标记时，要求 DNA 必须完全酶解）。

如果 DNA 中所含杂质多，不能完全酶切，或小分子 DNA 多，影响接续的分析和操作，可以用下列方法处理：

（1）选用幼嫩植物组织，可减少淀粉类物质的含量。

（2）酚—氯仿抽提，去除蛋白质和多糖。

（3）Sepharose 柱过滤，去除酚类、多糖和小分子 DNA。

（4）CsCl 梯度离心，去除杂质，分离大片段 DNA（可用作文库构建）。

思考题

1. 为什么构建 DNA 文库时，一定要用大分子 DNA？
2. 如何检测和保证 DNA 的质量？

实验 17　Southern 杂交

实验原理

Southern 杂交是分子生物学的经典实验方法。其基本原理是将待检测的 DNA 样品固定在固相载体上，与标记的核酸探针进行杂交，则在与探针有同源序列的固相 DNA 的位置上将显示出杂交信号。通过 Southern 杂交可以判断被检测的 DNA 样品中是否有与探针同源的片段以及该片段的长度。该项技术被广泛应用在遗传病检测、DNA 指纹分析和 PCR 产物判断等研究中。但由于该技术的操作比较繁琐、费时，所以现在有一些其他的方法可以代替 Southern 杂交。但该技术也有它的独特之处，是目前其他方法所不能替代的，如限制性酶切片段的多态性（RFLP）检测等。

实验操作

一、基因组 DNA 的制备

见本章实验 16。

二、基因组 DNA 的限制酶切

根据实验目的,决定酶切 DNA 的量。一般 Southern 杂交中,每一个电泳通道需要 10 ~ 30 μg 的 DNA。购买的限制性内切酶都附有相应的 10 倍浓度缓冲液,并可从该公司的产品目录上查到最佳消化温度。为保证消化完全,一般用 2 ~ 4 U 的酶消化 1 μg 的 DNA。消化的 DNA 浓度不宜太高,以 0.5 μg/μL 为好。由于内切酶是保存在 50% 甘油中的,而酶只有在甘油浓度 <5% 的条件下才能正常发挥作用,所以加入反应体系的酶体积不能超过 1/10 倍体积。

具体操作如下:在 1.5 mL 离心管中依次加入:

DNA(1 μg/μL)20 μg

10 × 酶切 buffer 4.0 μL

限制性内切酶(10 U/μL)5.0 μL

加 ddH_2O 至 500 μL

在最适温度下消化 1 ~3 h。消化结束时可取 5 μL 进行电泳检测,得到消化效果。如果消化效果不好,可以延长消化时间,但超过 6 h 已没有必要。可以增大反应体积,或者补充酶再消化。如仍不能奏效,可能的原因是 DNA 样品中有太多的杂质,或酶的活力下降。

消化后的 DNA 加入 1/10 倍体积的 0.5 mol/L EDTA,以终止消化。然后用等体积酚抽提、等体积氯仿抽提,2.5 倍体积乙醇沉淀,少量 TE 溶解(参见 DNA 提取方法,但离心转速要提高到 12 000 r/min,以防止小片段 DNA 的丢失)。

如果需要两种酶消化 DNA,而两种酶的反应条件可以一致,则两种酶可同时进行消化;如果反应条件不一致,则先用需要低离子浓度的酶消化,然后补加盐类等物质调高反应体系的离子浓度,再加第二种酶进行消化。

三、基因组 DNA 消化产物的琼脂糖凝胶电泳

琼脂糖凝胶电泳是目前分离核酸片段最常用的方法,其制备简单,分离范围广(200 ~ 50 kb),实验成本低。表 2 – 17 – 1 列举了不同浓度琼脂糖凝胶能分离的 DNA 片段范围。

表 2 – 17 – 1　不同浓度琼脂糖凝胶分离的 DNA 片段范围

琼脂糖凝胶浓度(%)	分离 DNA 片段范围/kb
0.3	5 ~ 60
0.6	1 ~ 20
0.7	0.8 ~ 10
0.9	0.5 ~ 7
1.2	0.4 ~ 6
1.5	0.2 ~ 3
2.0	0.1 ~ 2

具体过程如下:

1. 制备 0.8% 凝胶。一般用于 Southern 杂交的电泳胶取 0.8% 。

2. 电泳。电泳样品中加入 6 × Loading 缓冲液,混匀后上样,留一或两泳道加 DNA Marker。1 ~2 V/cm,DNA 从负极泳向正极。至溴酚蓝指示剂接近凝胶至胶 2/3 时,停止电泳。取出凝胶染色,紫外灯下观察电泳效果。在胶的一边放置一把刻度尺,拍摄照片。正常情况下电泳图

谱呈现一条连续的涂抹带,照片摄入刻度尺是为了以后判断信号带的位置,以确定被杂交的DNA长度。

四、DNA 从琼脂糖凝胶转移到固相支持物

转移就是将琼脂糖凝胶中的 DNA 转移到硝酸纤维膜(NC 膜)或尼龙膜上,形成固相DNA。转移的目的是使固相 DNA 与液相的探针进行杂交。常用的转移方法有盐桥法、真空法和电转移法。这里介绍经典的盐桥法(又称毛细管法)。

试剂准备

1. 变性液:0.5 mol/L NaOH、1.5 mol/L NaCl。
2. 中和液:1mol/L Tris - HCl(pH =7.4)、1.5 mol/L NaCl。
3. 转移液(20 × SSC):NaCl 175.3 g、柠檬酸三钠 82.2 g、NaOH 调 pH 值至 7.0,加 ddH_2O 至 1 000 mL。

操作步骤

1. 碱变性。室温下将凝胶浸入数倍体积的变性液中 30 min。
2. 中和。将凝胶转移到中和液中 15 min。
3. 转移。按凝胶的大小剪裁 NC 膜或尼龙膜并剪去一角作为标记,水浸湿后,浸入转移液中 5 min。剪一张比膜稍宽的长条 3 mm Whatman 滤纸作为盐桥,再按凝胶的尺寸剪 3 ~5 张滤纸和大量的纸巾备用。转移过程一般需要 8 ~24 h,每隔数小时换掉已经湿掉的纸巾。转移液用 20 × SSC。注意膜与胶之间不能有气泡,整个操作过程要防止膜上沾染其他污物。
4. 转移结束后取出 NC 膜,浸入 6 × SSC 溶液数分钟,洗去膜上沾染的凝胶颗粒,也可紫外照射固定置于两张滤纸之间,80 ℃烘 2 h,然后将 NC 膜夹在两层滤纸间,保存于干燥处。

五、探针标记

进行 Southern 杂交的探针一般用放射性物质标记或用地高辛标记。放射性物质标记灵敏度高、效果好;地高辛标记没有半衰期,安全性好。这里介绍放射性物质标记。

探针的标记方法有随机引物法、切口平移法和末端标记法,有一些试剂盒可供选择,操作也很简单。

以下为 Promega 公司随机引物试剂盒提供的标记步骤:

1. 取 25 ~50 ng 模板 DNA 于 0.5 mL 离心管中,100 ℃变性 5 min,立即置冰浴中。
2. 在另一支 0.5 mL 离心管中加入:

Labeling (含有随机引物)	5 × buffer	10 μL
dNTPmix (含 dCTP、dGTP、dTTP 各 0.5 mM)	2 μL	
BSA(小牛血清白蛋白)	2 μL	

[α - 32 P]dATP	3 μL
Klenow 酶	5 U

3. 将变性模板 DNA 加入到上述管中,加 ddH_2O 至 50 μL,混匀。室温或 37 ℃放置 1 h。

4. 加 50 μL 终止缓冲液终止反应。

标记后的探针可以直接使用或过柱纯化后使用。由于 α - 32 P 的半衰期只有 14 天,所以标记好的探针应尽快使用。

六、杂交

Southern 杂交一般采取的是液—固杂交方式,即探针为液相,被杂交 DNA 为固相。杂交发生于一定条件的溶液(杂交液)中,并需要一定的温度,可以用杂交瓶或杂交袋并使液体不断地在膜上流动。杂交液可以自制或从公司购买,不同的杂交液配方相差较大,杂交温度也不同。下面给出一种杂交液配方:

PEG 6 000 10%、SDS 0.5%、6 × SSC、50% 甲酰胺。该杂交液的杂交温度为 42 ℃。

1. 预杂交。

NC 膜浸入 2 × SSC 中 5 min,在杂交瓶中加入杂交液(8 cm × 8 cm 的膜加 5 mL 即可),将膜的背面贴紧杂交瓶壁,正面朝向杂交液。放入 42 ℃杂交炉中,使杂交体系温度升到 42 ℃。取经超声粉碎的鲑鱼精 DNA(已溶解在水或 TE 中)100 ℃加热变性 5 min,迅速加到杂交瓶中,使其浓度达到 100 μg/mL。继续杂交 4 h。鲑鱼精 DNA 的作用是封闭 NC 膜上没有 DNA 转移的位点,降低杂交背景,提高杂交特异性。

2. 杂交。

倒出预杂交的杂交液,换入等量的新的已升温至 42 ℃的杂交液,同样加入变性的鲑鱼精 DNA。将探针 100 ℃加热 5 min,使其变性,迅速加到杂交瓶中。42 ℃杂交过夜。

七、洗膜与检测

取出 NC 膜,在 2 × SSC 溶液中漂洗 5 min,然后按照下列条件洗膜:

2 × SSC/0.1% SDS,42 ℃,10 min;

1 × SSC/0.1% SDS,42 ℃,10 min;

0.5 × SSC/0.1% SDS,42 ℃,10 min;

0.2 × SSC/0.1% SDS,56 ℃,10 min;

0.1 × SSC/0.1% SDS,56 ℃,10 min。

在洗膜的过程中,不断振摇,不断地用放射性检测仪探测膜上的放射强度。实践证明,当放射强度指示数值较环境背景高 1 ~ 2 倍时,是洗膜的终止点。上述洗膜过程无论在哪一步达到终点,都必须停止洗膜。洗完的膜浸入 2 × SSC 中 2 min,取出膜,用滤纸吸干膜表面的水分,并用保鲜膜包裹,注意保鲜膜与 NC 膜之间不能有气泡。将膜正面向上,放入暗盒中(加双侧增感屏),在暗室的红光下,贴覆两张 X 光片,每一片都用透明胶带固定,合上暗盒,置 -70 ℃低温冰箱中曝光。根据信号强弱决定曝光时间,一般为 1 ~ 3 d。洗片时,先洗一张 X 光片,若感光偏弱,则再多加 2 d 曝光时间,再洗第二张片子。

影响 Southern 杂交实验的因素很多,主要有 DNA 纯度、酶切效率、电泳分离效果、转移效率、探针比活性和洗膜终止点等。

八、注意事项

1. 要取得好的转移和杂交效果，应根据 DNA 分子的大小，适当调整变性时间。对于分子量较大的 DNA 片段（大于 15 kb），可在变性前用 0.2 mol/L HCl 预处理 10 min 使其脱嘌呤。

2. 转移用的 NC 膜要预先在双蒸水中浸泡使其湿透，否则会影响转膜效果。不可用手触摸 NC 膜，否则会影响 DNA 的转移及与膜的结合。

3. 转移时，凝胶的四周用 Parafilm 蜡膜封严，防止在转移过程中产生短路，影响转移效率，同时注意 NC 膜与凝胶及滤纸间不能留有气泡，以免影响转移。

4. 注意同位素的安全使用。

实验 18　Northern 杂交

实验原理

Northern 杂交与 Southern 杂交很相似，主要区别是被检测对象为 RNA。其电泳在变性条件下进行，以去除 RNA 中的二级结构，保证 RNA 完全按分子大小分离。变性电泳主要有 3 种：乙二醛变性电泳、甲醛变性电泳和羟甲基汞变性电泳。电泳后的琼脂糖凝胶用与 Southern 转移相同的方法将 RNA 转移到硝酸纤维素滤膜上，然后与探针杂交。

概述

Northern 杂交可以选用 DIG 或者 BIOTIN 标记的 RNA 探针或 DNA 探针，但 RNA 探针显示更强的杂交信号和更低的非特异性背景，因此只要可能，应尽量选用 RNA 探针。但由于 RNA 探针在操作中的严格性比使用 DNA 探针更高。因此大多数研究者仍使用 DNA 探针，在此情况下，建议使用 Hyb 高效杂交液以减少背景影响。探针的浓度因目的基因的丰度和所采用的检测方法不同而有所差异。如采用化学显色法时，探针浓度建议为 30 ~ 80 ng/mL，采用 CSPD 化学发光检测时，探针浓度建议为 20 ~ 50 ng/mL，如果采用 CDP - Star 化学发光检测，由于灵敏度很高，因此还要适当降低探针浓度（10 ~ 25 ng/mL）。

RNA 提取及检测

一、提取方法

（一）改良异硫氰酸胍提取法

1. 试剂及其配制。

（1）异硫氰酸胍变性液：

贮存液：在含 484 mL 水（经 DEPC 处理）、17.6 mL 0.75 mol/L 柠檬酸钠（pH = 7.0）和 26.4 mL 10% 的 Sarkosyl 溶液中加入 250 g 异硫氰酸胍，加热至 60 ℃ ~ 65 ℃ 并持续搅拌使之

充分溶解。贮存液室温保存备用(不超过3个月)。

工作液:在每50 mL贮存液中加入0.35 mL 2-ME即配制成工作液。工作液于室温下保存不超过1个月。工作液各成分的终浓度为:

4 mol/L异硫氰酸胍

25 mol/L柠檬酸钠(pH=7.0)

0.5%(W/V)N-十二烷基肌氨酸(Sarkosyl)

0.1 mol/L巯基乙醇(2-ME)

(2)其他溶液:

2 mol/L乙酸钠(NaAc)缓冲液(pH=4.0)

水饱和酚(pH=3.5)

49∶1(V/V)氯仿/异戊醇

100%异丙醇

70%乙醇(用DEPC处理水配制)

DEPC处理后高压灭菌水

2. 试验程序。

(1) 取0.5~1 g新鲜植物组织置于研钵中,加入液氮,迅速研磨成均匀的粉末。

(2) 将粉末全部移入冰上预冷的离心管中,并加入5 mL异硫氰酸胍变性液,轻轻摇动离心管混合均匀。

(3) 依次加入2 mol/l NaAc 0.5 mL、水饱和苯酚5 mL、氯仿/异戊醇1 mL,每加入一种试剂都轻轻摇动离心管混合均匀,最后将离心管盖紧,倒转几次混合均匀,冰浴15 min。

(4) 4 ℃条件下以15 000 r/min的速度离心30 min,将上层水相转移至另一支干净的离心管中,并加入等体积的异丙醇,混匀后置于-20 ℃冰箱冷冻1 h。

(5) 4 ℃条件下以13 000 r/min的速度离心25 min,小心地去除上清液,将沉淀溶于1.5 mL异硫酸胍变性液中(体积为第一次变性液的1/3),再加入等体积的异丙醇,混匀后置于-20 ℃冰箱冷冻1 h。

(6) 4 ℃条件下以13 000 r/min的速度离心20 min,沉淀用70%乙醇洗一次,晾干后溶于适量体积(50 μg/100 μL)的DEPC处理水中,检测后分装,置于-70 ℃低温条件下保存。

注意事项

RNA提取过程中,为了保证所提取的RNA的纯度和完整性,其中有两个方面的问题需要特别注意,一是去除与RNA结合的蛋白质,二是避免内外源RNase对RNA的降解。在RNA的提取中,常采用的蛋白质变性剂有苯酚、氯仿、十二烷基磺酸钠(SDS)等。为防止外源RNase的污染,所有实验用品均需用DEPC处理并高压灭菌,所有试剂配制均需使用经DEPC处理过的水或灭菌处理。内源RNase采用异硫氰酸胍等强还原剂进行抑制。为避免人体污染,所有实验操作均应戴手套,避免人体接触所有用品。

(二)改良Krapp提取法

1. 试剂及其配制。

RNA抽提掖:

母液：4 mol 异硫氰酸胍

20 mmol EDTA

20 mmol MES（pH＝7.02）

工作液：取400 mL母液加入1.7 mL 2－ME，贮存在4 ℃条件下备用。

RNA重悬液：2 mol

10 mmol NaAc

调整终体积为250 mL，pH＝5.2，灭菌后贮存在4 ℃条件下备用。

2. 试验程序。

（1）取新鲜植物材料0.5～1 g，冷冻干燥。如果必要可加入0.2 g砂一起研磨，然后加入10 mL RNA抽提掖充分混匀。

（2）4 ℃条件下以8 000 r/min的速度离心10 min，将上层水相转移至干净离心管中，加入等体积的酚/氯仿抽提掖，再在4 ℃条件下以8 000 r/min的速度离心10 min。

（3）上清液转移至干净离心管中，再用10 mL氯仿洗上清液1次（加入10 mL氯仿充分混匀后，在4 ℃条件下以8 000 r/min的速度离心10 min）。

（4）小心将上清液转移至另一支干净离心管中，加入1/10 vol 3 mol NaAc和2 vol冷无水乙醇，在－80 ℃条件下沉淀2 h。

（5）在4 ℃条件下以8 500 r/min的速度离心30 min.，小心弃去上清液，沉淀重悬于RNA重悬液中，置于4 ℃条件下1 h。

（6）4 ℃条件下以8 500 r/min的速度离心10 min.，弃去上清液，沉淀溶于适当体积的DEOC处理水中。检测后分装，置于－70 ℃条件下保存。

二、RNA紫外吸收质量检测

1. 试剂。

TE（10 mmol/L Tris，1 mmol/L EDTA）。

2. 试验程序。

（1）预热紫外分光光度计10～20 min。

（2）取两个1 mL的狭缝石英杯，一个装入1 mL TE溶液作为空白校正液，用来校正分光光度计零点及调整透光度至100。

（3）取4 μL RNA待测样品加入另一个比色杯中，加dH_2O至1 mL，用无菌石蜡膜堵住杯口，倒转混匀。

（4）将两个比色杯置于分光光度计中，调入射光波长，用空白溶液分别调整T至100、OD至0，然后测定样品在260 nm、280 nm、230 nm处的OD值。

RNA浓度和纯度分析

浓度计算：对于单链RNA，$OD_{260}=1.0$时，RNA浓度为40 μg/mL，按照上述稀释方式，即$OD_{260}=0.1$时，其RNA浓度为1 μg/mL。

纯度分析：纯净的RNA样品，OD_{260}/OD_{280}值应介于1.7～2.0，小于此比值说明有蛋白或苯酚污染，如果比值大于2.0则可能被异硫氰酸胍污染；OD_{260}/OD_{230}比值应大于2.0，如果小于此比值说明有小分子及盐类污染。

转膜和 RNA 的固定

转膜前的 RNA 琼脂糖凝胶电泳采用变性电泳法，根据需要选用适当的分子量标准。

一、变性琼脂糖凝胶电泳

1. 试剂及其配制。

MOPS 缓冲液(10×)：200 mmol/L MOPS(pH = 7.0)

50 mmol/L NaAc

10 mmol/L EDTA

准确称取 41.86 g MOPS、6.8 g NaAc、3.72 g EDTA，先用适量的经 DEPC 处理的水溶解 NaAc，再将 MOPS 溶解其中，然后加入已用同样方法处理的 EDTA，混匀后用 2 mol/L NaOH 调 pH 值至 7.0，最后定容至 1 000 mL，过滤灭菌后避光保存。

上样染料：50% 甘油、1 mmol/L EDTA、0.4% 溴酚蓝、0.4% 二甲苯蓝。

其他试剂：

甲醛(37% 溶液，13.3 mol/L)

甲酰胺(去离子)

将 10 mL 甲酰胺和 1 g 离子交换树脂混合，室温搅拌 1 h 后用 Whatman 滤纸过滤。等分成 1 mL 于 -70 ℃贮存。

溴化乙锭(EB，10 mg/mL)

70% 乙醇

2. 试验程序。

(1) 将制胶用具用 70% 乙醇冲洗一遍，晾干备用。

(2) 配制琼脂糖凝胶：称取 0.5 g 琼脂糖，置于干净的烧瓶中，加入 40 mL 蒸馏水，微波炉内加热溶化均匀。

(3) 待胶凉至 60 ℃ ~70 ℃时，依次加入 9 mL 甲醛、5 mL 10×MOPS 缓冲液和 0.5 μL 溴化乙锭，混合均匀后立即灌胶(注意避免产生气泡)。

(4) 样品制备：取 DEPC 处理过的 500 μL 小离心管，依次加入 10×MOPS 缓冲液 2 μL、甲醛 3.5 μL、甲酰胺(去离子)10 μL、RNA 样品 4.5 μL，混合均匀。将离心管置于 60 ℃水浴中保温 10 min，再置于冰上 2 min，向每管中加入 3 μL 上样染料，混匀。

(5) 上样：将制备好的凝胶放入电泳槽中(上样孔一侧靠近阴极)，加入电泳缓冲液(1×MOPS 缓冲液)，液面高出胶面 1 ~2 mm，小心拔出梳子使样品孔保持完好。用微量移液器将制备好的样品加入加样孔，每孔上样 20 ~40 μL。

(6) 电泳：盖上电泳槽，接通电源，样品端接负极，于 7.5 V 的电压下电泳 2 h 左右，当溴酚蓝到达凝胶底部时停止电泳。电泳结束后，即可在紫外灯下检测结果。

二、转膜和固定 RNA

1. 完成电泳后，凝胶用 DEPC－H_2O 淋洗除去甲醛，然后置于 2×SSC 中浸泡 15～30 min。

2. 搭建转膜平台：在大口盘中放入支持物，如玻璃板，玻璃板应比支持物长。剪一块滤纸，横放在玻璃板上，滤纸两端浸入盘中，用 20×SSC 浸湿，并向盘中加入足量的 20×SSC。

3. 用刀将部分凝胶切去，并左下角切去一小块作为凝胶方位的记号。将凝胶置于平台中央，除去气泡。

4. 剪一张尼龙膜，大小与凝胶相当，在无 RNase 的水中浸泡 5 min，然后将其置于凝胶表面。膜置于凝胶表面后不易挪动，膜与凝胶之间不应留有气泡。

5. 取两张与尼龙膜同样大小的滤纸，用 20×SSC 浸湿后置于膜上，用玻璃棒赶走气泡。将一叠略小于滤纸的吸水纸置于滤纸上，在纸上平放一玻璃板，然后在玻璃板上压一重物，室温下转膜 4～6 h 或过夜。

注：可以使用其他的转膜仪器进行以上过程，请遵循制造商的操作手册要求。

6. 转膜完成后，将膜置于一张干的滤纸上，用铅笔在膜上标记加样孔位置，用 2×SSC 洗膜，再置于干滤纸上使膜晾干。

7. RNA 的固定：

（1）UV 交联：将膜用 UV 照射交联。总照射剂量依膜的不同生产商而异，请按照膜的使用说明书和 UV CROSSLIKER 的操作手册进行。

（2）真空烘烤固定：将膜夹在两张滤纸之间，80 ℃真空烘烤 2 h。

杂交

1. 将膜置于装有预杂交液的杂交袋中（10 mL 预杂交液/100 cm^2 膜），封好杂交袋，在设定的杂交温度下预杂交至少 1 h。

2. 如果使用杂交管杂交，则根据杂交管体积，加入适量的杂交液（5～10 mL）。如果膜的大小适中，也可以用无菌的 50 mL 离心管（BD 公司）进行，5 mL 杂交液已足够。将杂交仪温度设定为 65 ℃，8～15r/min 预杂交至少 1 h。

3. 将标记好的探针于 100 ℃煮沸 10～15 min，立即放冰浴冷却 10 min，用杂交液稀释成所需浓度。

4. 将杂交袋中预杂交液倒出，加入 10 mL 新鲜的 Hyb 杂交液（65 ℃预热，已加入变性的探针），小心排尽气泡，封口，置于 65 ℃水浴振荡，杂交过夜。

5. 如果使用杂交管杂交，则倒出预杂交液，另取适量的 Hyb 高效杂交液（5～10 mL），加入变性过的探针（1～3 μL/膜，或 10～25 ng/mL Hyb 高效杂交液），混匀。加入到杂交管中，杂交仪温度设定为 65 ℃，8～15 r/min，杂交过夜。

6. 杂交完成后，取出杂交膜，放入装有 20 mL 的 2×SSC/0.1% SDS 溶液的平皿中，在室温下振荡洗涤两次，每次 5 min。然后放入 0.1×SSC/0.1% SDS 溶液（先放在 50 ℃水浴中预热）中，50 ℃水浴振荡洗涤两次，每次 15 min。当探针长度小于 100 bp 时，最后一次的洗膜温度要由预备实验确定。

检测杂交信号

除非特别说明，以下过程均在室温下进行，并轻微摇动。

一、化学发光法

1. 杂交洗膜后，将膜置于洗涤缓冲液中平衡 1 min。

2. 封闭。在 20 mL 封闭液中封闭 30 min，弃去封闭液。

3. 抗 Dig - AP 于 13 000 r/min 下离心(在第一次使用时，需离心 5 min，以后使用前只需离心 1 min)。离心后将抗 Dig - AP 用封闭液稀释(1 ∶ 15 000 ~ 20 000)，1 μL Anti - Dig - AP 加入 20 mL 封闭液，混匀，与膜一起孵育 30 min。

4. 去除抗体溶液，洗涤缓冲液洗膜 2 × 15 min。

5. 去除洗膜缓冲液，在检测缓冲液中平衡膜 2 次，每次 2 min。(注意：在使用化学发光底物处理之前，膜必须保持湿润，哪怕是轻微的干燥也会产生很高的背景。)

6. 用检测缓冲液稀释 CDP - Star 底物(1 ∶ 100)，将膜置于干净的保鲜膜之间，用镊子抬起一角，从膜左边沿加入 1 mL 化学发光底物，让底物溶液均匀扩散到膜的表面，然后将膜放平，排除气泡使膜四周被液体封闭，室温下放置 5min。

7. 排去多余的底物溶液，用保鲜膜包裹，置暗盒中对 X 光片曝光，曝光时间为 1 ~ 60 min

二、NBT/BCIP 化学显色法

1. 杂交洗膜后，将膜转入装有 20 mL 洗涤缓冲液的平皿中振荡洗涤 5 min。

2. 加入 30 mL 阻断溶液孵育 30 min。

3. 再将膜转入 30 mL 抗体溶液(1 ∶ 5 000，6 μL 抗 Dig - AP 加入 30 mL 封闭液混匀)中孵育 30 min。

4. 在洗涤缓冲液中振荡洗涤两次，每次 20 mL 15 min。

5. 平衡。将膜放入 20 mL 检测缓冲液中振荡洗涤 5 min。

6. 显色。在 10 mL 检测缓冲液中加入 200 μL 的 NBT/BCIP，混匀，将膜浸入显色液中，显色过夜，显色反应应在暗处完成，此过程中切勿摇动。在显色反应中，可以短时暴露于光下观察，完全反应大约需要 16 h。

7. 终止显色。用灭菌的双蒸水反复冲涤 3 ~ 5 次。在成像系统上拍照，记录结果。膜如果贮存在 TE 中可长期保存颜色不变。

注意

(1) 如果琼脂糖浓度高于 1%，或凝胶厚度大于 0.5 cm，或待分析的 RNA 大于 2.5 kb，则需用 0.05 mol/L NaOH 浸泡凝胶 20 min，部分水解 RNA 并提高转移效率。浸泡后用经 DEPC 处理的水淋洗凝胶，并用 20 × SSC 浸泡凝胶 45 min，然后再转移到滤膜上。

(2) 在步骤(3)的操作中，如果滤膜上含有乙醛酰 RNA，杂交前需用 20 mmol/L Tris - HCl(pH = 8.0)于 65 ℃洗膜，以除去 RNA 上的乙二醛分子。

(3) RNA 自凝胶转移至尼龙膜所用方法，与 RNA 转移至硝酸纤维素膜所用方法类似。

(4) 含甲醛的凝胶在 RNA 转移前需用经 DEPC 处理的水淋洗数次,以除去甲醛。当使用尼龙膜杂交时要注意,有些带正电荷的尼龙膜在碱性溶液中具有固定核酸的能力,需用 7.5 mmol/L NaOH 溶液洗脱琼脂糖中的乙醛酰 RNA,同时可部分水解 RNA,并提高较长 RNA 分子(>2.3 kb)的转移速度和效率。此外,碱可以除去 mRNA 分子的乙二醛加合物,免去固定后洗脱的步骤。乙醛酰 RNA 在碱性条件下转移至带正电荷尼龙膜的操作也按 DNA 转移的方法进行,但转移缓冲液为 7.5 mmol/L NaOH,转移结束后(4.5 ~6.0 h),尼龙膜需用 2×SSC、0.1% SDS 淋洗片刻,于室温晾干。

(5) 尼龙膜的不足之处是背景较高,用 RNA 探针时尤为严重。将滤膜长时间置于高浓度的碱性溶液中,会导致杂交背景明显升高,可通过提高预杂交和杂交步骤中有关阻断试剂的量来解决。

(6) 如用中性缓冲液进行 RNA 转移,转移结束后,将晾干的尼龙膜夹在两张滤纸中间,80 ℃干烤 0.5 ~2 h,或者用 254 nm 波长的紫外线照射尼龙膜带 RNA 的一面。后一种方法较为繁琐,但却优先使用,因为某些批号的带正电荷的尼龙膜经此处理后,杂交信号可以增强。然而,为获得最佳效果,务必确保尼龙膜不被过度照射,适度照射可促进 RNA 上小部分碱基与尼龙膜表面带正电荷的胺基形成交联结构,而过度照射却使 RNA 上的一部分胸腺嘧啶共价结合于尼龙膜表面,导致杂交信号减弱。

实验 19　免疫印迹(Western blotting)

实验目的

免疫印迹主要用于蛋白质的结构和活性检测等方面,本实验要求掌握与免疫印迹相关的原理和方法,如电泳技术、转膜技术等。

实验原理

免疫印迹(Western blotting)是将蛋白质转移并固定在化学合成膜的支撑物上,然后以特定的亲和反应、免疫反应或结合反应及显色系统分析此印迹的。

免疫印迹的实验包括 5 个步骤:

(1)固定(immobilization)。对蛋白质进行聚丙烯酰胺凝胶电泳(PAGE)并从胶上转移到硝酸纤维素膜上。

(2)封闭(blocked)。保持膜上没有特殊抗体结合的场所,使场所处于饱和状态,用以保证特异性抗体结合到膜上,并与蛋白质反应。

(3)初级抗体(第一抗体)是特异性的。

(4)第二抗体或配体试剂对于初级抗体是特异性结合并作为指示物。

(5)用适当保温后的酶标记蛋白质区带,产生可见的、不溶解状态的颜色反应。

试剂与器材

1. 试剂。

（1）人 IgG 免疫兔的抗血清；

（2）辣根过氧化酶—羊抗兔 IgG；

（3）PBS 缓冲液：NaCl 8 g，KCL 0.2 g，KH_2PO_4 0.24 g，$Na_2HPO_4 \cdot 12H_2O$ 2.9 g，加蒸馏水至 1 000 mL，pH 值为 7.4；

（4）PBS - T 缓冲液：PBS 缓冲液加 0.05 mol/L Tween - 20；

（5）封闭液：0.5%（质量分数）BSA（用 PBS 缓冲液配制）；

（6）底物溶液：

A 液：溶解 30 mg CN 在 5 mL 甲醇中；

B 液：溶解 10 mg DAB 在 5 mL 甲醇中；

C 液：分别搅拌 A 液和 B 液 10 ~ 15 min，直到完全溶解，然后将 A 液和 B 液混合，加 PBS 至 50 mL，分成 10 mL 一份，不用的可冷冻（ -20℃）（下次直接化冻使用）；

D 液：取 10 mL C 液，使用时加 10 mL 30%（体积分数）H_2O_2；

（7）转移缓冲液：0.025 mol/L Tris、0.192 mol/L 甘氨酸（glycine）、20%（体积分数）甲醇（methanol），pH 值为 8.3。

2. 器材。

（1）半干转移槽；

（2）电泳仪电源：直流稳压，500 V，150 mA。

操作方法

1. SDS - PAGE。

将待检测的抗原粗提取液、纯化过程中的样品或纯化后的样品以及标准相对分子质量蛋白质等用 SDS - PAGE 分离。

2. 转移蛋白质到硝酸纤维素薄膜上。

（1）准备转移缓冲液。

（2）切割与胶尺寸相符的硝酸纤维素薄膜，并用转移缓冲液浸湿，放置 15 min，直到没有气泡。

（3）切割 8 张普通滤纸，其大小与胶尺寸相符，并将其浸泡在有转移缓冲液的培养皿中（与硝酸纤维素薄膜分开浸泡）。

（4）电泳后，切取有用部分的胶，并很快地在转移缓冲液中洗涤。

（5）打开蛋白质转移槽的盖板，依次放入：

① 4 张用转移缓冲液浸泡过的滤纸；

② 用转移缓冲液洗过的胶，并小心地赶走滤纸和胶之间的所有气泡；

③ 硝酸纤维素膜；

④ 另 4 张用转移缓冲液浸泡过的滤纸。

（6）小心地合上转移槽的盖板。

（7）插入电极，注意正负极方向（硝酸纤维素膜面向阳极），打开电泳仪开关，调至胶的面积（cm^2）×0.8 mA，1.5 ~ 2 h。

(8) 转移结束后打开盖板,取出硝酸纤维素薄膜。

3. 免疫印迹膜的处理。

(1) 用 PBS 缓冲液洗膜 5 ~ 10 min。

(2) 将膜用封闭溶液封闭,用摇床轻摇 60 min(37 ℃)。

(3) 用 PBS 缓冲液洗膜 3 次,每次 10 min。

(4) 将膜置于第一抗体溶液(小牛血清免疫兔的抗血清,1 : 10)中,置摇床上轻摇,37 ℃摇动 2 h 或 4 ℃过夜。

(5) 去掉第一抗体溶液,并用 PBS 洗膜 3 次,每次 10 min。

(6) 将膜置于辣根过氧化酶—羊抗兔 IgG 溶液(1 : 500)中,37 ℃轻摇 2 h。

(7) 去掉辣根过氧化酶—羊抗兔 IgG 溶液,并用 PBS - T 洗膜 3 次,每次 10 min。

(8) 最后用 PBS 溶液洗,以转移 Tween - 20。

(9) 加底物溶液反应 2 ~ 10 min,至抗原区带显色清晰为止。

(10) 用去离子水洗涤,以终止反应。将膜夹在滤纸间,干燥。置暗处保存。

另外,加底物溶液的显色反应,亦可用增强化学发光法(enhanced chemiluminescence,ECI)代替,以增加其灵敏度,即将膜经 ECL kits 处理后,用放射自显影法在 X - 光片上留下清晰的图像。

注意事项

1. 注意安全,一些试剂对人体有害,如丙烯酰胺、放射性同位素等。
2. 避免样品污染。

思考题

酶联免疫吸附测定和免疫印迹,在操作方法及应用上有何异同点?

第三章

微生物学实验

Ⅰ 显微镜技术

实验1 普通光学显微镜的使用

实验目的

1. 学习并掌握油镜的原理和使用方法。
2. 复习普通台式显微镜的结构、各部分的功能和使用方法。

显微镜的基本结构及油镜的工作原理

现代普通光学显微镜利用目镜和物镜两组透镜来放大成像,故又称为复式显微镜,由机械装置和光学系统两大部分组成(图3-1-1)。在显微镜的光学系统中,物镜的性能最为关键,它直接影响显微镜的分辨率。而在普通光学显微镜通常配制的几种物镜中,油镜的放大倍数最大,对微生物学研究最为重要。与其他物镜相比,油镜的使用比较特殊,须在载玻片与镜头之间加滴镜油,这主要有如下两个方面的原因:

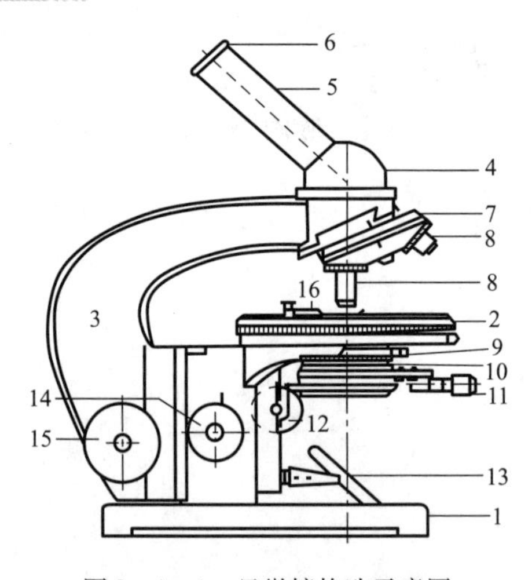

图3-1-1 显微镜构造示意图

1—镜座;2—载物台;3—镜臂;4—棱镜套;5—镜筒;6—接目镜;7—转换器;8—接物镜;9—聚光器;10—虹彩光圈;11—光圈固定器;12—聚光器升降螺旋;13—反光镜;14—细调节器;15—粗调节器;16—标本夹

1. 增加照明亮度。

油镜的放大倍数可达100×,放大倍数这样大的镜头,焦距很短,直径很小,但所需要的光照强度却最大(图3-1-2)。从承载标本的载玻片透过来的光线,因介质密度不同(从玻片进入空气,再进入镜头),有些光线会因折射或全反射不能进入镜头(图3-1-3),以致在使用油镜时会因射入的光线

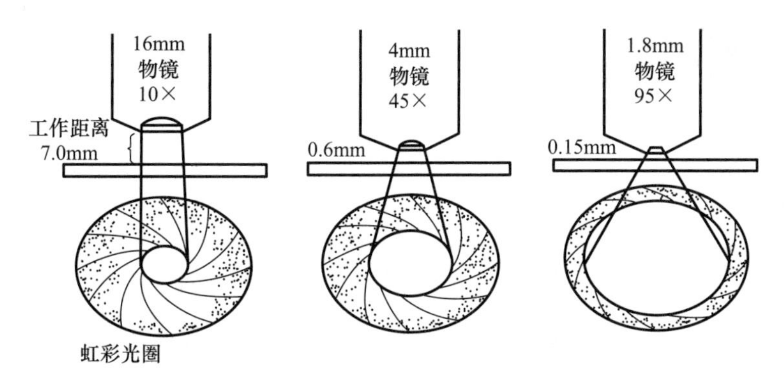

图 3－1－2　物镜的焦距、工作距离和虹彩光圈的关系

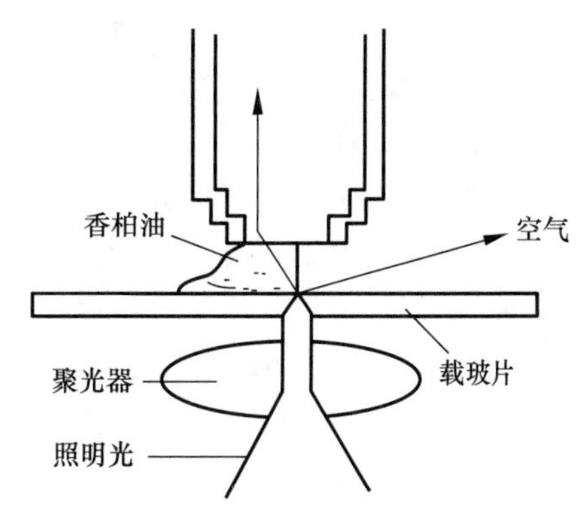

图 3－1－3　介质折射率对物镜照明光路的影响

较少，物像显现不清。所以为了不使通过的光线有所损失，在使用油镜时须在油镜与玻片之间加入与玻璃的折射率（$n=1.55$）相仿的镜油（通常用香柏油，其折射率 $n=1.52$）。

2. 增加显微镜的分辨率。

显微镜的分辨率或分辨力（resolution or resolving power）是指显微镜能辨别两点之间的最小距离的能力。从物理学角度看，光学显微镜的分辨率受光的干涉现象及所用物镜性能的限制，可表示为：

$$\text{分辨率（最大分辨距离）} = \frac{\lambda}{2N_A}$$

式中　λ——光波波长；

N_A——物镜的数值孔径值。

光学显微镜的光源不可能超出可见光的波长范围（0.4～0.7 μm），而数值孔径值则取决于物镜的镜口角和玻片与镜头间介质的折射率，可表示为：

$$N_A = n \times \sin\alpha。$$

式中　α——光线最大入射角的半数。它取决于物镜的直径和焦距，一般来说，在实际应用中最大只能达到 120°；

n——介质折射率。

由于香柏油的折射率（1.52）比空气及水的折射率（分别为 1.0 和 1.33）要高，因此以香柏油作为镜头与载玻片之间介质的油镜所能达到的数值径值（N_A 一般在 1.2～1.4）要高于低倍镜、高倍镜等干镜（N_A 都低于 1.0）。若以可见光的平均波长 0.55 μm 来计算，数值孔径在 0.65 左右的高倍镜只能分辨出距离不小于 0.4 μm 的物体，而油镜的分辨率却可达到 0.2 μm 左右。

实验器材

1. 菌种。

金黄色葡萄球菌（Staphylococcus aureus）及枯草芽孢杆菌（Bacillus Subtilis）染色玻片标本。链霉菌（Streptomyces sp.）及青霉（Penicillium sp.）的水封片。

2. 溶液或试剂。

香柏油、二甲苯。

3. 仪器或其他用具。

显微镜、擦镜纸等。

实验步骤

1. 观察前的准备。

(1) 显微镜的安置。置显微镜于平整的实验台上,镜座距实验台边缘 3 ~4 cm。镜检时姿势要端正。

取、放显微镜时应一手握住镜臂,一手托住底座,使显微镜保持直立、平稳。切忌用单手拎提;不论使用单筒显微镜还是双筒显微镜,均应双眼同时睁开观察,以减少眼睛疲劳,也便于边观察边绘图或记录。

(2) 光源调节。安装在镜座内的光源灯可通过调节电压获得适当的照明亮度,而使用反光镜采集自然光或灯光作为照明光源时,应根据光源的强度及所用物镜的放大倍数选用凹面或凸面反光镜并调节其角度,使视野内的光线均匀,亮度适宜。

(3) 根据使用者的个人情况,调节双筒显微镜的目镜。双筒显微镜的目镜间距可以适当调节,而左目镜上一般还配有屈光度调节环,可以适应眼距不同或两眼视力有差异的不同观察者。

(4) 聚光器数值孔径值的调节。调节聚光器虹彩光圈值与物镜的数值孔径值相符或比物镜略低。有些显微镜的聚光器只标有最大数值孔径值,而没有具体的光圈数刻度。使用这种显微镜时可在样品聚焦后取下一目镜,从镜筒中一边看着视野,一边缩放光圈,调整光圈的边缘与物镜边缘黑圈相切或略小于其边缘。因为各物镜的数值孔径值不同,所以每转换一次物镜都应进行这种调节。

在聚光器的数值孔径值确定后,若需改变光照强度,可通过升降聚光器或改变光源的亮度来实现,原则上不应再调节虹彩光圈。当然,有关虹彩光圈、聚光器高度及照明光源强度的使用原则也不是固定不变的,只要能获得良好的观察效果,有时也可根据不同的具体情况灵活运用。

2. 显微观察。

在目镜保持不变的情况下,使用不同放大倍数的物镜所能达到的分辨率及放大率都是不同的。一般情况下,特别是初学者,进行显微观察时应遵守从低倍镜到高倍镜再到油镜的观察顺序,因为低倍数物镜视野相对大,易发现目标及确定检查的位置。

(1) 低倍镜观察。将金黄色葡萄球菌染色标本玻片置于载物台上,用标本夹夹住,移动推进器使观察对象处在物镜的正下方。下降 10 × 物镜,使其接近标本,用粗调节器慢慢升起镜筒,使标本在视野中初步聚焦,再使用细调节器调节图像清晰度。通过玻片夹推进器慢慢移动玻片,认真观察标本各部位,找到合适的目标物,仔细观察并记录所观察到的结果。

在任何时候使用粗调节器聚焦物像时,必须养成先从侧面注视小心调节物镜靠近标本,然后用目镜观察,慢慢调节物镜离开标本进行准焦的习惯,以免因一时的误操作而损坏镜头及玻片。

（2）高倍镜观察。在低倍镜下找到合适的观察目标并将其移至视野中心后，轻轻转动物镜转换器将高倍镜移至工作位置。对聚光器光圈及视野亮度进行适当调节后微调细调节器使物像清晰，利用推进器移动标本，仔细观察并记录所观察到的结果。

在一般情况下，当物像在一种物镜下已清晰聚焦后，转动物镜转换器将其他物镜转到工作位置进行观察时，物像将保持基本准焦的状态，这种现象称为物镜的同焦（parfocal）。利用这种同焦现象，可以保证在使用高倍镜或油镜等放大倍数高、工作距离短的物镜时，仅用细调节器即可对物像清晰聚焦，从而避免由于使用粗调节器时可能的误操作而损坏镜头或载玻片。

（3）油镜观察。在高倍镜或低倍镜下找到要观察的样品区域后，用粗调节器将镜筒升高，然后将油镜转到工作位置，在待观察的样品区域加滴香柏油，从侧面注视，用粗调节器将镜筒小心地降下，使油镜浸在镜油中并几乎与标本相接触。将聚光器升至最高位置并开足光圈，若所用聚光器的数值孔径值超过1.0，还应在聚光镜与载玻片之间也加滴香柏油，保证其达到最大的效能。调节照明使视野的亮度合适。用粗调节器将镜筒徐徐上升，直至视野中出现物像并用细调节器使其清晰准焦。

有时按上述操作还找不到目标物，则可能是由于油镜头下降还未到位，或因油镜上升太快，以至眼睛捕捉不到一闪而过的物像。遇此情况，应重新操作。另外应特别注意、不要在下降镜头时用力过猛，或调焦时误将粗调节器向反方向转动而损坏镜头及载玻片。

3. 显微镜用毕后的处理。

（1）上升镜筒，取下载玻片。

（2）用擦镜纸拭去镜头上的镜油。然后用擦镜纸蘸少许二甲苯（香柏油溶于二甲苯）擦去镜头上残留的油迹，最后再用干净的擦镜纸擦去残留的二甲苯。

切忌用手或其他纸擦拭镜头，以免使镜头沾上污渍或产生划痕，影响观察。

（3）用擦镜纸清洁其他物镜及目镜，用绸布清洁显微镜的金属部件。

（4）将各部分还原，反光镜垂直于镜座，将物镜转成“八”字形，再向下旋，以免物镜与聚光镜发生碰撞。

实验报告

1. 结果。

分别绘出你在低倍镜、高倍镜和油镜下观察到的金黄色葡萄球菌、枯草芽孢杆菌、链霉菌的形态，包括它们在三种情况下的视野中的变化，同时注明物镜放大倍数和总放大率。

2. 思考题。

（1）用油镜观察时应注意哪些问题？在载玻片和镜头之间加滴什么油？起什么作用？

（2）试列表比较低倍镜、高倍镜及油镜各方面的差异。为什么在使用高倍镜及油镜时，应特别注意避免粗调节器的误操作？

（3）什么是物镜的同焦现象？它在显微镜观察中有什么意义？

（4）影响显微镜分辨率的因素有哪些？

（5）根据你的实验体会，谈谈应如何根据所观察微生物的大小，选择不同的物镜进行有效的观察。

实验 2 微生物细胞大小的测定

实验目的

了解目镜测微尺和镜台测微尺的构造和使用原理，掌握微生物细胞大小的测定方法。

实验原理

微生物细胞大小是微生物重要的形态特征之一，由于菌体很小，因而只能在显微镜下测量。用于测量微生物细胞大小的工具有：目镜测微尺和镜台测微尺（图 3－2－1）。

目镜测微尺是一块圆形玻片，在玻片中央把 5 mm 长度刻成 50 等分，或把 10 mm 长度刻成 100 等分。测量时，将其放在接目镜中的隔板上（此处正好与物镜放大的中间像重叠）来测量经显微镜放大后的细胞物像。由于不同目镜、物镜组合的放大倍数不相同，目镜测微尺每格实际表示的长度也不一样，因此使用目镜测微尺测量微生物大小时，须先用置于镜台上的镜台测微尺校正，以求出在一定放大倍数下，目镜测微尺每小格所代表的相对长度。

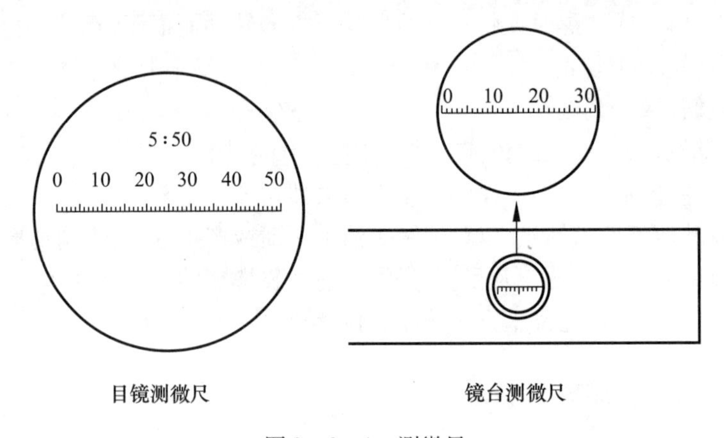

图 3－2－1 测微尺

镜台测微尺是中央部分刻有精确等分线的载玻片，一般将 1 mm 等分为 100 格，每格长 10 μm（即 0.01 mm），是专门用来校正目镜测微尺的。校正时，将镜台测微尺放在载物台上。

由于镜台测微尺与细胞标本处于同一位置，都要经过物镜和目镜的两次放大成像进入视野，即镜台测微尺随着显微镜总放大倍数的增大而被放大，因此从镜台测微尺上得到的读数就是细胞的真实大小，所以用镜台测微尺的已知长度在一定增大倍数下校正目镜测微尺，即可求出目镜测微尺每格所代表的长度，然后移去镜台测微尺，换上待测标本片，用校正好的目镜测微尺在同样放大倍数下测量微生物大小。

实验器材

1. 活材料。

酿酒酵母（Saccharomyces cerevisiae）斜面菌种、枯草杆菌（Bacillus subtilis）染色标本片。

2. 器材。

显微镜、目镜测微尺、镜台测微尺、盖玻片、载玻片、滴管、双层瓶、擦镜纸。

实验步骤

1. 目镜测微尺的校正。

把目镜的上透镜旋下，将目镜测微尺的刻度朝下、轻轻地装入目镜的隔板上，把镜台测微尺置于载物台上，刻度朝上。先用低倍镜观察，对准焦距，视野中看清镜台测微尺的刻度后，转动目镜，使目镜测微尺与镜台测微尺的刻度平行，移动推动器，使两尺重叠，再使两尺的"0"刻度完全重合，定位后，仔细寻找两尺第二个完全重合的刻度，数出两重合刻度之间目镜测微尺的格数和镜台测微尺的格数。因为镜台测微尺的刻度每格长 10 μm，所以由下列公式可以算出目镜测微尺每格所代表的长度。

$$\text{目镜测微尺每格代表的长度}/\mu m = \frac{\text{镜台测微尺格数} \times 10\ \mu m}{\text{目镜测微尺格数}}$$

例如目镜测微尺 5 小格正好与镜台测微尺 5 小格重叠，已知镜台测微尺每小格为 10 μm，则目镜测微尺上每小格长度为 $5 \times 10\ \mu m/5 = 10\ \mu m$。

用同样方法分别校正在高倍镜下和油镜下目镜测微尺每小格所代表的长度。

由于不同显微镜及附件的放大倍数不同，因此校正目镜测微尺必须针对特定的显微镜和附件（特定的物镜、目镜、镜筒长度）进行，而且只能在特定的情况下重复使用，当更换不同放大倍数的目镜或物镜时，必须重新计算目镜测微尺每一格所代表的长度。

2. 细胞大小的测定。

（1）将酵母菌斜面制成一定浓度的菌悬液（10^{-2}）。

（2）取一滴酵母菌菌悬液制成水浸片。

（3）移去镜台测微尺，换上酵母菌水浸片，先在低倍镜下找到目标物，然后在高倍镜下用目镜测微尺来测量酵母菌菌体的长、宽各占几格（不足一格的部分估计到小数点后一位数）。测出的格数乘上目镜测微尺每格的校正值，即等于该菌的长和宽。一般测量菌体的大小要在同一个标本片上测定 10 ~ 20 个菌体，求出平均值，才能代表该菌的大小。而且一般用对数生长期的菌体进行测定。

（4）以同样方法用油镜测定枯草杆菌染色标本的长和宽。

实验报告

1. 结果。

（1）将目镜测微尺校正结果填入表 3 - 2 - 1 中。

表 3 - 2 - 1　目镜测微目尺校正结果

物镜	目镜测微尺格数	镜台测微尺格数	目镜测微尺每格代表的长度/μm
10 ×			
40 ×			
100 ×			

目镜放大倍数：

（2）将各菌测定结果填入表3－2－2和表3－2－3中。

表3－2－2　酵母菌大小测定记录

	1	2	3	4	5	6	7	8	9	10	11	12	13	14	15	平均值
长																
宽																

表3－2－3　枯草杆菌大小测定记录

	1	2	3	4	5	6	7	8	9	10	11	12	13	14	15	平均值
长																
宽																

（3）各菌测定结果(表3－2－4)。

表3－2－4　各菌测定结果

细菌名称	目镜测微尺每格代表的长度/μm	宽	长	菌体大小
		目镜测微尺平均格数宽度/μm	目镜测微尺平均格数长度/μm	
酵母菌				
枯草杆菌				

注：球菌用直径(宽度)表示细胞大小，杆菌和螺菌用宽度×长度表示细胞大小。

结果计算：长(μm)＝平均格数×校正值

宽(μm)＝平均格数×校正值

大小＝宽(μm)×长(μm)

2. 思考题。

（1）为什么更换不同放大倍数的目镜或物镜时，必须用镜台测微尺重新对目镜测微尺进行校正？

（2）在不改变目镜和目镜测微尺，而改用不同放大倍数的物镜来测定同一细菌的大小时，其测定结果是否相同？为什么？

实验3　显微镜直接计数法

实验目的

1. 明确血细胞计数板计数的原理。
2. 掌握使用血细胞计数板进行微生物计数的方法。

实验原理

显微镜直接计数法是将小量待测样品的悬浮液置于一种特别的、具有确定面积和容积的载玻片上（又称计菌器），于显微镜下直接计数的一种简便、快速、直观的方法。目前国内外常用的计菌器有：血细胞计数板、Peteroff-Hauser 计菌器以及 Hawksley 计菌器等，它们都可用于酵母、细菌、霉菌孢子等悬液的计数，基本原理相同。后两种计菌器由于盖上盖玻片后，总容积为 0.02 mm^3，而且盖玻片和载玻片之间的距离只有 0.02 mm，因此可用油浸物镜对细菌等较小的细胞进行观察和计数。除了用这些计菌器外，还有在显微镜下直接观察涂片面积与视野面积之比的估算法，此法一般用于牛乳的细菌学检查。显微镜直接计数法的优点是直观、快速、操作简单。但此法的缺点是所测得的结果通常是死菌体和活菌体的总和。目前已有一些方法可以克服这一缺点，如结合活菌染色，微室培养（短时间）以及加细胞分裂抑制剂等方法来达到只计数活菌体的目的。本实验以血球计数板为例进行显微镜直接计数。另外两种计菌器的使用方法可参看各厂商的说明书。

用血细胞计数板在显微镜下直接计数是一种常用的微生物计数方法，该计数板是一块特制的载玻片，其上由四条槽构成三个平台；中间较宽的平台又被一短横槽隔成两半，每一边的平台上各刻有一个方格网，每个方格网被分为九个大方格，中间的大方格即为计数室。血细胞计数板构造如（图 3－3－1）所示。计数室的刻度一般有两种规格，一种是一个大方格分成 25 个中方格，而每个中方格又分成 16 个小方格（图 3－3－2）；另一种是一个大方格分成 16 个中方格，而每个中方格又分成 25 个小方格，但无论是哪一种规格的计数板，每一个大方格中的小方格都是 400 个。每一个大方格边长为 1 mm，则每一个大方格的面积为1 mm^2，盖上盖玻片后，盖玻片与载玻片之间的高度为 0.1 mm，所以计数室的容积为 0.1 mm^3（万分之一毫升）。

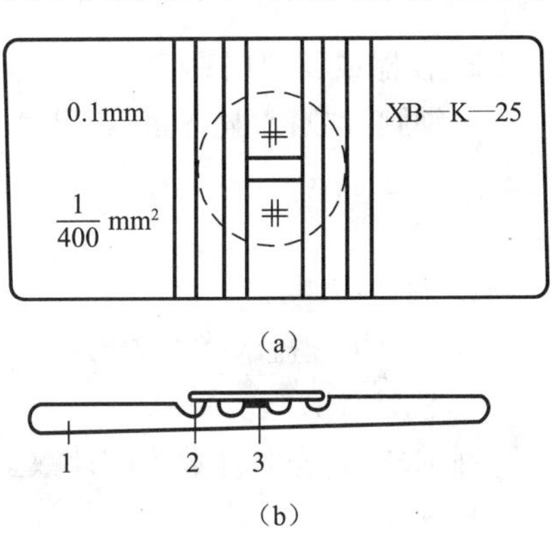

图 3－3－1　血细胞计数板构造（一）
（a）正面图；（b）纵切面图
1—血细胞计数板；2—盖玻片；3—计数室

计数时，通常数五个中方格的总菌数，然后求得每个中方格的平均值，再乘上 25 或 16，就得出一个大方格中的总菌数，然后再换算成 1 mL 菌液中的总菌数。

设五个中方格中的总菌数为 A，菌液稀释倍数为 B，如果是 25 个中方格的计数板，则 1 mL菌液中的总菌数 $= A/5 \times 25 \times 10^4 \times B = 50\,000\, A \cdot B$（个）。同理，如果是 16 个中方格的计数板，1 mL 菌液中总菌数 $= A/5 \times 16 \times 10^4 \times B = 32\,000A \cdot B$（个）。

实验器材

1. 菌种。

酿酒酵母。

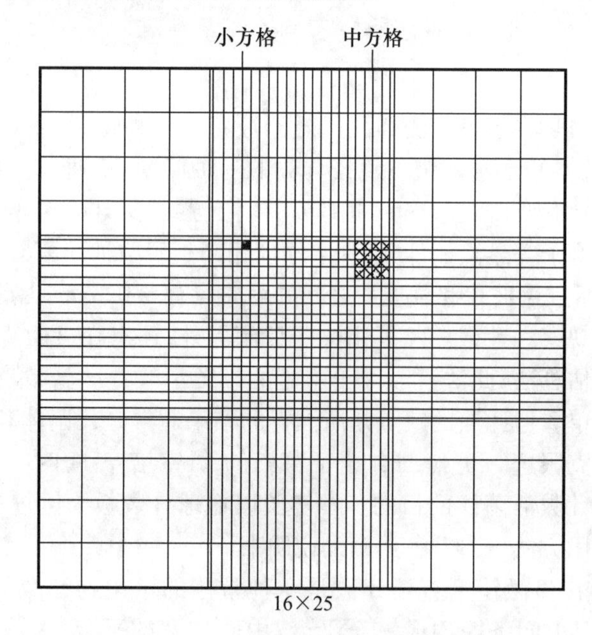

图 3－3－2　血细胞计数板构造(二)
(放大后的方格网,中间大方格为计数室)

2. 仪器或其他用具。

血细胞计数板、显微镜、盖玻片、无菌毛细滴管。

实验步骤

1. 菌悬液制备

以无菌生理盐水将酿酒酵母制成浓度适当的菌悬液。

2. 镜检计数室。

在加样前,先对计数板的计数室进行镜检。若有污物,则需清洗,吹干后才能进行计数。

3. 加样品。

将清洁干燥的血细胞计数板盖上盖玻片,再用无菌的毛细滴管将摇匀的酿酒酵母菌悬液由盖玻片边缘滴一小滴,让菌液沿缝隙靠毛细渗透作用自动进入计数室,一般计数室均能充满菌液。

取样时先要摇匀菌液,加样时计数室不可有气泡产生。

4. 显微镜计数。

加样后静止 5 min,然后将血细胞计数板置于显微镜载物台上,先用低倍镜找到计数室所在位置,然后换成高倍镜进行计数。

调节显微镜光线的强弱,对于用反光镜采光的显微镜还要注意光线不要偏向一边,否则视野中不易看清楚计数室方格线,或只见竖线或只见横线。

在计数前若发现菌液太浓或太稀,需重新调节稀释度后再计数。一般样品稀释度以每小格内有 5～10 个菌体为宜。每个计数室选五个中格(可选四个角和中央的一个中格)中的菌体进行计数。位于格线上的菌体一般只数上方和右边线上的。如遇酵母出芽,芽体大小达到母细胞的一半时,即作为两个菌体计数。计数一个样品要从两个计数室中计得的平均数值来计算样品的含菌量。

5. 清洗血细胞计数板。

使用完毕后,将血细胞计数板在水龙头上用水冲洗干净,切勿用硬物洗刷,洗完后自行晾干或用吹风机吹干。镜检,观察每小格内是否有残留菌体或其他沉淀物。若不干净,则必须重复洗涤至干净为止。

实验报告

1. 结果。

将结果记录于表 3-3-1 中。A 表示五个中方格中的总菌数,B 表示菌液稀释倍数。

表 3-3-1　结果记录

<table>
<tr><td rowspan="2"></td><td colspan="5">各个格中菌数</td><td rowspan="2">A</td><td rowspan="2">B</td><td rowspan="2">二室平均值</td><td rowspan="2">菌数/mL</td></tr>
<tr><td>1</td><td>2</td><td>3</td><td>4</td><td>5</td></tr>
<tr><td>第一室</td><td></td><td></td><td></td><td></td><td></td><td></td><td></td><td rowspan="2"></td><td rowspan="2"></td></tr>
<tr><td>第二室</td><td></td><td></td><td></td><td></td><td></td><td></td><td></td></tr>
</table>

2. 思考题。

(1) 根据你的体会说明:用血细胞计数板计数的误差主要来自哪些方面?应如何尽量减少误差?

(2) 某单位要求知道一种干酵母粉中的活菌存活率,请设计 1~2 种可行的检测方法。

Ⅱ　微生物的分离纯化与菌种保藏

实验 4　培养基的制备

Ⅰ　牛肉膏蛋白胨培养基的制备

实验目的

1. 明确培养基的配制原理。
2. 通过对基础培养基的配制,掌握配制培养基的一般方法和步骤。

实验原理

牛肉膏蛋白胨培养基是一种应用最广泛和最普通的细菌基础培养基,有时又称为普通培养基,由于这种培养基中含有一般细菌生长繁殖所需要的最基本的营养物质,所以可供微生物生长繁殖之用。基础培养基含有牛肉膏、蛋白胨和 NaCl。其中牛肉膏为微生物提供碳源、能源、磷酸盐和维生素,蛋白胨主要提供氮源和维生素,而 NaCl 提供无机盐。

实验器材

1. 溶液或试剂。

牛肉膏、蛋白胨、NaCl、琼脂、1 mol/L NaOH、1 mol/L HCl。

2. 仪器或其他用具。

试管、三角瓶、烧杯、量筒、玻璃棒、培养基分装器、天平、牛角匙、高压蒸气灭菌锅、pH 试纸(pH 值为 5.5 ~9.0)、棉花、牛皮纸、记号笔、麻绳、纱布等。

实验步骤

1. 称量。

按培养基配方比例,依次准确地称取牛肉膏、蛋白胨、NaCl 放入烧杯中。牛肉膏常用玻璃棒挑取,放在小烧杯或表面皿中称量,用热水溶化后倒入烧杯。也可放在称量纸上,称量后直接放入水中,这时如稍微加热,牛肉膏便会与称量纸分离,然后立即取出纸片。

蛋白胨很易吸湿,在称取时动作要迅速。另外,称药品时严防药品混杂,一把牛角匙用于一种药品,或称取一种药品后,洗净、擦干,再称取另一种药品,瓶盖也不要盖错。

2. 溶化。

在上述烧杯中先加入少许所需要的水量,用玻璃棒搅匀,然后在石棉网上加热使其溶解,或在磁力搅拌器上加热溶解。将药品完全溶解后,补充水达到所需的总体积,配制固体培养基时,将称好的琼脂放入已溶的药品中,再加热溶化,最后补足所损失的水分。在用三角瓶盛固体培养基时,也可先将一定量的液体培养基分装于三角瓶中,然后按1.5% ~2.0% 的量将琼脂直接分别加入各三角瓶中,不必加热熔化,而是灭菌和加热熔化同步进行,节省时间。

在琼脂熔化过程中,应控制火力,以免培养基因沸腾而溢出容器。同时,需不断搅拌,以防琼脂糊底烧焦。配制培养基时,不可用铜或铁锅加热熔化,以免离子进入培养基中,影响细菌生长。

3. 调 pH 值。

在调 pH 值前,先用精密 pH 试纸测量培养基的原始 pH 值,如果偏酸,则用滴管向培养基中逐滴加入 1 mol/L NaOH,边加边搅拌,并随时用 pH 试纸测其 pH 值,直至 pH 值达到 7.6。反之,用 1 mol/L HCl 进行调节。

对于有些要求 pH 值较精确的微生物,其 pH 值的调节可用酸度计进行(使用方法可参考有关说明书)。

pH 值不要调过头,以避免回调而影响培养基内各离子的浓度。配制 pH 值低的琼脂培养基时,若预先调好 pH 值并在高压蒸气下灭菌,则琼脂因水解不能凝固。因此,应将培养基的成分和琼脂分开灭菌后再混合,或在中性 pH 条件下灭菌,再调整 pH 值。

4. 过滤。

趁热用滤纸或多层纱布过滤,有利于某些实验结果的观察。一般无特殊要求的情况下,这一步可以省去(本实验无需过滤)。

5. 分装。

按实验要求,可将配制的培养基分装入试管内或三角烧瓶内。

（1）液体分装。分装高度以试管高度的 1/4 左右为宜。分装三角瓶的量则根据需要而定，一般以不超过三角瓶容积的一半为宜，如果是用于振荡培养，则根据通气量的要求酌情减量。有的液体培养基在灭菌后，需要补加一定量的其他无菌成分，如抗生素等，则装量一定要准确。

（2）固体分装。分装试管，其装量不超过管高的 1/5，灭菌后制成斜面。分装三角烧瓶的量以不超过三角烧瓶容积的一半为宜。

（3）半固体分装。试管一般以试管高度的 1/3 为宜，灭菌后垂直待凝。

分装过程中，注意不要使培养基沾在管（瓶）口上，以免沾污棉塞而引起污染。

6. 加塞。

培养基分装完毕后，在试管口或三角烧瓶口上塞上棉塞（或泡沫塑料塞及试管帽等），以阻止外界微生物进入培养基内而造成污染，并保证有良好的通气性能。

7. 包扎。

加塞后，将全部试管用麻绳捆好，再在棉塞外包一层牛皮纸，以防止灭菌时冷凝水润湿棉塞，其外再用一道麻绳扎好。用记号笔注明培养基名称、组别、配制日期。三角烧瓶加塞后，外包牛皮纸，用麻绳以活结形式扎好，以保证使用时容易解开，同样用记号笔注明培养基名称、组别、配制日期。

有条件的实验室，可用市售的铝箔代替牛皮纸，省去用绳扎环节，而且效果好。

8. 灭菌。

将上述培养基以 0.103 MPa，121 ℃，30 min 高压蒸气灭菌。

9. 搁置斜面。

将灭菌的试管培养基冷至 50 ℃左右（以防斜面上冷凝水太多），将试管口端放在玻璃棒或其他合适高度的器具上，搁置的斜面长度以不超过试管总长的一半为宜。

10. 无菌检查。

将灭菌培养基放入 37 ℃的温室中培养 24 ~ 48 h，以检查灭菌是否彻底。

Ⅱ　高氏Ⅰ号培养基的制备

实验目的

通过对高氏 1 号培养基的配制，掌握配制合成培养基的一般方法。

实验原理

高氏Ⅰ号培养基是用来培养和观察放线菌形态特征的合成培养基。如果加入适量的抗菌药物（如各种抗生素、酚等），则可用来分离各种放线菌。此合成培养基的主要特点是含有多种化学成分已知的无机盐，这些无机盐可能相互作用而产生沉淀。此外，合成培养基有的还要补加微量元素。

实验器材

1. 溶液或试剂：可溶性淀粉、KNO_3、NaCl、$K_2HPO_4 \cdot 3H_2O$、$MgSO_4 \cdot 7H_2O$、$FeSO_4 \cdot$

$7H_2O$、琼脂、1 mol/L NaOH、1 mol/L HCl。

2. 仪器或其他用具:试管、三角烧瓶、烧杯、量筒、玻璃棒、培养基分装器、天平、牛角匙、高压蒸气灭菌锅、pH 试纸(pH 值为 5.5 ~9.0)、棉花、牛皮纸、记号笔、麻绳或橡皮筋、纱布等。

实验步骤

1. 称量和溶化。

按配方先称取可溶性淀粉,放入小烧杯中,用少量冷水将淀粉调成糊状,再加入少于所需水量的沸水中,继续加热,使可溶性淀粉完全溶化。然后再称取其他各成分,逐一溶化。对微量成分 $FeSO_4 \cdot 7H_2O$ 可先配成高浓度的贮备液,按比例换算后再加入,方法是先在 100 mL 水中加入 1 g 的 $FeSO_4 \cdot 7H_2O$ 配成 0.01 g/mL 溶液,再在 1 000 mL 培养基中加 1 mL 的 0.01g/mL 的贮备液即可。待所有药品完全溶解后,补充水分到所需的总体积。如要配制固体培养基,其溶化过程同之前实验。

2. pH 调节、分装、包扎、灭菌及无菌检查同实验 4 中的Ⅱ。

Ⅲ 马丁氏培养基的制备

实验目的

通过对分离真菌的马丁氏(Martin)培养基配制,掌握选择培养基的配制方法,并明确选择的原理。

实验原理

马丁氏培养基是一种用来分离真菌的选择性培养基。这种培养基的特点是培养基中加入的孟加拉红和链霉素能有效地抑制细菌和放线菌的生长,而对真菌无抑制作用,因而真菌在这种培养基上可以得到优势生长,从而达到分离真菌的目的。

实验器材

1. 溶液或试剂。

KH_2PO_4、$MgSO_4 \cdot 7H_2O$、蛋白胨、葡萄糖、琼脂、孟加拉红(1% 的水溶液)、链霉素(1% 水溶液)。

2. 仪器或其他用具。

试管、三角烧瓶、烧杯、量筒、玻璃棒、培养基分装器、天平、牛角匙、高压蒸气灭菌锅等。

实验步骤

1. 称量和溶解。按培养基配方准确称取各成分,并将各成分依次溶解在少于所需要的水量中。将各成分完全溶解后,补足水分到所需体积。再将孟加拉红配成 1% 的溶液,在 1 000 mL培养基中加入 1% 的孟加拉红溶液 3.3 mL,混匀后,加入琼脂加热熔化(方法同实验 4 中的Ⅲ)。

2. 分装、加塞、包扎、灭菌、无菌检查与实验 4 中Ⅲ相同。

3. 链霉素的加入。

将链霉素配成 1% 的溶液，在 100 mL 培养基中加 1% 链霉素液 0. 3 mL，使每毫升培养基中含链霉素 30 μg。

由于链霉素受热容易分解，所以临用时，将培养基熔化后待温度降至 45 ℃ ~50 ℃时才能加入。

Ⅳ　血液琼脂培养基的制备

实验目的

掌握血液琼脂培养基的制备方法，明确血液培养基的用途。

实验原理

血液培养基是一种含有纤维动物血（一般用兔血或羊血）的牛肉膏蛋白胨培养基。因此除培养细菌所需要的各种营养外，还能提供辅酶（如 V 因子）、血红素（X 因子）等特殊生长因子。因此血液培养基常用于培养、分离和保存对营养要求苛刻的某些病原微生物。此外，这种培养基还可用来测定细菌的溶血作用。

血液琼脂培养基的配方如下：

牛肉膏	3 g
蛋白胨	10 g
NaCl	5 g
琼脂	15 ~20 g
水	1 000 mL
pH	7. 4 ~7. 6
无菌脱纤维兔血（或羊血）	100 mL

实验器材

1. 培养基。

牛肉膏蛋白胨培养基。

2. 仪器或其他用具。

装有 5 ~10 粒玻璃珠的无菌三角瓶、无菌注射器、无菌平皿等。

3. 动物。

健康的兔或羊。

实验步骤

1. 牛肉膏蛋白胨琼脂培养基的制备。

2. 无菌脱纤维兔血（或羊血）的制备。

用配备18号针头的注射器以无菌操作抽取全血,并立即注入装有无菌玻璃珠(约3 mm)的无菌三角瓶中,然后摇动三角瓶10 min左右,形成的纤维蛋白块会沉淀在玻璃珠上,把含血细胞和血清的上清液倾入无菌容器即得到脱纤维兔血(或羊血),置冰箱备用。

整个过程必须严格无菌操作。制备脱纤维血液时,应摇动足够时间以防凝固。

3. 将牛肉膏蛋白胨琼脂培养基熔化,待冷至45 ℃ ~50 ℃时,以无菌操作按10%加入无菌脱纤维兔血(或羊血)于培养基中,立即摇荡,以便血液和培养基充分混匀。

45 ℃ ~50 ℃加入血液是为了保存其中某些不耐热的营养物质和保存血细胞的完整,以便于观察细菌的溶血作用。同时,在这种温度时琼脂不会凝固。

4. 迅速以无菌操作倒入无菌平皿中,形成血液琼脂平板。注意不要产生气泡。

5. 置37 ℃过夜,如无菌生长即可使用。

思考题

1. 培养基配好后为什么要立即灭菌?如何检查灭菌后的培养基是否为无菌的?
2. 在配制培养基的操作过程中要注意哪些问题,为什么?
3. 何谓选择性培养基?它在微生物学研究工作中有何重要性?

实验5 消毒与灭菌

实验目的

1. 了解干热灭菌、高压蒸汽灭菌、紫外线灭菌和微孔滤膜过滤除菌的原理和应用范围。
2. 学习干热灭菌、高压蒸汽灭菌、紫外线灭菌和微孔滤膜过滤除菌的操作技术。

实验原理

1. 干热灭菌。

干热灭菌利用高温使微生物细胞内的蛋白质凝固变性而达到灭菌的目的。细胞内的蛋白质凝固性与其本身的含水量有关,在菌体受热时,环境和细胞内含水量越大,则蛋白质凝固就越快,反之含水量越小,凝固越慢。因此,与湿热灭菌相比,干热灭菌所需温度高(160 ℃ ~170 ℃),时间长(1 ~2 h)。但干热灭菌温度不能超过180 ℃,否则包器皿的纸或棉塞就会烧焦,甚至引起燃烧。

2. 高压蒸汽灭菌。

高压蒸汽灭菌是指将待灭菌的物品放在一个密闭的加压灭菌锅内,通过加热,使灭菌锅隔套间的水沸腾而产生蒸汽,从而使沸点增高,得到高于100 ℃的温度,导致菌体蛋白质凝固变性而达到灭菌的目的。

在相同条件下,湿热灭菌的杀菌效力比干热灭菌大。原因主要为:一是湿热灭菌过程中有水参与,菌体会吸收水分,蛋白质较易凝固。因为蛋白质含水量增加,所需凝固温度降低(表3 -5 -1)。二是湿热灭菌的蒸汽穿透力比干热灭菌强(表3 -5 -2)。三是湿热灭菌中产生的蒸汽具有大量的汽化潜热。如1 g水在100 ℃时,由气态变为液态时可放出2. 26 kJ

的热量,这种潜热能够迅速提高被灭菌物体的温度,从而增加灭菌效力。

表 3-5-1 蛋白质含水量与凝固所需温度的关系

卵清蛋白含水量/%	30 min 内凝固所需温度/℃
50	56
25	74 ~ 80
18	80 ~ 90
6	145
0	160 ~ 170

表 3-5-2 干热、湿热穿透力及灭菌效果比较

温度/℃	时间/h	透过布层的温度/℃			灭菌
		10 层	20 层	100 层	
干热 130 ~ 140	4	86	72	70.5	不完全
湿热 105.3	3	101	101	101	完全

3. 紫外线灭菌。

紫外线灭菌是用紫外线灯进行的。波长为 200 ~ 300 nm 的紫外线都有杀菌能力,其中以 260 nm 的杀菌力最强。在波长一定的条件下,紫外线的杀菌效率与强度和时间的乘积成正比。紫外线杀菌机制主要是因为它诱导了胸腺嘧啶二聚体的形成和 DNA 链的交联,从而抑制了 DNA 的复制。另一方面,由于辐射能使空气中的氧电离成$[O_2]^-$,再使 O_2 氧化生成臭氧(O_3)或使水(H_2O)氧化生成过氧化氢(H_2O_2),O_3 和 H_2O_2 均有杀菌作用。

4. 过滤除菌。

过滤除菌是通过机械作用滤去液体或气体中细菌的方法。根据不同的需要选用不同的滤器和滤板材料。此法除菌的最大优点是可以不破坏溶液中各种物质的化学成分,但由于滤量有限,所以一般只适用于实验室中小量溶液的过滤除菌。

实验器材

1. 培养基。

牛肉膏蛋白胨培养基。

2. 溶液和试剂。

3% ~5% 石炭酸或 2% ~3% 来苏尔溶液、2% 的葡萄糖溶液。

3. 仪器或其他用具。

培养皿(6 套一包)、试管、三角烧瓶、烧杯、量筒、玻璃棒、培养基分装器、天平、牛角匙、高压蒸汽灭菌锅、电热干燥箱、紫外线灯、注射器、微孔滤膜过滤器、0.22 μm滤膜、镊子、纱布、玻璃刮棒等。

实验步骤

1. 干热灭菌。

(1) 装入待灭菌物品。

将包好的待灭菌物品(培养皿、试管、吸管等)放入电烘箱内,关好箱门。物品不要摆得太挤,以免妨碍空气流通,灭菌物体不要接触电烘箱内壁的铁板,以防包装纸烤焦起火。

(2) 升温。

接通电源,拨动开关,打开电烘箱排气孔,旋动恒温调节器至绿灯亮,让温度逐渐上升。当温度升至 100 ℃时,关闭排气孔。在升温过程中,如果红灯熄灭,绿灯亮,表示箱内停止加温,此时如果还未达到所需的温度(160℃ ~170 ℃),则需转动调节器使红灯再亮,如此反复调节,直至达到所需温度。

(3) 恒温。

当温度升到 160 ℃ ~170 ℃时,借恒温调节器的自动控制,保持此温度 2 h。

注意:干热灭菌过程中,严防恒温调节的自动控制失灵而造成安全事故。

(4) 降温。

切断电源,自然降温。

(5) 开箱取物。

待电烘箱内温度降到 30 ℃以下后,打开箱门,取出灭菌物品。

注意:电烘箱内温度未降到 70 ℃以下时,切勿自行打开罐门,以免骤然降温导致玻璃炸裂。

2. 高压蒸汽灭菌。

(1) 首先将内层锅取出,再向外层锅内加入适量的水,使水面与三角搁架相平为宜。

切勿忘记加水,同时加水量不可过少,以防灭菌锅烧干而引起炸裂事故。

(2) 放回内层锅,并装入待灭菌物品。注意不要装得太挤,以免妨碍蒸汽流通而影响灭菌效果。三角烧瓶与试管口端均不要与桶壁接触,以免冷凝水淋湿包口的纸而透入棉塞。

(3) 加盖,并将盖上的排气软管插入内层锅的排气槽内。再以两两对称的方式同时旋紧相对的两个螺栓,使螺栓松紧一致,切勿漏气。

(4) 用电炉或煤气加热,并同时打开排气阀,使水沸腾,以排除锅内的冷空气。待冷空气完全排尽后,关上排气阀,让锅内的温度随蒸汽压力增加而逐渐上升。当锅内压力升到所需压力时,控制热源,维持压力至所需时间。本实验用 0.1 MPa,121.5 ℃,20 min 灭菌。

灭菌的主要因素是温度而不是压力。因此必须在锅内冷空气完全排尽后,才能关上排气阀,维持所需压力。

(5) 达到灭菌所需时间后,切断电源或关闭煤气,让灭菌锅内温度自然下降,当压力表的压力降至"0"时,打开排气阀,旋松螺栓,打开盖子,取出灭菌物品。

一定要等压力降到"0"时,才能打开排气阀,开盖取物。否则就会因锅内压力突然下降,使容器内的培养基由于内外压力不平衡而冲出烧瓶口或试管口,造成棉塞沾染培养基而引发污染,甚至灼伤操作者。

(6) 将取出的灭菌培养基放入 37 ℃温箱培养 24 h,经检查若无菌生长,即可待用。

3. 紫外线灭菌。

(1) 单用紫外线照射。

1) 在无菌室内或在接种箱内打开紫外线灯开关,照射 30 min,将开关关闭。

2）将牛肉膏蛋白胨平板盖打开 15 min，然后盖上皿盖。置 37 ℃培养 24 h，共做三套。

3）检查每个平板上生长的菌落数。如果不超过 4 个，说明灭菌效果良好，否则需延长照射时间或同时加强其他措施。

（2）化学消毒剂与紫外线照射结合使用。

1）在无菌室内，先喷洒 3% ~5% 的石炭酸溶液，再用紫外线灯照射 15 min

2）无菌室内的桌面、凳子用 2% ~3% 来苏尔擦洗，再打开紫外线灯照射 15 min。

3）检查灭菌效果（方法同“单用紫外线照射”）。

因紫外线对眼结膜及视神经有损伤作用，对皮肤有刺激作用，故不能直视紫外线灯光，更不能在紫外线灯光下工作。

4. 过滤除菌。

（1）组装、灭菌。

将 0.22 μm 孔径的滤膜装入清洗干净的塑料滤器中，旋紧压平，包装灭菌后待用（0.1 MPa，121.5 ℃灭菌 20 min）。

（2）连接。

将灭菌滤器的入口在无菌条件下，以无菌操作方式连接于装有待滤溶液（2% 葡萄糖溶液）的注射器上，将针头与出口处连接并插入带橡皮塞的无菌试管中。

（3）压滤。

将注射器中的待滤溶液加压，缓缓挤入过滤到无菌试管中，滤毕，将针头拔出。

压滤时，用力要适当，不可太猛太快，以免细菌被挤压通过滤膜。

（4）无菌检查。

无菌操作吸取除菌滤液 0.1 mL 于肉汤蛋白胨平板上，涂布均匀，置 37 ℃温室中培养 24 h，检查是否有菌生长。

（5）清洗。

弃去塑料滤器上的微孔滤膜，将塑料滤器清洗干净，并换上一张新的微孔滤膜组装包扎，再经灭菌后使用。

整个过程应在无菌条件下严格无菌操作，以防污染。过滤时应避免各连接处出现渗透现象。

实验报告

1. 结果。

（1）检查培养基高压蒸汽灭菌是否彻底。

（2）记录紫外线灭菌效果于表 3 –5 –3 中。

表 3 –5 –3 紫外线灭菌效果记录表

处理方法	平板菌落			灭菌效果比较
	1	2	3	
紫外线照射 3% ~5% 石炭酸 + 紫外线照射 2% ~3% 来苏尔 + 紫外线照射				

(3)检查微孔滤膜过滤除菌效果。

2. 思考题。

(1) 在干热灭菌操作过程中应注意哪些问题,为什么?

(2) 高压蒸汽灭菌开始之前,为什么要将锅内冷空气排尽?灭菌完毕后,为什么待压力降至“0”时才能打开排气阀,开盖取物?

(3) 在高压蒸汽灭菌过程中应注意哪些问题,为什么?

(4) 在紫外灯下观察实验结果时,为什么要隔一块普通玻璃?

(5) 过滤除菌应该注意哪些问题?

实验6　微生物的分离与纯化

实验目的

掌握倒平板的方法和几种常用的分离纯化微生物的基本操作技术。

实验原理

从混杂的微生物群体中获得只含有某一种或某一株微生物的过程称为微生物的分离与纯化。常用的方法有:

(一) 简易单细胞挑取法

该方法需要特制的显微操纵器或其他显微技术,因而其使用受到限制。简易单孢子分离法是一种不需显微单孢操作器、直接在普通显微镜下利用低倍镜分离单孢子的方法。它采用很细的毛细管吸取较稀的萌发的孢子悬浮液滴在培养皿盖的内壁上,在低倍镜下逐个检查微滴。将只含有一个萌发孢子的微滴放一小块营养琼脂片,使其发育成微菌落。再将微菌落转移到培养基中,即可获得仅由单个孢子发育而成的纯培养。

(二) 平板分离法

该方法操作简便,普遍用于微生物的分离与纯化。其基本原理包括两个方面:

1. 选择适合待分离微生物的生长条件,如营养、酸碱度、温度和氧等要求或加入某种抑制剂形成只利于该微生物生长、而抑制其他微生物生长的环境,从而淘汰一些不需要的微生物。

2. 微生物在固体培养基上生长形成的单个菌落可以是由一个细胞繁殖而成的集合体。因此可通过挑取单菌落而获得一种纯培养。获取单个菌落的方法可通过稀释涂布平板或平板划线等技术完成。

值得指出的是从微生物群体中经分离生长在平板上的单个菌落并不一定保证是纯培养。因此,纯培养的确定除观察其菌落特征外,还要结合显微镜检测个体形态特征后才能确定,有些微生物的纯培养要经过一系列的分离与纯化过程和多种特征鉴定方能得到。

土壤是微生物生活的大本营,它所含微生物无论是数量还是种类都是极其丰富的。因此土壤是微生物多样性的重要场所,是发掘微生物资源的重要基地,从中可以分离、纯化得到许多有价值的菌株。本实验将采用三种不同的培养基从土壤中分离不同类型的微生物。

实验器材

1. 样品。

从校园或其他地方采集的土壤样品。

2. 培养基。

淀粉琼脂培养基(高氏Ⅰ号培养基)、牛肉膏蛋白胨琼脂培养基、麦氏琼脂培养基、查氏琼脂培养基。

3. 溶液或试剂。

10%酚、盛9 mL无菌水的试管、盛90 mL无菌水并带有玻璃珠的三角烧瓶、4%水琼脂。

4. 仪器或其他用具。

无菌玻璃涂棒、无菌吸管、接种环、无菌培养皿、显微镜、血细胞计数板等。

操作步骤

(一)稀释涂布平板法

1. 倒平板。将肉膏蛋白胨琼脂培养基、高氏Ⅰ号琼脂培养基、麦氏琼脂培养基和查氏琼脂培养基加热熔化。待冷至55 ℃~60 ℃时,向高氏Ⅰ号琼脂培养基中加入10%酚数滴,向麦氏培养基中加入链霉素溶液(终浓度为30 μg/mL),混均匀后分别倒平板,每种培养基倒三皿。

倒平板的方法:右手持盛培养基的试管或三角瓶置火焰旁边,用左手将试管塞或瓶塞轻轻地拔出,试管或瓶口保持对着火焰;然后用右手手撑边缘或小指与无名指夹住管(瓶)塞(也可将试管塞或瓶塞放在左手边缘或小指与无名指之间夹住。如果试管内或三角瓶内的培养基一次用完,管塞或瓶塞则不必夹在手中)。左手拿培养皿并将皿盖在火焰附近打开一缝,迅速倒入培养基约15 mL(图3-6-1),加盖后轻轻摇动培养皿,使培养基均匀分布在培养皿底部,然后平置于桌面上,待凝后即为平板。

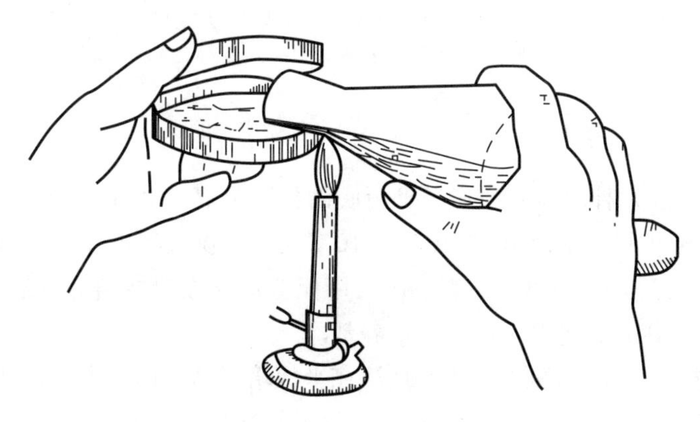

图3-6-1　倒平板

2. 制备土壤稀释液。称取土样10 g,放入盛90 mL无菌水并带有玻璃珠的三角烧瓶中,振摇约20 min,使土样与水充分混合,将细胞分散。用一支1 mL无菌吸管从中吸取1 mL土壤悬液加入盛有9 mL无菌水的大试管中充分混匀,然后用无菌吸管从此试管中吸取1 mL

(无菌操作见图 3－6－2)，加入另一支盛有 9 mL 无菌水的试管中，混合均匀，以此类推制成 10^{-1}、10^{-2}、10^{-3}、10^{-4}、10^{-5}、10^{-6}不同稀释度的土壤溶液，如图 3－6－3(a)所示。

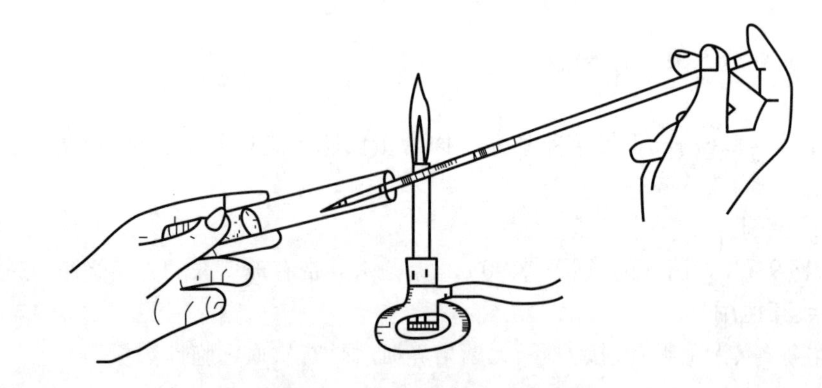

图 3－6－2　用移液管吸取菌液

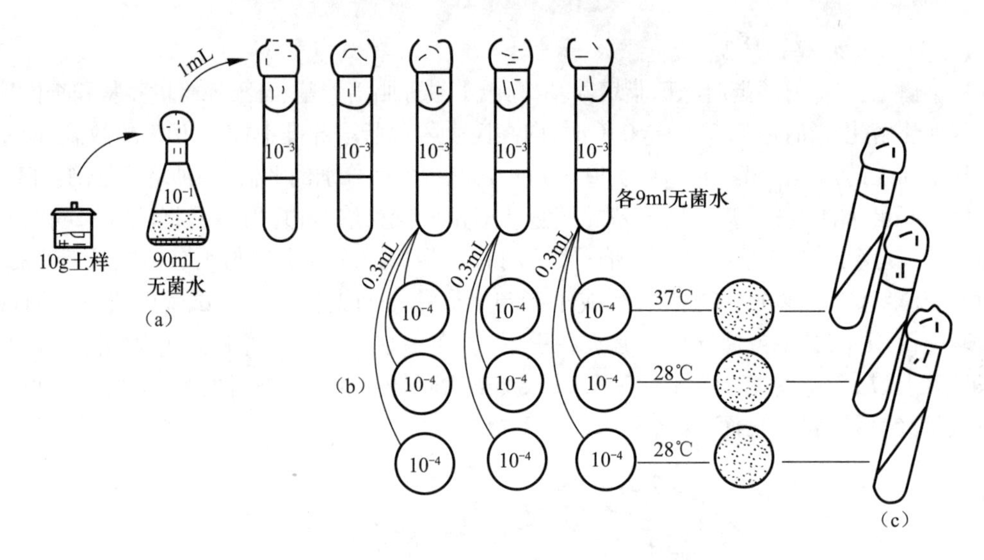

图 3－6－3　从土壤中分离微生物的操作

3. 涂布。将上述每种培养基的三个平板底面分别用记号笔写上 10^{-4}、10^{-5}和 10^{-6}三种稀释度，然后用无菌吸管分别由 10^{-4}、10^{-5}和 10^{-6}三管土壤稀释液中各吸取 0.1 mL 对号放入已写好稀释度的平板中(图 3－6－3(b))，用无菌玻璃涂棒在培养基表面轻轻地涂布均匀，室温下静置 5～10 min，使菌液吸附进培养基。

平板涂布方法：将 0.1 mL 菌悬液小心地滴在平板培养基表面中央位置(0.1 mL 的菌液要全部滴在培养基上，若吸移管尖端有剩余，需将吸移管在培养基表面上轻轻地按一下便可)。右手拿无菌涂棒平放在平板培养基表面上，将菌悬液先沿一条直线轻轻地来回推动，使之分布均匀，然后改变方向沿另一垂直线来回推动，平板内边缘处可改变方向，用涂棒再涂布几次。

4. 培养。将高氏Ⅰ号培养基平板、麦氏培养基和查氏培养基平板倒置于 28 ℃温室中培养 3～5 d，肉膏蛋白胨平板倒置于 37 ℃温室中培养 2～3 d。

5. 挑菌落。将培养后长出的单个菌落分别挑取少许细胞接种到上述四种培养基的斜面上(图 3－6－3(c)),分别置 28 ℃和 37 ℃温室培养,待菌苔长出后,检查其特征是否一致,同时将细胞涂片染色后用显微镜检查是否为单一的微生物。若发现有杂菌,需再一次进行分离、纯化,直到获得纯培养。

(二) 平板划线分离法

1. 倒平板。按稀释涂布平板法倒平板,并用记号笔标明培养基名称、试样编号和实验日期。

2. 划线。在近火焰处,左手拿皿底,右手拿接种环,挑取上述 10^{-1} 的土壤悬液一环在平板上(图 3－6－4)。划线的方法很多,但无论采用哪种方法,其目的都是通过划线将样品在平板上进行稀释,使之形成单个菌落。

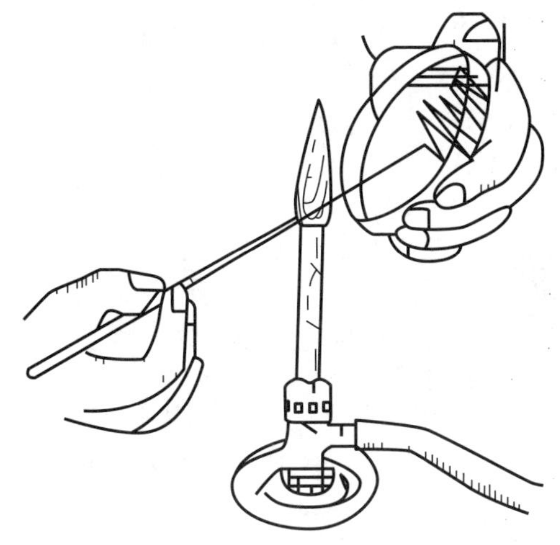

图 3－6－4　平板划线操作图

常用的划线方法有下列两种:

(1) 用接种环以无菌操作挑取土壤悬液一环,先在平板培养基的一边作第一次平行划线 3～4 条,再转动培养皿约 70°角,并将接种环上剩余物烧掉,待冷却后通过第一次划线部分作第二次平行划线,再用同样的方法通过第二次划线部分作第三次划线和通过第三次平行划线部分作第四次平行划线(图 3－6－5(a))。划线完毕后,盖上培养皿盖,倒置于温室中培养。

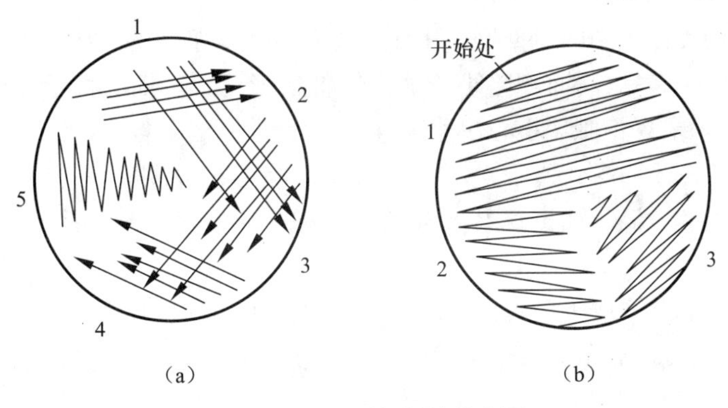

图 3－6－5　平板划线分离图

(a) 平行划线;(b) 连续划线

（2）将挑取有样品的接种环在平板培养基上作连续划线（图 3－6－5（b））划线完毕后，盖上培养皿盖，倒置于温室培养。

3. 挑菌落。同稀释涂布平板法，一直到分离的微生物纯化为止。

（三）简易单孢子分离法

1. 厚壁磨口毛细滴管的制备。截取一段玻璃管，在火焰上烧红所要拉细的区域，然后用镊子夹住其尖端，在火焰上拉成很细的毛细管。从尖端适当的部位割断，用砂轮或砂纸仔细湿磨，使管口平整、光滑（毛细滴管要求达到点样时出液均匀、快速，每微升孢子悬液约点 50 微滴，每滴的大小略小于低倍镜的视野）。

2. 分离小室的准备。取无菌培养皿（90 mm）倒入约 10 mL 4% 水琼脂作保湿剂。在皿盖上用记号笔（最好用红色）如图 3－6－6 所示画方格。待凝后倒置于 37 ℃恒温箱烘数小时，使皿盖干燥。

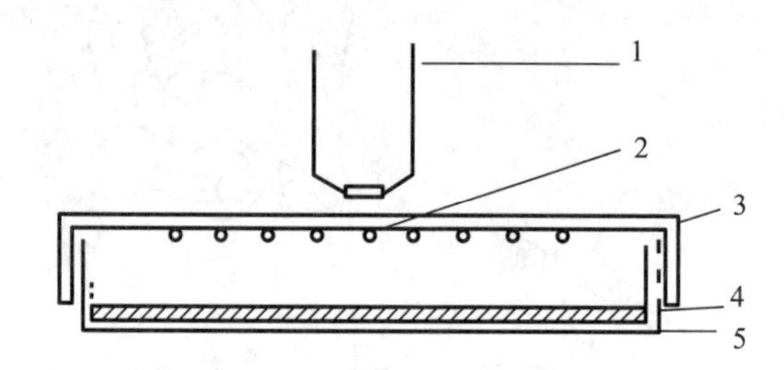

图 3－6－6　单孢子分离室

1—接物镜；2—单孢子悬液滴；3—皿盖；4—水琼脂；5—皿底

3. 萌发孢子悬液的制备。

（1）孢子悬液的制备。用接种环挑取米曲霉孢子数环接入盛有 10 mL 查氏培养液及玻璃珠的无菌三角瓶中，振荡 5～10 min，使孢子充分散开。

（2）过滤。用无菌漏斗（塞棉花）或自制的过滤装置将上述充分散开的孢子液过滤，收集过滤液。

（3）孢子萌发。用血球计数板测定孢子过滤液中孢子的浓度，再用查氏培养液调整孢子液至 $0.5\times10^6\sim1.5\times10^6$ 个孢子/mL，28 ℃培养 8 h。

（4）点样。用无菌自制的厚壁磨口毛细滴管吸取萌发孢子液少许，快速轻巧地点在培养皿的壁的方格内中，每微滴面积略小于显微镜低倍镜视野。依次将每方格点上萌发孢子液，成为分离小室。最后将皿盖小心快速翻过来，盖在原来的平板上。

（5）镜检。按图 3－6－6 所示，将点样的分离小室平板放在显微镜镜台上，用低倍镜逐个检查皿盖内壁上的微滴。如果观察到某微滴内只有一个萌发孢子，用记号笔在皿盖上作上记号。

（6）加薄片培养基。取少量查氏琼脂培养基倒入无菌培养皿（培养皿先 45 ℃预热）中制成薄层平板，待其凝固后用无菌小刀片将平板琼脂切成若干小片（其面积应小于培养皿盖上所画小方格的面积），然后挑一小片放在作有记号的单孢子微滴上，其他依次进行，最后盖好皿盖。

（7）培养。将分离小室平板置于28 ℃环境培养24 h,直至单孢子形成微菌落。

（8）转种。用无菌微型小刀小心地挑取长有微菌落的琼脂薄片移至新鲜的查氏培养基斜面或液体培养中,置于28 ℃环境培养4 ~7 d,即可获得由单孢子发育而成的纯培养。

实验报告

1. 结果。

（1）你所做的涂布平板法和划线法是否较好地得到了单菌落？如果不是,请分析其原因并重做。

（2）在四种不同的平板上你分离得到哪些类群的微生物？简述它们的菌落特征。

2. 思考题。

（1）如何确定平板上某单个菌落是否为纯培养？请写出实验的主要步骤。

（2）分离单孢子前为什么先使孢子萌发？

（3）如果要分离得到极端嗜盐细菌,在什么地方取样品为宜？并说明其理由。

（4）如果一项科学研究内容需从自然界中筛选到能产高温蛋白酶的菌株,你将如何完成？请写出简明的实验方案（提示:产蛋白酶菌株在酪素平板上形成降解酪素的透明圈）。

（5）为什么高氏Ⅰ号培养基和麦氏培养基中要分别加入酚和链霉素？如果用牛肉膏蛋白胨培养基分离一种对青霉素具有抗性的细菌,你认为应如何做？

实验7　噬菌体的分离纯化与效价测定

实验目的

1. 学习分离纯化噬菌体的基本原理和方法。
2. 学习并掌握噬菌体效价的测定原理。
3. 学习并掌握双层琼脂平板法测定噬菌体效价。

实验原理

因为噬菌体是专性寄生物,所以自然界中凡有细菌分布的地方,均可发现其特异的噬菌体的存在,亦即噬菌体一般是伴随着宿主细菌的分布而分布的。例如粪便与阴沟污水中含有大量大肠杆菌,故能很容易地分离到大肠杆菌噬菌体;乳牛场有较多的乳酸杆菌,也容易分离到乳酸杆菌噬菌体等。虽然近年的研究表明自由噬菌体颗粒可以独立地存活（当然不能生长）,对自然条件有一定的耐受能力,又受到自然流动的散布,不一定总是和其宿主细菌同时存在,但没有宿主细菌的地方,其特异噬菌体的数量毕竟比较少。

由于噬菌体DNA（或RNA）侵入细菌细胞后进行复制、转录和一系列基因的表达并装配成噬菌体颗粒后,通过裂解宿主细胞或通过“挤出（exclude）”宿主细胞（宿主细胞不被杀死,如mL3噬菌体）而释放出来。所以,在液体培养基内可使混浊的菌悬液变为澄清或比较清,此现象表示有噬菌体存在；也可利用这一特性，在样品中加入敏感菌株与液体培养基，进行培养，使噬菌体增殖、释放，从而可分离到特异的噬菌体；在有宿主细菌生长的固体琼脂平板上，噬菌体可裂解细菌或限制被感染细菌的生长，从而形成透明的或混浊的空斑，称为噬菌斑（图 3－7－1），一个噬菌体产生一个噬菌斑，利用这一现象可将分离到的噬菌体进行纯化与测定噬菌体效价。

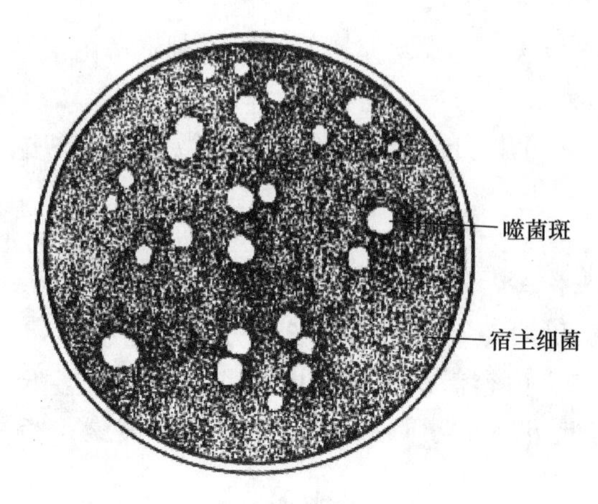

图 3－7－1　琼脂平板上的噬菌斑

噬菌体的效价就是 1 mL 培养液中所含活噬菌体的数量。效价测定的方法，一般应用双层琼脂平板法。由于在含有特异宿主细菌的琼脂平板上，噬菌体会产生肉眼可见的噬菌斑，因此，能进行噬菌体的计数。但因噬菌斑计数的实际效率难以接近 100%（一般偏低，因为有少数活噬菌体可能未引起感染），所以为了准确地表达病毒悬液的浓度（效价或滴度）一般不用病毒粒子的绝对数量，而是用噬菌斑形成单位（plague-forming units，简写成 pfu）表示。

实验器材

1. 菌种：大肠杆菌、大肠杆菌噬菌体。

2. 培养基：500 mL 三角烧瓶内装三倍浓缩的普通肉膏蛋白胨液体培养基 100 mL、试管液体培养基、底层琼脂平板（含培养基 10 mL，琼脂 2%）、上层琼脂培养基（含琼脂 0.7%，试管分装，每管 4 mL）。

3. 仪器或其他用具：超净工作台、灭菌玻璃涂棒、灭菌吸管、无菌滤器（孔径 0.22 μm）、恒温水浴箱、真空泵等。

双层琼脂平板的配制：准备底层平板（1.5% ~2% 琼脂的 LB 培养基 10 mL），将适当稀释的噬菌体与培养至对数期的受体菌混合，保温吸附，加入 45 ℃左右的半固体琼脂糖，迅速混匀铺平板作为上层。

计算公式

噬菌体效价（pfu/mL）= 噬菌斑数 × 稀释倍数 ×10（这里的 10 为换算单位，即实验中用到 100 μL 噬菌体原液,换算成 1 000 μL,即 1 mL 时,要乘以 10。)

操作步骤

(一) 噬菌体的分离

1. 制备菌悬液。37 ℃培养 18 h 的大肠杆菌斜面一支,加 4 mL 无菌水洗下菌苔,制成菌悬液。

2. 增殖培养。于装有 100 mL 三倍浓缩的肉膏蛋白胨液体培养基的三角烧瓶中,加入污水样品 200 mL 与大肠杆菌悬液 2 mL,37 ℃振荡培养 12 ~24 h。

3. 制备裂解液。将以上混合培养液以 2 500 r/min 的速度离心 15 min。将无菌滤器用无菌操作安装于灭菌抽滤瓶上,常规操作连接真空抽滤装置(图 3 –7 –2),离心上清液倒入滤器,开动真空泵,过滤除菌。所得滤液经 37 ℃培养过夜,以作无菌检查。

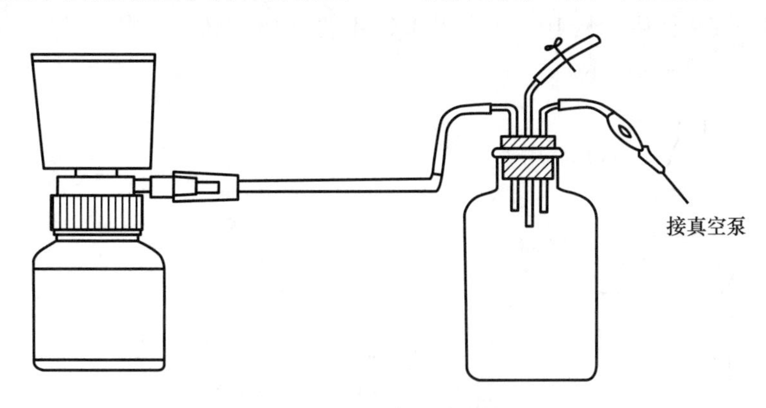

图 3 –7 –2　真空抽滤装置

液体抽滤完毕,应打开安全瓶的放气阀,增压后再停真空泵,否则将产生滤液回流,从而污染真空泵。

4. 确证试验。对经无菌检查没有细菌生长的滤液做进一步试验,以证实噬菌体的存在。

(1) 于肉膏蛋白胨琼脂平板上加一滴大肠杆菌悬液,再用灭菌玻璃涂棒将菌液涂布成均匀薄层。

(2) 待平板菌液干后,分散滴加数小滴滤液于平板菌层上面,置 37 ℃培养过夜。如果在滴加滤液处形成无菌生长的透明噬菌斑,便证明滤液中有大肠杆菌噬菌体。

(二) 噬菌体的纯化

1. 如已证明确有噬菌体存在,则用接种环取滤液一环接种于液体培养基内,再加入 0.1 mL 大肠杆菌悬液,使其混合。

2. 取上层琼脂培养基,溶化并冷却至 48 ℃(可预先熔化、冷却,放在 48 ℃水浴箱内备用),加入以上噬菌体与细菌的混合液 0.2 mL,立即混匀。

3. 立即倒入底层琼脂平板上,铺匀,置于 37 ℃环境培养 24 h。

4. 此法分离的单个噬菌斑的形态、大小常不一致,需要进一步纯化。噬菌体纯化的操作比较简单,通常采用接种针(或无菌牙签)在单个噬菌斑中刺一下,小心采取噬菌体,接入含有大肠杆菌的液体培养基内,37 ℃培养。

5. 待管内菌液完全溶解后,过滤除菌,即得到纯化的噬菌体。

以上1、2、3三个步骤,目的是在平板上得到单个噬菌斑,能否达到目的,取决于所分离得到的噬菌体滤液的浓度和所加滤液的量,最好在做无菌实验的同时,由教师先做预备实验,若平板上的噬菌斑连成一片,则需减少接种量(少于一环)或增加液体培养基的量;若噬菌斑太少,则增加接种量。

(三)效价测定

1. 稀释噬菌体。

(1) 将4管含0.9 mL液体培养基的试管分别标写10^{-3}、10^{-4}、10^{-5}和10^{-6}(稀释度)。

(2) 用1 mL无菌吸管吸0.1 mL 10^{-2}大肠杆菌噬菌体,注入10^{-3}的试管中,旋摇试管,使其混匀。

(3) 用另一支无菌吸管从10^{-3}管中吸0.1 mL液体加入10^{-4}管中,混匀,其余类推,稀释至10^{-6}管,如图3-7-3所示。

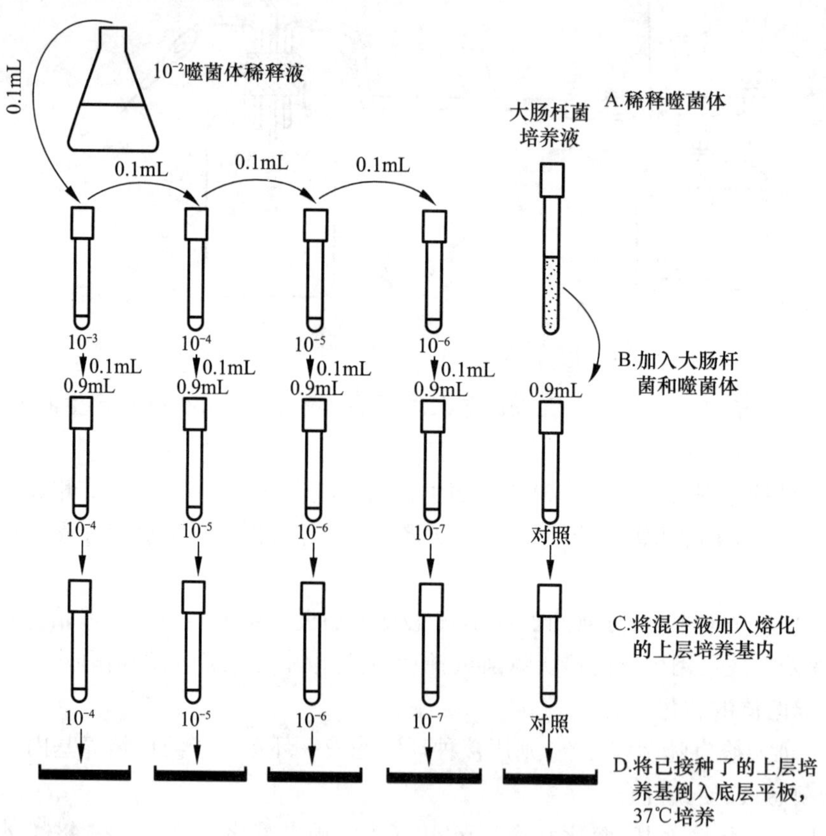

图3-7-3 稀释噬菌体过程

2. 噬菌体与菌液混合。

(1) 将5支灭菌空试管分别标写10^{-4}、10^{-5}、10^{-6}、10^{-7}和对照。

(2) 用吸管从10^{-3}噬菌体稀释管中吸0.1 mL液体加入10^{-4}的空试管内,用另一支吸管

从 10^{-4}稀释管内吸 0.1 mL 液体加入 10^{-5}空试管内，如图 3－7－3 所示，直至 10^{-7}管。

(3) 将大肠杆菌培养液摇匀，用吸管取菌液 0.9 mL 加入对照试管内，再吸 0.9 mL 加入 10^{-7}试管，从最后一管加起，直至 10^{-4}管，各管均加 0.9 mL 大肠杆菌培养液。

(4) 将以上试管旋摇混匀。

3. 混合液加入上层培养基内。

(1) 将 5 管上层培养基熔化，标写 10^{-4}、10^{-5}、10^{-6}、10^{-7}和对照。使其冷却至 48 ℃，并放入 48 ℃水浴箱内。

(2) 分别将 4 管混合液和对照管对号加入上层培养基试管内。每一管加入混合液后，立即旋摇混匀。

4. 接种了的上层培养基倒入底层平板上。

(1) 将旋摇均匀的上层培养基迅速对号倒入底层平板上，放在台面上摇匀，使上层培养基铺满平板。

(2) 凝固后，置 37 ℃培养。

5. 观察平板中的噬菌斑，将每一稀释度的噬菌斑形成单位记录于实验报告表格内，并选取 30～300 个 pfu 数的平板计算每毫升未稀释的原液的噬菌体效价。

$$噬菌体效价 = pfu 数 \times 稀释倍数 \times 10$$

实验报告

1. 结果。

(1) 绘图表示平板上出现的噬菌斑。

(2) 记录平板中每一稀释度的 pfu 数于表 3－7－1 中：

表 3－7－1　数据记录表

噬菌体稀释度	10^{-4}	10^{-5}	10^{-6}	10^{-7}	对照
pfu 数					

(3) 你测得的噬菌体效价是多少？

2. 思考题。

(1) 若要分离化脓性细菌的噬菌体，取什么样品材料最容易得到？

(2) 试比较分离纯化噬菌体与分离纯化细菌、放线菌等在基本原理和具体方法上的异同。

(3) 新分离到的噬菌体滤液要证实确有噬菌体存在，除本实验用的平板法观察噬菌斑的存在以外，还可用什么方法？如何证明？

(4) 加大肠杆菌增殖的污水裂解液为什么要过滤除菌，若不过滤污水将会出现什么实验结果，为什么？

(5) 某生产抗生素的工厂在发酵生产卡那霉素时发现生产不正常，主要表现为：发酵液变稀，菌丝自溶，氨态氮上升。你认为可能的原因是什么？如何证实你的判断是否正确？

(6) 测定噬菌体效价的准确性应注意哪些操作？

(7) 计算噬菌体效价时,选择 30~300 个的平板计数较好,为什么?

(8) 如果在你的测定平板上,偶尔出现其他细菌的菌落,是否影响你的噬菌体效价测定?

实验 8　平板菌落计数法

实验目的

学习平板菌落计数法的基本原理和方法。

实验原理

平板菌落计数法是将待测样品经适当稀释之后,其中的微生物充分分散成单个细胞,取一定量的稀释样液接种到平板上。经过培养,由每个单细胞生长繁殖而形成肉眼可见的菌落,即一个单菌落应代表原样品中的一个单细胞。统计菌落数,根据其稀释倍数和取样接种量即可换算出样品中的含菌数。但是,由于待测样品往往不易完全分散成单个细胞,所以长成的一个单菌落也可能来自样品中的两个或更多个细胞。因此平板菌落计数的结果往往偏低。为了清楚地阐述平板菌落计数的结果,现在已倾向使用菌落形成单位(colony-forming units,cfu),而不以绝对菌落数来表示样品的活菌含量。

虽然平板菌落计数法操作较繁琐,结果需要培养一段时间才能取得,而且测定结果易受多种因素的影响,但是,由于该计数方法的最大优点是可以获得活菌的信息,所以被广泛用于生物制品检验(如活菌制剂),以及食品、饮料和水(包括水源水)等的含菌指数或污染程度的检测。

实验器材

1. 菌种:大肠杆菌菌悬液。

2. 培养基:牛肉膏蛋白胨培养基。

3. 仪器或其他用具:1 mL 无菌吸管、无菌平皿、盛有 4.5 mL 无菌水的试管、试管架、恒温培养箱等。

实验步骤

1. 编号。

取无菌平皿 9 套,分别用记号笔标明 10^{-4}、10^{-5}、10^{-6}(稀释度)各 3 套。另取 6 支盛有 4.5 mL 无菌水的试管,依次标写 10^{-1}、10^{-2}、10^{-3}、10^{-4}、10^{-5}和 10^{-6}。

2. 稀释。

用 1 mL 无菌吸管吸取 1 mL 已充分混匀的大肠杆菌菌悬液(待测样品),精确地放 0.5 mL 至 10^{-1}的试管中,此即为 10 倍稀释。将多余的菌液放回原菌液中。

将 10^{-1}试管置试管振荡器上振荡,使菌液充分混匀。另取一支 1 mL 吸管插入 10^{-1}试管中,来回吹吸菌悬液三次,进一步将菌体分散、混匀。吹吸菌液时不要太猛、太快,吸时吸管伸入管底,吹时离开液面,以免将吸管中的过滤棉花浸湿或使试管内液体外溢。用此吸管吸取 10^{-1} 菌液 1 mL,精确地放 0.5 mL 至 10^{-2} 试管中,此即为 100 倍稀释。其余依次类推,整个过程如图 3-8-1 所示。

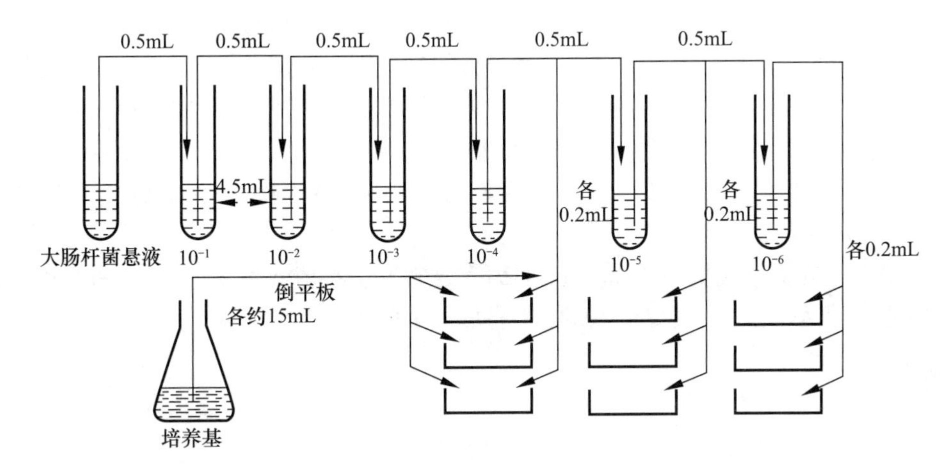

图 3-8-1 平板菌落计数操作步骤

放菌液时吸管尖不要碰到液面,即每一支吸管只能接触一个稀释度的菌悬液,否则稀释不精确,结果误差较大。

3. 取样。

用三支 1 mL 无菌吸管分别吸取 10^{-4}、10^{-5} 和 10^{-6} 的稀释菌悬液各 1 mL,对号放入编好号的无菌平皿中,每个平皿放 0.2 mL。

不要用 1 mL 吸管每次只靠吸管尖部吸 0.2 mL 稀释菌液放入平皿中,这样容易加大同一稀释度几个重复平板间的操作误差。

4. 倒平板。

尽快向上述盛有不同稀释度菌液的平皿中倒入熔化后冷却至 45 ℃左右的牛肉膏蛋白胨培养基约 15 mL/平皿,至水平位置迅速旋动平皿,使培养基与菌液混合均匀,而又不使培养基荡出平皿或溅到平皿盖上。

由于细菌易吸附到玻璃器皿表面,所以菌液加入到培养皿后,应尽快倒入熔化并已冷却至 45 ℃左右的培养基,立即摇匀,否则细菌将不易分散或长成的菌落连在一起,影响计数。

待培养基凝固后,将平板倒置于 37 ℃恒温培养箱中培养。

5. 计数。

培养 48 h 后,取出培养平板,算出同一稀释度三个平板上的菌落平均数,并按下列公式进行计算:

每毫升中菌落形成单位(cfu) = 同一稀释度三次重复的平均菌落数 × 稀释倍数 ×5

一般选择每个平板上长有 30 ~300 个菌落的稀释度计算每毫升的含菌量较为合适。同一稀释度的三个重复对照的菌落数不应相差很大,否则表示实验不精确。实际工作中同一稀释度重复对照平板不能少于三个,这样便于数据统计,可以减少误差。由 10^{-4}、10^{-5}、10^{-6}

三个稀释度计算出的每毫升菌液中菌落形成单位数也不应相差太大。

平板菌落计数法所选择倒平板的稀释度是很重要的。一般以三个连续稀释度中的第二个稀释度倒平板培养后所出现的平均菌落数在50个左右为好,否则要适当增加或减少稀释度。

平板菌落计数法的操作除上述倾注倒平板的方式以外,还可以用涂布平板的方式进行。二者操作基本相同,所不同的是后者先将牛肉膏蛋白胨培养基熔化后倒平板,待凝固后编号,并于37 ℃左右的温箱中烘烤30 min,或在超静工作台上适当吹干,然后用无菌吸管吸取稀释好的菌液对号接种于不同稀释度编号的平板上,并尽快用无菌玻璃涂棒将菌液在平板上涂布均匀,平放于实验台上20~30 min,使菌液渗入培养基表层内,然后倒置于37 ℃的恒温箱中培养24~48 h。

涂布平板用的菌悬液量一般以0.1 mL为宜,如果过少,菌液不易涂布开;过多则在涂布完后或培养时菌液仍会在平板表面流动,不易形成单菌落。

实验报告

1. 结果。

将培养后菌落计数结果填入表3-8-1:

表3-8-1 培养后菌落计数结果

稀释度	10^{-4}				10^{-5}				10^{-6}			
	1	2	3	平均	1	2	3	平均	1	2	3	平均
cfu/平均												
cfu/mL												

2. 思考题。

(1) 为什么熔化后的培养基要冷却至45 ℃左右才能倒平板?

(2) 要使平板菌落计数准确,需要掌握哪几个关键点?为什么?

(3) 试比较平板菌落计数法和显微镜下直接计数法的优、缺点及应用。

(4) 当你的平板上长出的菌落不是均匀分散的而是集中在一起时,你认为问题出在哪里?

(5) 用倒平板法和涂布法计数,其平板上长出的菌落有何不同?为什么要培养较长时间(48 h)后观察结果?

实验9 菌种保藏

实验目的

学习和掌握菌种保藏的基本原理,比较几种不同的保藏方法。

实验原理

微生物的个体微小，代谢活跃，生长繁殖快，如果保存不妥容易发生变异，被其他杂菌污染，甚至导致细胞死亡，这种现象屡见不鲜。菌种的长期保藏对任何微生物学工作者都是很重要的，也是非常必要的。

自 19 世纪末 F. Kral 开始尝试微生物菌种保藏以来，已建立了许多长期保藏菌种的方法。虽然不同的保藏方法原理各异，但基本原则都是使微生物的新陈代谢处于最低或几乎停止的状态。保藏方法通常基于温度、水分、通气、营养成分和渗透压等方面考虑。

随着分子生物学发展的需要，基因工程菌株的保藏已成为菌种保藏的重要内容之一，其保藏原理和方法与其他菌种相同。但考虑到重组质粒在宿主中的不稳定性，基因工程菌株的长期保藏目前趋向于将宿主和重组质粒分开保存，因此本实验也将介绍 DNA 和重组质粒的保藏方法。

现有菌种保藏方法大体分为以下几种：

1. 传代培养法。

此法使用最早，它是将要保藏的菌种通过斜面、穿刺或庖肉培养基（用于厌氧细菌）培养好后，置 4 ℃存放，定期进行传代培养，再存放。后来发展在斜面培养物上面覆盖一层无菌的液体石蜡，一方面防止因培养基水分蒸发而引起菌种死亡，另一方面石蜡层可将微生物与空气隔离，减弱细胞的代谢作用。不过，这种方法保藏菌种的时间不长，且传代过多会使菌种的主要特性减退，甚至丢失。因此它只能作为短期存放菌种用。

2. 悬液法。

这是一种将细菌细胞悬浮在一定的溶液中，包括蒸馏水、蔗糖、葡萄糖等糖液、磷酸缓冲液、食盐水等，有的还使用稀琼脂。悬液法操作简便，效果较好。有的细菌、酵母菌用这种方法保藏几年甚至近十年。

3. 载体法。

该法是使生长合适的微生物吸附在一定的载体上进行干燥，这种载体来源很广，如土壤、砂土、硅胶、明胶、麸皮、磁珠和滤纸片等。该法操作通常比较简单，普通实验室均可进行。特别是以滤纸片（条）作载体，细胞干燥后，可将含细菌的滤纸片（条）装入无菌的小袋封闭后放在信封中邮寄。

4. 真空干燥法。

这类方法包括冷冻真空干燥法和 L-干燥法。前者是将要保藏的微生物样品先经低温预冻，然后在低温状态下进行减压干燥，后者则不需要低温预冻样品，只是使样品维持在 10 ℃ ~ 20 ℃范围内进行真空干燥。

5. 冷冻法。

这是一种使样品始终存放在低温环境下的保藏方法，它包括低温法（-80 ℃ ~ -70 ℃）和液氮法（-196 ℃）。

水是生物细胞的主要组分，约占活体细胞总量的 90%，在 0 ℃或 0 ℃以下时会结冰。样品降温速度过慢，胞外溶液中水分大量结冰，溶液的浓度提高，胞内的水分便大量向外渗透，导致细胞剧烈收缩,造成细胞损伤,此为溶液损伤。若降温速度过快,胞内的水分来不及通过细胞膜渗出,胞内的溶液因过冷而结冰,细胞的体积膨大,最后导致细胞破裂,此为胞内冰损伤。因此,控制降温速率是冷冻微生物细胞十分重要的步骤。现在可以通过以下两个途径来克服细胞的冷冻损伤。

(1) 保护剂,也称分散剂。在需冷冻保藏的微生物样品中加入适当的保护剂可以使细胞经低温冷冻时减少冰晶的形成,如甘油、二甲基亚砜、谷氨酸钠、糖类、可溶性淀粉、聚乙烯吡咯烷酮(PVP)、血清、脱脂奶等均是保护剂。二甲基亚砜对微生物细胞有一定的毒害,一般不采用。甘油适宜低温保藏,脱脂奶和海藻糖是较好的保护剂,尤其是在冷冻真空干燥中普遍使用。

(2) 玻璃化。固体在自然界中有两种形式,即晶体和玻璃化。物质的质点(分子、原子和离子等)呈有序排列或具有格子构造排列的称为晶态,即晶体。反之,质点作不规则排列的则为玻璃态,即玻璃化。玻璃化不会使生物细胞内外的水在低温下形成晶体,细胞不受损伤。

实现玻璃化可以通过降温速率(10^6 ~ 10^7 ℃/s)和提高溶液浓度两种形式达到。

实验器材

1. 菌种:大肠杆菌、假单胞菌、灰色链霉菌(*Streptomyces griseus*)、酿酒酵母、产黄青霉(*Penicillium chrysogenum*)。

2. 培养基:肉汤培养基、马铃薯培养基、麦芽汁酵母膏培养基。

3. 溶液或试剂:液体石蜡、甘油、五氧化二磷、河沙、瘦黄土或红土、95%乙醇、10%盐酸、无水氯化钙、食盐、干冰。

4. 仪器或其他用具:无菌吸管、无菌滴管、无菌培养皿、安瓿管、冻干管、40 目与 100 目筛子、油纸、滤纸条(0.5 cm × 1.2 cm)、干燥器、真空泵、真空压力表、喷灯、L 形五通管、冰箱,低温冰箱(-30 ℃)、超低温冰箱和液氮罐。

实验步骤

以下几种保藏方法可根据实验室具体条件选做:

1. 斜面法。

将菌种转接在适宜的固体斜面培养基上,待其充分生长后,用油纸将棉塞部分包扎好(斜面试管以带帽的螺旋试管为宜。这样培养基不易干,且螺旋帽不易长霉,如用棉塞,塞子要求比较干燥),置于 4 ℃冰箱中保藏。

保藏时间依微生物的种类各异。霉菌、放线菌及有芽孢的细菌保存 2 ~ 4 个月移种一次,普通细菌最好每月移种一次,假单胞菌两周传代一次,酵母菌间隔两个月。

此法具有操作简单、使用方便、不需特殊设备,以及能随时检查所保藏的菌株是否死亡等优点。缺点是保藏时间短、需定期传代,且易被污染,菌种的主要特性容易改变。

2. 液体石蜡法。

(1) 将液体石蜡分装于试管或三角烧瓶中,塞上棉塞并用牛皮纸包扎,121 ℃灭菌 30

min，然后放在40 ℃温箱中使水汽蒸发后备用。

（2）将需要保藏的菌种在最适宜的斜面培养基中培养，直到菌体健壮或孢子成熟。

（3）用无菌吸管吸取无菌的液体石蜡，加入已长好菌的斜面上，其用量以高出斜面顶端1 cm为准（图3-9-1），使菌种与空气隔绝。

（4）将试管直立，置低温或室温下保存（有的微生物在室温下比在冰箱中保存的时间还要长）。

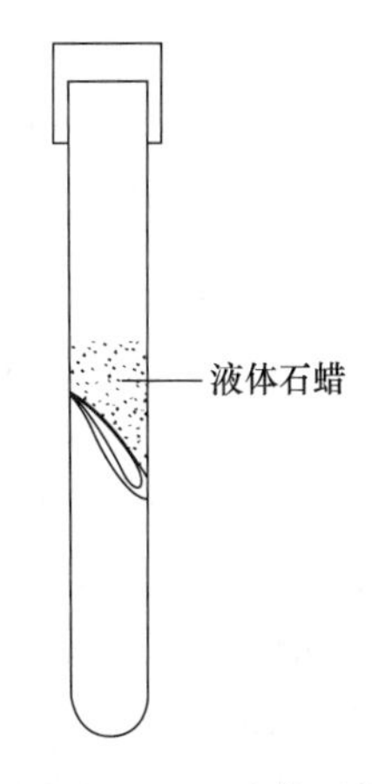

图3-9-1　液体石蜡覆盖保藏

此法实用而且效果较好。产孢子的霉菌、放线菌、芽孢菌可保藏2年以上，有些酵母菌可保藏1～2年，一般无芽孢细菌也可保藏1年左右，甚至用一般方法很难保藏的脑膜炎球菌，在37 ℃温箱内，亦可保藏3个月之久。此法的优点是制作简单、不需特殊设备，且不需经常移种。缺点是保存时必须直立放置，所占位置较大，同时也不便携带。

从液体石蜡下面取培养物移种后，接种环在火焰上烧灼时，培养物容易与残留的液体石蜡一起飞溅，应特别注意。

3. 穿刺法。

该方法操作简便，是短期保藏菌种的一种有效方法。

（1）接种培养（培养试管选用带螺旋帽的短试管或用安瓿管、微型离心（Eppendorf）管等）。

（2）将培养好的穿刺管盖紧，外面用石蜡膜（parafilm）封严，置于4 ℃环境存放。

（3）取用时将接种环（环的直径尽量小些）伸入菌种生长处挑取少许细胞，接入适当的培养基中。穿刺管封严后可保留以后再用。

4. 滤纸法。

（1）滤纸条的准备。将滤纸剪成0.5 cm×1.2 cm的小条装入0.6 cm×8 cm的安瓿管中，每管装2片，用棉花塞上后经121 ℃灭菌30 min。

（2）保护剂的配制。配制20%脱脂奶，装在三角瓶或试管中，112 ℃灭菌25 min。待冷后，随机取出几份分别置28 ℃、37 ℃培养过夜，然后各取0.2 mL涂布在肉汤平板上或斜面上进行无菌检查，确认无菌后方可使用，其余的保护剂置于4 ℃环境存放待用。

（3）菌种培养。将需保存的菌种在适宜的斜面培养基上培养，直到生长半满。

（4）菌悬液的制备。取无菌脱脂奶2～3 mL加入待保存的菌种斜面试管内。用接种环轻轻地将菌苔刮下，制成菌悬液。

（5）分装样品。用无菌滴管（或吸管）吸取菌悬液，滴在安瓿管中的滤纸条上，每片滤纸条约0.5 mL，塞上棉花。

（6）干燥。将安瓿管放入有五氧化二磷（或无水氯化钙）作吸水剂的干燥器中，用真空泵抽气至干。

（7）熔封与保存。用火焰按图3-9-2所示的方式将安瓿管封口，置于4 ℃或室温存放。

（8）取用安瓿管。使用菌种时，取存放的安瓿管按图3-9-3（a）所示的方式用锉刀或砂轮从上端打开安瓿管或按图 3－9－3(b)所示方式将安瓿管口在火焰上烧热,加一滴冷水在烧热的部位使玻璃裂开,敲掉口端的玻璃,用无菌镊子取出滤纸,放入液体培养基中培养或加入少许无菌水用无菌吸管或毛细滴管吹打几次,使干燥物很快溶解后吸出,转入适当的培养基中培养。

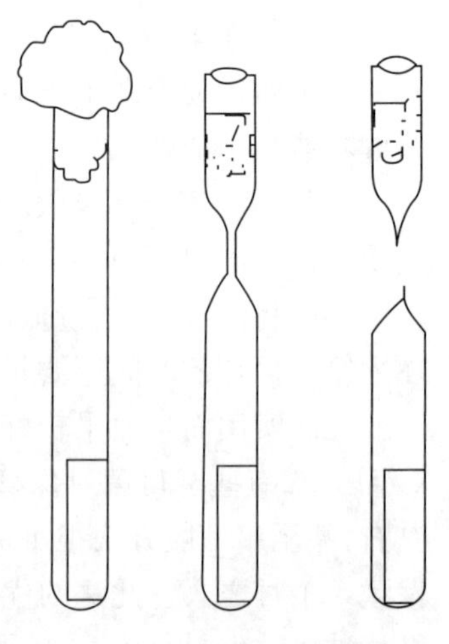

图 3－9－2 滤纸保藏法的安瓿管熔封

5. 砂土管法。

(1) 河沙处理。取河沙若干,加入 10% 盐酸,加热煮沸 30 min 除去有机质。倒去盐酸溶液,用自来水冲洗至中性,最后一次用蒸馏水冲洗。烘干后用 40 目筛子过筛,弃去粗颗粒,备用。

(2) 土壤处理。取非耕作层不含腐殖质的瘦黄土或红土,加自来水浸泡、洗涤数次,直至中性。烘干后碾碎,用 100 目筛子过筛,粗颗粒部分丢掉。

(3) 沙土混合。处理妥当的河沙与土壤按 3 : 1 的比例掺合(或根据需要而用其他比例,甚至可全部用沙或土)均匀后,装入 ϕ10 mm × 100 mm 的小试管或安瓿管中,每管分装 1 g 左右,塞上棉塞,进行灭菌(通常采用间歇灭菌 2 ~ 3 次),最后烘干。

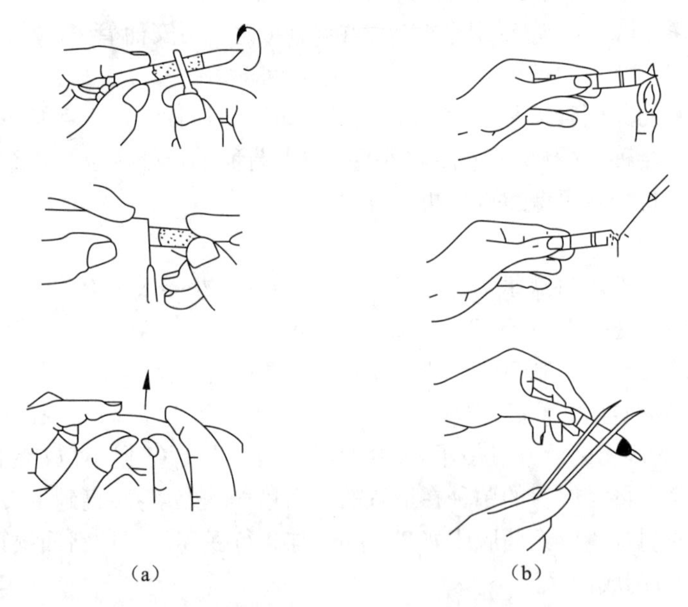

(a) (b)

图 3－9－3 取用安瓿管

(a)用锉刀或砂轮打开安瓿管;(b)用火焰和冷水打开安瓿管

(4) 无菌检查。每 10 支砂土管随机抽 1 支,将沙土倒入肉汤培养基中,30 ℃培养 40 h。若发现有微生物生长,则所有砂土管需重新灭菌,再做无菌实验,直至证明无菌后方可使用。

(5) 菌悬液的制备。取生长健壮的新鲜斜面菌种,加入 2 ~ 3 mL 无菌水(每 18 × 180,试管斜面菌种),用接种环轻轻将菌苔洗下,制成菌悬液。

（6）分装样品。每支砂土管（注明标记后）加入0.5 mL菌悬液（刚刚使沙土润湿为宜），用接种针拌匀。

（7）干燥。将装有菌悬液的砂土管放入干燥器内，干燥器底部盛有干燥剂。用真空泵抽干水分后火焰封口（也可用橡皮塞或棉塞塞住试管口）。

（8）保存。置4 ℃冰箱或室温干燥处，每隔一定的时间进行检测。

此法多用于产芽孢的细菌、产生孢子的霉菌和放线菌。在抗生素工业生产中应用广泛，效果较好，可保存几年时间，但对营养细胞效果不佳。

6. 冷冻真空干燥法。

（1）冻干管的准备。选用中性硬质玻璃，95#材料为宜，内径约50mm，长约15 cm。冻干管的洗涤按新购玻璃晶洗净，烘干后塞上棉花。可将保藏编号、日期等打印在纸上，剪成小条，装入冻干管，121 ℃灭菌30 min。

（2）菌种培养。将要保藏的菌种接入斜面培养，产芽孢的细菌培养至芽孢从菌体脱落或产孢子的放线菌、霉菌至孢子丰满。

（3）保护剂的配制。选用适宜的保护剂，按使用浓度配制后灭菌检查（同滤纸法保护剂的无菌检查），确认无菌后才能使用。

糖类物质需用过滤器过滤，脱脂牛奶112 ℃，灭菌25 min。

（4）菌悬液的制备。吸2～3 mL保护剂加入新鲜斜面菌种试管，用接种环将菌苔或孢子洗下，振荡制成菌悬液，真菌菌悬液则需置4 ℃平衡20～30 min。

（5）分装样品。用无菌毛细滴管吸取菌悬液加入冻干管，每管装约0.2 mL。最后在几支冻干管中分别装入0.2 mL、0.4 mL蒸馏水作对照。

（6）预冻。用程序控制温度仪进行分级降温。不同的微生物其最佳降温度率有所差异，一般由室温快速降温至4 ℃，4 ℃～－40 ℃每分钟降低1 ℃，－40 ℃～－60 ℃每分钟降低5 ℃。条件不具备者，可以使用冰箱逐步降温。从室温－4 ℃→－12 ℃（三星级冰箱为－18 ℃）→－30 ℃→－70 ℃，也可用盐冰、干冰替代。

（7）冷冻真空干燥。启动冷冻真空干燥机制冷系统。当温度下降到－50 ℃～2 ℃以下时，将冻结好的样品迅速放入冻干机钟罩内，启动真空泵抽气直至样品干燥，也可按图3－9－4所示方式用简单的装置代替冻干机。

样品干燥的程度对菌种保藏的时间影响很大。一般要求样品的含水量为1%～3%。判断方法：

① 外观：样品表面出现裂痕，冻干管内壁有脱落现象，对照管完全干燥；

② 指示剂：用3%的氯化钴水溶液分装冻干管，当溶液的颜色由红变浅蓝后，再抽同样长的时间便可。

（8）取出样品。先关真空泵，再关制冷机，打开进气阀使钟罩内真空度逐渐下降，直至与室内气压相等后打开钟罩，取出样品。先取几只冻干管在桌面上轻敲几下，样品很快疏散，说明干燥程度达到要求。若用力敲，样品不与内壁脱开，也不松散，则需继续冷冻真空干燥，此时样品不需事先预冻。

（9）第二次干燥。将已干燥的样品管分别安在歧形管上，启动真空泵，进行第二次干燥。

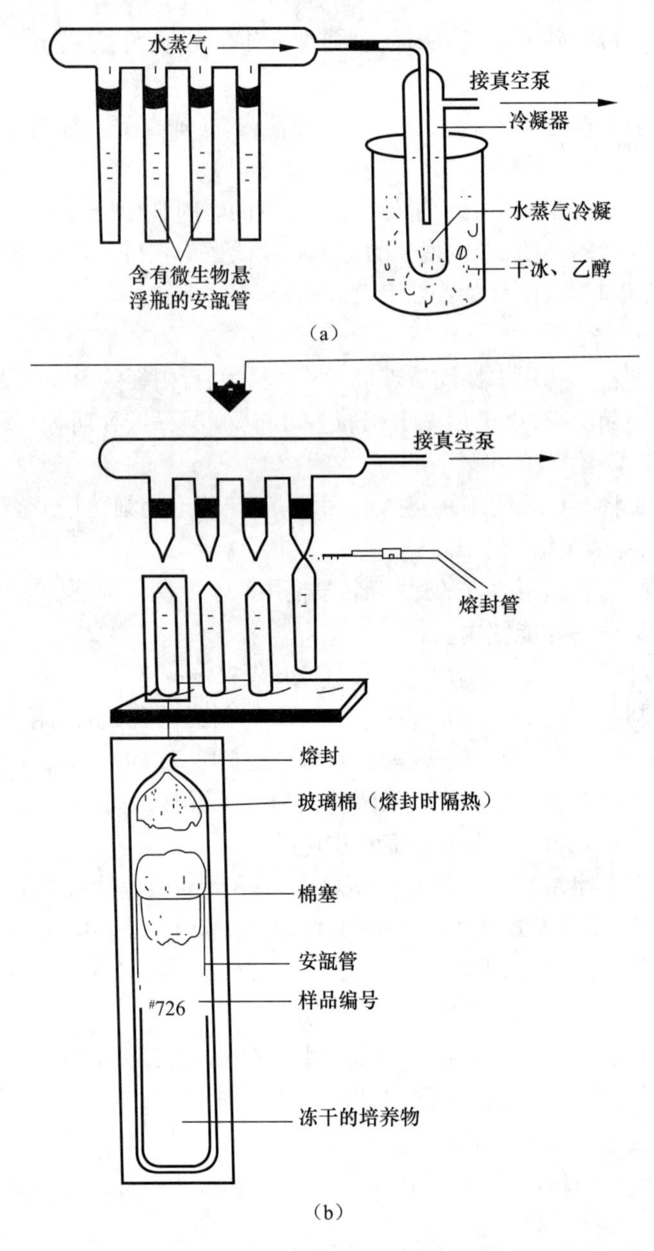

图 3－9－4 冷冻真空干燥法简易装置

(a)真空干燥；(b)熔封

(10) 熔封。用高频电火花真空检测仪检测冻干管内的真空程度。当检测仪将要触及冻干管时，发出蓝色电光说明管内的真空度很好，此时便在火焰下(氧气与煤气混合调节，或用酒精喷灯)熔封冻干管(图 3－9－4(b))。

(11) 存活性检测。每个菌株取 1 支冻干管及时进行存活检测。打开冻干管，加入 0.2 mL无菌水，用毛细滴管吹打几次，沉淀物溶解后(丝状真菌、酵母菌则需要置室温平衡 30～60 min)，转入适宜的培养基培养。根据生长状况确定其存活性，或用平板计数法或死活染色方法确定存活率，如需要可测定其特性。

（12）保存。置 4 ℃或室温保藏（前者为宜），隔时进行检测。

冷冻真空干燥法是菌种保藏的主要方法，对大多数微生物较为适合，效果较好，保藏时间依不同的菌种而定，有的为几年、甚至 30 多年。

取用冻干管时，先用 75% 乙醇将冻干管外壁擦干净，再用砂轮或锉刀在冻干管上端画一小痕迹，然后将所画之处向外，两手握住冻干管的上下两端稍向外用力便可打开冻干管，或将冻干管近口烧热，在热处滴几滴水，使之破裂，再用镊子敲开。

7. 液氮法。

（1）安瓿管的准备。用于液氮保藏的安瓿管要求既能经 121 ℃高温灭菌，又能在 −196 ℃低温长期存放。现已普遍使用聚丙烯塑料制成带有螺旋帽和垫圈的安瓿管，容量为 2 mL。用自来水洗净后，经蒸馏水冲洗多次，烘干，121 ℃灭菌 30 min。

（2）保护剂的准备。配制 10% ~20% 的甘油，121 ℃灭菌 30 min。使用前随机抽样进行无菌检查（见滤纸法保护剂的配制）。

（3）菌悬液的制备。取新鲜的、培养健壮的斜面菌种加入 2 ~3 mL 保护剂，用接种环将菌苔洗下，振荡，制成菌悬液。

（4）分装样品。用记号笔在安瓿管上注明标号，用无菌吸管吸取菌悬液，加入安瓿管中，每支管加 0.5 mL 菌悬液，拧紧螺旋帽。

如果安瓿管的垫圈或螺旋帽封闭不严，液氮罐中液氮进入管内，取出安瓿管时，会发生爆炸，因此密封安瓿管十分重要，需特别细致。

（5）预冻。先将分装好的安瓿管置于 4 ℃冰箱中放 30 min 后转入冰箱上格 −18 ℃处放置 20 ~30 min，再置于 −30 ℃低温冰箱或冷柜 20 min 后，快速转入 −70 ℃超低温冰箱（可根据实验室的条件采用不同的预冻方式，如用程序控制降温仪、干冰、盐冰等）。

（6）保存。经 −70 ℃ 1 h 冻结，将安瓿管快速转入液氮罐（图 3 −9 −5）液相中，并记录菌种在液氮罐中存放的位置与安瓿管数。

（7）解冻。需使用样品时，带上棉手套，从液氮罐中取出安瓿管，用镊子夹住安瓿管上端迅速放入 37 ℃水浴锅中摇动 1 ~2 min，样品很快溶化。然后用无菌吸管取出菌悬液，加入适宜的培养基中保温培养便可。

（8）存活性测定。可采用以下方法进行存活检测：

① 染色法。取解冻熔化的菌悬液用细菌、真菌死活染色法，通过显微镜观察细胞存活和死亡的比例，计算出存活率。

② 活菌计数法。分别将预冻前和解冻熔化的菌悬液用 10 倍稀释法涂布平板培养后，根据二者每毫升活菌数计算出存活率（如有必要，可测定菌种特征的稳定性）。

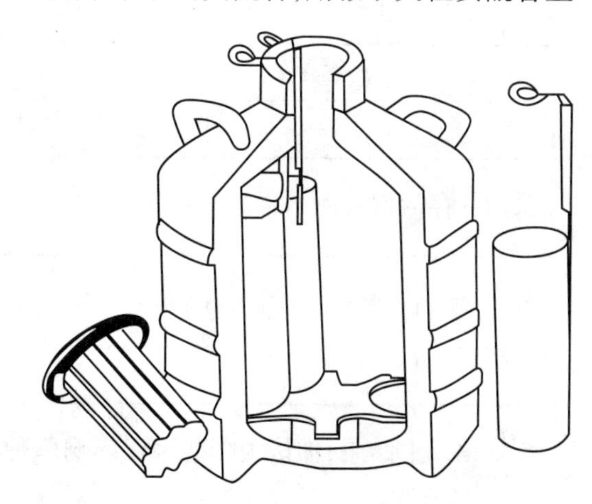

图 3 −9 −5　液氮冷冻保藏器

按以下公式计算其存活率：

$$存活率(\%)=\frac{保藏后每毫升活菌数}{保藏前每毫升活菌数}\times100\%$$

8. 核酸的保存。

DNA 和 RNA 常采用以下方法保存：

（1）以溶液形式置低温保存。

DNA 溶于无菌 TE 缓冲液（10 mmol/L Tris-HCl，1 mmol/L EDTA，pH = 8.0）中，其中 EDTA 的作用是整合溶液中二价金属离子，从而抑制 DNA 酶的活性（Mg^{+} 是 DNA 酶的激活剂）。TE 的 pH 值为 8.0 是为了减少 DNA 的脱氨反应。哺乳动物细胞 DNA 的长期保存，可在 DNA 样品中加入 1 滴氯仿，避免细菌和核酸酶的污染。

RNA 一般溶于无菌 0.3 mol/L 醋酸钠（pH = 5.2）或无菌双蒸馏水中。也可在 RNA 溶液中加 1 滴 0.3 mol/L VRC（氧钒核糖核苷复合物），其作用是抑制 RNase（核糖核酸酶）的降解。核酸分子溶于合适的溶液后可置于 4 ℃、-20 ℃或 -70 ℃条件下存放。4 ℃条件下样品可保存 6 个月左右，-70 ℃条件则可存放 5 年以上。

（2）以沉淀的形式置低温保存。

乙醇是核酸分子有效的沉淀剂。将提纯的 DNA 或 RNA 样品加入乙醇使之沉淀，离心后倾去上清液，再加入乙醇，置 4 ℃、-20 ℃可存放数年，而且还可以在常温状态下邮寄。

（3）以干燥的形式保存。

将核酸溶液按一定的量分装于 Eppendorf 管中，置低温（盐冰、干冰、低温冰箱均可）预冻，然后在低温状态下真空干燥，置 4 ℃可存放数年以上。取用时只需加入适量的无菌双蒸馏水，待 DNA 或 RNA 溶解后便可使用。

实验报告

1. 结果。

（1）菌种保藏记录。

菌种名称	保藏编号	保藏方法	保藏日期	存放条件	经手人

（2）存活率检测结果。

菌种名称	保藏方法	保护剂	保藏时间/月	保藏前活菌数/mL	保藏后活菌数/mL	存活率

根据以上结果，你认为哪些因素影响菌种存活性？

2. 思考题。

（1）根据你自己的实验，谈谈 1 ~2 种菌种保藏方法的利弊。

（2）有人设想，如果将人类目前还无法治愈的病者进行冷冻保藏，几十年或几百年后使其复活，那时医学水平很高，其病便可治愈。你认为这种设想可否实现？说明其技术难点或者克服这些难点的可能性。

附注

1. 冷冻真空干燥中常用的保护剂。

（1）脱脂奶 10% ~20%。

（2）脱脂奶粉 10 g，谷氨酸钠 1 g，加蒸馏水至 100 mL。

（3）脱脂奶粉 3 g，蔗糖 12 g，谷氨酸钠 1 g，加蒸馏水至 100 mL。

（4）新鲜培养液 50 mL，24% 蔗糖 50 mL。

（5）马血清（不稀释）过滤除菌。

（6）葡萄糖 30 g，溶于 400 mL 马血清中，过滤除菌。

（7）马血清 100 mL 加内旋环乙醇 5 g。

（8）谷氨酸钠 3 g，核糖醇 1.5 g，加 0.1 mol/L 磷酸缓冲液（pH = 7.0）至 100 mL。

（9）谷氨酸钠 3 g，核糖醇 1.5 g，胱氨酸 0.1 g，加 0.1 mol/L 磷酸缓冲液（pH = 7.0）至 100 mL。

（10）谷氨酸钠 3 g，乳糖 5 g，PVP 6 g，加 0.1 mol/L 磷酸缓冲液（pH = 7.0）至 100 mL。

视情况选用，而脱脂奶粉对于细菌、酵母苗和丝状真菌都适用，更因其来源广泛，制作方便，最为常用。

2. 低温保护剂。

（1）甘油：使用浓度为 10% ~20%。

（2）DMSO：使用浓度为 5% 或 10%。

（3）甲醇：配成 5%，过滤除菌备用。

（4）PVP：使用浓度为 5%。

（5）羟乙基淀粉（HES）：使用浓度为 5%。

（6）葡萄糖：使用浓度为 5%。

Ⅲ　微生物的形态学观察实验

实验 10　细菌的简单染色和革兰氏染色

实验目的

1. 学习细菌的简单染色法。
2. 掌握革兰氏染色法的原理和操作。
3. 巩固显微镜操作技术及无菌操作技术。

实验原理

用于生物染色的染料主要有碱性染料、酸性染料和中性染料三大类。碱性染料的离子带正电荷,能和带负电荷的物质结合。因细菌蛋白质等电点较低,当它生长于中性、碱性或弱酸性的溶液中时,常带负电荷,所以通常采用碱性染料(如美蓝、结晶紫、碱性复红或孔雀绿等)使其着色。酸性染料的离子带负电荷,能与带正电荷的物质结合。当细菌分解糖类,产生酸使培养基 pH 下降时,细菌所带正电荷增加,因此易被伊红、酸性复红或刚果红等酸性染料着色。中性染料是前两者的结合物,又称复合染料,如伊红美蓝、伊红天青等。

简单染色法只用一种染料使细菌着色以显示其形态,该法不能辨别细菌细胞的构造。

革兰氏染色法是 1884 年由丹麦病理学家 C. Gram 所创立的。革兰氏染色法可将所有的细菌区分为革兰氏阳性菌(G^+)和革兰氏阴性菌(G^-)两大类,是细菌学上最常用的鉴别染色法。该染色法之所以能将细菌分为 G^+ 菌和 G^- 菌,是因为目前一般认为革兰氏染色是基于细菌细胞壁特殊化学组分进行染色的。

通过初染和媒染后,细胞内形成了不溶于水的结晶紫 - 碘大分子复合物。革兰氏阳性细菌由于细胞壁较厚、肽聚糖含量较高和其分子交联度较紧密,故在用乙醇洗脱时,肽聚糖网孔会因脱水而明显收缩,加上它基本不含类脂,故乙醇处理不能在壁上溶出缝隙,因此,结晶紫与碘复合物仍牢牢阻留在细胞壁内,使其呈现紫色。而革兰氏阴性细菌因其壁薄、肽聚糖含量低和交联松散,故遇乙醇后,肽聚糖网孔不易收缩,加上它类脂含量高,所以当乙醇把类脂溶解后,在细胞壁上就会出现较大缝隙,复合物容易溶出细胞壁,因此通过乙醇脱色后,细胞又成无色。这时再用红色染料进行复染,革兰氏阴性细菌将获得一层新的颜色——红色,而革兰氏阳性菌则仍呈紫色。

实验器材

1. 活材料:培养 12 ~ 16 h 的苏云金杆菌(Bacillus thuringiensis)或者枯草杆菌(Bacillus subtilis)、培养 24 h 的大肠杆菌(Escherichia coli)。

2. 染色液和试剂:结晶紫、卢哥氏碘液、95% 酒精、番红、复红、二甲苯、香柏油。

3. 器材:废液缸、洗瓶、载玻片、接种杯、酒精灯、擦镜纸、显微镜等。

实验步骤

1. 简单染色。

(1) 涂片:取干净载玻片一块,在载玻片的左、右侧各加一滴蒸馏水,按无菌操作法取菌涂片,左边涂苏云金杆菌,右边涂大肠杆菌,做成浓菌液。再取干净载玻片一块,将刚制成的苏云金杆菌浓菌液挑 2 ~ 3 环涂在左边,制成薄的涂面,将大肠杆菌的浓菌液取 2 ~ 3 环涂在右边,制成薄涂面。亦可直接在载玻片上制薄的涂面,注意取菌不要太多。

(2) 晾干:让涂片自然晾干或者在酒精灯火焰上方文火烘干。

(3) 固定:手执玻片一端,让菌膜朝上,通过火焰 2 ~ 3 次固定(以不烫手为宜)。

(4) 染色:将固定过的涂片放在废液缸上的搁架上,加复红染色 1 ~ 2 min。

（5）水洗：用水洗去涂片上的染色液。

（6）干燥：将洗过的涂片放在空气中晾干或用吸水纸吸干。

（7）镜检：先低倍观察，再高倍观察，找出适当的视野后，将高倍镜转出，在涂片上加香柏油一滴，将油镜头浸入油滴中仔细调焦，观察细菌的形态。

2. 革兰氏染色。

（1）制片。

取菌种培养物常规涂片、干燥、固定。

要用活跃生长期的幼培养物作革兰氏染色；涂片不宜过厚，以免脱色不完全造成假阳性；火焰固定不宜过热（以玻片不烫手为宜）。

（2）初染。

滴加结晶紫（以刚好将菌膜覆盖为宜）染色 1 ~ 2 min，水洗。

（3）媒染。

用碘液冲去残水，并用碘液覆盖约 1 min，水洗。

（4）脱色。

用滤纸吸去玻片上的残水，将玻片倾斜，在白色背景下，用滴管流加 95% 的乙醇脱色，直至流出的乙醇无紫色时，立即水洗。

乙醇脱色是革兰氏染色操作的关键环节：脱色不足，阴性菌被误染成阳性菌；脱色过度，阳性菌被误染成阴性菌。因而脱色时间一般为 20 ~ 30 s。

（5）复染。

用番红液复染约 2 min，水洗。

（6）镜检。

干燥后，用油镜观察。菌体被染成蓝紫色的是革兰氏阳性菌，被染成红色的为革兰氏阴性菌。

（7）混合涂片染色。

按上述方法，在同一载玻片上，以大肠杆菌和蜡样芽孢杆菌或大肠杆菌和金黄色葡萄菌作混合涂片，通过染色、镜检进行比较。

注意事项

（1）革兰氏染色成败的关键是酒精脱色程度。如脱色过度，革兰氏阳性菌可被染成革兰氏阴性菌；如脱色时间过短，革兰氏阴性菌也会被染成革兰氏阳性菌。脱色时间的长短还受涂片厚薄及乙醇用量多少等因素的影响，难以严格规定。

（2）染色过程中勿使染色液干涸。用水冲洗后，应吸去玻片上的残水，以免染色液被稀释而影响染色效果。

（3）选用幼龄的细菌。G^+ 菌培养 12 ~ 16 h，大肠杆菌培养 24 h。若菌龄太老，由于菌体死亡或自溶等常使革兰氏阳性菌转呈阴性反应。

图 3 – 10 – 1 为革兰氏染色操作过程图。

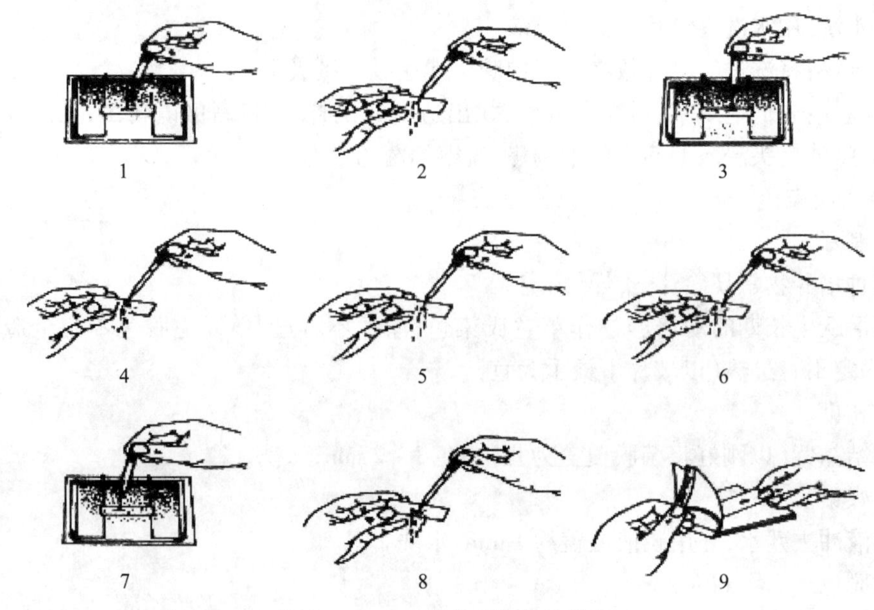

图 3－10－1　革兰氏染色的程序

实验报告

1. 结果。

列表简述 3 株细菌的染色观察结果(说明各菌的形状、颜色和革兰氏染色反应)。

2. 思考题。

(1) 你认为哪些环节会影响革兰氏染色结果的正确性? 其中最关键的环节是什么?

(2) 现有一株细菌宽度明显大于大肠杆菌的粗壮杆菌,请你鉴定其革兰氏染色反应。你怎样运用大肠杆菌和金黄色葡萄球菌为对照菌株进行涂片染色,以证明你的染色结果的正确性?

(3) 你的染色结果是否正确? 如果不正确,请说明原因。

(4) 进行革兰氏染色时,为什么特别强调菌龄不能太老,用老龄细菌染色会出现什么问题?

(5) 革兰氏染色时,初染前能加碘液吗? 乙醇脱色后复染之前,革兰氏阳性菌和革兰氏阴性菌应分别是什么颜色?

(6) 你认为革兰氏染色中,哪一个步骤可以省去而不影响最终结果? 在什么情况下可以采用?

实验 11　细菌运动性观察

实验目的

1. 学习并初步掌握鞭毛染色法,观察细菌鞭毛的形态特征。

2. 学习用压滴法和悬滴法观察细菌的运动性。

实验原理

鞭毛是细菌的运动"器官",细菌是否具有鞭毛,以及鞭毛着生的位置和数目是细菌的一项重要形态特征。细菌的鞭毛很纤细,其直径通常为0.01~0.02 μm,所以,除了很少数能形成鞭毛束(由许多根鞭毛构成)的细菌可以用相差光学显微镜直接观察到鞭毛束的存在外,一般细菌的鞭毛均不能用光学显微镜直接观察到,而只能用电子显微镜观察。要用普通光学显微镜观察细菌的鞭毛,必须用鞭毛染色法。

鞭毛染色的基本原理,是在染色前先用媒染剂处理,使它沉积在鞭毛上,使鞭毛直径加粗,然后再进行染色。鞭毛染色方法很多,本实验介绍硝酸银染色法和改良的 Leifson 氏染色法,前一种方法更容易掌握,但染色剂配制后保存期较短。

在显微镜下观察细菌的运动性,也可以初步判断细菌是否有鞭毛。细菌运动性的观察可用压滴法和悬滴法。观察时,要适当减弱光强度以增加反差,若光线太强,细菌和周围的液体难以区分。

实验器材

1. 菌种:苏云金杆菌、假单胞菌(Pseudomonas sp)、金黄色葡萄球菌。
2. 染色剂:硝酸银鞭毛染色液、Leifson 氏鞭毛染色液、0.01%美蓝水溶液。
3. 仪器或其他用具:载玻片、盖玻片、凹载玻片、无菌水、凡士林、显微镜等。

实验步骤

(一) 鞭毛染色

1. 硝酸银染色法。

(1) 菌种的准备。要求用活跃生长期菌种作鞭毛染色和运动性的观察。对于冰箱保存的菌种,通常要连续移种1~2次。然后可选用下列方法接种培养作染色用菌种:

1) 取新配制的营养琼脂斜面(表面较湿润、基部有冷凝水)接种,28 ℃~32 ℃培养10~14 h,取斜面和冷凝水交接处培养物作染色观察材料;

2) 取新制备的营养琼脂(含0.8%~1.0%的琼脂)平板,用接种环将新鲜菌种点种于平板中央,28 ℃~32 ℃培养18~30 h,让菌种扩散生长,取菌落边缘的菌苔(不要取菌落中央的菌苔)作染色观察的菌种材料。

良好的培养物是鞭毛染色成功的基本条件。不宜用已形成孢芽的培养物或衰亡期培养物作鞭毛染色的菌种材料,因为老龄细菌鞭毛容易脱落。

(2) 载玻片的准备。将载玻片在含适量洗衣粉的水中煮沸约20 min,取出用清水充分洗净,沥干水后置于95%乙醇中,用时取出并在火焰上烧去酒精及可能残留的油迹。

载玻片要求光滑、洁净。尤其忌用带油迹的玻片(将水滴在载玻片上,无油迹载玻片上水能均匀散开)。

(3) 菌液的制备。取斜面或平板菌种培养物数环于盛有1~2 mL无菌水的试管中,制成轻度混浊的菌悬液用于制片。也可用培养物直接制片,但效果往往不如先制备菌液。

挑菌时,尽可能不带培养基。

(4) 制片。取一滴菌液滴于载玻片的一端。然后将载玻片倾斜,使菌液缓缓流向另一端,用吸水纸吸去载玻片下端多余菌液,室温(或 37 ℃温室)自然干燥。

干后应尽快染色,不宜放置时间过长。

(5) 染色。涂片干燥后,滴加硝酸银染色 A 液覆盖 3 ~ 5 min,用蒸馏水充分洗去 A 液。用 B 液冲去残水后,再加 B 液覆盖涂片染色约数秒至 1 min,当涂面出现明显褐色时,立即用蒸馏水冲洗。若加 B 液后显色较慢,可用微火加热,直至显褐色时立即水洗。自然干燥。

配制合格的染色剂(尤其是 B 液)、充分洗去 A 液再加 B 液、掌握好 B 液的染色时间均是鞭毛染色成败的重要环节。

(6) 镜检。干后用油镜观察。观察时,可从载玻片的一端逐渐移至另一端,有时只在涂片的指定部位观察到鞭毛。

菌体呈深褐色,鞭毛显褐色、通常呈波浪形。

2. 改良的 Leifson 氏染色法。

(1) 载玻片的准备、菌种材料的准备同硝酸银染色法。

(2) 制片。用记号笔在载玻片反面将其分成 3 ~ 4 个等分区,在每一小区的一端放一小滴菌液。将载玻片倾斜,让菌液流到小区的另一端,用滤纸吸去多余的菌液。室温或 37 ℃温室自然干燥。

(3) 染色。加 Leifson 氏染色液覆盖第一区的涂面,隔数分钟后,加染色液于第二区涂面,如此继续染第三、四区。间隔时间自行议定,其目的是为了确定最佳染色时间。在染色过程中仔细观察,当整个玻片都出现铁锈色沉淀、染料表面现出金色膜时,即直接用水轻轻冲洗(不要先倾去染料再冲洗,否则背景不清)。染色时间大约 10 min,自然干燥。

(4) 镜检。干后用油镜观察。菌体和鞭毛均呈红色。

(二) 运动性的观察

载玻片的准备、菌种材料的准备同鞭毛染色法。

1. 压滴法。

(1) 制片。在洁净载玻片上加一滴无菌水,挑取一环菌液与水混合,再加一环 0.01% 的美蓝水溶液与其混合均匀。用镊子取一洁净盖玻片,使其一边与菌液边缘接触,然后将盖玻片慢慢放下盖在菌液上。观察专性好氧菌时,可在放盖玻片时压入小气泡,以防止细菌因缺氧而停止运动。

(2) 镜检。先用低倍镜找到标本,再用高倍镜观察。也可用油镜观察,用油镜时,盖玻片厚度不能超过 0.17 mm。观察时,要用略暗光线。

有鞭毛的细菌可做直线、波浪式或翻滚运动,两个细菌之间出现明显的位移而与布朗运动或随水流动相区别。

2. 悬滴法。

(1) 涂凡士林。取洁净凹载玻片,在其四周涂少许凡士林(图 3 - 11 - 1(a))。

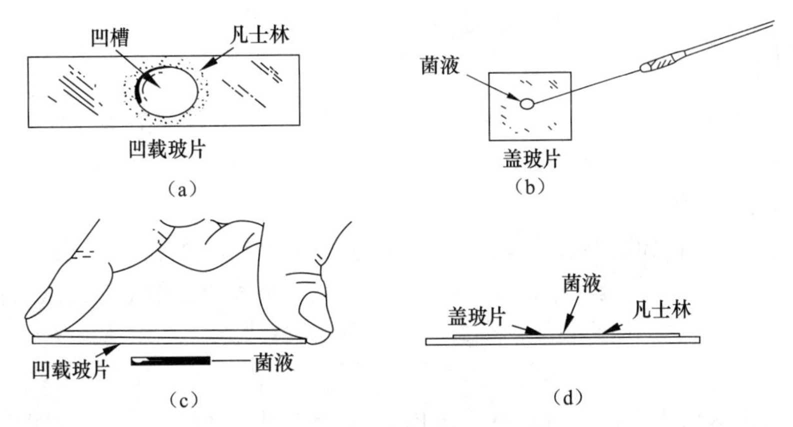

图 3－11－1　悬滴法制片的步骤

(a)涂凡士林;(b)加菌液;(c)盖凹载玻片;(d)翻转凹载玻片

(2) 加菌液。在盖玻片中央滴一小滴菌液。为便于观察时寻找菌液位置,可用记号笔在菌液周围画上记号。菌液不能加得太多,为了便于观察,也可用接种环挑取一环菌液滴于盖玻片中央(图 3－11－1(b))。

(3) 盖凹载玻片。将凹载玻片的凹槽对准盖玻片中心的菌液,并轻轻盖在盖玻片上。轻轻按压使盖玻片与凹载玻片黏合在一起,把液滴封闭在小室中。翻转凹载玻片,使菌液滴悬在盖玻片下并位于凹槽中央(图 3－11－1(c)、(d))。

若菌液加得过多,此时菌液就会流到凹载玻片上而影响观察。

(4) 镜检。先用低倍镜找到标本,并将液滴移至视野中央,然后用高倍镜观察。若用油镜观察,盖玻片厚度不能超过 0.17 mm,并要十分细心,以免压碎盖玻片,损坏镜头。

观察过程要在略暗光线下进行。

实验报告

1. 结果。

你所观察的 3 种细菌是否都有鞭毛?是否都能运动?鞭毛与运动有无相关性?绘图表示有鞭毛的细菌的形态特征。

2. 思考题。

(1) 用鞭毛染色法准确鉴定一株细菌是否具有鞭毛,要注意哪些环节?

(2) 悬滴法中,为什么要涂凡士林?为什么加的菌液不能太多?如果发现显微镜视野内大量细菌向一个方向流动,你认为是什么原因造成的?

实验 12　细菌的芽孢染色法

实验目的

1. 学习并掌握芽孢染色法。

2. 初步了解芽孢杆菌的形态特征。

实验原理

芽孢又叫内生孢子(endospore),是某些细菌生长到一定阶段在菌体内形成的休眠体,通常呈圆形或椭圆形。细菌能否形成芽孢以及芽孢的形状、芽孢在芽孢囊内的位置、芽孢囊是否膨大等特征是鉴定细菌的依据之一。

由于芽孢壁厚、透性低、不易着色,当用石炭酸复红、结晶紫等进行单染色时,菌体和芽孢囊着色,而芽孢囊内的芽孢不着色或仅显很淡的颜色,游离的芽孢呈淡红或淡蓝紫色的圆或椭圆形的圈。为了使芽孢着色便于观察,可用芽孢染色法。

芽孢染色法的基本原理是:用着色力强的染色剂——孔雀绿或石炭酸复红,在加热条件下染色,使染料不仅进入菌体也可进入芽孢内,进入菌体的染料经水洗后被脱色,而芽孢一经着色难以被水洗脱,当用对比度大的复染剂染色后,芽孢仍保留初染剂的颜色,而菌体和芽孢囊被染成复染剂的颜色,使芽孢和菌体更易于区分。

实验器材

1. 菌种:蜡样芽孢杆菌约 2 d 的营养琼脂斜面培养物、球形芽孢杆菌(Bacillus sphaericus)1 ~2 d 的营养琼脂斜面培养物。

2. 染色剂:5% 孔雀绿水溶液、0.5% 番红水溶液。

3. 仪器或其他用具:小试管、滴管、烧杯、试管架、载玻片、木架子、显微镜等。

实验步骤

(一) 改良的 Schaeffer-Fulton 氏染色法

1. 制备菌悬液。

加 1 ~2 滴水于小试管中,用接种环挑取 2 ~3 环菌苔于试管中,搅拌均匀,制成浓的菌悬液。

所用菌种应掌握菌龄,以大部分细菌已形成芽孢囊为宜,取菌不宜太少。

2. 染色。

加孔雀绿染液 2 ~3 滴于小试管中,并使其与菌液混合均匀,然后将试管置于烧杯中,沸水浴加热染色 15 ~20 min。

3. 涂片固定。

用接种环挑取试管底部菌液数环于洁净载玻片上,涂成薄膜,然后将涂片通过火焰 3 次温热固定。

4. 脱色。

水洗,直至流出的水无绿色为止。

5. 复染。

用番红染液染色 2 ~3 min,倾去染液并用滤纸吸干残液。

6. 镜检。

干燥后用油镜观察。芽孢呈绿色,芽孢囊及营养体为红色。

(二) Schaeffer-Fulton 氏染色法

1. 制片。

按常规涂片、干燥、固定。

2. 染色。

加数滴孔雀绿染液于涂片上,用木夹夹住载玻片一端,在微火上加热至染料冒蒸汽并开始计时,维持 5 min。

加热过程中,要及时补充染液,切勿让涂片干涸。

3. 水洗。

待载玻片冷却后,用缓流自来水冲洗,直至流出的水无色为止。

勿用瀑水对着菌膜冲洗,以免细菌被水冲掉。

4. 复染。

用番红染液复染 2 min。

5. 水洗、晾干或吸干。

用缓流水洗后,吸干。

6. 镜检。

干后油镜观察。芽孢呈绿色,芽孢囊及营养体为红色。

实验报告

1. 结果。

绘图表示两种芽孢杆菌的形态特征(注意芽孢的形状、着生位置及芽孢囊的形状特征)。

2. 思考题。

(1) 说明芽孢染色法的原理。用简单染色法能否观察到细菌的芽孢?

(2) 用 Schaeffer-Fulton 氏染色法加热染色时,若因一时疏忽使载玻片上的染液被烘干,能否立即补加染液?为什么?

(3) 若涂片中观察到的只是大量游离芽孢,很少看到芽孢囊及营养细胞,你认为是什么原因造成的?

实验 13 荚膜染色法

实验目的

学习并掌握荚膜染色法。

基本原理

荚膜是包围在细菌细胞外的一层黏液状或胶质状物质,其成分为多糖、糖蛋白或多肽。由于荚膜与染料的亲和力弱、不易着色,而且可溶于水,易在用水冲洗时被除去,所以通常用衬托染色法染色,使菌体和背景着色,而荚膜不着色,在菌体周围形成一个透明圈。由于荚膜含水量高，制片时通常不用热固定，以免变形影响观察。荚膜的有无是菌体分类鉴定的重要形态学指标。

实验器材

1. 菌种：褐球固氮菌(Azotobacter chroococcum)或胶质芽孢杆菌(Bacillus mucilaginosus)约2 d的无氮培养基琼脂斜面培养物。

2. 染色剂：绘图墨水(上海墨水厂的“沪光绘图墨水”效果较好，必要时用滤纸过滤后使用)、1%甲基紫水溶液、1%结晶紫水溶液、6%葡萄糖水溶液、20%硫酸铜水溶液、甲醇。

3. 仪器或其他用具：载玻片、盖玻片、滤纸、显微镜等。

实验步骤

下面介绍3种荚膜染色法，其中湿墨水法较简便，并适用于各种有荚膜的细菌。

1. 湿墨水法。

(1) 制备菌和墨水混合液。

加一滴墨水于洁净的载玻片上，然后挑取少量菌体与其混合均匀。

(2) 加盖玻片。

将一洁净盖玻片盖在混合液上，然后在盖玻片上放一张滤纸，轻轻按压以吸去多余的混合液。加盖玻片时勿留气泡，以免影响观察。

(3) 镜检。

用低倍镜和高倍镜观察，若用相差光学显微镜观察，效果更好。

背景灰色，菌体较暗，在菌体周围呈现明亮的透明圈即为荚膜。

2. 干墨水法。

(1) 制混合液。加一滴6%葡萄糖液于洁净载玻片的一端，然后挑取少量菌体与其混合，再加一杯墨水，充分混匀。载玻片必须洁净无油迹，否则涂片时混合液不能均匀散开。

(2) 另取一段边缘光滑的载玻片作推片，将推片一端的边缘置于混合液前方，然后稍向后拉，当推片与混合液接触后，轻轻左右移动，使混合液沿推片接触的后缘散开，以大约30°角迅速将混合液推向另一端，使混合液铺成薄层。具体操作如图3－13－1所示。

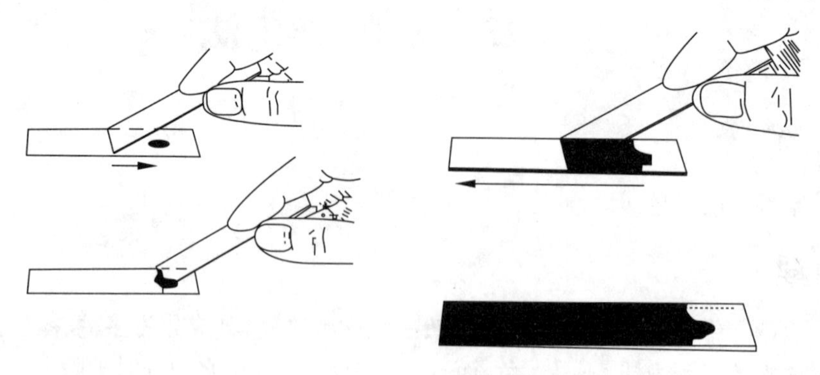

图3－13－1　荚膜干墨水染色的涂片方法

(3) 干燥。

空气中自然干燥。

(4) 固定。

用甲醇浸没涂片固定。

(5) 干燥。

在酒精灯上方用文火干燥。

(6) 染色。

用甲基紫染 1 ~2 min。

(7) 水洗。

用自来水轻轻冲洗,自然干燥。

(8) 镜检。

用低倍和高倍镜观察。

背景灰色,菌体紫色,菌体周围的清晰透明圈为荚膜。

3. Anthony 氏法。

(1) 涂片。

按常规取菌涂片。

(2) 固定。

空气中自然干燥。

(3) 染色。

不可加热干燥固定。用 1% 的结晶紫水溶液染色 2 min。

(4) 脱色。

以 20% 的硫酸铜水溶液冲洗,用吸水纸吸干残液。

(5) 镜检。

干后用油镜观察。菌体染成深紫色,菌体周围的荚膜呈淡紫色。

实验报告

1. 结果。

绘图说明你所观察到的细菌的菌体和荚膜的形态。

2. 思考题。

(1) 试比较三种荚膜染色法的优缺点。

(2) 通过荚膜染色法染色后,为什么被包在荚膜里的菌体着色而荚膜不着色?

实验 14　酵母菌的形态观察及死活细胞鉴别

实验目的

1. 观察酵母菌的形态及出芽生殖方式,学习区分酵母菌死活细胞的实验方法。

2. 掌握酵母菌的一般形态特征及其与细菌的区别。

实验原理

酵母菌是不运动的单细胞真核微生物,其大小通常比常见细菌大几倍到十几倍。大多数酵母以出芽方式进行无性繁殖,有的则分裂繁殖;有性繁殖是通过接合产生子囊孢子的繁殖方式。本实验通过美蓝染液水浸片和水—碘液水浸片来观察酵母的形态和出芽生殖方式。

美蓝是一种无毒性的染料,它的氧化型呈蓝色,还原型无色。用美蓝对酵母的活细胞进行染色时,由于细胞的新陈代谢作用,细胞具有较强的还原能力,能使美蓝由蓝色的氧化型变为无色的还原型。因此,具有还原能力的酵母活细胞是无色的,而死细胞或代谢作用微弱的衰老细胞则呈蓝色或淡蓝色,由此即可对酵母菌的死细胞和活细胞进行鉴别。

实验器材

1. 菌种:酿酒酵母(Saccharomyces cerevisiae)培养约2 d的麦芽汁(或豆芽汁)斜面培养物。

2. 溶液或试剂:0.05%和0.1%吕氏碱性美蓝染色液、革兰氏染色用碘液。

3. 仪器或其他用具:显微镜、载玻片、盖玻片等。

实验步骤

1. 美蓝浸片的观察。

(1) 在载玻片中央加一滴0.1%吕氏碱性美蓝染色液,然后按无菌操作方法,用接种环挑取少量酵母菌苔放在染液中,混合均匀。

染液不宜过多或过少,否则,在盖上盖玻片时,菌液会溢出或出现大量气泡而影响观察。

(2) 用镊子取一块盖玻片,先将一边与菌液接触,然后慢慢将盖玻片放下使其盖在菌液上。

盖玻片不宜平着放下,以免产生气泡影响观察。

(3) 将制片放置约3 min后镜检,先用低倍镜,然后用高倍镜观察酵母的形态和出芽情况,并根据颜色来区别死活细胞。

(4) 染色约0.5 h后再次进行观察,注意死细胞数量是否增加。

(5) 用0.05%吕氏碱性美蓝染液重复上述操作。

2. 水—碘液水浸片的观察。

在载玻片中央加一小滴革兰氏染色用碘液,然后在其上加3小滴水,取少许酵母菌苔放在水—碘液中混匀,盖上盖玻片后镜检。

实验报告

1. 结果。

绘图说明你所观察到的酵母菌的形态特征。

2. 思考题。

(1) 吕氏碱性美蓝染液浓度和作用时间的不同,对酵母菌死细胞数量有何影响?试分析其原因。

(2) 在显微镜下,酵母菌有哪些突出的特征区别于一般细菌?

实验15 放线菌的培养及形态观察

实验目的

1. 学习培养放线菌的基本方法。
2. 学习并掌握观察放线菌形态的基本方法。
3. 初步了解放线菌的形态特征。

实验原理

放线菌是指能形成分枝丝状体或菌丝体的一类革兰氏阳性细菌。常见放线菌大多能形成菌丝体,紧贴培养基表面或深入培养基内生长的叫基内菌丝(简称"基丝"),基丝生长到一定阶段还能向空气中生长出气生菌丝(简称"气丝"),并进一步分化,产生孢子丝及孢子。有的放线菌只产生基丝而无气丝。在显微镜下直接观察时,气丝在上层,基丝在下层;气丝色暗,基丝较透明。孢子丝依种类的不同,形态分为直、波曲和螺旋三种类型。在油镜下观察,放线菌的孢子有球形、椭圆形、杆状或柱状。能否产生菌丝体及由菌丝体分化产生的各种形态特征是放线菌分类鉴定的重要依据。为了观察放线茵的形态特征,人们设计了各种培养和观察方法,这些方法的主要目的是为了尽可能保持放线菌自然生长状态下的形态特征。本实验介绍其中几种常用方法。

扦片法:将放线菌接种在琼脂平板上,扦上灭菌盖玻片后培养,使放线菌苗丝沿着培养基表面与盖玻片的交接处生长而附着在盖玻片上。观察时,轻轻取出盖玻片,置于载玻片上直接镜检。这种方法可观察到放线菌自然生长状态下的特征,而且便于观察不同生长期的形态。

玻璃纸法:玻璃纸是一种透明的半透膜,将灭菌的玻璃纸覆盖在琼脂平板表面,然后将放线菌接种于玻璃纸上,经培养,放线菌在玻璃纸上生长形成菌苔。观察时,揭下玻璃纸,固定在载玻片上直接镜检。这种方法既能保持放线菌的自然生长状态,也便于观察不同生长期的形态特征。

印片法:将要观察的放线菌的菌落或苗苔,先印在载玻片上,经染色后观察。这种方法主要用于观察孢子丝的形态、孢子的排列及其形状等,方法简便,但形态特征可能有所改变。

实验器材

1. 菌种:细黄链霉菌(Streptomyces microflavus)或青色链霉菌(S. glaucus)、弗氏链霉菌(S. fradiae)。

2. 培养基:灭菌的高氏Ⅰ号琼脂。

3. 仪器或其他用具:经灭菌的平皿、玻璃纸、盖玻片、玻璃涂棒、载玻片、接种环、接种铲、镊子、石炭酸复红染液、显微镜等。

实验步骤

1. 扦片法。

(1) 倒平板。取熔化并冷至大约50 ℃的高氏Ⅰ号琼脂约20 mL倒平板,凝固待用。

(2) 接种。用接种环挑取菌种斜面培养物(孢子)在琼脂平板上划线接种。

划线要密些,以利于扦片。

(3) 扦片。以无菌操作方式用镊子将灭菌的盖玻片以大约45°角扦入琼脂内(扦在接种线上)(图3-15-1),扦片数量可根据需要而定。

图3-15-1 扦片

(4) 培养。将扦片平板倒置,28 ℃培养,培养时间根据观察的目的而定,通常3~5 d。

(5) 镜检。用镊子小心拔出盖玻片,擦去背面培养物,然后将有菌的一面朝上,放在载玻片上,直接镜检。

观察时,宜用略暗光线;先用低倍镜找到适当视野,再换高倍镜观察。如果用0.1%美蓝对培养后的盖玻片进行染色后观察,效果会更好。

2. 玻璃纸法。

(1) 倒平板。同扦片法。

(2) 铺玻璃纸。以无菌操作用镊子将已灭菌(155 ℃~160 ℃干热灭菌2 h)的玻璃纸片(似盖玻片大小)铺在培养基琼脂表面,用无菌玻璃涂棒(或接种环)将玻璃纸压平,使其紧贴在琼脂表面,玻璃纸和琼脂之间不留气泡。每个平板可铺5~10块玻璃纸。也可用略小于平皿的大张玻璃纸代替小纸片,但观察时需要再剪成小块。

(3) 接种。用接种环挑取菌种斜面培养物(孢子),在玻璃纸上划线接种。

(4) 培养。将平板倒置,28 ℃培养3~5 d。

(5) 镜检。在洁净载玻片上加一小滴水,用镊子小心取下玻璃纸片,菌面朝上放在载玻片的水滴上,使玻璃纸平贴在载玻片上(中间勿留气泡),先用低倍镜观察,找到适当视野后换高倍镜观察。

操作过程,勿碰动玻璃纸菌面上的培养物。

3. 印片法。

(1) 接种培养。用高氏Ⅰ号琼脂平板,常规划线接种或点种,28 ℃培养4～7 d,也可用上述两种方法所使用的琼脂平板上的培养物,作为制片观察的材料。

(2) 印片。用接种铲或解剖刀将平板上的菌苔连同培养基切下一小块,菌面朝上放在载玻片上。另取一洁净载玻片置火焰上微热后,盖在菌苔上,轻轻按压,使培养物(气丝、孢子丝或孢子)黏附在后一块载玻片的中央,有印迹的一面朝上,通过火焰2～3次固定。

印片时不要用力过大而压碎琼脂,也不要错动,以免改变放线菌的自然形态。

(3) 染色。用石炭酸复红覆盖印迹,染色约1 min后水洗。

(4) 镜检。干后用油镜观察。

实验报告

1. 结果。

绘图说明你所观察的放线菌的主要形态特征。

2. 思考题。

(1) 试比较三种培养基并观察放线菌方法形态特征。

(2) 玻璃纸培养和观察法是否还可以用于其他类群生物的培养和观察?为什么?

(3) 镜检时,你如何区分放线菌的基内菌丝和气生菌丝?

实验16　霉菌的培养及形态观察

实验目的

1. 学习培养霉菌的基本方法。
2. 学习并掌握观察霉菌形态的基本方法。
3. 了解四类常见霉菌的基本形态特征。

实验原理

霉菌可产生复杂分枝的菌丝体,分基内菌丝和气生菌丝,气生菌丝生长到一定阶段分化产生繁殖菌丝,由繁殖菌丝产生孢子。霉菌菌丝体(尤其是繁殖菌丝)及孢子的形态特征是识别不同种类霉菌的重要依据。霉菌菌丝和孢子的宽度通常比细菌和放线菌粗得多(为3～10 μm),常是细菌苗体宽度的几倍至几十倍,因此,用低倍显微镜即可观察。观察霉菌的形态有多种方法,常用的有下列几种:

扦片法:见本章实验15。

直接制片观察法:将培养物置于乳酸石炭酸棉蓝染色液中,制成霉菌制片,镜检。用此染色液制成的霉菌制片的特点是:细胞不变形;具有防腐作用,不易干燥,能保持较长时间;能防止孢子飞散;染色液的蓝色能增强反差。必要时,还可用树胶封固,制成永久标本长期保存。

载玻片培养观察法:用无菌操作将培养基琼脂薄层置于载玻片上,接种后盖上盖玻片培养,霉菌即在载玻片和盖玻片之间的有限空间内沿盖玻片横向生长。培养一定时间后,将载玻片上的培养物置显微镜下观察。这种方法既可以保持霉菌自然生长状态,还便于观察不同发育期的培养物。

玻璃纸培养观察法:霉菌的玻璃纸培养观察方法与放线菌的玻璃纸培养观察方法相似。这种方法用于观察不同生长阶段霉菌的形态,也可获得良好的效果。

实验器材

1. 菌种:曲霉(Aspergillus sp.)、青霉、根霉(Rhizopus sp.)和毛霉(Mucor sp.)、培养 2 ~ 5 d的马铃薯琼脂平板培养物。

2. 培养基:马铃薯琼脂或察氏琼脂。

3. 溶液或试剂:乳酸石炭酸棉蓝染色液。

4. 仪器或其他用具:无菌吸管、平皿、载玻片、盖玻片、U 形玻棒、解剖针、解剖刀、镊子、50% 乙醇、20% 的甘油以及显微镜等。

实验步骤

1. 扦片法。

步骤同本章实验 15。

2. 直接制片观察法。

在载玻片上加一滴乳酸石炭酸棉蓝染色液,用解剖针从霉菌菌落边缘处挑取少量已产生孢子的霉菌菌丝,先置于 50% 乙醇中浸一下以洗去脱落的孢子,再放在载玻片上的染液中,用解剖针小心地将菌丝分散开。盖上盖玻片,置低倍镜下观察,必要时换高倍镜观察。

挑菌和制片时要细心,尽可能保持霉菌自然生长状态;加盖玻片时勿压入气泡,以免影响观察。

3. 载玻片培养观察法。

(1) 培养室的灭菌。在平皿皿底铺一张略小于皿底的圆滤纸片,再放一根 U 形玻棒,其上放一块洁净载玻片和两块盖玻片,盖上皿盖,包扎后于 121 ℃灭菌 30 min,烘干备用。

(2) 琼脂块的制作。取已灭菌的马铃薯琼脂(或察氏琼脂)培养基 6 ~ 7 mL,注入另一灭菌平皿中,使之凝固成薄层。用解剖刀切成 0.5 ~ 1 cm^2 的琼脂块,并将其移至上述培养室中的载玻片上(每片放两块)(图 3 - 16 - 1)。

操作过程应注意无菌操作。

(3) 接种。用尖细的接种针挑取很少量的孢子接种于琼脂块的边缘上,用无菌镊子将盖玻片覆盖在琼

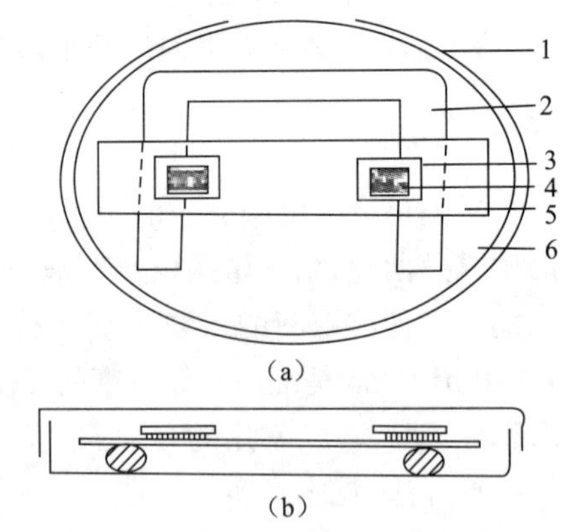

图 3 - 16 - 1 载玻片培养观察法

(a)正面观察;(b)侧面观察

1—平皿;2—U 形玻棒;3—盖玻片;4—培养物;5—载玻片;6—保湿用滤纸

脂块上。

接种量要少，尽可能将分散的孢子接种在琼脂块边缘上，否则培养后菌丝过于稠密，影响观察。

(4) 培养。先在平皿的滤纸上加 3 ~5 mL 灭菌的 20% 甘油(用于保持平皿内的湿度)，盖上皿盖，28 ℃培养。

(5) 镜检。根据需要可以在不同的培养时间内取出载玻片，置低倍镜下观察，必要时换高倍镜。

实验报告

1. 结果。

绘图说明四种霉菌的形态特征。

2. 思考题。

(1) 你主要根据哪些形态来区分上述四种霉菌？

(2) 根据载玻片培养观察方法的基本原理，你认为上述操作过程中的哪些步骤可以根据具体情况做一些改进或可用其他的方法？

(3) 你认为在显微镜下，细菌、放线菌、酵母菌和霉菌的主要区别是什么？

Ⅳ　微生物生理生化实验

实验 17　细菌生长曲线的制作

实验目的

1. 通过细菌数量的测量，了解大肠杆菌的生长特征和规律，并绘制生长曲线。
2. 复习光电比浊法测量细菌数量的过程。

实验原理

大多数细菌的繁殖速率很快，在合适的条件下，一定时期的大肠杆菌细胞每 20 min 分裂一次。将一定量的细菌转入新鲜液体培养基中，在适宜的条件下培养细胞要经历延迟期、对数期、稳定期和衰亡期四个阶段。以培养时间为横坐标，以细菌数目的对数或生长速率为纵坐标作图，所绘制的曲线称为该细菌的生长曲线。不同的细菌在相同的培养条件下生长曲线不同，同样的细菌在不同的培养条件下生长曲线也不相同。测定并绘制细菌的生长曲线，了解其生长繁殖规律，这对人们根据不同的需要，有效地利用和控制细菌的生长具有重要意义。

当光线通过微生物菌悬液时，菌体的散射及吸收作用使光线的透过量降低。在一定范围内，微生物细胞浓度与透光度成反比，与光密度成正比。而光密度或透光度可以通过光电池精确测出。因此，可以利用一系列菌悬液测定的光密度及其含菌量，作出光密度—菌数的标准曲线，然后根据样品液所测得的光密度，从标准曲线中查出对应的菌数。

用于测定细菌细胞数量的方法已在实验实验 8 中作了介绍。本实验用分光光度计(spectrophotometer)进行光电比浊以测定不同培养时间细菌悬浮液的 OD(光密度)值,绘制生长曲线。也可以直接用试管或带有测定管的三角瓶(图 3－17－1)测定“klett unts”值的光度计。如图 3－17－2 所示,只要接种 1 支试管或 1 个带测定管的三角瓶,在不同的培养时间(横坐标)取样测定,以测得的“klett unts”为纵坐标,便可很方便地绘制出细菌的生长曲线。如果需要,可根据公式 1klett units = OD/0. 002 换算出所测菌悬液的 OD 值。

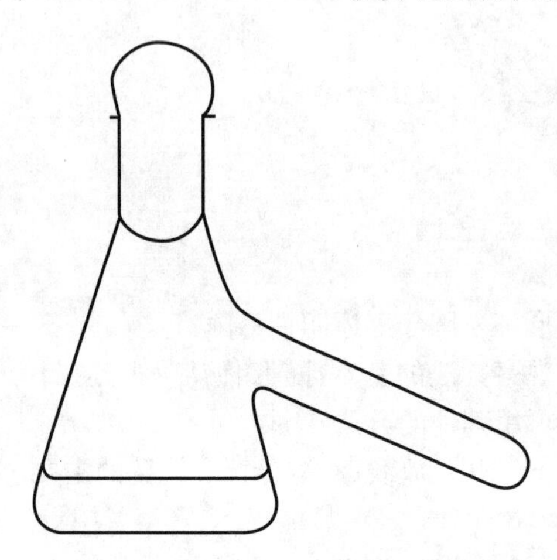

图 3－17－1　带侧臂试管的三角烧瓶

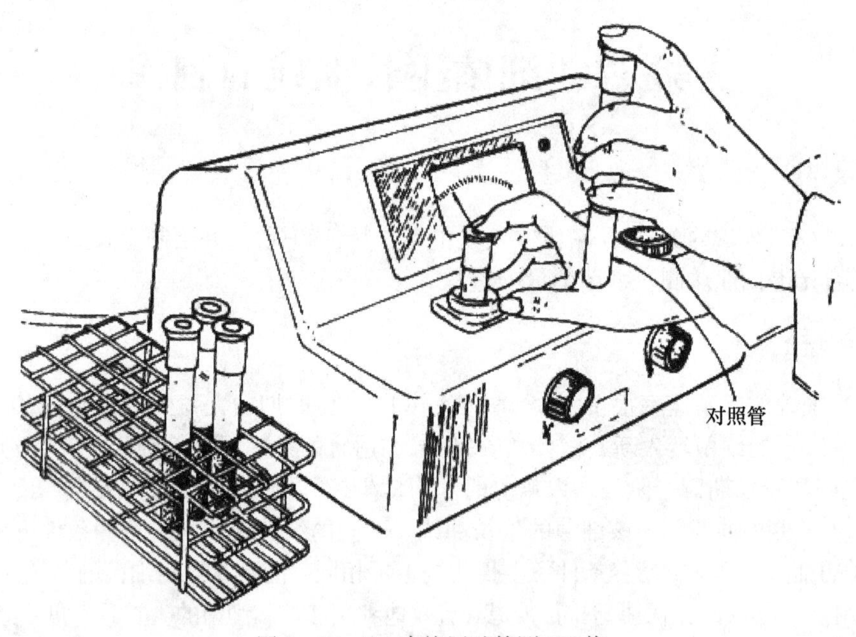

图 3－17－2　直接用试管测 OD 值

实验器材

1. 菌种:大肠杆菌。

2. 培养基:LB 液体培养基 70 mL,分装于 2 支大试管(5 mL/支),剩余 60 mL 装入 250 mL 的三角瓶。

3. 仪器:722 型分光光度计、水浴振荡摇床、无菌试管、无菌吸管等。

实验步骤

1. 标记。

取 11 支无菌大试管,用记号笔分别标明培养时间,即 0 h、1.5 h、3 h、4 h、6 h、8 h、10 h、12 h、14 h、16 h 和 20 h。

2. 接种。

用 5 mL 无菌吸管吸取 2.5 mL 大肠杆菌过夜培养液(培养 10 ~ 12 h)转入盛有 50 mL LB 液的三角瓶内。混合均匀后,分别取 5 mL 混合液放入上述标记的 11 支无菌大试管中。

3. 培养。

将已接种的试管置摇床 37 ℃振荡培养(振荡频率 250 r/min),分别培养 0 h、1.5 h、3 h、4 h、6 h、8 h、10 h、12 h、14 h、16 h 和 20 h,将标有相应时间的试管取出,立即放冰箱中贮存,最后一同比浊测定其光密度值。

4. 比浊测定。

用未接种的 LB 液体培养基作空白对照,选用 600 nm 波长进行光电比浊测定。从早取出的培养液开始依次测定,对细胞密度大的培养液用 LB 液体培养基适当稀释后测定,使其光密度值在 0.1 ~ 0.65 之内(测定 OD 值前,将待测定的培养液振荡,使细胞均匀分布)。

本操作步骤也可用简便的方法代替:

1. 用 1 mL 无菌吸管吸取 0.25 mL 大肠杆菌过夜培养液转入盛有 3 ~ 5 mL LB 液的试管中,混匀后将试管直接插入分光光度计的比色槽中。比色槽上方用自制的暗盒将试管及比色暗室全部罩上,形成一个大的暗环境,另以 1 支盛有 LB 液但没有接种的试管调零点,测定样品中培养 0 h 的 OD 值。测定完毕后,取出试管置 37 ℃继续振荡培养。

2. 分别在培养 0 h、1.5 h、3 h、4 h、6 h、8 h、10 h、12 h、14 h、16 h 和 20 h 的试管中,取出培养物试管按上述方法测定 OD 值。该方法准确度高、操作简便。但须注意的是,使用的 2 支试管要很干净,其透光程度越接近,测定的准确度越高。

实验报告

1. 结果。

(1) 将测定的 OD600 值填入表 3-17-1。

表 3-17-1 结果表

培养时间/h	对照	0	1.5	3	4	6	8	10	12	14	16	20
OD600												

（2）绘制大肠杆菌的生长曲线。

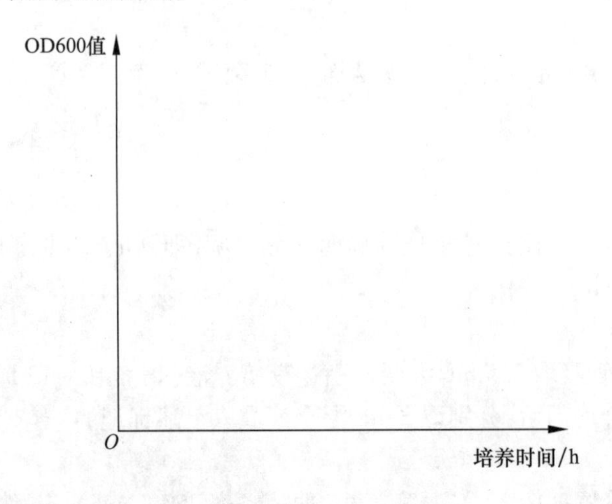

2. 思考题。

（1）如果用活菌计数法制作生长曲线，你认为会有什么不同？两者各有什么优缺点？

（2）细菌生长繁殖所经历的四个时期中，哪个时期代时最短？若细胞密度为 10^3 个/mL，培养 4.5h 后，其密度高达 2×10^8 个/mL，请计算出其代时。

（3）次生代谢产物的大量积累在哪个时期？根据细菌生长繁殖的规律，采用哪些措施可使次生代谢产物积累更多？

实验 18　厌氧微生物的培养技术

实验目的

学习几种厌氧微生物的培养方法。

实验原理

厌氧微生物在自然界中分布广泛，种类繁多，作用也日益引起重视。由于它们不能通过代谢氧来进一步生长，且在多数情况下氧分子的存在对其机体有害，所以在进行分离、培养时，必须处于无氧及氧化还原电势低的环境中。

目前，根据物理、化学、生物或它们的综合原理建立的各种厌氧微生物培养技术很多，其中有些操作十分复杂，对实验仪器也有较高的要求，如主要用于严格厌氧菌的分离和培养的亨盖特（Hungate）滚管技术、厌氧手套箱等。而有些操作相对简单，可用于那些对厌氧要求相对较低的一般厌氧菌的培养，如碱性焦性没食子酸法、厌氧罐培养法、庖肉培养基法等。本实验将主要介绍后面提到的三种，它们都是最基本也是最常用的厌氧培养技术。

1. 碱性焦性没食子酸法。

焦性没食子酸（pyrogallic acid）与碱溶液（NaOH，Na_2CO_3，或 $NaHCO_3$）作用后形成易被氧化的碱性焦性没食子酸（alkaline pyrogallate），能通过氧化作用而形成黑、褐色的焦性没食子酸,从而除掉密封容器中的氧。这种方法的优点是:无需特殊及昂贵的设备,操作简单,适用于任何可密封的容器,可迅速建立厌氧环境;缺点是在氧化过程中会产生少量的 CO,对某些厌氧菌的生长有抑制作用。同时,NaOH 的存在会吸收掉密闭容器中的 CO_2,对某些厌氧菌的生长不利。用 $NaHCO_3$ 代替 NaOH,可部分克服 CO_2 被吸收问题,但又会导致吸氧速率的减慢。

2. 厌氧罐培养法。

利用一定方法在密闭的厌氧罐中生成一定量的氢气,而经过处理的钯或铂可作为催化剂催化氢与氧化合形成水,从而除掉罐中的氧而造成厌氧环境。由于适量的 CO_2(2% ~ 10%)对大多数的厌氧菌的生长有促进作用,在进行厌氧菌的分离时可提高检出率,所以一般在供氢的同时还向罐内供给一定的 CO_2。厌氧罐中 H_2 及 CO_2 的生成可采用钢瓶灌注的外源法,但更方便的是利用各种化学反应在罐中自行生成的内源法。本实验中即是利用镁与氯化锌遇水后发生反应产生氢气,及碳酸氢钠加柠檬酸水后产生 CO_2。而厌氧罐中使用的厌氧度指示剂一般都是根据美蓝在氧化态时呈蓝色、在还原态时呈五色的原理设计的。

$$Mg + ZnCl_2 + 2H_2O \longrightarrow MgCl_2 + Zn(OH)_2 + H_2\uparrow$$

$$C_6H_8O_7 + 3NaHCO_3 \longrightarrow Na_3(C_6H_5O_7) + 3H_2O + 3CO_2\uparrow$$

目前,厌氧罐培养技术早已商业化,有多种品牌的厌氧罐产品(厌氧罐罐体、催化剂、产气袋、厌氧指示剂)可供选择,使用起来十分方便。图 3 - 18 - 1 显示了常用厌氧罐的基本结构。

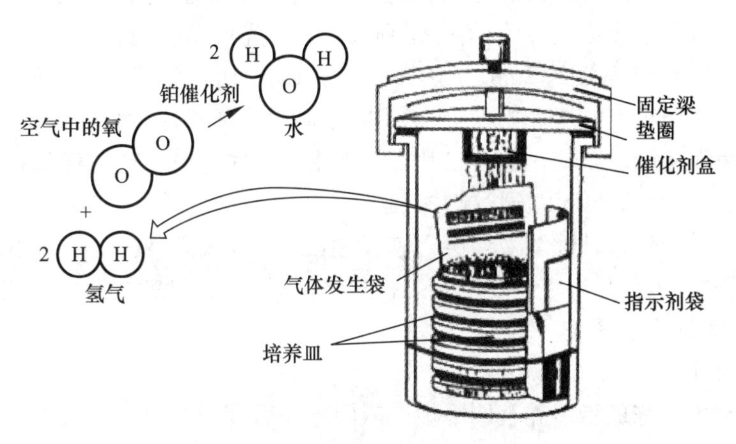

图 3 - 18 - 1　厌氧培养罐

3. 庖肉培养基法。

碱性焦性没食子酸法和厌氧罐培养法都主要用于厌氧菌的斜面及平板等固体培养,而庖肉培养基法则在对厌氧菌进行液体培养时最常采用。其基本原理是:将精瘦牛肉或猪肉经处理后配成庖肉培养基,其中既含有易被氧化的不饱和脂肪酸(能吸收氧),又含有谷胱甘肽(glutathione)等还原性物质(可形成负氧化还原电势差),再加上将培养基煮沸驱氧及用石蜡凡士林封闭液面,可用于培养厌氧菌。这种方法是保藏厌氧菌,特别是厌氧的芽孢菌的一种简单可行的方法。若操作适宜,严格厌氧菌都可获得生长。

实验器材

1. 菌种:巴氏芽孢梭菌(巴氏固氮梭状芽孢杆菌,Clostridium pasteurianum)、荧光假单胞菌(Pseudomonasfluorescens)。

2. 培养基:肉膏蛋白胨琼脂培养基、庖肉培养基。

3. 溶液或试剂:10% NaOH、灭菌的石蜡凡士林(1∶1)、焦性没食子酸。

4. 仪器或其他用具:棉花、厌氧罐、催化剂、产气袋、厌氧指示袋、无菌的带橡皮塞的大试管、灭菌的玻璃板(直径比培养皿大3~4 cm)、滴管、烧瓶、小刀等。

实验步骤

1. 碱性焦性没食子酸法。

(1) 大管套小管法。在一支已灭菌、带橡皮塞的大试管中,放入少许棉花和焦性没食子酸。焦性没食子酸的用量按它在过量碱液中能每克吸收100 mL空气中的氧来估计,本实验用量约0.5 g。将巴氏芽孢梭菌接种在小试管肉膏蛋白胨琼脂斜面上,迅速滴入10%的NaOH于大试管中,使焦性没食子酸润湿,并立即放入已接种厌氧菌的小试管斜面(小试管口朝上),塞上橡皮塞,置30 ℃培养,定期观察斜面上菌种的生长状况并记录。

(2) 培养皿法。取玻璃板一块或培养皿盖,洗净,干燥后灭菌,铺上一薄层灭菌脱脂棉或纱布,将焦性没食子酸放在上面。用肉膏蛋白胨琼脂培养基倒平板,待凝固稍干燥后,在平板上一半划线接种巴氏芽孢梭菌,另一半划线接种荧光假单胞菌,并在皿底用记号笔做好标记。滴加10% NaOH溶液约2 mL于焦性没食子酸上,切勿使溶液溢出棉花,立即将已接种的平板覆盖于玻璃板上或培养皿盖上,必须将脱脂棉全部罩住,而且焦性没食子酸反应物不能与培养基表面接触。以熔化的石蜡凡士林液密封皿底与玻板或皿盖的接触处,置30 ℃培养,定期观察平板上菌种的生长状况并记录。

由于焦性没食子酸遇碱性溶液后会迅速发生反应并开始吸氧,所以采用此法进行厌氧微生物培养时必须注意:只有在一切准备工作都做好后,才能向焦性没食子酸滴加NaOH溶液,并迅速封闭大试管或平板。

2. 厌氧罐培养法。

(1) 用肉膏蛋白胨琼脂培养基倒平板。凝固干燥后,取两个平板,每个平板均同时划线接种巴氏芽孢梭菌和荧光假单胞菌,并做好标记。取其中一个平板置于厌氧罐的培养皿支架上,而后放入厌氧培养罐内,而另一个平板直接置30 ℃温室培养。

(2) 将已活化的催化剂倒入厌氧罐罐盖下面的多孔催化剂小盒内,旋紧。

目前厌氧罐培养法中使用的催化剂是将钯或铂经过一定处理后包被于还原性硅胶或氧化铝小球上后形成的"冷"催化剂,它们在常温下即具有催化活性,并可反复使用。由于在厌氧培养过程中形成水汽、H_2S、CO等都会使这种催化剂受到污染而失去活性,所以这种催化剂在每次使用后都必须在140 ℃~160 ℃的烘箱内烘1~2 h,使其重新活化,并密封后放在干燥处,直到下次使用。

(3) 剪开气体发生袋的一角,将其置于罐内金属架的夹上,再向袋中加入约10 mL水。

同时,另一名同学配合,剪开指示剂袋,使指示条暴露(还原态为无色,氧化态为蓝色),立即放入罐中。

(4) 迅速盖好厌氧罐罐盖,将固定梁旋紧,置30 ℃温室培养,观察并记录罐内情况变化及菌种生长情况。

必须在一切准备工作完成后再往产气袋中注水,而加水后应迅速密闭厌氧罐,否则,产生的氧气会过多地往外泄,会导致罐内厌氧环境构建的失败。

3. 庖肉培养基法。

(1) 接种。将盖在培养基液面的石蜡凡士林先于火焰上微微加热,使其边缘熔化,再用接种环将石蜡凡士林块拨成斜立或直立在液面上,然后用接种环或无菌滴管接种。接种后再将液面上的石蜡凡士林块在火焰上加热使其熔化,然后将试管直立静置,使石蜡凡士林凝固并密封培养基液面。

配好的庖肉培养基试管若已放置了一段时间,则接种前应将其置沸水浴中再加热10 min,以除去溶入的氧,而刚灭完菌的新鲜庖肉培养基可先接种后再用石蜡凡士林封闭液面,这样可避免一些操作上的麻烦。在用火焰熔化培养基液面上的石蜡凡士林时应注意,不要使下面的培养基温度升得太高,以免烫死刚接入的菌种。

(2) 培养。将按上述方法分别接种巴氏芽孢梭菌和荧光假单胞菌的庖肉培养基,置30 ℃温室培养,并注意观察培养基肉渣颜色的变化和熔封石蜡凡士林层的状态。

对于一般的厌氧菌,接种的庖肉培养基可直接放在温室里培养。而对于一些对厌氧环境要求比较苛刻的厌氧菌,接种的庖肉培养基应先放在厌氧罐中,然后再送温室培养。

实验报告

1. 结果。

在你的实验中,好氧的荧光假单胞菌和厌氧的巴氏芽孢梭菌在几种厌氧培养方法中的生长状况如何?请对在厌氧培养条件下出现的如下情况进行分析:

讨论:a、荧光假单胞菌不生长,而巴氏芽孢梭菌生长;b、荧光假单胞菌和巴氏芽孢梭菌均生长;c、荧光假单胞菌生长,而巴氏芽孢梭菌不生长。

2. 思考题。

(1) 在进行厌氧菌培养时,为什么每次都应同时接种一种严格好氧菌作为对照?

(2) 根据你所做的实验,你认为这几种厌氧培养法各有何优、缺点?除此之外,你还知道哪些厌氧培养技术?请简述其特点。

实验19　环境因素对微生物生长发育的影响

I　化学因素对微生物的影响

实验目的

1. 了解常用化学消毒剂对微生物的作用。

2. 学习测定石炭酸系数的方法。

实验原理

常用化学消毒剂主要有重金属及其盐类、有机溶剂(酚、醇、醛等)、卤族元素及其化合物,染料和表面活性剂等。重金属离子可与菌体蛋白质结合而使之变性或与某些酶蛋白的巯基相结合而使酶失活,重金属盐则是蛋白质沉淀剂,或与代谢产物发生螯合作用而使之变为无效化合物;有机溶剂可使蛋白质及核酸变性,也可破坏细胞膜透性,使内含物外溢;碘可与蛋白质酪氨酸残基不可逆结合而使蛋白质失活,氯气与水发生反应产生的强氧化剂也具有杀菌作用;染料在低浓度条件下可抑制细菌生长,染料对细菌的作用具有选择性,革兰氏阳性菌普遍比革兰氏阴性菌对染料更加敏感;表面活性剂能降低溶液表面张力,这类物质作用于微生物细胞膜,能改变其透性,同时也能使蛋白质发生变性。各种化学消毒剂的杀菌能力常以石炭酸为标准,以石炭酸系数(酚系数)来表示。将某一消毒剂进行不同程度的稀释,在一定时间内及一定条件下,该消毒剂杀死全部供试微生物的最高稀释倍数与达到同样效果的石炭酸的最高稀释倍数的比值,即为该消毒剂对该种微生物的石炭酸系数。石炭酸系数越大,说明该消毒剂的杀菌能力越强。

实验器材

1. 菌种:大肠杆菌、白色葡萄球菌(*Staphylococcus albus*)。

2. 培养基:牛肉膏蛋白胨琼脂培养基,牛肉膏蛋白胨液体培养基。

3. 溶液或试剂:2.5%碘酒、0.1%升汞、5%石炭酸、75%乙醇、100%乙醇、1%来苏尔、0.25%新洁尔灭、0.005%龙胆紫、0.05%龙胆紫、无菌生理盐水。

4. 仪器或其他用具:无菌培养皿、无菌滤纸片、试管、吸管、三角涂棒等。

实验步骤

1. 滤纸片法测定化学消毒剂的抑(杀)菌作用。

(1) 将已灭菌并冷却至50 ℃左右的牛肉膏蛋白胨琼脂培养基倒入无菌平皿中,水平放置待凝固。

(2) 用无菌吸管吸取0.2 mL培养18 h的白色葡萄球菌菌液加入到上述平板中,用无菌三角涂棒涂布均匀。

(3) 将已涂布好的平板底皿划分成4~6等份,每一等份内标明一种消毒剂的名称。

(4) 用无菌镊子将已灭菌的小圆滤纸片(直径D=5 mm)分别浸入装有各种消毒剂溶液的试管中浸湿。

注意取出滤纸片时保证滤纸片所含消毒剂溶液量基本一致,并在试管内壁沥去多余药液。

以无菌操作将滤纸片贴在平板相应区域,平板中间贴上浸有无菌生理盐水的滤纸片作为对照(图3-19-1)。

(5) 将上述贴好滤纸片的含菌平板倒置放于37 ℃温室中,24 h后取出,观察抑(杀)菌圈的大小(图3-19-2)。

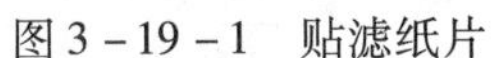

图3-19-1 贴滤纸片

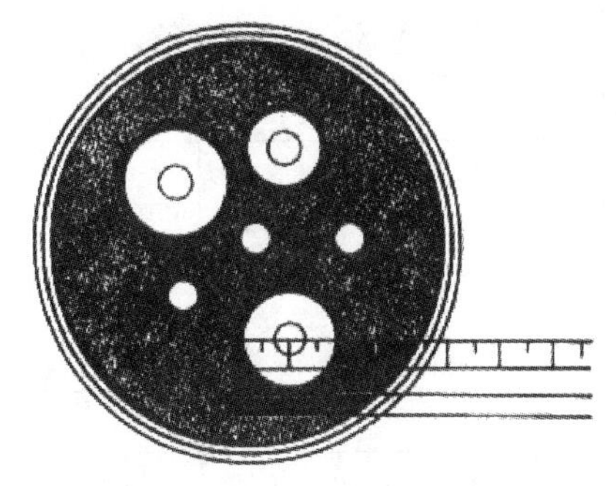

图3-19-2 观察抑(杀)菌圈

2. 石炭酸系数的测定。

(1) 将石炭酸稀释配成1/5、1/60、1/70、1/80及1/90等不同的浓度,分别取5 mL装入相应试管中。

(2) 将待测消毒剂(来苏尔)稀释配成1/150、1/200、1/250、1/300及1/500等不同的浓度,各取5 mL装入相应的试管。

(3) 取盛有已灭菌的牛肉膏蛋白胨液体培养基的试管30支,其中15支标明石炭酸的5种浓度,每种浓度3管(分别标记上5 min、10 min及15 min);另外15支标明来苏尔的5种浓度,每种浓度3管(分别标记上5 min、10 min及15 min)。

(4) 在上述盛有不同浓度的石炭酸和来苏尔溶液的试管中各接入0.5 mL大肠杆菌菌液并摇匀。

注意吸取菌液时要将菌液吹打均匀,保证每个试管中接入的菌量一致。

每管自接种时起,分别于5 min、10 min和15 min用接种环从各管内取一环菌液,接入标记有相应石炭酸及来苏尔浓度的、装有牛肉膏蛋白胨液体培养基的试管中。

(5) 将上述试管置于37 ℃温室中,48 h后观察并记录细菌的生长状况。细菌生长者试管内培养液混浊,以"+"表示;不生长者培养液澄清,以"-"表示。

(6) 计算石炭酸系数值。找出将大肠杆菌在药液中处理5 min后仍能生长,而处理10 min和15 min后不生长的来苏尔及石炭酸的最大稀释倍数,并计算二者比值。例如,若来苏尔和石炭酸在10 min内杀死大肠杆菌的最大稀释倍数分别是250和70,则来苏尔的石炭酸系数为250/70=3.6。

实验报告

1. 结果。

(1) 各种化学试剂对白色葡萄球菌的作用能力。

消毒剂	抑菌圈直径/mm	消毒剂	抑菌圈直径/mm
2.5%碘酒		1%来苏尔	
0.1%升汞		0.25%新洁尔灭	
75%乙醇		0.005%龙胆紫	
100%乙醇		0.05%龙胆紫	
5%石炭酸			

（2）石炭酸系数的测定和计算。

消毒剂	稀释倍数	生长状况			石炭酸系数
		5 min	10 min	15 min	
石炭酸	50				
	60				
	70				
	80				
	90				
来苏尔	150				
	200				
	250				
	300				
	500				

2. 思考题。

（1）含化学消毒剂的滤纸周围形成的抑菌圈,表明该区域培养基中原有细菌被杀灭或抑制,不能进行生长,你如何用实验确定抑菌圈的形成是由于化学消毒剂的抑菌作用还是杀菌作用?

（2）影响抑菌圈大小的因素有哪些?抑菌圈大小是否能准确地反映出化学消毒剂抑菌能力的强弱?

（3）在你的实验中,75%和100%的乙醇对白色葡萄球菌的作用效果有何不同?你知道医院常用作消毒剂的乙醇浓度是多少吗?请说明用此浓度乙醇的原因和机理。

（4）某公司推出一种新型饮料,并声称是100%纯天然产品,不含防腐剂,利用你所掌握的微生物学知识,试设计一个简单实验来初步判断此饮料是否含防腐剂。

Ⅱ 氧对微生物的影响

实验目的

了解氧对微生物生长的影响及其实验方法。

实验原理

各种微生物对氧的需求是不同的,这反映出不同种类微生物细胞内生物氧化酶系统的差别。根据对氧的需求及耐受能力的不同,可将微生物分为五类。

（1）好氧菌(aerobes):必须在有氧条件下生长,在高能分子如葡萄糖的氧化降解过程中需要氧作为氢受体。

（2）微好氧菌(microaerobes):生长需要少量的氧,过量的氧常导致这类微生物的死亡。

（3）兼性厌氧菌（facultative anaerobes）：有氧及无氧条件下均能生长，倾向于以氧作为氢受体，在无氧条件下可利用 NO_3^- 或 SO_4^{2-} 作为最终氢受体。

（4）专性厌氧菌（obligate anaerobes）：必须在完全无氧的条件下生长繁殖，由于细胞内缺少超氧化物歧化酶和过氧化氢酶，氧的存在常导致有毒害作用的超氧化物及氧自由基（O_2^-）的产生，这类微生物具有致死作用。

（5）耐氧厌氧菌（aerotoleant anaerobes）：有氧及无氧条件下均能生长，与兼性厌氧菌不同之处在于：耐氧厌氧菌虽然不以氧作为最终氢受体，但由于细胞具有超氧化物歧化酶和（或）过氧化氢酶，在有氧的条件下也能生存。

本实验采用深层琼脂法来测定氧对不同类型微生物生长的影响，在葡萄糖牛肉膏蛋白胨琼脂深层培养基试管中接入各类微生物，在适宜条件下培养后，观察生长状况，根据微生物在试管中的生长部位，判断各类微生物对氧的需求及耐受能力（图 3－19－3）。

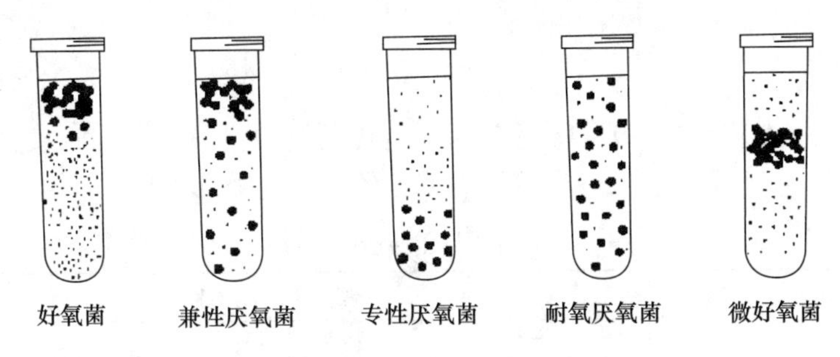

图 3－19－3　不同类型微生物在深层琼脂培养基中的生长状况示意图

实验器材

1. 菌种：金黄色葡萄球菌、干燥棒杆菌（Corynebacterium xerosis）、保加利亚乳杆菌（Lactobacillus bulgaricus）、丁酸梭菌（Clostridium butyricum），酿酒酵母及黑曲霉（Aspegillus niger）。

2. 培养基：葡萄糖牛肉膏蛋白胨琼脂培养基。

3. 溶液或试剂：无菌生理盐水。

4. 仪器或其他用具：无菌吸管、冰块等。

实验步骤

1. 在各类菌种斜面中加入 2 mL 无菌生理盐水，制成菌悬液。

2. 将装有葡萄糖牛肉膏蛋白胨琼脂培养基的试管置于 100 ℃水浴中熔化并保温 5 ~ 10 min。

3. 将试管取出，置室温静置冷却至 45 ℃ ~50 ℃时，做好标记，无菌操作吸取 0.1 mL 各类微生物菌悬液加入相应试管中，双手快速搓动试管（图 3－19－4），避免振荡使过多的空气混入培养基，待菌种均匀分布于培养基内后，将试管置于冰浴中，使琼脂迅速凝固。

4. 将上述试管置于 28 ℃温室中静置保温 48 h 后开始连续观察，直至结果清晰为止。

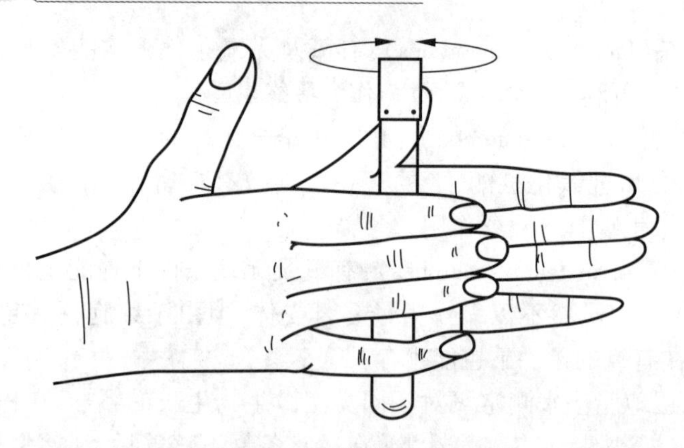

图 3 – 19 – 4　搓动试管示意图

实验报告

1. 结果。

将实验结果记录于表 3 – 19 – 1，用文字描述其生长位置（表面生长、底部生长、接近表面生长、均匀生长、接近表面生长旺盛等），并确定给定微生物的类型。

表 3 – 19 – 1　微生物受氧影响结果

菌名	生长位置	类型	菌名	生长位置	类型
金黄色葡萄球菌			丁酸梭菌		
干燥棒杆菌			酿酒酵母		
保加利亚乳杆菌			黑曲霉		

2. 思考题。

（1）在熔化的培养基中接入菌种后，为何搓动试管而不振荡试管来使菌种均匀分布于培养基中？

（2）解释不同类型微生物在琼脂深层培养基中生长位置为何不同。

（3）某些细菌细胞内不含过氧化氢酶，但人能在有氧条件下生长，试解释其原因。

（4）人体肠道内数量最多的是哪种细菌？从人类大便中最常分离到的是什么类型的细菌？为什么？

Ⅲ　温度对微生物的影响

实验目的

1. 了解温度对不同类型微生物生长的影响。
2. 区别微生物的最适生长温度与最适代谢温度。

实验原理

温度通过影响蛋白质、核酸等生物大分子的结构与功能以及细胞结构如细胞膜的流动性及完整性来影响微生物的生长、繁殖和新陈代谢。过高的环境温度会导致蛋白质或核酸的变性失活，而过低的温度会使酶活力受到抑制、细胞的新陈代谢活动减弱。每种微生物只能在一定的温度范围内生长，低温微生物最高生长温度不超过 20 ℃，中温微生物的最高生长温度低于 45 ℃，而高温微生物能在 45 ℃以上的温度条件下正常生长，某些极端高温微生物甚至能在 100 ℃以上的温度条件下生长。微生物群体生长、繁殖最快的温度为其最适生长温度，但它并不等于其发酵的最适温度，也不等于积累某一代谢产物的最适温度。黏质沙雷氏菌能产生红色或紫红色色素，菌落表面颜色随着色素量的增加呈现由橙黄到深红色逐渐加深的变化趋势，而酿酒酵母可发酵产气。本实验通过在不同温度条件下培养不同类型微生物，了解微生物的最适生长温度与最适代谢温度及最适发酵温度的差别。

实验器材

1. 菌种：大肠杆菌、嗜热脂肪芽孢杆菌（Bacillus stearothermophilus）、萨伏斯达诺氏假单胞菌（Pseudomonas savastanoi）、黏质沙雷氏菌、酿酒酵母。

2. 培养基：牛肉膏蛋白胨琼脂培养基、装有蛋白胨葡萄糖发酵培养基的试管（内含倒置德汉氏小管）。

3. 仪器或其他用具：无菌平皿、接种环等。

实验步骤

1. 将牛肉膏蛋白胨琼脂培养基熔化倒平板。

注意倒平板时培养基量适当增加，使凝固后的培养基厚度为一般培养基厚度的 1.5～2 倍，以避免在高温（60 ℃）条件下培养微生物时培养基干裂。

2. 取 8 套牛肉膏蛋白胨琼脂平板，在皿底用记号笔划分为四区，分别标上大肠杆菌、嗜热脂肪芽孢杆菌、萨伏斯达诺氏假单胞菌及黏质沙雷氏菌。

3. 在上述平板各个区域分别无菌操作划线接种相应的四种菌，各取两套平板倒置于 4 ℃、20 ℃、37 ℃及 60 ℃条件下保温 24～48 h，观察细菌的生长状况以及黏质沙雷氏菌产色素量情况。

4. 在 4 支装有蛋白胨葡萄糖发酵培养基及倒置德汉氏小管的试管中接入酿酒酵母，分别置于 4 ℃、20 ℃、37 ℃及 60 ℃条件下保温 24～48 h，观察酿酒酵母的生长状况以及发酵产气量。

实验报告

1. 结果。

比较上述五种微生物在不同温度条件下的生长状况（“ - ”表示不生长，“ + ”表示生长较差，“ + + ”表示生长一般，“ + + + ”表示生长良好）以及黏质沙雷氏菌产色素和酿酒酵母产气量的多少（用“ - ”“ + ”“ + + ”“ + + + ”表示），结果填入表 3 - 19 - 2：

表 3-19-2　五种微生物在不同温度下的生长状况对比

温度/℃	大肠杆菌	嗜热脂肪芽孢杆菌	萨斯达诺氏假单胞杆菌	黏质沙雷氏菌		酿酒酵母	
				生长状况	产色素量	生长状况	产气量
4							
20							
37							
60							

2. 思考题。

(1) 为什么微生物最适生长温度并不一定等于其代谢或发酵的最适温度?

(2) 下列地方分别最有可能存在何种类型的微生物(就温度而言)?

a. 深海海水;b. 海底火山口附近的海水;c. 温泉;d. 温带土壤表层;e. 植物组织

(3) 你认为高温微生物能感染温血动物吗? 为什么?

(4) 进行体外 DNA 扩增的 PCR(polymerase Chain Reaction)技术之所以能够迅速发展和广泛应用,最主要得益于 Taq 酶的发现和生产,你知道这种酶是从什么菌中分离出来的吗? 该菌属于本实验中涉及的哪种类型微生物?

(5) 地球以外是否有生命形式,一直是人们十分感兴趣的问题。随着 1997 年 7 月美国火星探测器在火星登陆,探索星际生命又成为一个热点。美国事实上早已将低温微生物特别是专性嗜冷菌作为其宇宙微生物研究计划的重要内容,并在南极地区模拟宇宙环境研究星际生命,你认为他们这么做的原因是什么?

(6) 据报道,有科学工作者采用特殊的钻探工具,从地表以下约 3 000 m 的土壤及岩层中采集样品,并从中分离得到细菌,根据你所掌握的知识,你能说出这些细菌具有哪些典型特征吗? 对这些微生物的研究有何重大意义?

Ⅳ　渗透压对微生物的影响

实验目的

了解渗透压对微生物生长的影响。

实验原理

在等渗溶液中,微生物正常生长繁殖;在高渗溶液(例如高盐、高糖溶液)中,细胞失水收缩,而水分为微生物生理生化反应的必需品,失水会抑制其生长繁殖;在低渗溶液中,细胞吸水膨胀,细菌、放线菌、霉菌及酵母菌等大多数微生物具有较为坚韧的细胞壁,而且个体较小,因而在低渗溶液中一般不会像无细胞壁的细胞那样容易发生裂解,具有细胞壁的微生物受低渗透压的影响不大。不同类型微生物对渗透压变化的适应能力不同,大多数微生物在 0.5% ~3% 的盐浓度范围内可正常生长,10% ~15% 的盐浓度能抑制大部分微生物的生长,但对嗜盐细菌而言,在低于 15% 的盐浓度环境中不能生长,而某些极端嗜盐菌可在盐浓度高达 30% 的条件下生长良好。

实验器材

1. 菌种:金黄色葡萄球菌、大肠杆菌、盐沼盐杆菌(*Halobacterium salinarum*)。
2. 培养基:分别含0.85%、5%、10%、15%及25% NaCl的牛肉膏蛋白胨琼脂培养基。
3. 仪器或其他用具:无菌平皿、接种环等。

实验步骤

1. 将含不同浓度NaCl的牛肉膏蛋白胨琼脂培养基熔化、倒平板。
2. 在已凝固的平板皿底用记号笔划分成三部分,分别标记上述三种菌名。

无菌操作在相应区域分别划线接种金黄色葡萄球菌、大肠杆菌及盐沼盐杆菌,避免污染杂菌或相互污染。

3. 将上述平板置于28 ℃温室中,4 d后观察并记录含不同浓度NaCl的平板上三种菌的生长状况。

实验报告

1. 结果。

将实验结果填入表3-19-3,“-”表示不生长,“+”表示生长,“++”表示生长良好。

表3-19-3　结果表

菌名	NaCl浓度(%)				
	0.85	5	10	15	25
金黄色葡萄球菌					
大肠杆菌					
盐沼盐杆菌					

2. 思考题。

(1) 列举几个在日常生活中人们利用渗透压来抑制微生物生长的例子。

(2) 在你的实验结果中,盐沼盐杆菌在哪种NaCl浓度条件下生长最好,其他浓度条件下是否生长?说明原因。

(3) 金黄色葡萄球菌和大肠杆菌在不同NaCl浓度条件下的生长状况有何区别?试解释原因。

V　pH对微生物的影响

实验目的

1. 了解pH对微生物生长的影响。
2. 确定微生物生长所需最适pH条件。

实验原理

pH对微生物生命活动的影响是通过以下几个方面实现的:一是使蛋白质、核酸等生物大分子所带电荷发生变化,从而影响生物活性;二是引起细胞膜电荷变化,导致微生物细胞吸收营养物质能力改变;三是改变环境中营养物质的可给性及有害物质的毒性。不同微生物对 pH 条件的要求各不相同,它们只能在一定的 pH 值范围内生长,这个 pH 值范围有宽、有窄,而其生长最适 pH 值常限于一个较窄的 pH 值范围,对 pH 条件的不同要求在一定程度上反映出微生物对环境的适应能力,例如肠道细菌能在一个较宽的 pH 范围生长,这与其生长的自然环境条件——消化系统是相适应的,而血液寄生微生物仅能在一个较窄的 pH 值范围内生长,因为循环系统的 pH 值一般恒定在 7. 3。

尽管一些微生物能在极端 pH 条件下生长,但就大多数微生物而言,细菌一般在 pH 值为 4 ~9 的范围内生长,生长最适 pH 值一般为 6. 5 ~ 7. 5,真菌一般在偏酸环境中生长,生长最适 pH 值一般为 4 ~6。在实验室条件下,人们常将培养基 pH 调至接近于中性,而微生物在生长过程中常由于糖的降解产酸及蛋白质降解产碱而使环境 pH 发生变化,从而影响微生物生长。因此,人们常在培养基中加入缓冲系统,如 K_2HPO_4/KH_2PO_4 系统,大多数培养基富含氨基酸、肽及蛋白质,这些物质可作为天然缓冲系统。

在实验室条件下,可根据不同类型微生物对 pH 要求的差异来选择性地分离某种微生物,例如在 pH 值为 10 ~12 的高盐培养基上可分离到嗜盐嗜碱细菌,分离真菌则一般用酸性培养基等。

实验器材

1. 菌种:粪产碱杆菌(Alcaligenes faecalis),大肠杆菌,酿酒酵母。

2. 培养基:牛肉膏蛋白胨液体培养基、用 1 mol/LNaOH 和 1 mol/LHCl 将其 pH 分别调至 3、5、7、9。

3. 溶液或试剂:无菌生理盐水。

4. 仪器或其他用具:无菌吸管、大试管、1 cm 比色杯、722 型分光光度计。

实验步骤

1. 以无菌操作吸取适量无菌生理盐水加入到粪产碱杆菌、大肠杆菌及酿酒酵母斜面试管中,制成菌悬液,使其 OD600 值均为 0. 05。

2. 无菌操作分别吸取 0. 1 mL 上述三种菌悬液,分别接种于装有 5 mL 不同 pH 值的牛肉膏蛋白胨液体培养基的大试管中。

注意吸取菌液时要将菌液吹打均匀,保证各管中接入的菌液浓度一致。

3. 接种大肠杆菌和粪产碱杆菌的 8 支试管置于 37 ℃温室保温 24 ~48 h,将接种有酿酒酵母的试管置于 28 ℃温室保温 48 ~72 h。

将上述试管取出,利用 722 型分光光度计测定培养物的 OD600 值。

实验报告

1. 结果。

将测定结果填入表 3 –19 –4,说明三种微生物各自的生长 pH 值范围及最适 pH 值。

表 3－19－4

菌名	OD 600			
	pH3	pH5	pH7	pH9
大肠杆菌				
粪产碱杆菌				
酿酒酵母				

2. 思考题。

（1）氨基酸、蛋白质为何被称为天然缓冲系统?

（2）为什么在培养微生物的时候需要在培养基中加入缓冲剂? 试列举几种常用缓冲系统。

VI　生物因素对微生物的影响

实验目的

1. 了解某一抗生素的抗菌范围。
2. 学习抗菌谱实验的基本方法。

实验原理

生物之间的关系从总体上可分为互生、共生、寄生、拮抗等。微生物之间的拮抗现象是普遍存在于自然界的,许多微生物在其生命活动过程中能产生某种特殊代谢产物,如抗生素,具有选择性地抑制或杀死其他微生物的作用,不同抗生素的抗菌谱是不同的,某些抗生素只对少数细菌有抗菌作用,例如青霉素一般只对革兰氏阳性菌具有抗菌作用,多粘菌素只对革兰氏阴性菌有作用,这类抗生素称为窄谱抗生素;另一些抗生素对多种细菌有作用,例如四环素、土霉素对许多革兰氏阳性菌和革兰氏阴性菌都有作用,称为广谱抗生素。

本实验利用滤纸条法测定青霉素的抗菌谱,将浸润有青霉素溶液的滤纸条贴在牛肉膏蛋白胨琼脂培养基甲板上,再与此滤纸条垂直划线接种实验菌。经培养后,根据抑菌带的长短,即可判断青霉素对不同类型微生物的影响,初步判断其抗菌谱。实验中所用实验菌通常以各种具有代表性的非致病菌来代替人体或动物致病菌,而植物致病菌由于对人畜一般无直接危害,可直接用作实验菌。

实验器材

1. 菌种:大肠杆菌、金黄色葡萄球菌、枯草芽孢杆菌。
2. 培养基:牛肉膏蛋白胨琼脂培养基。
3. 溶液或试剂:青霉素溶液(80 万单位/mL)、氨苄青霉素溶液(80 万单位/mL)。
4. 仪器或其他用具:无菌平皿、无菌滤纸条、镊子、接种环等。

实验步骤

1. 将牛肉膏蛋白胨琼脂培养基熔化后,冷却至45 ℃左右倒平板。

2. 贴滤纸条。用镊子将无菌滤纸条分别浸入过滤除菌的青霉素溶液和氨苄青霉素溶液中润湿,并在容器内壁沥去多余溶液,再将滤纸条,按图3-19-5所示操作分别贴在两个已凝固的上述平板上。

注意滤纸条形状要规则,滤纸条上含有的溶液量不要太多,而且在贴滤纸条时不要在培养基上拖动滤纸条,避免抗生素溶液在培养基中扩散时分布不均匀。

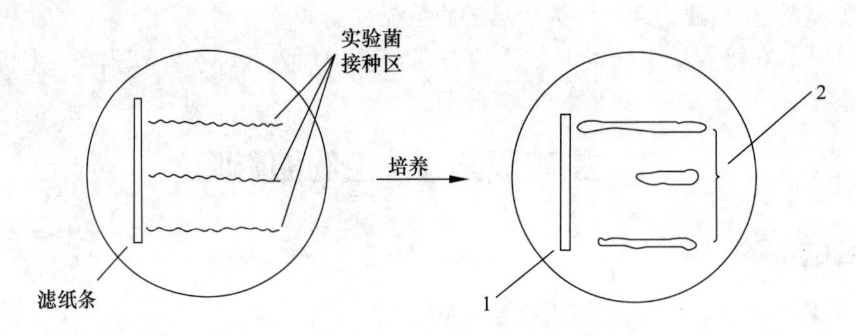

图3-19-5 抗生素抗菌谱实验

1—滤纸条;2—实验菌

3. 无菌操作。用接种环从滤纸条边缘分别垂直向外划线接种大肠杆菌、金黄色葡萄球菌及枯草芽孢杆菌(图3-19-5)。

注意划线接种时要尽量靠近滤纸条,但不要接触,避免将滤纸条上的抗生素溶液与菌种混合。

4. 将接种好的平板倒置于37 ℃温室保温24 h,取出观察并记录三种细菌的生长状况。

实验报告

1. 结果。

绘图表示并说明青霉素和氨苄青霉素对大肠杆菌的效能,解释其原理。

2. 思考题。

(1) 如果抑菌带内隔一段时间后又长出少数菌落,你如何解释这种现象?

(2) 某实验室获得一株产抗生素的菌株,请设计一个简单实验,测定此菌株所产抗生素的抗菌谱。

(3) 滥用抗生素会造成什么样的后果?原因是什么?如何解决这个问题?

(4) 根据青霉素的抗菌机制,你的平板上出现的抑菌带是致死效应还是抑制效应?与抗生素的浓度有无关系?

Ⅶ　抗生素的效价测定

实验目的

学习生物法测定抗生素效价的基本原理和步骤。

实验原理

某些微生物在生长代谢过程中产生的次级代谢产物能抑制或杀死其他微生物，这种物质被称作抗生素（antibiotic）。

抗生素效价的生物测定有稀释法、比浊法、扩散法三大类。管碟法是扩散法中的一种，是将已知浓度的标准抗生素溶液与未知浓度的样品溶液分别加到一种标准的不锈钢小管（即牛津小杯）中，在含有敏感试验菌的琼脂表面进行扩散渗透，比较两者对被试菌的抑制作用，测量出抑菌圈的大小，以计算抗生素的浓度。在一定的浓度范围内，抗生素的浓度与抑菌圈直径在双周半对数表上（抗生素浓度为对数值，抑菌圈直径为数字值）呈直线函数关系，从样品的抑菌圈直径可在标准曲线上求得其效价。由于本法是利用抗生素抑制敏感菌的直接测定方法，所以符合临床使用的实际情况，而且灵敏度很高，不需特殊设备，故多被采用。但此法也有缺点，即操作步骤多、培养时间长、得出结果慢。尽管如此，由于它具有上述独特的优点，仍被世界各国所公认，并作为国际通用的方法被列入各国药典法规中。

抗生素的种类很多，本实验以产黄青霉产生的青霉素为例来测定其效价。

实验器材

1. 菌种：金黄色葡萄球菌、产黄青菌。

2. 培养基：培养基Ⅰ：牛肉膏蛋白胨琼脂培养基，培养供试菌使用；培养基Ⅱ：培养基Ⅰ加0.5%葡萄糖，青霉素效价测定使用。

3. 溶液或试剂：0.85%生理盐水，灭菌备用；50%葡萄糖，灭菌备用。

4. 仪器或其他用具：培养板、牛津杯（或标准不锈钢小管）、陶瓦圆盖、青霉素钠盐标准品等。

实验步骤

1. 0.2 mol/L 的 pH = 6.0 磷酸缓冲液的配制。

准确称取 0.8 g KH_2PO_4 和 0.2 g K_2HPO_4，用蒸馏水溶解并定容至 100 mL，转入试剂瓶中灭菌备用。

2. 标准青霉素溶液的配制。

精确称取 15 ~ 20 mg 氨苄青霉素标准品，每毫克含 1 667 单位（1 667 U/mg，1 U 即 1 国际单位，等于 0.6 μg）。溶解在适量的 0.2 mol/L 的 pH = 6.0 的磷酸缓冲液中，然后稀释成 10 U/mL 的青霉素标准溶液，配制成不同浓度的青霉素溶液，保存于 5 ℃备用。

3. 青霉素发酵液样品溶液的制备。

用0.2 mol/L的pH =6.0磷酸缓冲液将青霉素发酵液适当稀释,备用。

4. 金黄色葡萄球菌菌液的制备。

取用培养基Ⅰ斜面保存的金黄色葡萄球菌菌种,将其接种于培养基Ⅱ斜面试管上,于37 ℃培养18 ~20 h,连续传种3 ~4次,用0.85%的生理盐水洗下,离心后,菌体用生理盐水洗涤1 ~2次,再将其稀释至一定浓度(约10^9个/mL,或用光电比色计测定,在波长650 nm处透光率为20%左右即可)。

5. 抗生素扩散平板的制备。

取灭菌过的平皿18个,分别加入已熔化的培养基120 mL,摇匀,置水平位置使其凝固,作为底层。另取培养基Ⅱ熔化后冷却至48 ℃ ~50 ℃,加入适量上述金黄色葡萄球菌菌液,迅速摇匀,在每个平板内分别加入此含菌培养基5 mL,使其在底层上均匀分布,置水平位置凝固后,在每个引层平板中以等距离均匀放置牛津杯6个,用陶瓦圆盖覆盖备用。

注意控制金黄色葡萄球菌菌液的浓度,以免其影响抑菌圈的大小。一般情况下,100 mL培养基Ⅱ中加3 ~4 mL菌液(10^9个/mL)较好。

6. 标准曲线的制备。

取上述制备的扩散平板18个,在每个平板上的6个牛津杯间隔的3个中各加入1 U/mL的标准品溶液,将每3个平板组成一组,共分6组。在第一组的每个平板的3个空牛津杯中均加入0.4 U/mL的标准液,如此依次将6种不同浓度的标准液分别加入6组平板中(图3 -19 -6)。

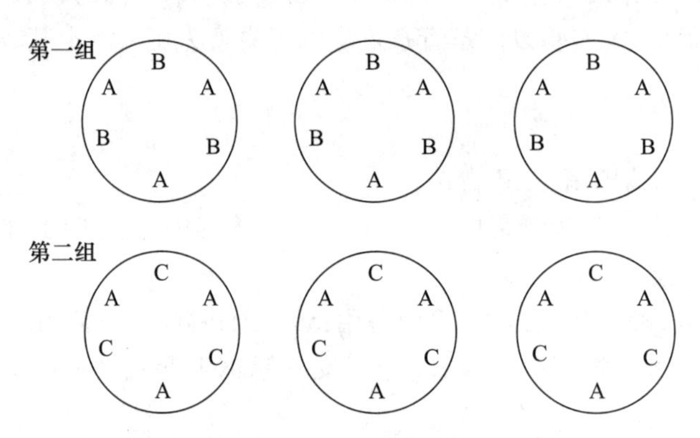

图3 -19 -6　标准曲线的滴定示意图

A—示标准曲线的矫正稀释度;B、C—示标准曲线上的其他稀释度

每一稀释度应更换一只吸管,每只牛津杯中的加入量为0.2 mL或用带滴头的滴管加样品,加样量以与杯口水平为准。

全部盖上陶瓦盖后37 ℃培养16 ~18 h,精确测量各抑菌圈的直径,分别求得每组3个平板中1 U/mL标准品抑菌圈直径与其他各浓度标准品抑菌圈直径的平均值,再求出6组中10 U/mL标准品抑菌圈直径的平均值,总平均值与每组10 U/mL标准品抑菌圈直径平均值的差,即为各组的校正值。

例如,如果6组1 U/mL标准品抑菌圈直径总平均值为22.6 mm,而0.4 U/mL的一组中9个1 U/mL标准品抑菌圈直径平均为22.4 mm,则其校正数应为22.6 mm - 22.4 mm =

0.2 mm，如果9个0.4 U/mL标准品抑菌圈直径平均为18.6 mm，则校正后应为18.6 mm + 0.2 mm = 18.8 mm，以浓度为纵坐标，以校正后的抑菌圈直径为横坐标，在双周半对数图纸上绘制标准曲线。

7. 青霉素发酵液效价测定。

取扩散平板3个，在每个平板上的6个牛津杯间隔的3个中各加入1 U/mL的标准品溶液，其他3杯中各加入适当稀释的样品发酵液，盖上陶瓦盖后，37 ℃培养16～18 h。精确测量每个抑菌的直径，分别求出标准品溶液和样品溶液所致的9个抑菌圈直径的平均值，按照上述标准曲线的制备方法求得校正数后，将样品溶液的抑菌圈直径的平均值校正，再从标准曲线中查出标准品溶液的效价，并换算成每毫升样品所含的单位数。

实验报告

1. 结果。

被测发酵液样品的效价是多少？

2. 思考题。

（1）在哪一生长期微生物对抗菌素最敏感？

（2）抗生素效价测定中，为什么常用管碟法测定？管碟法有何优缺点？

（3）抗生素效价测定为什么不用玻璃皿盖而用陶瓦盖？

Ⅷ 用生长谱法测定微生物的营养要求

实验目的

学习并掌握生长谱法测定微生物营养要求的基本原理和步骤。

实验原理

微生物的生长繁殖需要适宜的营养环境，碳源、氮源、无机盐、微量元素、生长因子等都是微生物生长所必需，缺少其中一种，微生物便不能正常生长、繁殖。在实验室条件下，人们常用人工配制的培养基来培养微生物，这些培养基中含有微生物生长所需的各种营养成分。如果人工配制一种缺乏某种营养物质（例如碳源）的琼脂培养基，接入菌种混合均匀后倒平板，再将所缺乏的营养物质（各种碳源）点植于平板上，在适宜的条件下培养后，如果接种的这种微生物能够利用某种碳源，就会在点植的该种碳源物质周围生长繁殖，呈现出由许多小菌落组成圆形区域（菌落圈），而该微生物不能利用的碳源周围就不会有微生物的生长，最终在平板上呈现一定的生长图形。由于不同类型微生物利用不同营养物质的能力不同，它们在点植不同营养物质的平板上的生长图形就会有差别，具有不同的生长谱，故称此法为生长谱法。该法可以定性、定量地测定微生物对各种营养物质的需求，在微生物育种、营养缺陷型鉴定以及饮食制品质量检测等诸多方面具有重要用途。

实验器材

1. 菌种：大肠杆菌。

2. 培养基:合成培养基。

3. 溶液或试剂:木糖、葡萄糖、半乳糖、麦芽糖、蔗糖、乳糖、无菌生理盐水等。

4. 仪器或其他用具:无菌平皿、无菌牙签、吸管。

实验步骤

1. 将培养 24 h 的大肠杆菌斜面用无菌生理盐水洗下,制成菌悬液。

2. 将合成培养基熔化并冷却至 50 ℃左右,加入上述菌悬液并混匀,倒平板。

3. 在两个已凝固的平板皿底用记号笔分别划分成三个区域,并标明要点植的各种糖,如图 3-19-7 所示。

4. 用六根无菌牙签分别挑取 6 种糖对号点植。

注意点植时糖要集中,取糖量为小米粒大小即可,糖过多时,溶解后的糖溶液扩散区域过大会导致不同的糖相互混合。

5. 待糖粒溶解后再将平板倒置于 37 ℃温室保温 18 ~ 24 h,观察各种糖周围有无菌落圈。注意点植糖后不要匆忙将平板倒置,否则尚未溶解的糖粒会掉到皿盖上。

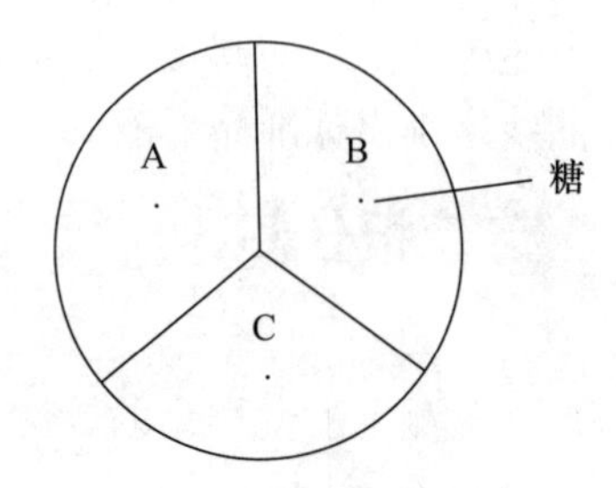

图 3-19-7 生长谱法测定大肠杆菌碳源要求示意图

实验报告

1. 结果。

绘图表示大肠杆菌在平板上的生长状况,根据实验结果,大肠杆菌能利用的碳源是什么?

2. 思考题。

(1) 在生长谱法测定微生物碳源实验中,发现某一不能被微生物利用的碳源周围也长出菌落圈,试分析各种可能的原因,并设法解决这个问题。

(2) 在某微生物学实验室做实验的一个学生不慎将两种较贵重的氨基酸样品的标签弄混,这两种氨基酸样品均为白色粉末,在外观上很难区分,他一时难以找到进行纸层析分析所需的标准氨基酸对照样品,实验室也不具备氨基酸分析仪,但此实验室有许多不同类型的氨基酸营养缺陷型菌株,在这种情况下,能采取什么简单的微生物学实验将这两种氨基酸样品区分开?

实验 20 大分子物质的水解实验

实验目的

1. 证明不同的微生物对复杂有机大分子的水解能力不同,从而说明不同的微生物有不同的酶系统。

2. 掌握进行微生物大分子水解实验的原理和方法。

实验原理

微生物对大分子的淀粉、蛋白质和脂肪不能直接利用，必须靠产生的胞外酶将大分子物质分解才能被微生物吸收利用。胞外酶主要为水解酶，通过加水裂解大的物质为较小的化合物，使其能被运输至细胞内。如淀粉水解为小分子的糊精、双糖和单糖；脂肪酶水解为甘油和脂肪酸；蛋白酶水解蛋白质为氨基酸等。这些过程均可通过观察细菌菌落周围的物质变化来证实，淀粉遇碘会产生蓝色，但细菌水解淀粉的区域，用碘测定不再产生蓝色，表明细菌产生淀粉酶。脂肪水解后产生脂肪酸可改变培养基的 pH，使 pH 降低，加入培养基的中性红指示剂会使培养基从淡红色变为深红色，说明胞外存在着脂肪酶。

微生物除了可以利用各种蛋白质和氨基酸作为氮源外，当缺乏糖类物质时，也可用它们作为碳源和能源。明胶是由胶原蛋白经水解产生的蛋白质，在 25 ℃以下可维持凝胶状态，以固体形式存在；而在 25 ℃以上明胶就会液化。有些微生物可产生一种称为明胶酶的胞外酶，水解这种蛋白质，而使明胶液化，甚至在 4 ℃仍能保持液化状态。

实验器材

1. 菌种：金黄色葡萄球菌、枯草芽孢杆菌、大肠杆菌斜面各一支；
2. 培养基：油脂培养基、淀粉培养基、明胶培养基。
3. 溶液或试剂：革兰氏染色用卢戈氏碘液（Lugol’s iodine solution）等。
4. 仪器或其他用具：无菌平皿、接种环和接种针。

实验步骤

1. 油脂水解实验。

（1）将熔化的油脂培养基冷却至 45 ℃左右时，充分振荡，使油脂均匀分布，用无菌操作倒入平皿中，待凝。

（2）将制成的平板用记号笔划分成三部分，分别接种金黄色葡萄球菌、枯草芽孢杆菌和大肠杆菌作为实验菌，均用无菌操作画“ + ”接种，并标记。

（3）将接种的平板倒置于 37 ℃温室中培养 24 h。

（4）取出平板，观察平板底层长菌的地方，如出现红色斑点，说明脂肪被水解，为阳性反应。

2. 淀粉水解实验。

（1）将淀粉培养基熔化后，冷却至 45 ℃左右，以无菌操作制成平板。

（2）将制成的平板用记号笔划分成三部分，分别接种金黄色葡萄球菌、枯草芽孢杆菌和大肠杆菌作为实验菌，均用无菌操作画“ + ”接种，并标记。

（3）将上述已接种的平板倒置于 37 ℃温室中培养 24 h。

（4）将已培养 24 小时的平皿取出，打开皿盖，滴加少量卢戈氏碘液于平板上，轻轻旋转平皿，使碘液均匀铺满整个平板。如菌苔周围出现无色透明圈，说明淀粉已被水解。透明圈的大小表示该菌水解淀粉能力的强弱。

3. 明胶液化试验。

(1) 取三管明胶培养基,用记号笔标明各管接种的菌名。分别以无菌操作用接种针穿刺接种大肠杆菌、枯草芽孢杆菌、金黄色葡萄球菌。

(2) 接种后,置于 20 ℃温室中培养 2 ~5 d。

(3) 观察明胶培养基液化情况。

实验报告

1. 结果。

将结果填入表 3 – 20 – 1。"+"表示阳性;"–"表示阴性。

表 3 – 20 – 1　结果表

菌名	淀粉水解试验	脂肪水解试验	明胶水解试验
枯草芽孢杆菌			
大肠杆菌			
金黄色葡萄球菌			

2. 思考题。

(1) 你怎样解释淀粉酶是胞外酶而非胞内酶?

(2) 不利用碘液,你怎样证明淀粉水解的存在?

(3) 接种后的明胶试管可以在 35 ℃培养,在培养后你必须做什么才能证明水解的存在?

实验 21　IMViC 和硫化氢实验

实验目的

了解 IMViC 与硫化氢反应的原理及其在肠道菌鉴定中的意义和方法。

实验原理

IMViC 是吲哚(indol test)、甲基红(methyl red test)、伏—普(Voges-Prokauer test)和柠檬酸盐(citrate test)四个实验的缩写,i 是在英文中为了发音方便而加上去的。这四个实验主要是用来快速鉴别大肠杆菌和产气肠杆菌(Enterobacter aerogenes),多用于水的细菌学检查。大肠杆菌虽非致病菌,但在饮用水中若超过一定数量,则表示受粪便污染。产气肠杆菌也广泛存在于自然界中,因此检查水时要将两者分开。

硫化氢实验也是检查肠道杆菌的生化实验。

吲哚实验用来检测吲哚的产生。有些细菌能产生色氨酸酶,分解蛋白胨中的色氨酸产生吲哚和丙酮酸,吲哚与对二甲基氨基苯甲醛结合,形成红色的玫瑰吲哚。但并非所有微生物都具有分解色氨酸产生吲哚的能力,因此吲哚实验可以作为一个生物化学检测的指标。

色氨酸水解反应：

$$\text{色氨酸(C—CH}_2\text{CHNH}_2\text{COOH, NH, CH)} + H_2O \longrightarrow \text{吲哚(CH, NH, CH)} + NH_3 + CH_3COCOOH$$

色氨酸　　　　吲哚

吲哚与对二甲基氨基苯甲醛反应：

$$2\,\text{吲哚} + \text{对二甲基氨基苯甲醛}(N(CH_3)_2\text{—C}_6H_4\text{—CH=O}) \longrightarrow \text{玫瑰吲哚} + H_2O$$

吲哚　对二甲基氨基苯甲基　　玫瑰吲哚

大肠杆菌吲哚反应呈阳性，产气肠杆菌的吲哚反应为阴性。

甲基红实验用来检测由葡萄糖产生的有机酸，如甲酸、乙酸、乳酸等。当细菌代谢糖产酸时，培养基就会变酸，使加入培养基的甲基红指示剂由橘黄色（pH＝6.3）变为红色（pH＝4.2），即甲基红反应。尽管所有的肠道微生物都能发酵葡萄糖产生有机酸，但这个实验在区分大肠杆菌和产气肠杆菌上仍然是有价值的。这两个细菌在培养的早期均产生有机酸，但大肠杆菌在培养期仍能维持酸性（pH＝4），而产气肠杆菌则转化有机酸为非酸性末端产物，如乙醇、丙酮酸等，使pH升至大约6。因此大肠杆菌反应为阳性，产气肠杆菌反应为阴性。

伏—普实验用来测定某些细菌利用葡萄糖产生非酸性或中性末端产物的能力，如丙酮酸。丙酮酸进行缩合、脱羧生成乙酰甲基甲醇，此化合物在碱性条件下能被空气中的氧气氧化成二乙酰。二乙酰与蛋白胨中精氨酸的胍基作用，生成红色化合物，即伏—普反应为阳性；不产生红色化合物者为阴性反应。有时为了使反应更为明显，可加入少量含胍基的化合物，如肌酸等。其化学反应过程如下：

$$\text{葡萄糖} \longrightarrow 2\,CH_3COCOOH\ (\text{丙酮酸}) \xrightarrow{-CO_2} CH_3\text{—CO—COHCOOH—}CH_3\ (\text{乙酰乳酸}) \xrightarrow{-CO_2} CH_3\text{—CO—CHOH—}CH_3\ (\text{乙酰甲基甲醇}) \xrightarrow{2H} CH_3\text{—CHOH—CHOH—}CH_3\ (2,3\text{—丁二醇})$$

$$\text{乙酰甲基甲醇} \xrightarrow[+OH^-]{-2H} CH_3\text{—CO—CO—}CH_3\ (\text{二乙酰})$$

$$
\begin{array}{c} CH_3 \\ | \\ CO \\ | \\ CO \\ | \\ CH_3 \end{array}
+ HN = C \begin{array}{l} \diagup NH_2 \\ \diagdown NH_2 \end{array}
\longrightarrow
+ HN = C \begin{array}{l} \diagup N = C - CH_3 \\ \qquad\quad | \\ \diagdown N = C - CH_3 \end{array}
+ 2\,H_2O
$$

二乙酰　　　胍基　　　　　　　　红色化合物

产气肠杆菌反应为阳性,大肠杆菌反应为阴性。

柠檬酸盐实验用来检测柠檬酸盐是否被利用。有些细菌能够利用柠檬酸钠作为碳源,如产气肠杆菌;而另一些细菌则不能利用柠檬酸盐,如大肠杆菌。细菌在分解柠檬酸盐及培养基中的磷酸铵后,产生碱性化合物,使培养基的 pH 升高,当加入 1% 溴麝香草酚蓝指示剂时,培养基就会由绿色变为深蓝色。溴麝香草酚蓝的指示范围为:pH 值小于 6.0 时呈黄色,pH 值在 6.0~7.0 时为绿色,pH 值大于 7.6 时呈蓝色。

硫化氢实验用于检测硫化氢的产生,也是肠道细菌检查的常用生化实验。有些细菌能分解含硫的有机物,如胱氨酸、半胱氨酸、甲硫氨酸等产生硫化氢,硫化氢一遇培养基中的铅盐或铁盐等,就形成黑色的硫化铅或硫化铁沉淀物。

以半胱氨酸为例,其化学反应过程如下:

$$CH_2SHCHNH_2COOH + H_2O \longrightarrow CH_3COCOOH + H_2S\uparrow + NH_3\uparrow$$

$$H_2S + Pb(CH_3COO)_2 \longrightarrow \underset{\text{(黑色)}}{PbS\downarrow} + 2\,CH_3COOH$$

大肠杆菌反应为阴性,产气肠杆菌反应为阳性。

实验器材

1. 菌种:大肠杆菌、产气肠杆菌。

2. 培养基:蛋白胨水培养基、葡萄糖蛋白胨水培养基、柠檬酸盐斜面培养基、醋酸铅培养基。

在配制柠檬酸盐斜面培养基时,其 pH 不要偏高,以浅绿色为宜。吲哚试验中用的蛋白胨水培养基中宜选用色氨酸含量高的蛋白胨,如用胰蛋白水解素得到的蛋白胨较好。

3. 溶液或试剂:甲基红指示剂、40% KOH、5% α-萘酚、乙醚、吲哚试剂等。

实验步骤

1. 接种与培养。

(1) 用接种针将大肠杆菌、产气肠杆菌分别穿刺,接入 2 支醋酸铅培养基中(硫化氢试验)置于 37 ℃培养 48 h。

(2) 将上述二菌分别接种于 2 支蛋白胨水培养基(吲哚实验)、2 支葡萄糖蛋白胨水培养基(甲基红实验和伏—普实验)、2 支柠檬酸盐斜面培养基和 2 支醋酸铅培养基中,置于 37 ℃培养 2 d。

2. 结果观察。

(1) 硫化氢实验:培养48 h后观察黑色硫化铅的产生。

(2) 吲哚实验:于培养2 d后的蛋白胨水培养基内加3~4滴乙醚,摇动数次,静置1~3 min,待乙醚上升后,沿试管壁徐徐加入2滴吲哚试剂,在乙醚和培养物之间产生红色环状物的反应为阳性反应。

配制蛋白胨水培养基,所用的蛋白胨最好用含色氨酸高的,如用胰蛋白酶水解酪素得到的蛋白胨中色氨酸含量较高。

(3) 甲基红实验:培养2 d后,将1支葡萄糖蛋白胨水培养物内加入2滴甲基红试剂,培养基变为红色者为阳性反应,变黄色者为阴性反应。

注意甲基红试剂不要加得太多,以免出现假阳性反应。

(4) 伏—普实验:培养2 d后,向另1支葡萄糖蛋白胨水培养物加入5~10滴40% KOH,然后加入等量的5% α-苯酚溶液,用力振荡,再放入37 ℃温箱中保温15~30 min,以加快反应速度。若培养物呈红色,则说明伏—普反应为阳性。

(5) 柠檬酸盐实验:培养48 h后观察柠檬酸盐斜面培养基上有无细菌生长和是否变色。蓝色为阳性反应,绿色为阴性反应。

实验报告

1. 结果。

将实验结果填入表3-21-1。"+"表示阳性反应,"-"表示阴性反应。

表3-21-1　结果表

菌名	IMViC试验				硫化氢试验
	吲哚试验	甲基红试验	伏—普试验	柠檬酸盐试验	
大肠杆菌					
产气肠杆菌					
对照					

2. 思考题。

(1) 讨论IMViC实验在医学检验上的意义。

(2) 解释在细菌培养中进行吲哚实验的化学原理,为什么在这个实验中用吲哚作为色氨酸酶活性的指示剂,而不用丙酮酸?

(3) 为什么大肠杆菌的甲基红反应为阳性,而产气肠杆菌为阴性? 这个实验与伏—普实验最初底物与最终产物有何异同? 为什么会出现不同?

(4) 说明硫化氢实验中醋酸铅的作用。可以用哪种化合物代替醋酸铅?

实验22　糖发酵实验

实验目的

1. 了解糖发酵的原理和在肠道细菌鉴定中的重要作用。

2. 掌握通过糖发酵鉴别不同微生物的方法。

实验原理

糖发酵实验是常用的鉴别微生物的生化反应，在肠道细菌的鉴定上尤为重要。绝大多数细菌都能利用糖类作为碳源和能源，但是它们在分解糖类物质的能力上有很大的差异。有些细菌能分解某种糖产生有机酸（如乳酸、醋酸、丙酸等）和气体（如氢气、甲烷、二氧化碳等）；有些细菌则只产酸不产气。例如大肠杆菌能分解乳糖和葡萄糖产酸并产气；伤寒杆菌分解葡萄糖产酸不产气，不能分解乳糖；普通变形杆菌分解葡萄糖产酸产气，不能分解乳糖。发酵培养基含有蛋白胨、指示剂（溴甲酚紫）、倒置的德汉氏小管和不同的糖类。当发酵产酸时，溴甲酚紫指示剂可由紫色（pH = 6.8）变为黄色（pH = 5.2）。气体的产生可由倒置的德汉氏小管中有无气泡来证明。

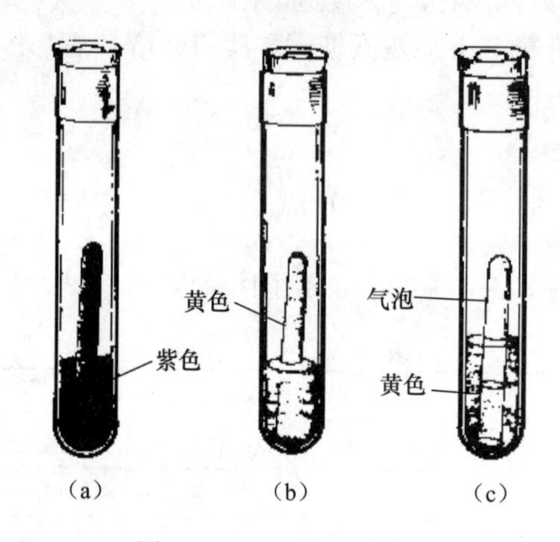

图 3－22－1　糖发酵实验

(a)培养前的情况；(b)培养后产酸不产气；(c)培养后产酸产气

实验器材

1. 菌种：大肠杆菌、普通变形杆菌斜面各一支。
2. 培养基：葡萄糖发酵培养基试管和乳糖发酵培养基试管各 3 支。

实验步骤

1. 用记号笔在各试管外壁上分别标明发酵培养基名称和所接种的细菌菌名。

2. 取葡萄糖发酵培养基试管 3 支，分别接入大肠杆菌、普通变形杆菌，第三支试管不接种，作为对照。另取乳糖发酵培养基试管 3 支，同样分别接入大肠杆菌、普通变形杆菌，第三支试管不接种，作为对照。

在接种后，轻缓摇动试管，使其均匀，防止倒置的小管进入气泡。

3. 将接种过和作为对照的 6 支试管均置于 37 ℃培养 24 ~ 48 h。

4. 观察各试管颜色变化及德汉氏小管中有无气泡。

实验报告

1. 结果。

将结果填入表 3－22－1,“＋”表示产酸或产气,“－”表示不产酸或不产气。

表 3－22－1　结果表

糖类发酵	大肠杆菌	普通变形杆菌	对照
葡萄糖发酵			
乳糖发酵			

2. 思考题。

加入某种微生物可以有氧代谢葡萄糖,发酵实验应该出现什么结果?

V　微生物专题实验

实验 23　抗原与免疫血清的制备

实验目的

学习和掌握免疫血清的制备方法,为凝集反应和沉淀反应准备凝集素和沉淀素。

实验原理

将具有完全抗原性的物质注入健康动物的机体后,动物体内便会产生相应的抗体。待动物血清中存在大量抗体时,采取动物血液,分离析出血清,便得到所需要的抗血清(免疫血清或抗体)。细菌、霉菌及病毒等颗粒性抗原物质可直接注射动物以制备相应的抗血清,但一些可溶性抗原如血清及纯化的蛋白质等,则普遍应用佐剂免疫法以改进机体的反应。佐剂的种类极多,但最常用的为弗氏佐剂。

动物产生抗体的量,除了因动物的种类、年龄、营养状况及免疫途径不同而不同外,还与抗原的种类、注射剂量、免疫次数、免疫的间隔时间有关。

抗原的剂量根据抗原的性质、类型、免疫途径、动物的种类、大小和免疫周期而定。量太小不足以引起应有的刺激,量太大易产生免疫耐受。在常规免疫中,抗原量一般为 0.1～1.0 mg/kg。当抗原初次注射后,经一定时间的诱导期,血清中能测到抗体,以后逐渐上升,这时,抗体量一般不高,然后逐渐下降,当再次免疫时抗体量迅速上升到最高水平,且维持时间也长。因此,制备抗体一般需要多次注射抗原才能得到高效价的抗血清。

本实验介绍大肠杆菌抗原和免疫血清的制备过程。

实验器材

1. 菌种:24 h 培养的大肠杆菌牛肉膏蛋白胨斜面培养物。

2. 溶液或试剂:1%硫柳汞,0.5%石碳酸生理盐水。

3. 仪器或其他用具:75%酒精棉球、碘酒棉球、消毒干棉球、细菌比浊标准管、无菌吸管、无菌注射器(5 mL、20 mL)、注射针头(5 号,B19)、无菌试管、装有玻璃珠的无菌血清瓶、解剖用具(解剖台、兔头夹、止血钳、解剖刀、眼科剪刀、镊子、动脉夹等)、双面刀片、丝线、玻璃管、胶管、离心机及无菌离心管、普通冰箱,超净工作台,水浴箱。

4. 体重 2 ~ 3 kg 的健康雄家兔。

实验步骤

(一) 凝集素的制备

1. 凝集原(颗粒性抗原)的制备。

(1) 取 37 ℃恒温培养 24 h 的牛肉膏蛋白胨大肠杆菌斜面。

(2) 每支斜面菌种中加入 5 mL0.3%甲醛液,小心地把菌苔洗下制成菌液。

(3) 用无菌清洁吸管吸取以上菌液,注入装有玻璃珠的无菌血清瓶内,振荡 10 ~ 25 min,分散菌块制成菌悬液。

(4) 将含菌悬液的血清瓶置于 60 ℃的水浴箱中水浴 1 h,并不时摇动,把菌杀死。

(5) 将菌悬液重新接种至牛肉膏蛋白胨斜面培养基中,37 ℃培养 24 ~ 48 h,如有菌生长,则要在 60 ℃水中再处理;若无菌生长则进行比浊测定其含菌量。

2. 凝集素的制备。

(1) 免疫方法:选择 2 ~ 3 kg 健康雄兔,从耳缘静脉采血 2 mL,分离出血清。该血清与准备免疫用的抗原进行凝集反应,以检查有无天然凝集素。如没有或只有极微量时,该动物便可用来免疫。

最常用的免疫途径是耳缘静脉注射。将家兔放在家兔固定箱内,一手轻轻拿起耳朵,用碘酒棉花球在耳外侧边缘静脉处消毒,然后用酒精棉球涂擦,并用手指轻轻弹几下静脉血管,使其扩张。消毒细菌悬液瓶塞后,用无菌注射器及 5 号针头吸取菌液,沿着静脉平行方向刺入静脉血管,并慢慢注入菌液。注射完毕,用干棉球按压住注射处,然后拨出针头,并压迫血管注射处片刻,以防止血液向外溢出。注射时发现注射处隆起,不易推进时,表明针尖不在血管中,应拨出针头,重找位置再注射。有时针尖口被堵塞,菌液推不进去,应及时更换针头。注射途径、剂量和日程安排等视抗原和动物不同而有所不同。大肠杆菌免疫家兔的抗原注射剂量和日程安排如表 3 - 23 - 1:

表 3 - 23 - 1 抗原注射剂量和日程安排

日期	第 1 日	第 2 日	第 3 日	第 4 日	第 5 日
注射剂量/mL	0.2	0.4	0.6	1.0	2.0

(2) 试血:通常于最后一次注射后 7 ~ 11 d,从兔耳缘静脉抽取 2 mL 血,分离析出血清,用试管凝集反应测定抗血清效价。效价合格即可大量采血,如效价不高,可继续注射抗原免疫,提高效价。

(3) 采血:采血分为心脏采血和颈动脉放血。

心脏采血:使免疫家兔仰卧于台上,四肢固定。用左手探明心脏博动最明显处,用碘酒棉球与酒精棉球消毒后,右手握消毒过的 20 mL 注射器和 B19 号针头,在上述部位的肋骨间隙与胸部呈 45°角刺入心脏,微微抽取针筒,此时可发现血液涌入注射器中便可徐徐抽取血液。2.5 kg 家兔一次可取血 20 ~ 30 mL。取血完毕后,用消毒棉球按压进针处迅速拨出针头,进针处用棉球继续压住。并马上将所采的血液注入无菌大试管内,斜放,待血液凝固后,置于 37 ℃恒温箱中 30 min,使血清充分析出,然后放入 4 ℃ ~6 ℃冰箱中。

颈动脉采血:将免疫家兔固定于兔台上,用少量乙醚麻醉,剪去颈部的毛,然后用碘酒棉球和酒精棉球消毒。沿正中线将颈部皮肤切开到锁骨间,拨开肌膜,暴露出气管,在气管深侧处找到搏动的颈动脉。小心地将颈动脉和迷走神经剥离分开 4 ~5 cm。用镊子拉出颈动脉,用丝线扎紧血管的离心端,在血管的向心端用止血钳夹住。然后用眼科剪刀在丝线与止血钳之间的血管上剪一个 V 形小切口,将弯嘴眼科镊自切口插入,使其张开,同时将一小玻璃管插入,用丝线扎紧,以防玻璃管脱漏。玻璃管另一端接入一条胶管,胶管通入大试管(或大离心管)内,然后将止血钳慢慢松开,使血液流入试管,直至动物死亡、无血液流出为止。

(4) 抗血清分离与保存:取凝固血液以 4 000 r/min 的速度离心 20 min,获得抗血清(即凝集素)。加入石炭酸或硫柳汞使其浓度分别达到 0.5% 或 0.01%。测定抗血清的效价后,封好瓶口,贴好标签,注明抗血清名称、效价及日期,置冰箱保存备用。

(二) 沉淀素的制备

抗原为可溶性抗原(如脂多糖、类毒素或可溶性蛋白等)。通常每千克兔体重注射 2 mg 蛋白,牛血清白蛋白抗原浓度为 1.5 mg/mL,则 2.5 kg 兔应注射 5 mg 蛋白。免疫方法、采血方法和抗血清(沉淀素)的分离可参照凝集素制备方法,但效价测定则用沉淀反应来测定。

注意事项:由于每个动物对免疫反应不同,产生的抗体效价有高有低,所以在制备抗血清时至少免疫两只家兔。如须保留该免疫动物,采取心脏采血法,取血后应从静脉注射等体积的 50% 葡萄糖溶液,经过 2 ~3 个月的饲养,方可再次免疫。若不保留动物须一次取大量血时,则采用颈动脉放血法。

实验报告

1. 结果。

记录免疫家兔的操作过程及免疫过程中兔的反应。

2. 思考题。

(1) 如果不用生理盐水来配制抗原,以这样的抗原免疫兔成不成?为什么?

(2) 现有一支苏云金杆菌斜面菌种,你能否制备出相应的凝集素?阐述其主要步骤。

实验 24 沉 淀 反 应

实验目的

学习和掌握环状沉淀反应及双向琼脂扩散沉淀反应方法。

实验原理

沉淀反应是指可溶性抗原(细菌培养滤液、细胞或组织的浸出液、血清蛋白等)与相应抗体在液相中特异结合后,形成的免疫复合物受电解质影响出现的沉淀现象。反应中的抗原称为沉淀原,可以是类脂、多糖或蛋白质等;抗体称为沉淀素。在操作时,一般要稀释抗原。

实验器材

1. 溶液或试剂:可溶性抗原(牛血清白蛋白)、兔抗牛血清白蛋白抗血清、生理盐水(0.85% NaCl)。

2. 仪器或其他用具:洗净载玻片、小试管、移液管、玻璃毛细吸管、不锈钢吸管。

操作步骤

1. 环状沉淀反应。

(1) 取1∶25的牛血清白蛋白1 mL,用生理盐水以对倍稀释法稀释成1∶50,1∶100,1∶200,1∶400,1∶800,1∶1 600,1∶3 200的抗原溶液。

(2) 取9支洁净干燥的小试管,每支小试管加入1∶2的兔抗牛血清白蛋白抗血清0.5 mL。

(3) 用移液管吸取上面已稀释好的牛血清白蛋白(抗原),按表3-24-1中的要求,从最大稀释度开始,沿着管壁徐徐加入各小试管中,使其与下层抗体之间形成交界面,切勿摇动混匀。第8管加入生理盐水、第9管加入兔抗血清以作对照。

(4) 静置15~30 min,观察在两液面交界处有无白色环状沉淀物出现。

(5) 结果记录。凡有白色环状沉淀物者记"+",没有沉淀者记"-"。最大稀释度的抗原与抗体交界面之间还出现白色环状沉淀者,此管的抗原稀释倍数即为抗体(沉淀素)的效价。

表3-24-1 环状沉淀反应记录表

试管	1	2	3	4	5	6	7	8	9
抗体(1∶2)/mL	0.5	0.5	0.5	0.5	0.5	0.5	0.5	0.5	0.5
抗原稀释度	1∶50	1∶100	1∶200	1∶400	1∶800	1∶1 600	1∶3 200	盐水	免血清(1∶50)
抗原用量/mL	0.5	0.5	0.5	0.5	0.5	0.5	0.5	0.5	0.5
结果									

2. 双向琼脂扩散沉淀反应。

(1) 称取1 g优质琼脂于100 mL pH值为7.2生理盐水中,在沸水中水浴使琼脂熔化后,加入1%的硫柳汞1 mL用于防腐。每块载玻片(7.5 cm×4.5 cm)滴加4 mL琼脂溶液,待凝固后用不锈钢吸管在两端(A、B端)打梅花形小孔,孔径和孔距均为3 mm。亦可直接用不锈钢管打孔,再用接种针挑去梅花形孔中的琼脂块。

(2) 在A端梅花形孔中,用玻璃毛细吸管在中心孔中加入适当稀释的抗血清(抗体),注意要使孔加满,但不外溢;周围孔加入不同稀释度的抗原(例如1∶10,1∶20,1∶40,1∶80,

1∶160,1∶320)。

在B端梅花形孔中,同样在中央孔中加入适当稀释度的抗原,周围的孔中加入不同稀释度的抗体。

(3) 把以上载玻片放入带盖的铝盒中,下面垫上3～4层湿纱布,置于37 ℃下扩散24～48 h,可看见抗原和抗体反应处呈现的沉淀线。

(4) 记录结果。注意沉淀线数目及偏向。

注意事项

(1) 在进行环状沉淀反应实验时,一定要沿着管壁加入抗原,而且切勿摇动,否则会影响沉淀环的形成。

(2) 双向琼脂扩散实验时,抗原或抗体的稀释度多少才合适,教师必须进行预测,否则由于抗原、抗体比例不合适会造成假阴性。

实验报告

1. 记录环状沉淀反应的结果并确定抗体的效价。

按照表3－24－2和表3－24－3记录双向琼脂扩散结果,并分析寻找其规律性。

表3－24－2　载玻片A端结果

抗原稀释度	1∶10	1∶20	1∶40	1∶80	1∶160	1∶320
沉淀线数目						

表3－24－3　载玻片B端结果

抗体稀释度	1∶10	1∶20	1∶40	1∶80	1∶160	1∶320
沉淀线数目						

2. 思考题。

(1) 双向琼脂扩散沉淀反应实验中,抗原或抗体浓度大于相应抗体或抗原时,沉淀线会出现何种现象?为什么会出现多条沉淀线?

(2) 如发现衣服上有血迹,怀疑是人血,你能用简单的方法进行鉴定吗?叙述其方法步骤。

实验25　病毒的血凝实验

实验目的

掌握血凝素效价测定方法。

实验原理

许多病毒能够凝集某种动物的红细胞。正粘病毒和副粘病毒是主要的凝集病毒,其他病毒包括披膜病毒、细小病毒、某些肠道病毒和腺病毒等也有凝血细胞的作用,但常需要比较严格的反应条件。各种病毒的凝集性质不同,某些病毒在很广的 pH 范围内凝集,但有些病毒可在 4 ℃、室温、37 ℃呈现同样的血凝作用。病毒凝集红细胞种类也随病毒种类而不同,例如某些病毒主要对人和家禽的红细胞呈现凝集作用,另一些病毒则可凝集豚鼠或大鼠的红细胞等。

实验器材

1. 材料:新鲜鸡血、新城疫病毒、生理盐水。
2. 仪器或其他用具:96 孔板、微量移液器、高速离心机等。

实验步骤

1. 制备鸡血红细胞液。

取新鲜鸡血,用生理盐水反复水洗 3 ~4 次,以 1 500 r/min 的速度离心 3 min,倒掉上清,沉淀加生理盐水制成 2% 的鸡血红细胞液备用。

2. 制备新城疫病毒原液。

将 1 000 羽份/瓶的新城疫病毒加入 4 mL 生理盐水制成原液,备用。

3. 制备系列稀释病毒液。

(1) 取 96 孔板连续八孔,分别标记 1 ~8 号;

(2) 向 2 ~8 号孔中一次加入 50 μL 生理盐水;

(3) 向 1 孔中加入 100 μL 的病毒原液,混匀后取 50 μL 加入 2 孔中,依此类推至 7 孔,混匀后将七孔中析出 50 μL 弃掉,8 孔作为对照,不加病毒液。

4. 向 1 ~8 孔中分别加入 50 μL 鸡血红细胞液,充分混匀。

5. 静置 40 ~45 min,观察孔板中各孔凝集情况,并记录。

实验报告

记录各孔病毒凝集情况,并计算病毒效价。

实验 26　水中细菌总数的测定

实验目的

1. 学习水样的采取方法和水样细菌总数测定的方法。
2. 了解水源水的平板菌落计数的原则。

实验原理

本实验采用平板菌落计数技术测定水中细菌总数。由于水中细菌种类繁多,它们对营养和其他生长条件的要求差别很大,不可能找到一种培养基在一种条件下使水中所有的细菌均能生长繁殖,因此,以一定的培养基平板上生长出来的菌落,计算出来的水中细菌总数仅是一个近似值。目前一般是采用普通肉膏蛋白胨琼脂培养基作为实验培养基。

实验器材

1. 培养基:肉膏蛋白胨琼脂培养基、灭菌水。

2. 仪器或其他用具:灭菌三角烧瓶、灭菌的带玻璃塞瓶、灭菌培养皿、灭菌吸管、灭菌试管等。

实验步骤

1. 水样的采取。

(1) 自来水。先将自来水龙头用火焰烧灼3 min 灭菌,再开放水龙头使水流5 min 后,以灭菌三角烧瓶接取水样,以待分析。

(2) 池水、河水或湖水。应取距水面 10 ~ 15 cm 的深层水样,先将灭菌的带玻璃塞瓶,瓶口向下浸入水中,然后翻转过来,除去玻璃塞,水即流入瓶中,盛满后,将瓶塞盖好,再从水中取出,最好立即检查,否则需放入冰箱中保存。

2. 细菌总数测定。

(1) 自来水。

① 用灭菌吸管吸取 1 mL 水样,注入灭菌培养皿中。共做两个平皿。

② 分别倾注约 15 mL 已熔化并冷却到 45 ℃左右的肉膏蛋白胨琼脂培养基,并立即在桌上做平面旋摇,使水样与培养基充分混匀。

③ 另取一个空的灭菌培养皿,倾注肉膏蛋白胨琼脂培养基 15 mL,作空白对照。

④ 培养基凝固后,倒置于 37 ℃温箱中,培养 14 h,进行菌落计数。

两个平板的平均菌落数即为 1 mL 水样的细菌总数。

(2) 池水、河水或湖水等。

① 稀释水样。取 3 个灭菌空试管,分别加入 9 mL 灭菌水。取 1 mL 水样注入第一管 9 mL灭菌水内,摇匀,再自第一管取 1 mL 至下一管灭菌水内,如此稀释到第三管,稀释度分别为 10^{-1}、10^{-2}与 10^{-3}。稀释倍数根据水样污浊程度而定,以培养后平板的菌落数在 30 ~ 300 个之间的稀释度最为合适,若三个稀释度的菌数均多到无法计数或少到无法计数,则需继续稀释或减小稀释倍数。一般中等污秽水样,取 10^{-1}、10^{-2}、10^{-3}三个连续稀释度,污秽严重的取 10^{-2}、10^{-3}、10^{-4}三个连续稀释度。

② 自最后三个稀释度的试管中各取 1 mL 稀释水加入空的灭菌培养皿中,每一稀释度做两个培养皿。

③ 各倾注 15 mL 已熔化并冷却至 45 ℃左右的肉膏蛋白胨琼脂培养基,立即放在桌上摇匀。

④ 凝固后倒置于 37 ℃培养箱中培养 24 h。

3. 菌落计数方法。

(1) 先计算相同稀释度的平均菌落数。若其中一个平板有较大片状菌苔生长时,则不应采用,而应以无片状菌苔生长的平板作为该稀释度的平均菌落数。若片状菌苔的大小不到平板的一半,而其余的一半菌落分布又很均匀,则可将此一半的菌落数乘以2以代表全平板的菌落数,然后再计算该稀释度的平均菌落数。

(2) 首先选择平均菌落数在30~300之间的,当只有一个稀释度的平均菌落数符合此范围时,则以该平均菌落数乘以其稀释倍数即为该水样的细菌总数(表3-26-1,例1)。

(3) 若有两个稀释度的平均菌落数均在30~300之间,则按两者菌落总数之比值来决定。若其比值小于2,应采取两者的平均数;若大于2,则取其中较小的菌落总数(表3-26-1,例2及例3)。

(4) 若所有稀释度的平均菌落数均大于300,则应按稀释度最高的平均菌落数乘以稀释倍数(表3-26-1,例4)。

(5) 若所有稀释度的平均菌落数均小于30,则应按稀释度最低的平均菌落数乘以稀释倍数(表3-26-1,例5)。

(6) 若所有稀释度的平均菌落数均不在30~300之间,则以最近300或30的平均菌落数乘以稀释倍数(表3-26-1,例6)。

表3-26-1 菌落计数表

例	不同稀释度的平均菌落数			两个稀释度菌落数之比	菌落总数/(个·mL^{-1})	备注
	10^{-1}	10^{-2}	10^{-3}			
1	1 365	164	20	/	16 400	两位以后的数字采取四舍五入的方法去掉
2	2 760	295	46	1.6	37 750	
3	2 890	271	60	2.2	27 100	
4	无法计数	1 650	513	/	51 300	
5	27	11	5	/	270	
6	无法计数	305	12	/	30 500	

实验报告

1. 结果。

(1) 自来水。

平板	菌落数	1 mL自来水中细菌总数
1		
2		

(2) 池水、河水或湖水等。

稀释度	10^{-1}		10^{-2}		10^{-3}	
平板	1	2	1	2	1	2
菌落数						
平均菌落数						
计算方法						
细菌总数/mL						

2. 思考题。

(1) 从自来水的细菌总数结果来看,是否合乎饮用水的标准?

(2) 你所测的水源水的污秽程度如何?

(3) 国家对自来水的细菌总数有一个标准,那么各地能否自行设计其测定条件(诸如培养温度、培养时间等)来测定水样总数呢? 为什么?

实验 27　多管发酵法测定水中大肠菌群

实验目的

1. 学习测定水中大肠菌群数量的多管发酵法。
2. 了解大肠杆菌的数量在饮水中的重要性。

实验原理

多管发酵法包括初(步)发酵实验、平板分离和复发酵实验三个部分。

1. 初(步)发酵实验。

发酵管内装有乳糖蛋白胨液体培养基,并倒置一支德汉氏小套管。乳糖能起选择作用,因为很多细菌不能发酵乳糖,而大肠菌群能发酵乳糖并产酸产气。为便于观察细菌的产酸情况,培养基内加有溴甲酚紫作为 pH 指示剂,细菌产酸后,培养基即由原来的紫色变为黄色。溴甲酚紫还有抑制其他细菌如芽孢菌生长的作用。

水样接种于发酵管内,37 ℃下培养,24 h 内小套管中有气体形成,并且培养基混浊,颜色改变,说明水中存在大肠菌群,为阳性结果,但也有个别其他类型的细菌在此条件下也可能产气。此外产酸不产气的也不能完全说明是阴性结果,在量少的情况下,也可能延迟 48 h 后才产气,此时应视为可疑结果。因此,以上两种结果均需继续做下面两部分实验,才能确定是否是大肠菌群。48 h 后仍不产气的为阴性结果。

2. 平板分离。

平板培养基一般使用复红亚硫酸钠琼脂(远藤氏培养基,Endo's medium)或伊红美蓝琼脂(eosin methylene blue agar,EMB agar),前者含有碱性复红染料,在此作为指示剂,它可被培养基中的亚硫酸钠脱色,使培养基呈淡粉红色。大肠菌群发酵乳糖后产生的酸和乙醛即和复红反应,形成深红色复合物,使大肠菌群菌落变为带金属光泽的深红色。亚硫酸钠还可抑制其他杂菌的生长。伊红美蓝琼脂平板含有伊红与美蓝染料，在此亦作为指示剂，大肠菌群发酵乳糖造成酸性环境时，该两种染料即结合成复合物使大肠菌群产生与远藤氏培养基上相似的、带核心的、有金属光泽的深紫色（龙胆紫的紫色）菌落。初发酵管 24 h 内产酸产气和 48 h 产酸产气的均需在以上平板上划线分离菌落。

3. 复发酵实验。

以上大肠菌群阳性菌落，经涂片染色为革兰氏阴性无芽胞杆菌者，通过此实验进一步证实。原理与初发酵实验相同，经 24 h 培养产酸又产气的，最后确定为大肠菌群阳性结果。

实验器材

1. 培养基：乳糖蛋白胨发酵管（内有倒置小套管）、三倍浓缩乳糖蛋白胨发酵管（瓶）（内有倒置小套管）、伊红美蓝琼脂平板、灭菌水。

2. 仪器或其他用具：载玻片、灭菌带玻璃塞空瓶、灭菌吸管、灭菌试管等。

实验步骤

1. 水样的采取。

2. 自来水检查。

（1）初（步）发酵实验。在 2 个含有 50 mL 三倍浓缩的乳糖蛋白胨发酵烧瓶中，各加入 100 mL 水样。在 10 支含有 5 mL 三倍浓缩乳糖蛋白胨发酵管中，各加入 10 mL 水样（图 3 – 27 – 1）。混匀后，37 ℃培养 24 h，24 h 未产气的继续培养至 48 h。

（2）平板分离。经 24 h 培养后，将产酸产气及 48 h 产酸产气的发酵管（瓶），分别划线接种于伊红美蓝琼脂平板上，再于 37 ℃下培养 18 ~ 24 h，将符合下列特征的菌落的一小部分进行涂片、革兰氏染色、镜检。

① 深紫黑色、有金属光泽。

② 紫黑色、不带或略带金属光泽。

③ 淡紫红色、中心颜色较深。

（3）复发酵实验。经涂片、染色、镜检，如为革兰氏阴性无芽孢杆菌，则挑取该菌落的另一部分，重新接种于普通浓度的乳糖蛋白胨发酵管中，每管可接种来自同一初发酵管的同类型菌落 1 ~ 3 个，37 ℃培养 24 h，结果若产酸又产气，即证实有大肠菌群存在。证实有大肠菌群存在后，再根据初发酵实验的阳性管（瓶）数查表 3 – 27 – 1，即得大肠菌群数。

3. 池水、河水或湖水等的检查。

（1）将水样稀释成 10^{-1} 与 10^{-2}。

（2）分别吸取 1 mL 10^{-2}、10^{-1} 的稀释水样和 1 mL 原水样，各注入装有 10 mL 普通浓度乳糖蛋白胨发酵管中。另取 10 mL 和 100 mL 原水样，分别注入装有 5 mL 和 50 mL 三倍浓缩乳糖蛋白胨发酵液的试管中。

（3）以下步骤同上述自来水的平板分离和复发酵试验。

（4）根据 100 mL、10 mL、1 mL、0.1（10^{-1}）mL 水样的发酵管结果查表 3 – 27 – 2，根据 10 mL、1 mL、0.1（10^{-1}）mL、0.01（10^{-2}）mL 水样的发酵管结果查表 3 – 27 – 3，即得每升水样

中的大肠菌群数。

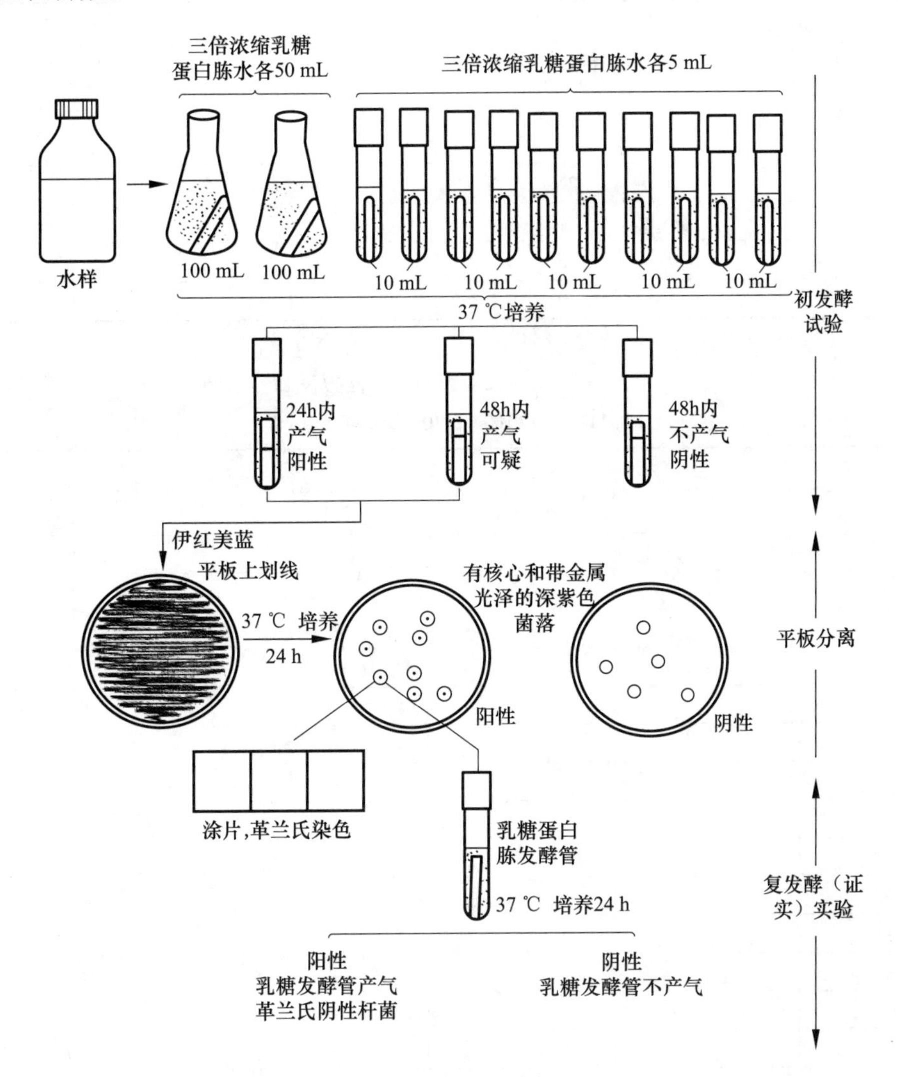

图 3－27－1　多管发酵法测定水中大肠菌群的操作步骤和结果解释

表 3－27－1　大肠菌落检数表

接种水样总量 300 mL(100 mL 2 份,10 mL 10 份)

100 mL 水量的阳性管数 10 mL 水量的阳性管数	0	1	2
	每升水样中大肠菌群数	每升水样中大肠菌群数	每升水样中大肠菌群数
0	<3	4	11
1	3	8	18
2	7	13	27
3	11	18	38
4	14	24	52

续表

100 mL 水量的阳性管数 10 mL 水量的阳性管数	0	1	2
	每升水样中大肠菌群数	每升水样中大肠菌群数	每升水样中大肠菌群数
5	18	30	70
6	22	36	92
7	27	43	120
8	31	51	161
9	36	60	230
10	40	69	>230

表 3-27-2　大肠菌落检数表

接种水样量 111.1 mL(100 mL、10 mL、1 mL、0.1 mL 各一份)

接种水样量/mL				每升水样中大肠菌群数
100	10	1	0.1	
−	−	−	−	<9
−	−	−	+	9
−	−	+	−	9
−	+	−	−	9.5
−	−	+	+	18
−	+	−	+	19
−	+	+	−	22
+	−	−	−	23
−	+	+	+	28
+	−	−	+	92
+	−	+	−	94
+	−	+	+	180
+	+	−	−	230
+	+	−	+	960
+	+	+	−	2 380
+	+	+	+	>2 380

表 3-27-3　大肠菌落检数表

接种水样量 11.1 mL(10 mL、1 mL、0.1 mL、0.01 mL 各一份)

接种水样量/mL				每升水样中 大肠菌群数
10	1	0.1	0.01	
−	−	−	−	<90
−	−	−	+	90
−	−	+	−	90
−	+	−	−	95

续表

接种水样量/mL				每升水样中大肠菌群数
10	1	0.1	0.01	
-	-	+	+	180
-	+	-	+	190
-	+	+	-	220
+	-	-	-	230
-	+	+	+	280
+	-	-	+	920
+	-	+	-	940
+	-	+	+	1 800
+	+	-	-	2 300
+	+	-	+	9 600
+	+	+	-	23 800
+	+	+	+	>23 800

实验报告

1. 结果。

(1) 自来水:100 mL 水样的阳性管数是多少? 10 mL 水样的阳性管数是多少?

查表 3-27-1 得每升水样中大肠菌群数是多少?

(2) 池水、河水或湖水:阳性结果记"+";阴性结果记"-"。

查表 3-27-2 得每升水样中大肠菌群数是多少?

查表 3-27-3 得每升水样中大肠菌群数是多少?

记录不同体积水样管的发酵结果:

水样管/mL	发酵结果
100	
10	
1	
0.1	
0.01	

2. 思考题。

(1) 大肠菌群的定义是什么?

(2) 假如水中有大量的致病菌——霍乱弧菌,那么用多管发酵技术检查大肠菌群,能否得到阴性结果? 为什么?

(3) EMB 培养基含有哪几种主要成分? 在检查大肠菌群时,各起什么作用?

(4) 经检查,水样是否合乎饮用标准?

实验 28　抗药性突变株的分离

实验目的

学习用梯度平板法分离抗药性突变菌株。

实验原理

基因中碱基顺序的改变可导致微生物细胞的遗传变异。这种变异有时能使细胞在有害的环境中存活下来,抗药性突变就是一个例子。微生物的抗药性突变是 DNA 分子的某一特定位置的结构改变所致,与药物的存在无关,某种药物的存在只是作为分离某种抗药性菌株的一种手段,而不是作为引发突变的诱导物。因而在含有一定抑制生长药物浓度的平板上涂布大量的细胞群体,极个别抗性突变的细胞会在甲板上长成菌落。将这些菌落挑取纯化,进一步进行抗性试验,就可以得到所需要的抗药性菌株。抗药性突变常用作遗传标记,因而掌握分离抗药性突变株的方法是十分必要的。

为了便于选择适当的药物浓度,分离抗药性突变株常用梯度平板法。本实验拟用梯度平板法分离大肠杆菌抗链霉素突变株。制备梯度平板过程如图 3-28-1 所示。先倒入不含药物的底层培养基,把培养板斜放(图 3-28-1(a)),凝固后将平板平放,再倒入有链霉素的上层培养基(图 3-28-1(b)),这样便可得到链霉素浓度从一边到另一边逐渐降低的梯度平板。在此平板上涂布大量敏感菌(或经诱变处理的菌株),经培养后,在链霉素浓度比较高的部位长出的菌落中可分离到抗链霉素突变株。

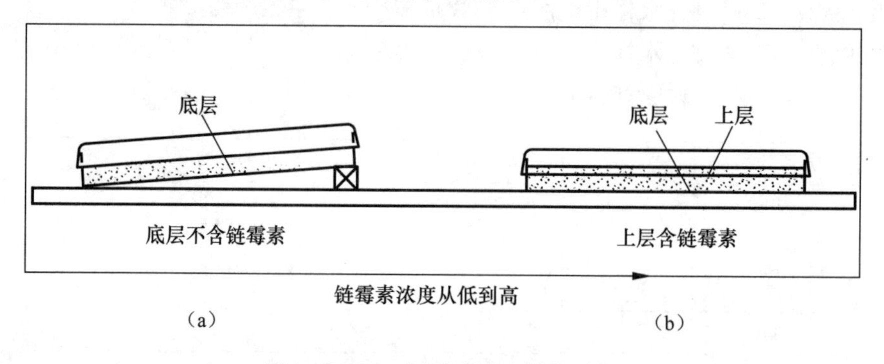

图 3-28-1　链霉素浓度梯度平板

(a)培养板斜放;(b)凝固后将平板平放

实验器材

1. 菌种:大肠杆菌(Str^+)。
2. 培养基:LB 液体培养基、10 mL LB 琼脂培养基试管 2 支。
3. 溶液或试剂:链霉素、四环素。
4. 仪器或其他用具:1 mL 无菌吸管、盛有 70% 乙醇的烧杯、玻璃涂棒、水浴锅等。

实验步骤

1. 接种大肠杆菌于盛有 5 mL LB 液的试管中，37 ℃振荡培养 24 h。

2. 在热水浴中溶化 LB 琼脂培养基。

3. 倒 10 mL 已溶化的不含药物的 LB 琼脂培养基于一套无菌培养皿中，立即将培养皿一端垫起，使琼脂培养基覆盖整个底部，并使培养基表面在垫起的一端刚好达到培养皿的底与边的交界处，让培养基在这一倾斜的位置凝固(图 3－28－1(a))。

4. 在已凝固的平板底部高琼脂这一边标上“低”，并放回水平位置，然后再在底层培养基上加入每毫升含有 100 μg 链霉素的 LB 琼脂培养基 10 mL，凝固后，便制得一个链霉素浓度从一端的 0 μg/mL 到另一端的 100 μg/mL 的梯度平板。

5. 用 1 mL 无菌吸管吸取 0. 2 mL 大肠杆菌培养液加到梯度平板上。用无菌玻璃涂棒将菌液涂布到整个平板表面。

如果用蘸有乙醇并经火焰灭菌的玻璃涂棒，可在火焰旁或伸进平板，在板盖上稍事冷却，以免烫死细胞。

6. 把平板倒置于 37 ℃培养 48 h。

7. 选择 1 ~2 个生长在梯度平板中部的单个菌落，用无菌接种环接触单个菌落向高药物浓度的方向划线。

8. 把平板倒置于 37 ℃培养 48 h。

实验报告

1. 结果。

画图表示经一次培养和经二次培养的梯度平板上大肠杆菌的生长情况。

2. 思考题。

(1) 梯度平板中部的单个菌落被划线向高药物浓度方向是为了测试这些菌株的抗性水平，你能设计几种不同的方法来测试这些菌株的抗性水平吗?

(2) 培养基中的链霉素引起了抗性突变吗? 请设计一个实验加以说明。

(3) 梯度平板法除用于分离抗药性突变株以外，还有什么其他用途?

实验 29　牛乳中细菌的检查

实验目的

1. 了解牛乳的细菌学检查方法和质量判断标准。

2. 学习牛乳的巴斯德消毒法。

实验原理

从健康母牛体内刚挤出的牛奶，含有少量的正常起始微生物。但将牛奶装入未消毒的器具或在分装、运输过程中,会被很多其他微生物甚至致病菌污染。而且牛乳含有丰富的营养物质(糖类、蛋白质、脂肪、无机盐和维生素等),在其中的微生物会很快繁殖,因此,一份牛乳样品的细菌含量可反映母牛的健康状况和牛乳生产与保藏的条件。

牛乳的细菌学检查方法有下列三种:显微镜直接计数法——涂片面积与视野面积之比估算法;美蓝还原酶实验法;标准平板计数法。显微镜直接计数法适用于含有大量细菌的牛乳,生鲜牛乳可用此法检查。如果显微镜检查,每个视野只有 1 ~ 3 个细菌,此牛乳则为一级牛乳;如果牛乳中有很多长链链球菌和白细胞,通常是来自患乳房炎的母牛;若一个视野中有很多不同的细菌,则往往说明是使用了脏器具保存的牛乳(图 3 - 29 - 1)。我国生鲜牛乳的微生物指标规定,特级乳细菌数小于或等于 500 000 个/mL,一级乳细菌数小于或等于 1 000 000 个/mL,二级乳细菌数小于或等于≤2 000 000 个/mL。由于上述方法不够精确,一般不作为消毒牛乳的卫生检查。

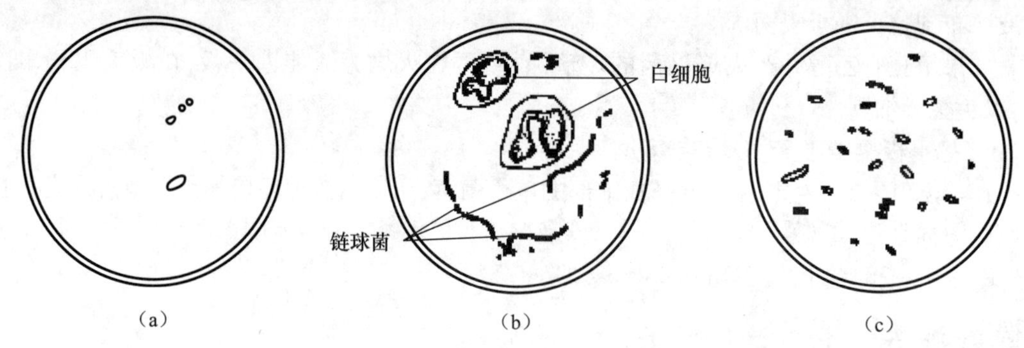

图 3 - 29 - 1　不同牛乳样品在显微镜视野中的情况

(a) 少数细菌,一级牛乳;(b) 长链链球菌和白细胞,一般为患乳房炎母牛的牛乳;
(c) 很多不同的细菌,一般为使用脏器具保存的牛乳

美蓝还原酶(methylene blue reductase)实验法是用于测定牛乳质量的一种定性检测法,操作简便,不需特殊设备。该法中用的美蓝是一种氧化还原作用指示剂,在厌氧环境中,它将被还原成无色。如果牛乳中有细菌生长繁殖,必将造成其中溶解氧的减少,牛乳样品中的氧化—还原电势降低。通过加入其中的美蓝颜色变化的速度,可鉴定该牛乳的质量。其标准规定为:在 30 min 内美蓝被还原成无色的样品为"很差";在 30 min ~ 2 h 之间被还原者,为"差质量";在 2 ~ 6 h 之间被还原者,为"尚好"或"中等";在 6 ~ 8 h 之间被还原者,为"好质量"。

标准平板计数法是广泛用于牛乳微生物计数的常规方法,此法灵敏度较高,牛乳中含有少量细菌时,就能得出比较正确的结果。我国消毒牛乳的卫生标准是用标准平板计数法检查,细菌总数 <30 000 个/mL。

实验器材

1. 牛乳样品和培养基:生牛乳 10 mL、质差生牛乳 10 mL、肉膏蛋白胨琼脂。

2. 溶液或试剂:美蓝溶液(1 : 250 000)、灭菌水等。

3. 仪器或其他用具:灭菌培养板、1 mL 与 10 mL 灭菌吸管、10 μL 微量加样器与吸嘴、载玻片、美蓝染液(Levowitz-weber 染料,配法见附录)、显微镜、水浴锅、试管架、吸水纸等。

实验步骤

1. 显微镜直接计数法。

（1）在白纸上画出 1 cm^2 的方块，然后将载玻片放在纸上。

（2）用 10 μL 的微量加样器吸取混匀了的生牛乳样品，放在载玻片 1 cm^2 区域的中央。

（3）用接种针将牛乳涂匀，并涂满 1 cm^2 的范围。

（4）使涂片于空气中慢慢干燥。将铁丝试管架放在沸水浴中，然后置已干燥的涂片于试管架上，用蒸气热固定 5 min，待干。

（5）浸于美蓝染液缸内染色 2 min。

（6）取出载玻片，用吸水纸吸去多余的染料，晾干。

（7）再用水缓缓冲洗，晾干。

（8）油镜下观察细菌数，共数 30 ~ 50 个视野。

（9）计算。

每毫升的细菌总数 = 平均每视野的细菌数 × 500 000

因为一般油镜的视野直径为 0.16 mm，视野面积 = 0.082 mm^2 × 3.141 6 = 0.02 mm^2，化成 cm^2，视野面积 = 0.02cm^2 × 0.01 = 0.000 2 cm^2，1 cm^2 的视野数 = 1.0 cm^2/0.000 2cm^2 = 5 000，又因 1 cm^2 的牛乳量为 0.01 mL，即(1/100) mL，则每一视野的牛乳量 = (1/100)mL × (1/5 000) = (1/500 000) mL，所以，一个视野中的 1 个细菌就代表 1 mL 牛乳中有 500 000 个细菌。因此，1 mL牛乳中的细菌数 = 一个视野的细菌数 × 500 000 = 50 个视野的细菌数 ÷ 50 × 500 000。

2. 美蓝还原酶实验法。

（1）标记 2 个无菌试管 1 和 2。

（2）分别向 2 个试管加入 10 mL 生鲜牛乳样品和质差牛乳样品。

（3）分别向两管各加入 1 mL 美蓝溶液，盖紧管塞。

（4）轻轻倒转试管约 4 次，置 37 ℃水浴中，并记录培养时间。

（5）测试管在水浴中稳定 5 min 后，取出，轻轻倒转一次后再放回水浴中。

（6）每隔 30 min 观察记录试管中美蓝颜色的变化，直至 3 ~ 6 h。

3. 巴斯德(巴氏)法消毒牛乳。

牛乳的消毒目前有超高温瞬时消毒法和巴斯德消毒法二种，前一种方法可参看本书实验Ⅵ。巴氏消毒法在实际应用中，其温度范围较广，一般在 63 ℃ ~ 90 ℃之间，具体温度视消毒时间而定，例如，消毒 15 min 时温度为 80 ℃，消毒时间为 5 min 时温度为 90 ℃为，消毒时间为 30 min 时温度为 63 ℃。本实验采用 80 ℃，15 min。

（1）将水浴锅的温度调节到 80 ℃。

（2）将生牛乳样品用力摇匀，使微生物能均匀分布。

（3）用灭菌的 10 mL 吸管吸取 5 mL 生牛乳样品放入灭菌试管内，然后将试管放入调好温度的水浴锅中(水面要超过牛乳的表面)。

（4）保持 15 min，并不时摇动。

（5）一到 15 min，立刻取出试管，用流动的自来水冲试管外壁，使其中的牛乳迅速冷却。

4. 标准平板计数法。

(1) 将巴氏消毒的牛乳样品充分摇匀,按池水等的稀释法进行稀释,使稀释度为 10^{-2}、10^{-3}和 10^{-4}。

(2) 用 1 mL 灭菌吸管从最大稀释度开始各取 1 mL 注入已标明样品和稀释度的空白平板内。

(3) 各平板倾注约 15 mL 已熔化并冷却至45 ℃左右的肉膏蛋白胨琼脂,立即放桌上摇匀。

(4) 凝固后倒置于 37 ℃温箱内,培养 24 h。

(5) 选择长有 30 ~ 300 个菌落的平板计数板,并计算出 1 mL 牛乳中的细菌总数。

(6) 普通生牛乳样品的检查同上法,但稀释度为 10^{-3}、10^{-4}和 10^{-5}。

实验报告

1. 结果。

(1) 显微镜直接计数法:平均每视野的菌数是多少? 每毫升健康母牛刚挤出的乳细菌总数是多少? 普通生牛乳呢?

(2) 美蓝还原酶实验法:将你的观察结果填于表 3 - 29 - 1,并判断 2 个生牛乳样品质量是“很差”“差”“中等”,还是“好”。

表 3 - 29 - 1 美蓝还原酶实验法观察结果

	管 1	管 2
还原时间/min		
牛乳样品的质量		

(3) 将标准平板计数法结果填于表 3 - 29 - 2。

表 3 - 29 - 2 标准平板计数法结果

样品	不同稀释度的菌落数					每毫升牛乳菌数
	10^{-2}	10^{-3}	10^{-4}	10^{-5}	10^{-6}	
巴氏消毒牛乳						
生牛乳						

2. 思考题。

比较你所检查的巴氏消毒牛乳和生牛乳,说明巴氏消毒效果,其细菌总数是否合乎卫生标准?

Ⅵ 实际应用实验

实验 30 发酵酸乳的制作

实验目的

学习发酵酸乳的制作方法,了解乳酸菌的生长特性。

实验原理

酸乳是以牛乳为主要原料，然后接入一定量乳酸菌，经发酵后制成的一种乳制品饮料。当乳酸菌在牛乳中生长繁殖的产酸达到一定程度时，牛乳中的蛋白质将凝结成块状。酸乳清新爽口。由于酸乳中含有乳酸菌的菌体及代谢产物，它对肠道的致病菌有一定抑制作用，故对人体肠胃消化道疾病也有良好的治疗效果。

实验器材

1. 菌种：嗜热乳酸链球菌（Streptococcus thermophilus）、保加利亚乳酸杆菌（Lactobacillus bulgaricus）。乳酸菌种也可以从市场销售的各种新鲜酸乳或酸乳饮料中分离得到。

2. 试剂：BCG 牛乳培养基、乳酸菌培养基、脱脂乳试管（见注）、脱脂乳粉或全脂乳粉、鲜牛奶、蔗糖、碳酸钙。

3. 器具：恒温水溶锅、酸度计、高压蒸汽灭菌锅、超净工作台、培养箱、酸乳瓶（200 ~ 280 mL）、培养皿、试管、300 mL 三角瓶。

实验步骤

1. 乳酸菌的分离纯化。

（1）分离。取市售新鲜酸乳或泡制酸菜的酸液稀释至 10^{-5}，取其中 10^{-4}、10^{-5}两个稀释度的稀释液各 0.1 ~ 0.2 mL，分别接入 BCG 牛乳培养基琼脂平板上，用无菌涂布器依次涂布；或者直接用接种环蘸取原液平板划线分离，置于 40 ℃培养 48 h，如出现圆形稍扁平的黄色菌落及其周围培养基变为黄色，则初步判定为乳酸菌。

（2）鉴别。选取乳酸菌典型菌落转至脱脂乳试管中，40 ℃培养 8 ~ 24 h。若牛乳出现凝固，无气泡，呈酸性，涂片镜检细胞为杆状或链球状（两种形状的菌种均分别选入），革兰氏染色呈阳性，则可将其连续传代 4 ~ 6 次，最终选择出在 3 ~ 6 h 能凝固的牛乳管，作菌种待用。

2. 乳酸发酵及检测。

（1）发酵。在无菌操作下将分离的 1 株乳酸菌接种于装有 300 mL 乳酸菌培养液的 500 mL 三角瓶中，40 ℃ ~ 42 ℃静止培养。

（2）检测。为了便于测定乳酸发酵情况，实验分两组。一组在接种培养后，每 6 ~ 8 h 取样分析，测定 pH 值。另一组在接种培养 24 h 后每瓶加入 $CaCO_3$ 3 g（以防止发酵液过酸使菌种死亡），每 6 ~ 8 h 取样一次，测定乳酸含量（方法见注），记录测定结果。

3. 乳酸菌饮料的制作。

（1）将脱脂乳和水调至 1 ∶ 7 ~ 10（W/W）的比例，同时加入 5% ~ 6% 蔗糖，充分混合，于80 ℃ ~ 85 ℃灭菌 10 ~ 5 min，然后冷却至 35 ℃ ~ 40 ℃，作为制作饮料的培养基质。

（2）将纯种嗜热乳酸链球菌、保加利亚乳酸杆菌及两种菌的等量混合菌液作为发酵剂，均以 2% ~ 5% 的接种量分别接入以上培养基质中，作为饮料发酵液，亦可以市售鲜酸乳为发酵剂。接种后摇匀，分装到已灭菌的酸乳瓶中，每一种菌的饮料发酵液重复分装 3 ~ 5 瓶，随后将瓶盖拧紧密封。

（3）把接种后的酸乳瓶置于40 ℃ ~42 ℃恒温箱中培养3 ~4 h。培养时注意观察，在出现凝乳后停止培养。然后转入4 ℃ ~5 ℃的低温下冷藏24 h以上。经此后熟阶段，使酸乳酸度适中（pH值为4 ~4.5），凝块均匀致密，无乳清析出，无气泡，获得较好的口感和特有风味。

（4）以品尝为标准评定酸乳质量。采用乳酸球菌和乳酸杆菌等量混合发酵的酸乳与单菌株发酵的酸乳相比较，前者的香味和口感更佳。品尝时若出现异味，表明酸乳被杂菌污染了。

注意事项

（1）采用BCG牛乳培养基琼脂平板筛选乳酸菌时，注意挑取典型特征的黄色菌落，结合镜检观察，有利高效分离筛选乳酸菌。

（2）制作乳酸菌饮料，应选用优良的乳酸菌，采用乳酸球菌与乳酸杆菌等量混合发酵，使其具有独特风味和良好口感。

（3）牛乳的消毒应掌握适宜温度和时间，防止长时间采用过高温度消毒而破坏酸乳风味。

（4）作为卫生合格标准还应按卫生部规定进行检测，如大肠菌群检测等。经品尝和检验，合格的酸乳应在4 ℃条件下冷藏，可保存6 ~7 d。

实验报告

1. 结果。

将乳酸发酵过程、检测结果及结果分析记录于表3 -30 -1中。

表3 -30 -1　乳酸菌单菌及混合菌发酵的酸乳品评结果

乳酸菌类	品评项目					结论
	凝乳情况	口感	香味	异味	pH值	
嗜热乳酸链球菌						
保加利亚乳酸杆菌						
两种菌混合（1∶1）						

2. 思考题。

（1）发酵酸乳为什么能引起凝乳？

（2）为什么采用乳酸菌混合发酵的酸乳比单菌发酵的酸乳口感和风味更佳？

（3）试设计一个从市售鲜酸乳中分离纯化乳酸菌的制作乳酸菌饮料的程序。

附注

（一）脱脂乳试管

直接选用脱脂乳液或脱脂乳粉与5%蔗糖水按1∶10的比例配制，装量以试管的1/3为宜，115 ℃灭菌15 min。

（二）乳酸检测方法

1. 定性测定。

取酸乳上清液的10 mL于试管中，加入10% H_2SO_4 1 mL，再加2% $KMnO_4$ 1 mL，此时乳

酸转化为乙醛，把事先在含氨的硝酸溶液中浸泡的滤纸条搭在试管口上，微火加热试管至沸腾，若滤纸变黑，则说明有乳酸存在，这是加热使乙醛挥发的结果。

2. 定量测定。

（1）测定方法：取稀释 10 倍的酸乳上清液 0.2 mL，加至 3 mL pH 值为 9.0 的缓冲液中，再加入 0.2 mL NAD 溶液，混匀后测定 OD340 值，记为 A_1，然后加入 0.02 mL L（+）LDH，0.02 D（-）LDH，25 ℃保温 1 h 后测定 OD340 值，记为 A_2。同时用蒸馏水代替酸乳上清液作对照，测定步骤及条件完全相同，测出的相应值，记为 B_1 和 B_2。

（2）计算公式：

$$乳酸/g \cdot (100\ mL)^{-1} = (V \times M \times \Delta\varepsilon \times D) \div 1\,000 \times \varepsilon \times 1 \times V_s$$

式中 V——比色液最终体积（3.44 mL）

M——乳酸的克分子重量（1 mol/L = 90 g）

$\Delta\varepsilon$——$(A_2 - A_1) - (B_2 - B_1)$

D——稀释倍数（10）

ε——NADH 在 340 nm 吸光系数（$6.3 \times 10^3 \times 1 \times mol^{-1} \times cm^{-1}$）

1——比色皿的厚度（0.1 cm）

V_s——取样体积（0.2 mL）

（3）测定乳酸试剂的配制（见附录）。

3. 酸乳的检查指标。

（1）感观指标：酸乳凝块均匀细腻，色泽均匀无气泡，有乳酸特有的气味；

（2）合格的理化指标：如脂肪≥3%、乳总干物质≥11.5%、蔗糖≥5.00%、酸度 70～110°T、Hg < 0.01×10^{-6} mg · mL^{-1}等；

（3）无致病菌、大肠菌群≤40 个 · 100 mL^{-1}。

实验 31 秦皮的抑菌作用

实验目的

1. 了解秦皮对微生物的抑菌效果。
2. 掌握纸片法抑菌实验的方法。

实验原理

利用抑菌剂不断溶解经琼脂扩散形成不同浓度梯度，以显示其抑菌作用。实验通过抑菌环大小判断其是否具有抑菌能力。本实验适用于抑菌剂与溶出性抗（抑）菌产品的鉴定。

实验器材

（1）抑菌材料：秦皮。

（2）菌种：金黄色葡萄球菌、大肠杆菌菌悬液。

（3）抑菌剂载体（直径5 mm的圆形新华一号定性滤纸片，经压力蒸汽灭菌处理后，置于120 ℃烤干2 h，保存备用）。

（4）活菌培养计数所需器材：培养皿。

（5）微量移液器（5～50 μL，可调式）。

（6）游标卡尺。

（7）培养基：牛肉膏蛋白胨培养基。

实验步骤

1. 秦皮提取物的制备。

秦皮粉碎后，按固液比为1∶3.5加入95%乙醇，回流10 h，在电热套中调节温度至乙醇微沸，提取10 h，并将提取后的乙醇液抽滤，除去不溶杂质，得总提取物。再用旋转蒸发仪浓缩，直至乙醇挥发完全，制成浸膏状备用。

2. 抑菌片的制备。

用蒸馏水将秦皮提取物分别稀释到不同倍数，并取无菌且干燥的滤纸片，每片滴加实际使用浓度的抑菌剂溶液20 μL，然后将滤纸片平放于清洁的无菌平皿内，开盖置温箱（37 ℃）中烤干，或置室温下自然干燥后备用。

溶出性抗（抑）菌产品，可直接制成直径为5 mm、厚度不超过4 mm的圆片（块），每4片（块）一组。

3. 阴性对照样片的制备。

取无菌干燥滤纸片，每片滴加无菌蒸馏水20 μL，干燥后备用。溶出性抗（抑）菌产品的阴性对照样本，应取同种材质不含抑菌成分的样品，制成与实验组大小相同的样片（块）。

4. 实验菌的接种。

采用涂布平板法将实验菌悬液在营养琼脂培养基平板表面均匀涂菌，盖好平皿，置室温干燥5 min。

5. 抑菌剂样片贴放。

每次实验贴放1个涂菌平板，每个平板贴放4片实验样片、1片阴性对照样片，共5片。用无菌镊子取样片贴放于平板表面。各样片中心之间相距25 mm以上，与平板的周缘相距15 mm以上。贴放好后，用无菌镊子轻压样片，使其紧贴于平板表面。盖好平皿，置37 ℃温箱，培养16～18 h，观察结果。

评价标准：

（1）抑菌作用的判断：

抑菌环直径大于7 mm者，判为有抑菌作用。

抑菌环直径小于或等于7 mm者，判为无抑菌作用。

（2）3次重复实验均有抑菌作用结果者，判为合格。

（3）阴性对照组应无抑菌环产生。否则实验无效。

注意事项

（1）每次实验均应设置阴性对照组，不可省略。在报告中亦必须将对照组的结果列出。

（2）接种用细菌悬液的浓度应符合要求。浓度过低，接种菌量少，抑菌环常因之增大；浓度过高，接种量过多，抑菌环则可减小。

（3）应保持琼脂浓度的准确性，否则可影响抑菌环的大小。

（4）培养时间不得超过 18 h。培养过久，部分细菌可恢复生长，抑菌环变小。

（5）抑菌环直径可受抑菌剂的量、抑菌性能和干湿度影响。故抑菌剂滤纸片应在实验当天制备。

实验报告

1. 结果。

用游标卡尺测量抑菌环的直径（包括贴片）并记录。实验重复 3 次。

测量抑菌环时，应选均匀而完全无菌生长的抑菌环进行。测量其直径应以抑菌环外沿为界。

2. 思考题。

哪些因素会影响秦皮抑菌实验的效果？

第四章

细胞生物学实验

Ⅰ　细胞的形态结构

实验1　细胞形态结构的观察和显微测量

实验目的

1. 熟悉动植物、人体细胞的基本形态。
2. 掌握临时装片、涂片的制作方法。
3. 掌握显微测量的原理和方法。

实验原理

细胞是生物体结构和功能的基本单位，其形态与功能相适应，种类繁多、形态各异，如红细胞呈扁圆形或者椭圆形，具有较大的表面积，有利于氧气和二氧化碳的交换（图4－1－1）；神经细胞具有较长的树突和轴突，适合神经信号的传导（图4－1－2）；卵细胞体积较大，携带了供胚胎早期发育所需要的营养物质和信息；精子具有较小的体积，形态细长，尾部鞭毛可以运动，有利于游动以实现受精过程。不同的组织细胞不仅形态上有差异，大小也往往各不相同。利用显微镜附带的目镜测微尺，可以对观察到的细胞或其结构进行长度测量，从而对其体积进行计算。

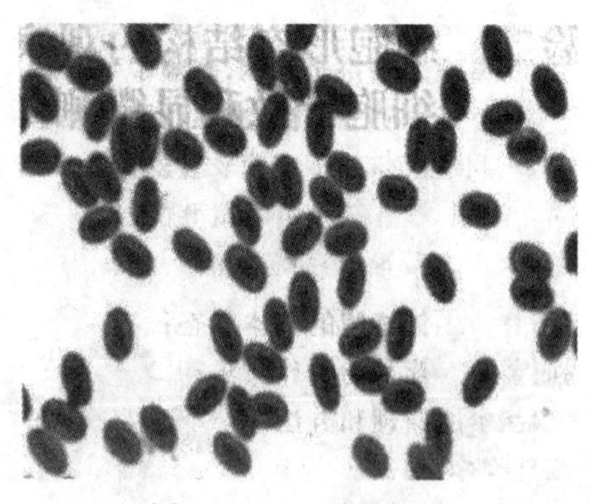

图4－1－1　鸡血细胞

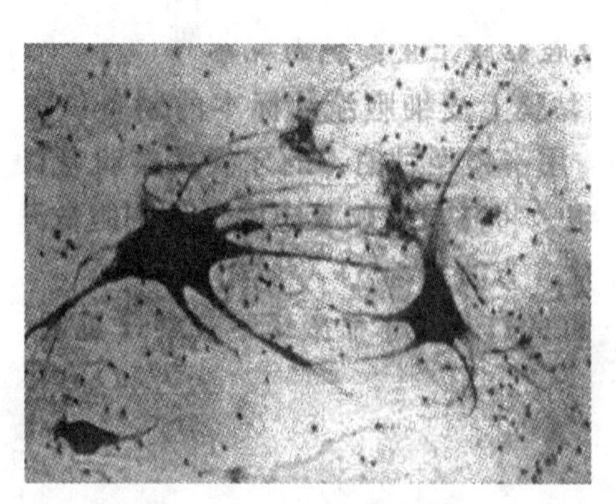

图4－1－2　运动神经元细胞

试剂与器材

1. 材料。

洋葱、鸡血细胞悬液(鸡血稀释 10 倍)。

2. 试剂。

1% 碘液(1 g 碘、2 g 碘化钾溶解于 100 mL 80% 的乙醇或者蒸馏水中)、1% 甲苯胺蓝(1 g 甲苯胺蓝染料溶解于 100 mL 蒸馏水)、瑞特染液(0.1 g 瑞特染料(Wright's stain)研细,加入 5 mL 甲醇混合研磨,最后加入 55 mL 甲醇,放入棕色玻璃瓶中)。

3. 器材。

光学显微镜、载玻片、盖玻片、镊子、牙签、棉花、剪刀。

操作方法

1. 洋葱鳞茎表皮细胞的观察。

(1) 临时装片的制备:在载玻片中央滴一滴 1% 的碘液。剥取洋葱鳞茎叶,用刀在表面画一个 3 ~4 mm 的方框,用镊子将框内表皮撕下,在碘液中铺平。用镊子取一片盖玻片,将一条边缘接触碘液,然后缓缓盖在液滴上,防止产生气泡。轻压盖片,用吸水纸吸去挤出的碘液。

(2) 将制备好的装片放到显微镜下,先用低倍镜观察,寻找细胞形状规则、形态清晰的区域,换高倍镜观察细胞内部结构(图 4 -1 -3)。

2. 人口腔黏膜上皮细胞的观察。

(1) 人口腔黏膜上皮细胞涂片标本的制备:在载玻片中央滴一滴 1% 碘液,用一根经过消毒的牙签在实验者口腔内壁轻轻刮取黏膜上皮细胞,将其放入碘液中搅动使细胞散开。染色 1 min 后小心加盖玻片,方法同前。

(2) 将制备好的装片置于显微镜下观察(图 4 -1 -4)。

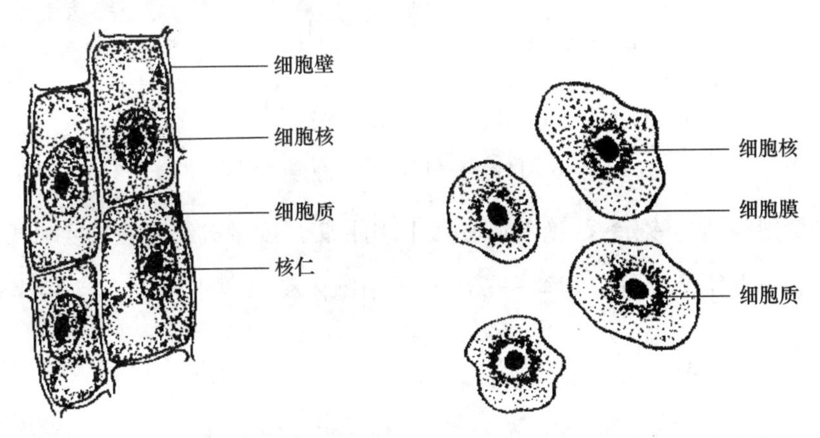

图 4 -1 -3 洋葱鳞茎表皮细胞结构　　图 4 -1 -4 人口腔上皮细胞结构

3. 鸡血细胞的观察。

(1) 血涂片的制作:如图 4 -1 -5 所示,用滴管吸取少量稀释了的鸡血,在载玻片右端滴一小滴，另取一片载玻片，使其一条边缘接触血液，两片载玻片呈 30°～45°，迅速向前推移，使血液被拉成均匀的薄膜。血滴的大小、载玻片的夹角、推移的速度对血膜的厚薄均有影响。将载玻片在空气中晾干。

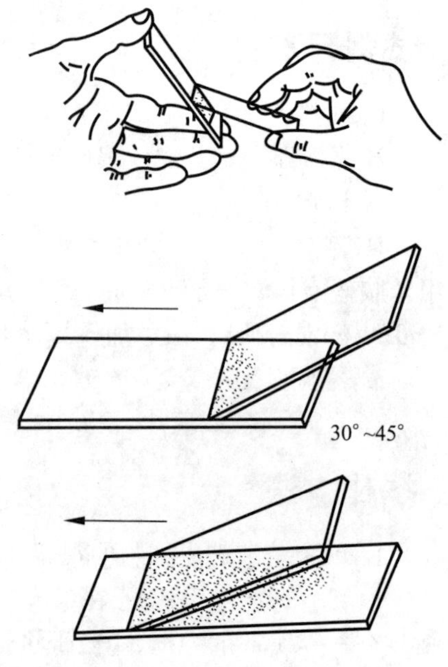

图 4－1－5　血涂片的制备

（2）染色：在血膜上滴几滴瑞特染液，平置 1 min，再向染液中加入等量的蒸馏水，稀释染液，继续染色 2～3 min。用自来水轻轻冲去载玻片上的染液，晾干。

（3）观察：分别用低倍镜和高倍镜观察血细胞的形态。

4. 细胞的显微测量。

（1）熟悉测微尺：测微尺包括镜台尺和目镜尺。镜台尺是一片载玻片，中央有一条 1 mm 的标尺，被等分为 100 格，因此每格长度为 0.01 mm；目镜尺是一片圆形载玻片，可以镶嵌于目镜中，其上有一条 5 mm 的直线，等分为 50 格。

（2）目镜尺比对：在测量之前，需要先将镜台尺和目镜尺相互比对，以确定目镜尺的刻度实际代表的长度。先将镜台尺放在显微镜载物台通光孔中央，刻度面向上，用低倍镜观察，找到镜台尺的刻度标尺。取下目镜，旋开目镜上盖，将目镜尺放入，刻度面向下，旋好上盖，将目镜放回镜筒。旋转目镜并调整镜台尺的位置，使两尺的刻度平行，0 点对齐，从 0 点向右找出两尺重合的刻度，并记录两尺从 0 到该刻度的格数。

$$\text{目镜测微尺每格的长度}(\mu m)=(\text{镜台尺格数}/\text{目镜尺格数})\times 10$$

如图 4－1－6 所示，目镜尺 50 格处与镜台尺 68 格处重合，则目镜尺每格代表的长度为 $(68/50)\times 10=13.6(\mu m)$。如果使用不同的物镜，均需要重新比对。

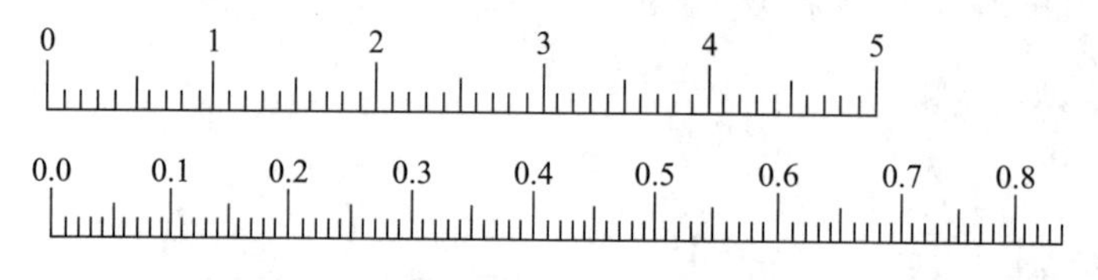

图 4－1－6　目镜测微尺（上）和静台测微尺（下）

（3）测量细胞：取下镜台尺，换上鸡血涂片，用目镜尺度量血细胞的长度和宽度，取一半作为长半径和短半径，代入公式 $V=\frac{3}{4}\pi ab^2$ 计算细胞体积（a 为长半径，b 为短半径）。如果细胞为圆球形，其体积 $V=\frac{3}{4}\pi r^3$（r 为半径）。测量 5 个细胞的半径，取平均值计算细胞体积。

实验报告

根据实验结果完成实验报告。

实验2　细胞活体染色技术

一、细胞中线粒体的活体染色与死活细胞的鉴别

实验目的

学习细胞中线粒体活体染色的方法及台盼蓝染色鉴别死活细胞。

实验原理

活体染色是利用某些无毒或毒性较小的染色剂，在不影响细胞生命活动的情况下显示细胞内的天然构造，更具有真实性。活体染色又分为体内活体染色和体外活体染色。

詹纳斯绿 B（Janus green B）能够活染线粒体为蓝色，主要是由于线粒体内的细胞色素酶系使染料始终保持在氧化状态（即有色状态），在周围的细胞质内，这些染料被还原为无色的色基（即无色状态）。

台盼蓝（trypan blue）是一种偶氮类酸性染料，它可以通过死亡细胞的质膜使细胞着色，但不能通过活细胞的质膜，故可用台盼蓝鉴别活细胞与死细胞。

试剂与器材

（一）材料

家兔、洋葱鳞茎、小白鼠、培养细胞。

（二）试剂

1. 詹纳斯绿 B 染色液。

将 1 g 詹纳斯绿 B 溶于 3 000 mL Ringer（林格）氏液中。

2. Ringer 氏液：

NaCl　　0. 90 g

KCl　　0. 42 g

$CaCl_2$　　0. 25 g

加蒸馏水至 100 mL

3. 台盼蓝染色液。

将 1 g 台盼蓝溶于 100 mL 生理盐水中。

（三）器材

显微镜、解剖器、载玻片、盖玻片、培养皿、刀片、吸管、吸水纸、注射器。

操作方法

（一）詹纳斯绿 B 活染线粒体

1. 动物细胞活染线粒体。

(1) 取材。

取一只兔子,急速杀死,迅速解剖取出肝脏,用刀片切下边缘较薄的肝组织一小块(2 ~ 5 mm^3),放在盛有 Ringer 氏液的培养皿内,洗去血液。

(2) 染色。

将清洗过的肝组织块移至另一培养皿,加詹纳斯绿 B 染液。注意染液不要加得太多,应使组织块上面部分裸露在液面上。染色 30 min 以上,这时组织块边缘已染成蓝绿色。

(3) 涂片。

用镊子将组织块移至滴有 Ringer 氏液的载玻片中央,用解剖针轻轻拨拉组织边缘,即有部分细胞和细胞团分离下来。然后移去组织块,在材料两边载玻片上放两根头发,盖上盖玻片,如液体太多,则用吸水纸吸去一些。

(4) 观察。

先用低倍镜找到肝细胞,再换高倍镜及油镜观察细胞质内染为蓝绿色、呈颗粒状或线状的线粒体,注意其分布特点。

2. 植物细胞活染线粒体。

取洋葱鳞茎的幼嫩鳞片,用刀片将凹入的一面划成大小 3 ~ 4mm^2 的小方格,然后用镊子撕取一小片洋葱表皮,放在已经滴有詹纳斯绿 B 染液的载玻片上,使材料撕开面向下平浮在染液表面,染色 30 min 以上(注意不可使染液干燥,应随时补加新的染液),然后用吸管将染液吸去,再放 1 滴 Ringer 氏液,盖上盖玻片观察,线粒体被染成蓝绿色。

(二) 台盼蓝染色鉴别死活细胞

1. 小鼠腹腔死活细胞鉴别。

从小鼠腹腔抽取腹水细胞涂于洁净载玻片上,滴加 1% 台盼蓝 1 滴,盖上盖玻片于显微镜下观察,计算活细胞(不着色细胞)的百分率。注意观察要快,时间久了死细胞会增多。

2. 培养细胞死活的鉴别。

用胰蛋白酶及 EDTA(乙二胺四乙酸)混合液消化细胞,加入 Hank's 液制成细胞悬液,按每毫升细胞悬液加入 10 μL 1% 台盼蓝溶液,混合均匀,灌注计数板,显微镜下计数 1 000 个细胞,求出活细胞百分率。

实验报告

根据实验结果完成实验报告。

二、细胞中液泡系的活体染色

实验原理

动物细胞内由单层膜包裹的小泡都属于液泡系,包括高尔基复合体、溶酶体、内质网、转运泡、吞噬泡等。软骨细胞内含有较多的粗面内质网和发达的高尔基复合体,能合成与分泌软骨粘蛋白及胶原纤维等,因而液泡系发达。中性红(neutral red)是液泡系的专一性活体染色剂,在细胞处于生活状态时,只将液泡系染成红色,细胞质和细胞核不被染色。

试剂与器材

1. 材料。

蟾蜍、解剖器材、蜡盘、载玻片、盖片、吸管、吸水滤纸。

2. 试剂。

(1) 0.65% Ringer 液(两栖动物用):氯化钠,0.65 g;氯化钾,0.042 g;氯化钙,0.025 g;蒸馏水,100 mL。

(2) 1/3 000 中性红:取中性红 0.1 g,加蒸馏水 300 mL。装入棕色瓶,室温保存。

3. 器材。

普通光学显微镜。

操作方法

1. 取蟾蜍 1 只,以捣毁脊髓法处死,将其腹面朝上固定于蜡盘上,剪开腹腔,取胸骨剑突软骨最薄部分的一小片,置于载玻片上。
2. 滴加 1/3 000 中性红,染色 15 min。
3. 用滤纸吸去染液。
4. 滴加 0.65% Ringer 液,盖上盖片,用滤纸从盖片侧面吸取多余液体。
5. 镜下观察。

注意事项

(1) 为便于观察,在取胸骨剑突时,尽量取较薄部位。

(2) 本实验因是活体染色实验,在实验的整个过程中,应注意保持标本的活体状态,特别在取材时应做到准确、快速。

实验结果

镜下可见软骨细胞为椭圆形,细胞核周围有许多染成玫瑰红色、大小不一的小泡,即为细胞液泡系(图 4-2-1)。

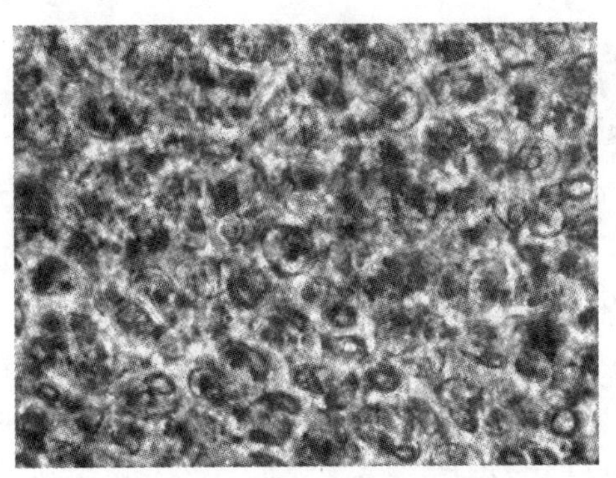

图 4-2-1　细胞中液泡系的显示

实验报告

根据实验结果完成实验报告。

实验3　线粒体的分离与观察

实验目的

掌握差速离心法分离动、植物细胞线粒体的方法。

实验原理

制备线粒体通常采用组织匀浆在悬浮介质中进行差速离心的方法。在给定的离心场中(对于所使用的离心机,就是选用一定的转速),球形颗粒的沉降速度取决于它的密度、半径和悬浮介质的黏度。在均匀悬浮介质中离心一定时间后,组织匀浆中的各种细胞器及其他内含物由于沉降速度不同将停留在高低不同的位置。依次增加离心力和离心时间,就能够使这些颗粒按其大小、轻重分批沉降在离心管底部,从而分批收集。细胞器中最先沉淀的是细胞核,其次是线粒体,其他更轻的细胞器和大分子可依次再分离。

悬浮介质通常用缓冲的蔗糖溶液,它比较接近细胞质的分散相,在一定程度上能保持细胞器的结构和酶的活性,在 pH 值为 7.2 的条件下,亚细胞组分不容易重新聚集,有利于分离。整个操作过程应注意使样品保持 4 ℃,避免酶失活。

线粒体的鉴定用詹纳斯绿 B 活染法。詹纳斯绿 B 是对线粒体专一的活细胞染料,毒性很小,属于碱性染料,解离后带正电,由电性吸引堆积在线粒体膜上。线粒体的细胞色素氧化酶使该染料保持在氧化状态呈现蓝绿色从而使线粒体显色,而胞质中的染料被还原成无色。

本实验介绍大鼠肝线粒体和玉米线粒体的分离。

(一) 大鼠肝线粒体的分离

试剂与器材

1. 材料。

大鼠肝脏(兔肝脏、鸡肝脏也可以)。

2. 试剂。

(1) 生理盐水。

(2) 1% 詹纳斯绿 B 染液,用生理盐水配制。

(3) 0.25 mol/L 蔗糖 +0.01 mol/L Tris - HCl 缓冲液(pH 值为 7.4):0.1 mol/L 三羟甲基氨基甲烷(Tris)10 mL、0.1 mol/L 盐酸 8.4 mL,加重蒸水到 100 mL,加蔗糖到 0.25 mol/L。蔗糖为密度梯度离心用 D -(+)蔗糖。

(4) 0.34 mol/L 蔗糖 +0.01 mol/L Tris - HCl 缓冲液(pH 值为 7.4)。

（5）固定液：甲醇—冰醋酸（9∶1）。

（6）姬姆萨（Giemsa）染液：Giemsa 粉 0.5 g、甘油 33 mL、纯甲醇 33 mL。先往 Giemsa 粉中加少量甘油，在研钵内研磨至无颗粒，再将剩余甘油倒入混匀，56 ℃左右保温 2 h 令其充分溶解，最后加甲醇混匀，成为姬姆萨原液，保存于棕色瓶。用时吸出少量用 1/15 mol/L 磷酸盐缓冲液作 10～20 倍稀释。

1/5 mol/L 磷酸盐缓冲液（pH6.8）：1/15 mol/L KH_2PO_4 50 mL、1/15 mol/L Na_2HPO_4 50 mL。

3. 器材。

高速离心机、解剖刀剪、小烧杯、冰浴、漏斗、尼龙织物、玻璃匀浆器。

操作方法

1. 制备大鼠肝细胞匀浆。

实验前大鼠空腹 12 h，击头处死，剖腹取肝，用生理盐水洗净血水，用滤纸吸干。称取肝组织 2 g，剪碎，用预冷到 0 ℃～4 ℃的 0.25 mol/L 缓冲蔗糖溶液洗涤数次。然后在 0 ℃～4 ℃条件下，按每克肝加 9 mL 冷的 0.25 mol/L 缓冲蔗糖溶液将肝组织匀浆化，蔗糖溶液应分数次添加，匀浆用双层尼龙织物过滤备用。注意尽可能先充分剪碎组织，缩短匀浆时间，整个分离过程不宜过长，以保持组分生理活性。

2. 差速离心。

先将 9 mL 0.34 mol/L 的缓冲蔗糖溶液放入离心管，然后沿管壁小心地加入 9 mL 肝匀浆，使其覆盖于上层。用冷冻控温高速离心机按图 4－3－1 顺序进行差速离心。

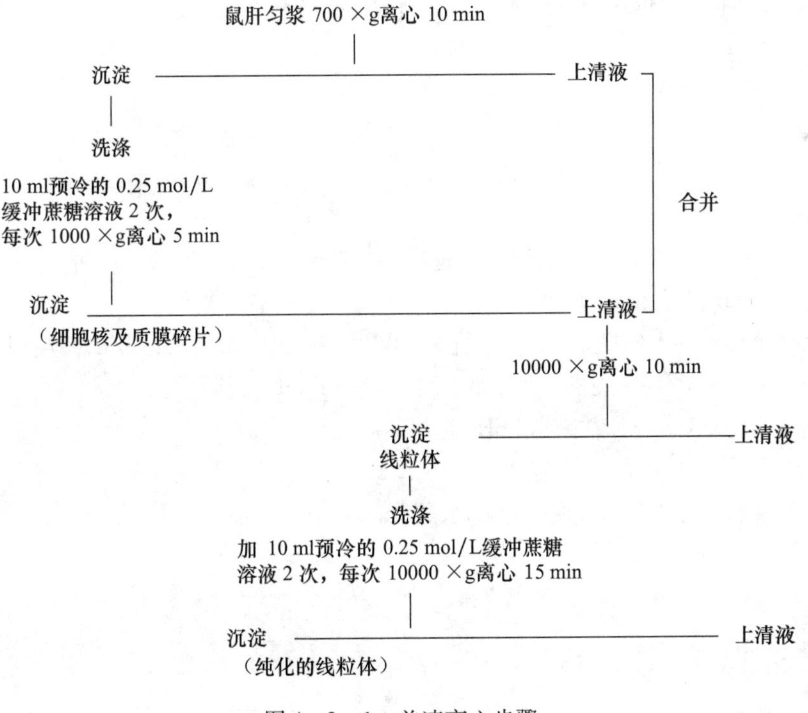

图 4－3－1　差速离心步骤

3. 分离物鉴定。

(1) 细胞核:取细胞核沉淀一滴涂片,用甲醇—冰醋酸液固定 15 min,充分吹干,滴姬姆萨染液(原液 10 ~ 20 倍稀释)染色 10 min。自来水冲洗,吹干,镜检。结果:细胞核紫红色,上面附着的少量胞质为浅蓝色碎片。

(2) 线粒体:取线粒体沉淀涂片(注意勿太浓密),不待干即滴加 1% 詹纳斯绿 B 染液染 20 min,覆盖上盖玻片,镜检。线粒体蓝绿色,呈小棒状或哑铃状。

实验报告

根据实验结果完成实验报告。

思考题

1. 分离介质 0.25 mol/L 及 0.34 mol/L 的缓冲蔗糖溶液中,哪一种在下层? 有什么作用?

2. 分离出的线粒体立即用詹纳斯绿 B 染色和放置室温 2 h 后再染色,比较二者着色的差异。

(二) 玉米线粒体的分离

从植物细胞分离线粒体,除了做线粒体功能测定外,在植物细胞遗传工程中,常用于分离核外基因—线粒体 DNA 等。

分离线粒体的方法仍采用均匀介质中的差速离心。介质中 0.25 mol/L 蔗糖也可以用 0.3 mol/L 甘露醇代替。EDTA 螯合二价阳离子,Ca^{2+} 除去后细胞间黏着解体,促使组织分散成单个细胞。牛血清白蛋白(BSA)能包在细胞外面,并作为竞争性底物削弱蛋白酶的作用。

试剂与器材

1. 材料。

玉米黄化幼苗(水稻、高粱等幼苗均可)。

2. 试剂。

(1) 分离介质:0.25 mol/L 蔗糖、50 mol/L 的 Tris - HCl 缓冲液(pH 值为 7.4)、3 mol/L EDTA、0.75 mg/mL 牛血清白蛋白。

50 mol/L 的 Tris - HCl 缓冲液(pH 值为 7.4)配法:50 mL 0.1 mol/L 三羟甲基氨基甲烷溶液与 42 mL 0.1 mol/L 盐酸混匀后,加水稀释至 100 mL。

(2) 保存液:0.3 mol/L 甘露醇(pH 值为 7.4)。

(3) 20% 次氯酸钠(NaClO)溶液。

(4) 1% 詹纳斯绿 B 染液,用生理盐水配制。

3. 器材。

温箱、冰箱、纱布、瓷研钵、冷冻控温高速离心机。

操作方法

1. 玉米种子用 20% 次氯酸钠溶液浸泡 10 min 消毒,清水冲洗 30 min,再浸泡清水 15 h。

将种子平铺在放有湿纱布的盘内，保持湿度，置温箱28℃于暗处培育2～3 d。待芽长到1～2 cm长时剪下约15 g，放0 ℃～4 ℃ 1 h。

2. 加3倍体积分离介质，在瓷研钵内快速研磨成匀浆。

3. 用多层纱布过滤，滤液经700×g离心10 min。除去核和杂质沉淀。

4. 取上清液10 000×g离心10 min，沉淀为线粒体。再同上离心洗涤一次。

5. 沉淀为线粒体，可存于0.3 mol/L甘露醇中。注意以上匀浆及离心均控制在0 ℃～4 ℃进行。

实验报告

根据实验结果完成实验报告。

思考题

为什么在提取线粒体时，匀浆及离心控制在0 ℃～4 ℃进行？

实验4　叶绿体的分离与荧光观察

实验目的

1. 通过植物细胞叶绿体分离，了解细胞器分离的一般原理和方法。
2. 观察叶绿体的自发荧光，并熟悉荧光显微镜的使用方法。

实验原理

将组织匀浆后悬浮在等渗介质中进行差速离心，是分离细胞器的常用方法。一个颗粒在离心场中的沉降速率取决于颗粒的大小、形状和密度，也同离心力以及悬浮介质的黏度有关。在给定的离心场中，同一时间内，密度和大小不同的颗粒其沉降速率不同。依次增加离心力和离心时间，就能够使非均一悬浮液中的颗粒按其大小、密度先后分批沉降在离心管底部，分批收集即可获得各种亚细胞组分。

叶绿体的分离应在等渗溶液(0.35 mol/L氯化钠或0.4 mol/L蔗糖溶液)中进行，以免渗透压的改变使叶绿体受到损伤。将匀浆液在1 000 r/min的条件下离心2 min，以去除其中的组织残渣和一些未被破碎的完整细胞。然后，在3 000 r/min的条件下离心5 min，即可获得沉淀的叶绿体(混有部分细胞核)。分离过程最好在0 ℃～5 ℃的条件下进行；如果在室温下，要迅速分离和观察。

荧光显微技术是利用荧光显微镜对可发荧光的物质进行观察的一种技术。某些物质在一定短波长的光(如紫外光)的照射下吸收光能进入激发态，从激发态到基态时，就能在极短的时间内放射出比照射光波长更长的光(如可见光)，这种光就称为荧光。若停止供能，荧光现象立即停止。有些生光物体内的物质受激发光照射后可直接发出荧光，称为自发荧光(或直接荧光)，如叶绿素的火红色荧光和木质素的黄色荧光等。有的生物材料本身不发荧光，但它吸收荧光染料后同样也能发出荧光,这种荧光称为次生荧光(或间接荧光),如叶绿体吸附吖啶橙(acridine orange)后可发橘红色荧光。

利用荧光显微镜对可发荧光的物质进行检测时,将受到许多因素的影响,如温度、光、淬灭剂等。因此在荧光观察时应抓紧时间,有必要时立即拍照。另外,在制作荧光显微标本时最好使用无荧光载玻片、盖玻片和无荧光油。

试剂与器材

1. 材料。

新鲜植物叶片。

2. 试剂。

0.35 mol/L 氯化钠溶液、0.01% 吖啶橙。

3. 器材。

(1) 主要设备:普通离心机、组织捣碎机、粗天平、荧光显微镜。

(2) 小型器材:500 mL 烧杯 2 个、250 mL 量筒 1 个、滴管 10 支、10 mL 刻度离心管 20 支、纱布若干、无荧光载玻片和盖玻片各 4 片。

操作方法

1. 叶绿体的分离与观察。

(1) 选取新鲜的嫩菠菜叶,洗净擦干后去除叶梗及粗脉,称 30 g 放入 150 mL 0.35 mol/L NaCl 溶液中,装入组织捣碎机。

(2) 利用组织捣碎机低速(5 000 r/min)匀浆 3 ~ 5 min。

(3) 将匀浆用 6 层纱布过滤于 500 mL 烧杯中。

(4) 取滤液 4 mL 在 1 000 r/min 的条件下离心 2 min。弃去沉淀。

(5) 将上清液在 3 000 r/min 的条件下离心 5 min。弃去上清液,沉淀即为叶绿体(混有部分细胞核)。

(6) 将沉淀用 0.35 mol/L NaCl 溶液悬浮。

(7) 取叶绿体悬液一滴滴于载玻片上,加盖玻片后即可在普通光镜和荧光显微镜下观察。

A. 普通光镜下观察。

B. 在荧光显微镜下观察。

C. 取叶绿体悬液一滴滴在无荧光载玻片上,再滴加一滴 0.01% 吖啶橙荧光染料,加无荧光盖玻片后即可在荧光显微镜下观察。

2. 菠菜叶徒手切片观察。

用刀片将新鲜的嫩菠菜叶切削一斜面置于载玻片上,滴加 1 ~ 2 滴 0.35 mol/L NaCl 溶液,加盖玻片后轻压,置显微镜下观察。

(1) 在普通光镜下观察。

(2) 在荧光显微镜下观察。

（3）用同样方法制片，但滴加12滴0.01%吖啶橙染液染色1 min，洗去余液，加盖玻片后即可在荧光显微镜下观察。

3. 叶绿体的分离和观察结果。

（1）普通光镜下，可看到叶绿体为绿色橄榄形，在高倍镜下可看到叶绿体内部含有较深的绿色小颗粒，即基粒。

（2）以Olympus（奥林巴斯）荧光显微镜为例，在选用B（blue）激发滤片、B双色镜和O_{530} orange阻断滤片的条件下，叶绿体发出火红色荧光。

（3）加入吖啶橙染色后，叶绿体可发出橘红色荧光，而其中混有的细胞核则发绿色荧光。

4. 菠菜叶徒手切片观察结果。

（1）在普通光镜下可以看到三种细胞：

A. 表皮细胞：边缘呈锯齿形的鳞片状细胞。

B. 保卫细胞：构成气孔的成对存在的肾形细胞。

C. 叶肉细胞：排成栅状的长形和椭圆形细胞。

叶绿体呈绿色橄榄形，在高倍镜下还可以看到绿色的基粒。

（2）在荧光显微镜下，叶绿体发出火红色荧光，但其荧光强度要比游离叶绿体弱。气孔发绿色荧光，两保卫细胞内的火红色叶绿体则环绕气孔排列成一圈。

（3）用吖啶橙染色后，叶绿体则发出橘红色荧光，细胞核可发出绿色荧光，气孔仍为绿色。

实验报告

根据实验结果完成实验报告。

思考题

1. 叶绿体分离的实验原理是什么？在分离叶绿体时应注意些什么问题？
2. 普通光镜与荧光显微镜有何异同点？

实验5　细胞器的分离

细胞由细胞膜、细胞核和细胞质组成，细胞质中含有若干细胞器和细胞骨架等，这些也称作亚细胞组分。对于细胞的结构及功能的研究，是细胞生物学的基本课题，其重要的研究手段之一是分离纯的亚细胞组分，观察它们的结构或进行生化分析。这种分离的方法，使细胞中的各种生物学过程彼此分开，互不干扰，便于确定一种复杂过程中的细节，从而深化我们对细胞整体功能的认识。用这种方法已经阐明了细胞中的许多重要反应，例如蛋白质的合成机制。最初发现细胞质粗提液能使RNA翻译出蛋白质，将细胞质提取液分部分离，依次得到核糖体、rRNA和各种酶，用分别加入或不加入这些纯组分的方法，证实所有这些分子构成了蛋白质合成体系。之后用同样的体系阐明了遗传密码。

分离亚细胞组分的方法主要有差速离心和密度梯度离心。差速离心适于分离密度和大小有显著数量级差别的颗粒,用在分离细胞器是成功的,也是最常用的。对于精细的分部分离,则密度梯度离心效果更好,但制备介质梯度比较费时。

需要指出的是,针对不同的动植物材料和分离的目的物,采用的分离介质及方法细节不同,这些方法和条件都是通过反复实验才建立的,我们除了可以借助文献资料外,更需要基于实践经验,方能达到较好的分离效果。

实验目的

了解细胞器分离的基本原理,掌握操作方法。

实验原理

组织经过匀浆化后,放在均匀的悬浮介质上,即可用差速离心法分离其亚细胞组分。

球形颗粒在均匀的悬浮介质中的沉降速度取决于离心场 G、颗粒的密度和半径以及悬浮介质的黏度。

$$G = \frac{4\pi^2 n^2 r}{3\ 600} \qquad (4-5-1)$$

式中:n——转速(r/min);

r——颗粒到旋转轴的辐射距离(cm),π 值取 3.141 6。离心场一般可用相对离心场 RCF,即重力常数 g(980 cm/s^2)的倍数来表示,因此公式 4-5-1 又写作:

$$RCF = \frac{4\pi^2 n^2 r}{3\ 600 \times 980} = 1.11 \times 10^{-6} n^2 \qquad (4-5-2)$$

对于一定的离心机转头,r 值是恒定的,改变转速 n 便得到不同的 RCF。

在给定的离心场中,密度和大小不同的球形颗粒沉降速度不同,它们从介质顶部的弯月面沉降到离心管底部所需要的时间为:

$$t = \frac{Q}{V} \cdot \frac{\eta}{\omega^2 r_p^2 (\rho_p - \rho)} In \frac{r_b}{r_i} \qquad (4-5-3)$$

式中:

t——沉降时间(s);

Q——颗粒带电荷量;

V——颗粒沉降速度;

η——悬浮介质的黏度;

r_p——颗粒半径;

ρ_p——颗粒密度;

ω——离心的角速度;

ρ——介质密度;

r_i——从旋转轴中心到液体弯月面的辐射距离;

r_b——从旋转轴中心到管底的距离。

在离心的同一时刻,密度和大小不同的球形颗粒将处于介质的不同高度位置。

这样,如果依次选用不同的离心场和不同的离心时间,即依次增加离心转速和离心时间,就能够使非均匀混合体中的颗粒(此处为各种细胞器等)按其大小、轻重分批沉降到离心管底部,分批收集。主要细胞成分的沉降顺序是:细胞核及细胞碎片和质膜,叶绿体,线粒体,溶酶体和其他“微体”,微粒体(内质网碎片),核糖体和大分子。

细胞器分离常用介质是缓冲的蔗糖水溶液。它比较近细胞质的分散相,具有足够渗透压防止颗粒膨胀破裂,对酶活性干扰较小,在 pH 值为 7.4 的条件下细胞器不容易发生聚集。

实验操作中需注意使样品保持 0 ℃ ~4 ℃,以免酶失活。

分离物鉴定用组织化学染色或生化方法鉴定其标志酶,具体方法见“操作方法”。

试剂与器材

1. 材料。

大鼠肝脏。

2. 试剂。

(1) 生理盐水。

(2) 0.25 mol/L 蔗糖—0.01 mol/L Tris - HCl 缓冲液(pH 值为 7.4)。配法:0.1 mol/L Tris 三羟甲基氨基甲烷 10 mL、0.1 mol/L 盐酸 8.4 mL、加双蒸水到 100 mL、再向上述缓冲液中加蔗糖使浓度为 0.25 mol/L。蔗糖为密度梯度离心用 D(+)蔗糖。

(3) 0.34 mol/L 蔗糖—0.01 mol/L Tris - HCl 缓冲液(pH 值为 7.4),配法同上。

(4) 0.34 mol/L 蔗糖—0.5 mol/L $Mg(AC)_2$ 溶液,用 1 mol/LNaOH 调 pH 到 7.4。

(5) 0.88 mol/L 蔗糖—0.5 mol/L $Mg(AC)_2$ 溶液,pH 值为 7.4。

(6) RSB 溶液:0.01 mol/L Tris - HCl 缓冲液(pH 值为 7.2),0.01 mol/L NaCl,1.5 mol/L $MgCl_2$。

(7) 比重 d_{20} =1.18 的蔗糖溶液(51.5 g/L。)。比重 d_{20} =1.16 的蔗糖溶液(51.0 g/L)。

(8) 1% 詹纳斯绿 B 染液,用生理盐水配制。

(9) 甲基绿—派洛宁染液。配法:甲液:2% 甲基绿水溶液 14 mL、5% 派洛宁水溶液 4 mL、蒸馏水 16 mL。乙液:0.2 mol/L 醋酸缓冲液(pH 值为 4.8)16 mL。将甲液与乙液混合均匀。此染液不宜久置。

(10) 卡诺(Carnoy)氏固定液:无水乙醇 6 mL、冰醋酸 1 mL、氯仿 3 mL。

(11) 丙酮。

(12) 酸性磷酸酶显示用液:4℃冷丙酮、2% 醋酸水溶液、1% 硫化铵水溶液(现用现配)。

(13) 酸性磷酸酶作用液:0.2 mol/L 醋酸缓冲液(pH = 5.0)12 mL、5% 硝酸铅 2 mL、3.2% β - 甘油磷酸钠 4 mL、蒸馏水 74 mL、配制时须缓慢加入,依次溶解,否则将出现沉淀。

其中 0.2 mol/L 醋酸缓冲液配法(pH 值为 5.0):0.22 mol/L NaAC 7 mL、0.22 mol/L HAC 3 mL。

(14) 葡萄糖 - 6 - 磷酸酶显示试剂。

A. 作用液:0.125% 葡萄糖 - 6 - 磷酸钾盐水溶液 4 mL、0.22 mol/L Tris - 马来酸(pH = 6.6)4 mL、2% 硝酸铅 0.6 mL、蒸馏水 1.4 mL。

其中 0.22 mol/L Tris－马来酸(顺丁烯二酸,pH 值为 6.6)配法:

甲液:Tris 2.42 g、顺丁烯二酸 2.32 g、加蒸馏水到 100 mL。

乙液:0.8% NaOH 水溶液。

按下列比例混合:甲液 25 mL、乙液 21.2 mL、蒸馏水 53.8 mL。

B. 1%硫化铵水溶液。

C. 10%中性甲醛固定液:市售 30%甲醛,加入足量碳酸镁振荡,放置 24 h,以中和其中的甲酸,然后加水稀释 10 倍。

D. 50%甘油水溶液。

3. 器材。

解剖刀剪、漏斗、玻璃匀浆器、尼龙织物、温度计、离心管、冰浴、恒温箱、冰箱、载玻片、盖玻片、显微镜、冷冻高速离心机。

操作方法

1. 制备大鼠肝细胞匀浆。

实验前大鼠空腹 12 h,击头处死,剖腹取肝,迅速用生理盐水洗净血水,用滤纸吸干。称取肝组织 2 g,剪碎,用预冷的 0.25 mol/L 蔗糖溶液洗涤数次。然后按每克肝加 9 mL 冷的 0.25 mol/L 蔗糖溶液(分数次添加),在 0 ℃～4 ℃冰浴中用玻璃匀浆器制备肝匀浆。匀浆用双层尼龙织物过滤备用。

2. 差速离心。

先将 9 mL 0.34 mol/L 蔗糖溶液放入离心管,再沿管壁小心地加入 9 mL 大鼠肝匀浆覆盖在上层。按下面步骤进行差速离心。

(1) 分离细胞核(图 4－5－1)。

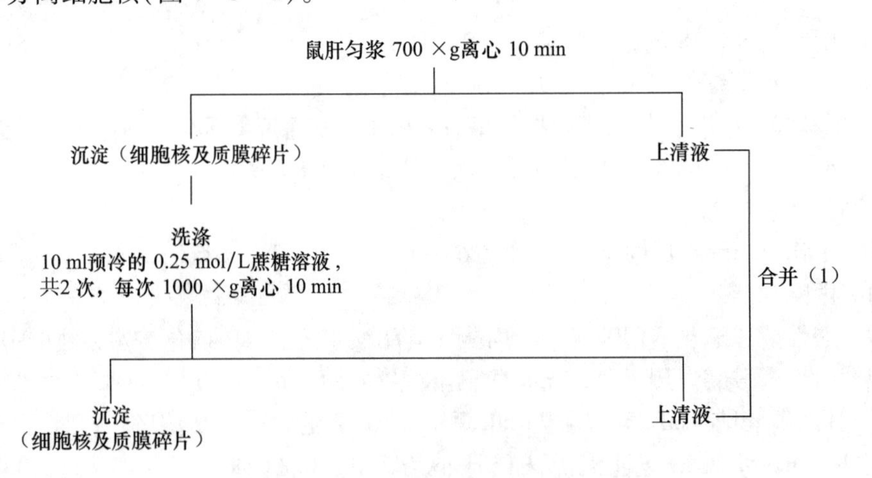

图 4－5－1 分离细胞核

(2) 收集质膜。

吸出细胞核沉淀中较疏松的上层,混悬于比重 d_{20} =1.16 的蔗糖溶液中,沿管壁小心地加入离心管,使其覆盖在等量的比重 d_{20} =1.18 的蔗糖溶液之上。700 × g 离心 10 min,质膜最终集中在二层溶液的界面上。用尖头吸管小心地吸出质膜。

（3）细胞核纯化。

将细胞核沉淀悬浮于5倍体积的0.34 mol/L蔗糖—0.5 mmol/L Mg(AC)$_2$溶液中，铺在4倍体积的0.88 mol/L蔗糖—0.5 mmol/L Mg(AC)$_2$溶液之上，1500×g离心20 min，弃上清液，沉淀为纯化的细胞核。在RSB溶液中置4 ℃可保存数天。在0.01 mmol/L EDTA—0.5 mmol/L二硫苏糖醇(DTT)—5 mmol/L $MgCl_2$—25%甘油—50 mmol/L Tris—HCl缓冲液(pH值为7.4)中，-20 ℃可保存数月。

（4）分离线粒体(图4-5-2)。

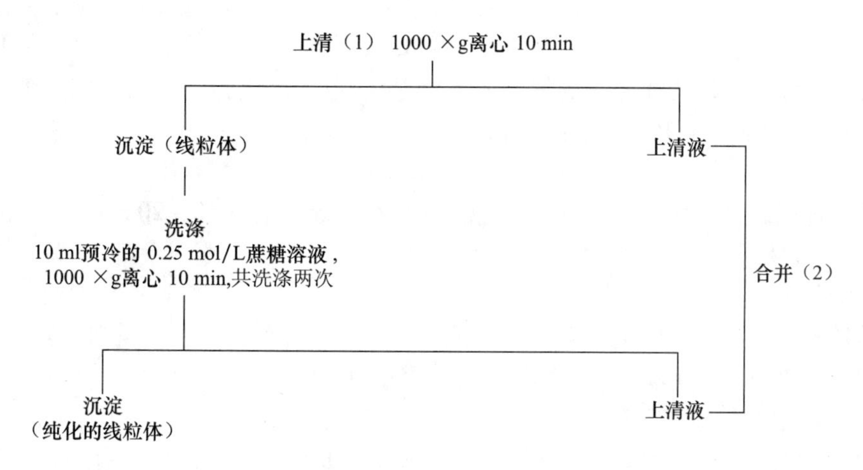

图4-5-2　分离线粒体

纯化的线粒体可悬浮于0.25 mol/L蔗糖溶液中，置-70 ℃保存。

（5）分离溶酶体(图4-5-3)。

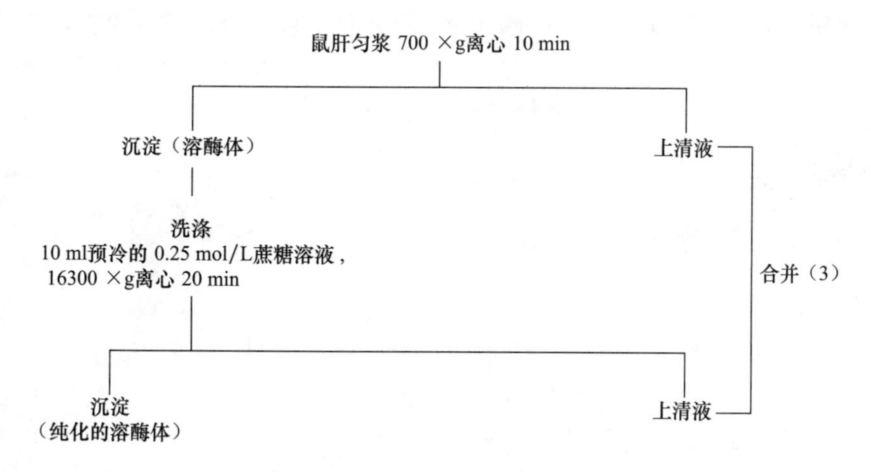

图4-5-3　分离溶酶体

（6）分离微粒体(内质网碎片)(图4-5-4)。

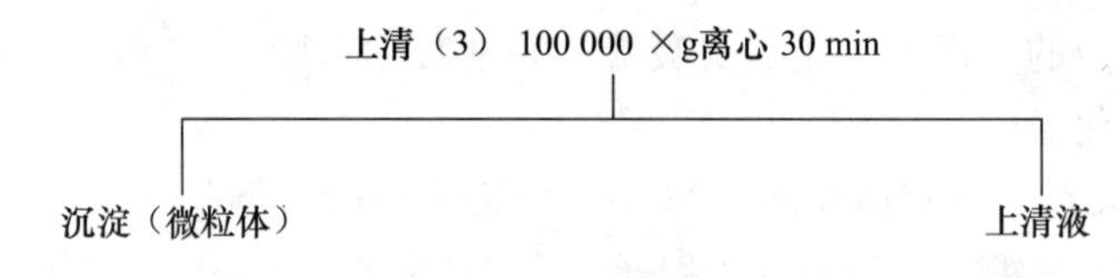

图 4－5－4　分离微粒体

（7）上清液经 150 000 r/min 超速离心 3 h 可获得核糖体、病毒、生物大分子等。

3. 分离物鉴定。

（1）细胞核。

取细胞核沉淀作稀薄的涂片，入卡诺氏固定液 30 min，取出晾干，入甲基氯－派洛宁染色 10～30 min，入纯丙酮分色 30 s，蒸馏水漂洗，用滤纸吸干水分，40 倍物镜显微镜检查。结果：细胞核呈蓝绿色，核仁和混杂的细胞质 RNA 呈红色。纯化的细胞核上应无大量胞质粘连，背景中完整细胞低于 10%，无细胞碎片。

（2）线粒体。

取线粒体沉淀作稀薄涂片，不待干即滴 1% 詹纳斯绿染液染 10～20 min，扣上盖玻片，显微镜检查，线粒体呈蓝绿色。

（3）溶酶体。

用酸性磷酸酶显示法鉴定。溶酶体冷沉淀在 4 ℃预冷的载玻片上涂片，立即入 4 ℃冷丙酮固定 15～30 min。用蒸馏水洗净固定液，用滤纸吸干。

入酸性磷酸酶作用液，37 ℃处理 30 min～2 h。用 2% 醋酸水溶液稍洗一下片子，蒸馏水洗。

入 1% 硫化铵溶液 1～2 min。充分水洗。亦可用 0.1% 中性红复染，看是否混杂入细胞核及胞质碎片，染 5～10 min。甘油—明胶封片（明胶 10 g，甘油 12 mL，蒸馏水 100 mL），镜检。设置对照片：涂片放湿盒，在 50 ℃水浴中作用 30 min 使酶失活，其余操作步骤同前。结果：涂片上布满棕黑色的颗粒，对照片阴性反应。

（4）微粒体。

显示其标志酶——葡萄糖－6－磷酸酶鉴定微粒体。取少量微粒沉淀涂片，不固定，立即入作用液在 37 ℃孵育 5～15 min。蒸馏水轻轻洗。入 1% 硫化铵溶液处理 1 min，蒸馏水洗。入 10% 中性甲醛固定 30 min，自来水冲洗。用 50% 甘油水溶液封片，镜检。

实验结果

微粒体呈棕黑色小颗粒。

注意事项

1. 尽可能充分破碎组织，缩短匀浆时间整个分离过程不宜过长，以保持组分生理活性。

2. 差速离心要求在 0 ℃～4 ℃进行，如果使用非冷冻控温的离心机，一般只宜分离细胞核和线粒体，同时注意用冰浴使样品保持冷冻。

实验报告

根据实验结果完成实验报告。

思考题

差速离心与密度梯度离心方法有什么不同？离心结束时亚细胞组分在介质中各呈什么样的分布？因而收集组分的方法有什么区别？

实验 6　细胞骨架观察

一、考马斯亮蓝 R250(Coomassie blue R250)染色法观察微丝

实验目的

掌握观察动物细胞和植物细胞内微丝的两种方法：考马斯亮蓝 R250 染色法、罗丹明标记的鬼笔环肽染色法。

实验原理

真核细胞的细胞质中有错综复杂的纤维网，称为细胞骨架(cytoskeleton)。根据纤维的直径分为微丝(microfilament，MF，7 nm)、微管(microtubule，MT，25 nm)、中间纤维(intermediated filament，IF，10 nm)。此外，还散布着一些比微丝还细的纤维(3～6 nm)。

目前观察细胞骨架的手段主要有电镜、间接免疫荧光技术、酶标、组织化学等。

微丝是肌动蛋白构成的纤维，称作 F－actin。单根微丝直径约 7 nm，在光学显微镜下看不到。本实验观察的是由微丝平行排列组成的纤维束，在动物细胞里称作“应力纤维”(stress fiber)。应力纤维在体外培养的贴壁细胞中尤为发达。一般当细胞充分铺展时，经考马斯亮蓝 R250 染色，可看到沿细胞长轴伸展的粗大纤维束，此即应力纤维。应力纤维上还周期性地分布着微丝结合蛋白，包括 α－辅肌动蛋白、肌球蛋白、原肌球蛋白、类肌钙蛋白等。图 4－6－1 所示为用荧光标记的肌动蛋白和不同种结合蛋白显微注射后，观察到各种结合蛋白在应力纤维上的纵向周期性定位。应力纤维的端部连接着质膜上的黏着斑，与加强细胞对基质的附着、铺展及维持细胞特定形状有关。

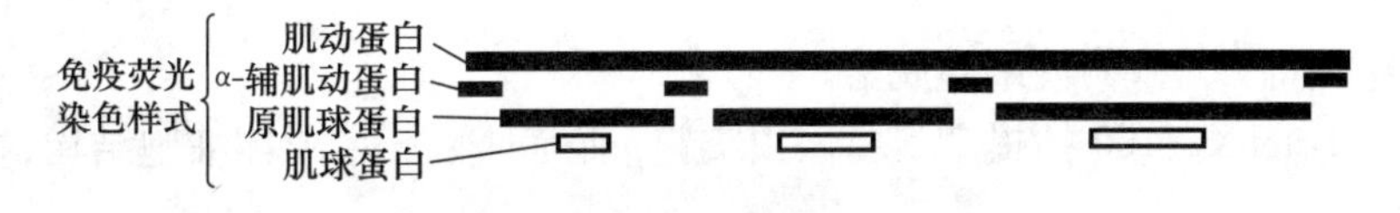

图 4－6－1　应力纤维结构模式图

非肌细胞中的微丝是动态结构，肌动蛋白单体(G－actin)与纤维(F－actin)在一定条件下互相转化。本实验中 M—缓冲液提供的离子条件可使 F－actin 稳定。

$$\text{G}-\text{actin} \underset{\text{含 ATP、}Ca^{2+}\text{、低 }Na^{+}\text{、}K^{+}}{\overset{Mg^{a+}\text{、高浓度 }K^{+}\text{、}Na^{+}\text{诱导}}{\rightleftharpoons}} \text{F}-\text{actin}\left(\begin{array}{l}\text{G}-\text{actin：球状肌动蛋白}\\ \text{F}-\text{actin：纤维肌动蛋白}\end{array}\right)$$

考马斯亮蓝 R250 可以染各种蛋白，并非特异染微丝，实验中用 1% Triton X－100 抽提掉胞质中除骨架蛋白以外的其他蛋白，能清晰地显示微丝束。

本实验主要以动物细胞为材料，对植物细胞微丝染色也作了简要介绍。

（一）考马斯亮蓝 R250 染动物细胞的微丝

试剂与器材

1. 材料。

平皿、直径 30 mm 小染缸、载玻片、盖玻片条（为区别细胞的正反面，剪掉一角）、体外培养的贴壁生长细胞，如 CHO、HeLa 细胞等。

2. 试剂。

细胞培养基（DMEM、RPMI－1640 等）、磷酸缓冲盐溶液（PBS，pH 7.4）、磷酸盐缓冲液（pH 值为 6.8）、M 缓冲液、1% Triton X－100（用 M 缓冲液配）、0.2% 考马斯亮蓝 R250、3.0% 戊二醛（用 0.2 mol/L 磷酸盐缓冲液配制）。

3. 器材。

光学显微镜、温箱、细胞培养设备。

操作方法

1. 细胞培养在平皿中的盖玻片上，尚未致密时即可使用。取出盖玻片，用 PBS 洗 3 次。
2. 用 1% Triton X－100 处理 25～30 min，室温或 37 ℃均可。
3. 立即用 M 缓冲液轻轻洗细胞 3 次。
4. 略晾干后，用 3.0% 戊二醛固定细胞 5～15 min。
5. PBS 洗数次，滤纸吸干。
6. 用 0.2% 考马斯亮蓝 R250 染片子 1 h。然后小心用水冲洗，蒸馏水冲洗，空气中略干燥。
7. 普通光学显微镜下用 40× 物镜或油镜观察。

实验结果

应力纤维呈深蓝色，直径约 40 nm。

注意事项

1. 各步洗细胞要轻，勿使细胞脱落。
2. 用 1% TritonX－100 抽提杂蛋白做预实验，抽提时间长将破坏细胞结构，抽提时间短背景干扰大。
3. 细胞充分贴壁铺展时应力纤维较多，形态挺直。反之，细胞收缩变圆，应力纤维弯曲，甚至部分解聚消失而显得稀少。

（二）考马斯亮蓝 R250 染植物细胞的微丝

操作方法

1. 取洋葱鳞茎表皮，大小约 1 cm^2，放入盛有 0.2 mol/L 磷酸盐缓冲液（pH＝6.8）的小烧杯中。

2. 吸去缓冲液，用1% TritonX－100处理洋葱表皮20～30 min。
3. 除去TritonX－100，用M缓冲液充分洗3次，每次约10 min。
4. 加3.0%戊二醛（用0.2 mol/L磷酸盐缓冲液配，pH＝6.8）固定0.5～1 h。
5. 用PBS洗3遍，滤纸吸去残液。
6. 0.2%考马斯亮蓝R250染色30 min。
7. 用蒸馏水洗数遍。将样品置于载玻片上，加盖玻片，光学显微镜下观察。

实验结果

微丝束呈深蓝色。

实验报告

1. 画出你所观察到的微丝图像。
2. 对实验成功或失败的原因进行讨论。

思考题

1. 微丝观察实验中，用1% TritonX－100处理细胞的作用是什么？此实验是否能看到微管、中间纤维？为什么？
2. M缓冲液的作用是什么？

二、甲基罗丹明标记的鬼笔环肽染色法观察微丝

实验目的

掌握观察动物细胞和植物细胞内微丝的两种方法：考马斯亮蓝R250染色法、甲基罗丹明标记的鬼笔环肽染色法。

实验原理

鬼笔环肽（phalloidin）是毒蕈（Amanita phallodies）产生的双环杆肽，与微丝有强烈的亲和作用，能使F－actin稳定，并促进聚合。用荧光染料甲基罗丹明标记的鬼笔环肽（rhodamine－phalloidin）可以清晰地显示细胞中的微丝。下面分别介绍用该染料染动物细胞和植物细胞微丝的方法。

（一）甲基罗丹明—鬼笔环肽染动物细胞微丝

试剂与器材

1. 材料。
平皿、盖玻片小条（剪掉一角）、铝盒、直径30 mm的小染缸，体外培养的贴瓶生长细胞。
2. 试剂。
细胞培养基（DMEM或RPMI－1640）、3.7%甲醛—PEMD、PBS（pH＝7.4）、丙酮、甲基罗丹明—鬼笔环肽染液，甘油－PBS(9∶1)。

3. 器材。

荧光显微镜。

操作方法

1. 将细胞培养在平皿中的盖玻片小条上，当细胞生长密度达 + + +（70% ~80%）时取出，放进小染缸中，PBS 洗涤。

2. 3.7% 甲醛—PEMD 室温固定 10 min，用 PBS 洗去固定液后，略干燥后放入预冷的 -20 ℃丙酮中再固定 3 ~5 min，取出略干燥。

3. 用甲基罗丹明—鬼笔环肽染色：滴加 20 μL 染液在清洁的载玻片上，将盖玻片上的细胞样品反扣其上，放入湿盒内，置暗处室温下染色 20 ~25 min。然后用 PBS 洗 3 次，无离子水洗，略干燥后用甘油 - PBS 封片。

4. 荧光镜检，绿光激发。

实验结果

微丝呈明亮的橘红色。如图 4 -6 -2 所示。

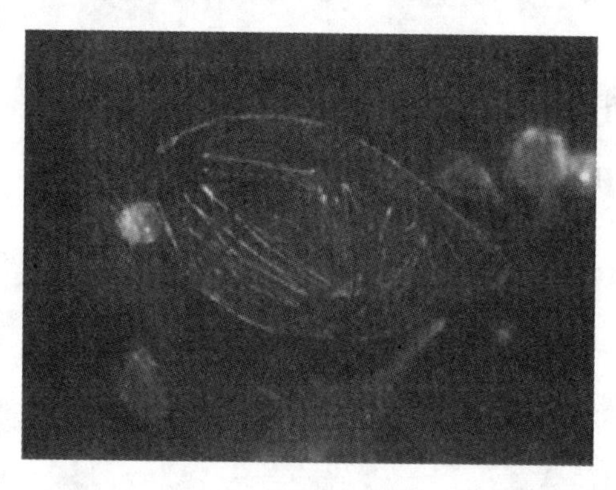

图 4 -6 -2　6 m² 细胞（Moloney murine sarcoma virus 转化的大鼠肾细胞）的微丝，甲基罗丹明—鬼笔环肽标记（连慕兰）

注意事项

1. 各步清洗要轻，尽可能保存细胞。

2. 染色时间勿太长，否则背景发红。

3. 在没有固定液 3.7% 甲醛—PEMD 的情况下，也可以用 -20 ℃冷甲醇代替，但效果较差。

（二）甲基罗丹明—鬼笔环肽染植物细胞微丝

试剂与器材

1. 材料。

小塑料离心管、细玻棒、载玻片、盖玻片、百合花粉。

2. 试剂。

50 mmol/L pipes 缓冲液(pH =7.2),4% 多聚甲醛固定液(用 50 mmol/L pipes 缓冲液配制),PBS(pH =7.4),1 μmol/L 甲基罗丹明—鬼笔环肽染液(PBS 配制),甘油—PBS(1∶1)。

3. 器材。

摇床。

操作方法

1. 花粉水合:将花粉放入小塑料离心管,加少量蒸馏水没过,用细玻棒搅,使花粉中的脂质附在玻棒上除去。搁置 30 min ~1 h,使花粉水合。

2. 加入 4% 多聚甲醛固定液固定 1 h。

3. 用 pipes 缓冲液洗花粉粒 3 次,每次 10 min,低速离心(约 2 000 r/min),弃上清液。

4. 加适量甲基罗丹明—鬼笔环肽染液与花粉混匀,放在摇床上振荡,室温染色 2 h。

5. 吸出少量花粉放载玻片上,滴甘油—PBS(1∶1)封片。荧光镜检,绿光激发。

实验结果

微丝束发明亮的橘红色荧光。如图 4-6-3 所示。

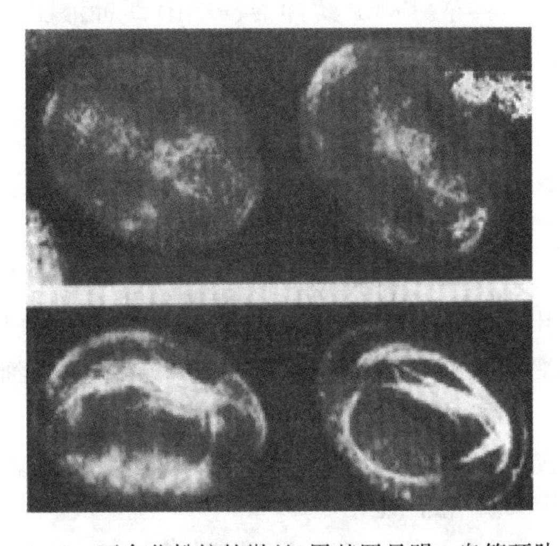

图 4-6-3 百合花粉粒的微丝,甲基罗丹明—鬼笔环肽标记

实验报告

1. 说明甲基罗丹明—鬼笔环肽染微丝的原理。

2. 绘制细胞内微丝分布图。

思考题

说明细胞中由微丝组成的结构及其功能。

三、动物细胞微管观察

实验目的

用间接免疫荧光法显示细胞内微管。

实验原理

用抗管蛋白(tubulin)的免疫血清(一抗)与体外培养细胞一起温育,该抗体将与细胞内微管特异结合,然后用异硫氰酸荧光素(FITC)标记的羊抗兔(IgG)血清(二抗)与一抗温育而结合,置荧光显微镜下,即可看到胞质内伸展的微管网络。

0.3% TritonX-100/PBS 用于稀释抗体,该低浓度 TritonX-100 能增加膜的透性。

试剂与器材

1. 材料。

吸管、30 mm 小染缸、清洁的载玻片、铝盒、体外培养的细胞。

2. 试剂。

PBS(pH=7.4)、PEM 缓冲液、PEMP 缓冲液、PEMD 缓冲液、0.3% Triton X-100/PBS、1% TritonX-100/PBS、兔抗管蛋白血清(一抗)、FITC-抗兔抗体(二抗)、甘油-PBS(9∶1,pH 值为 8.5~9.0)。

3. 器材。

荧光显微镜、冰箱(-20 ℃及 4 ℃)、小型振荡器。

操作方法

1. 细胞培养在盖玻片上,实验时,取出盖玻片用 37 ℃预温的 PEMP 缓冲液小心地洗涤。

2. 用含 0.5% TritonX-100 的 PEM 溶液处理细胞 90 s,以增加细胞膜透性,并提取若干杂蛋白,使背景清晰。

3. 用 PEMP 缓冲液洗样品。

4. 用 3.7% 甲醛—PEMD 溶液固定细胞 30 min,PBS 洗两次。

5. 抗管蛋白抗体用 0.3% TritonX-100/PBS 稀释成 1∶4、1∶8、1∶16 等不同浓度,分别滴加约 40 μL 在细胞上,将此长满细胞的盖玻片反扣在清洁的载玻片上,放在铺有湿纱布的铝盒内,密闭,37 ℃温育 1 h。

6. 取出样品,按下列顺序洗涤,以除去残余的抗血清:PBS→1% TritonX-100/PBS→PBS。每次洗 5 min,可以放在小型振荡器上轻轻振荡洗涤。1% TritonX-100 洗涤能减少背景非特异荧光。然后取出样品,用滤纸吸去水分,略干燥。

7. 在细胞面上滴加 40 μL 左右 FITC-羊抗兔抗体(用前仍以 0.3% Triton X-100/PBS 稀释成 1∶4 或 1∶8)。同步骤 5 放 37 ℃温育 1 h。

8. 同步骤 6 洗涤细胞,最后过滤无离子水。

9. 略干燥后,用甘油 - PBS(9∶1)封片。置荧光显微镜下观察,蓝色激发,外加阻断滤片 K530。先用低倍镜观察,后转油镜观察。

实验结果

微管呈细丝状,发黄绿色荧光。如图 4 - 6 - 4 所示。

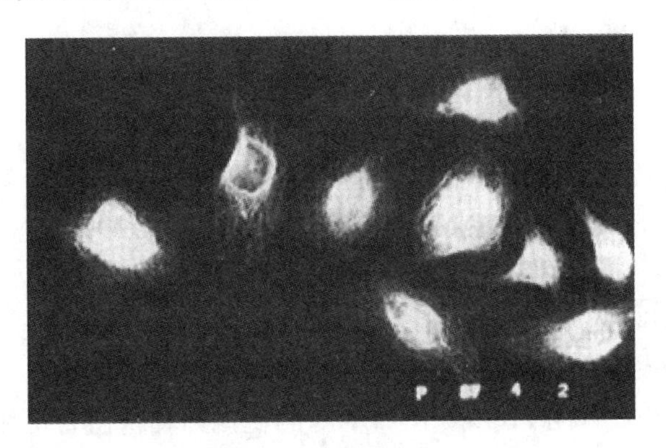

图 4 - 6 - 4　间接免疫荧光显示的 HeLa 细胞微管(连慕兰)

注意事项

每步洗涤要充分,并吸去水分(但也不要干透),以免稀释下一步的抗体或试剂,此外,这样才能得到清晰的荧光图像。

实验报告

根据实验结果完成实验报告。

四、植物细胞微管观察

实验目的

用间接免疫荧光法显示细胞内微管。

实验原理

用抗管蛋白的免疫血清(一抗)与体外培养细胞一起温育,该抗体将与细胞内微管特异结合,然后用异硫氰酸荧光素标记的羊抗兔血清(二抗)与一抗温育而结合,置荧光显微镜下,即可看到胞质内伸展的微管网络。

0. 3% TritonX - 100/PBS 用于稀释抗体,该低浓度 TritonX - 100 能增加膜的透性。

试剂与器材

1. 材料。

微量离心管、细玻棒、载玻片、盖玻片、水合的花粉(参见本实验中的“二”)

2. 试剂。

50 mmol/L pipes 缓冲液(pH = 7.2)、4% 多聚甲醛固定液、酶解液(1% 纤维素酶,1% 果胶酶)、1% Triton X - 100(以上各液均用 50 mmol/L pipes 缓冲液配)、PBS、二甲基亚砜(DMSO)、甘油 - PBS(1 : 1)。

3. 器材。

荧光显微镜、摇床、离心机。

操作方法

1. 将水合的花粉放入微量离心管中,加酶解液处理 5 min。

2. 用 50 mmol/L pipes 缓冲液洗 3 次,每次 10 min,洗时低速离心(约 2 000 r/min),弃上清液。

3. 1% TritonX - 100 处理 1 h。可抽提掉非骨架蛋白,减少非特异荧光。

4. 50 mmol/L pipes 缓冲液洗 3 次,每次 10 min。

5. 用含 2% 二甲基亚砜的 PBS,按 1 : 1 000 的比例稀释抗微管抗体(一抗)。将一抗与花粉混匀,37 ℃温育 1.5 h。

6. 用 50 mmol/L pipes 缓冲液洗花粉粒 3 次,每次 20 min 以上。

7. 用含 2% 二甲基亚砜的 PBS,按 1 : 50 稀释二抗,与样品共温 1 min。

8. 50 mmol/L pipes 缓冲液洗 3 次,每次 20 min 以上。

9. 甘油—PBS(1 : 1)封片。荧光镜检,蓝光激发。

实验结果

微管为细丝状,发黄绿色荧光。

实验报告

1. 绘出你观察到的细胞内微管分布图。

2. 根据你的实际操作情况进行总结:要得到清晰的图像,需注意哪些环节?

思考题

1. 间接免疫荧光染色原理是什么?

2. 微管体外聚合要求具备哪些条件?

实验 7　联会复合体的染色与观察

联会复合体(简称 S. C)最早由 Mose(1956)在研究蜊蛄精母细胞减数分裂前期的超微结构时发现,1977 年他又证明使用光学显微镜可以检查联会复合体。其后发展了许多适用于明视野显微镜检查用的 S. C 染色法。依靠光学显微镜显示 S. C 的技术,不仅对于 S. C 的结构和功能的研究有用,而且在临床细胞遗传学中对染色体异常、遗传性疾病的病因和病理研究，以及环境诱变剂的检测等均不失为一种新的有效研究手段。

实验目的

学习光学显微镜显示联会复合体技术，观察光镜下联会复合体的形态结构。

实验原理

S. C 是减数分裂前期同源染色体配对形成的非永久性核内特殊结构，典型的 S. C 由三股平行的线状结构组成，即由两条平行侧线和一条纤细的中央轴组成，一般开始于偶线期，成熟于粗线期，消失于双线期。它与减数分裂三个重要环节同源染色体联会、交换以及分离有着密切关系。大量工作表明，S. C 在真核生物的减数分裂过程中是普遍存在的。

试剂与器材

1. 材料。

雄性小白鼠。

2. 试剂。

(1) 0.7% 柠檬酸钠溶液(商品名为柠檬酸三钠，AR)。

(2) 3% 中性福尔马林(甲醛溶液，AR 溶液)：8.3 mL 甲醛，醋酸钠 1.1 g，加蒸馏水。

(3) 50% 硝酸银溶液。

(4) 明胶显影液：称取 2 g 明胶粉末溶解于 99 mL 蒸馏水中，加 1 mL 甲酸。

(5) 甲醇—冰醋酸。

3. 器材。

离心机、显微镜、水浴(65 ℃)、培养皿(直径 16 cm)、镊子、剪刀、吸管、烧杯、量筒、离心管(10 mL)、酒精灯。

操作方法

1. 脱颈处死动物，取出睾丸，放入盛有 2 mL 0.7% 柠檬酸钠的培养皿中。

2. 剪开白膜，用解剖针和小弯摄挟出曲细精管并剪碎，用吸管轻轻吹打，使曲细精管内容物释放出。使细胞悬液总体积为 1 mL。

3. 移至刻度离心管中，加 8 mL 0.7% 柠檬酸钠溶液制成悬液，室温下低渗 45 ~ 60 min。

4. 在低渗终止前 10 min，加 3% 中性福尔马林溶液 0.3 mL，至终浓度为 0.1%，混匀。

5. 常规离心(1 000 r/min)，弃上清液。

6. 甲醇和冰醋酸(3 : 1)混合液固定，空气干燥法制片。制片的关键是长时间的低渗液处理和添加福尔马林溶液。

7. 银染。

(1) 在培养皿底部放一张用少量蒸馏水润湿的滤纸，上面放 2 根小玻棒(或竹杆)，置水浴内保温(80 ℃)(此过程可不放在水内，直接将标本放在热至 80 ℃的热板上亦可)。

(2) 载玻片标本细胞面朝上平放于培养皿之上，加 4 滴 50% 硝酸银溶液和 2 滴明胶显影液，覆以盖玻片（或擦镜纸），直到载玻片标本呈金褐色为止，一般为 3 ~ 4 min。

（3）移除盖玻片，并用蒸馏水快速漂洗，晾干。

（4）观察或摄影，分析。

实验结果

绘图表示光镜下联会复合体的形态。

实验报告

根据实验结果完成实验报告。

思考题

1. 联会复合体的生物学意义是什么？
2. 联会复合体的应用价值是什么？

Ⅱ 细胞化学

实验 8 Feulgen 反应显示 DNA

实验目的

1. 掌握显示 DNA 的主要方法——Feulgen 反应。
2. 了解石蜡切片的一般过程。

实验原理

DNA 经 1 mol/L HCl 水解后，连接嘌呤碱基与脱氧核糖的糖苷键断裂，并在脱氧核糖的第一位碳原子上形成游离的醛基，这些醛基就在原位与 Schiff 试剂特进行异性反应，生成紫红色的化合物。亚硫酸水可使碱性品红（红色）变为无色品红，从而消除了非特异性染色造成的误差，这样就可以定性、定位甚至定量地测定细胞内 DNA 的分布和含量。若再用亮绿复染，可使细胞质、核仁染上绿色，便于观察。

试剂与器材

1. 材料。

小鼠肝、肾、小肠或睾丸，洋葱根尖或大蒜根尖。

2. 试剂。

（1）卡诺氏固定液：无水乙醇 60 mL、氯仿 30 mL、冰乙酸 10 mL 混匀。

（2）乙醇：配成 100%、95%、85%、70% 等各级浓度。

（3）二甲苯、切片石蜡、树胶。

（4）5% 三氯乙酸水溶液：5 g 三氯乙酸溶于 100 mL 蒸馏水中形成的溶液。

（5）1 mol/L HCl。

（6）Schiff 试剂：取 1 g 碱性品红溶于 200 mL 沸的重蒸水中振荡 5 min，加热至 100 ℃但不沸腾；冷至恰为 50 ℃时过滤，在滤液中加 20 mL 1 mol/L HCl；冷至 25 ℃加 1 g $NaHSO_3$，置于暗处 12 ~ 24 h；加 2 g 活性炭振荡 1 min 后过滤，在 0 ℃ ~4 ℃暗处密封保存。配好的试剂应为无色，略有红色则应重配。所用的玻璃器皿应绝对清洁。

（7）亚硫酸水：自来水 500 mL，加入 3 g 亚硫酸氢钠和 20 mL 1 mol/L HCl 摇匀，瓶塞要盖紧。此液必须在使用前配制，否则 SO_2 逸出即失效。

（8）0.5% ~1% 亮绿：取亮绿 0.5 ~1 g 溶于 100 mL 蒸馏水中得到溶液。

3. 器材。

立式染色缸、恒温水浴、载玻片、盖玻片、小镊子、切片机、显微镜等。

实验内容

（一）动物细胞石蜡切片 Feulgen 反应

1. 取材。

新鲜材料以生理盐水洗净后切成 1~2 mm大小。

2. 固定。　　卡诺氏固定液

↓ 2 ~ 4h

3. 脱水。　　100% 乙醇

↓ 30 min~ 1 h

100% 乙醇

↓ 30 min~ 1 h

4. 透明。　　二甲苯Ⅰ

↓ 30 min~ 1 h

二甲苯Ⅱ

↓ 30 min~ 1 h

5. 浸蜡。　　2/3体积二甲苯+1/3体积石蜡

↓ 40 min

1/2体积二甲苯+1/2体积石蜡

↓ 40 min

纯石蜡

↓ 1 h

6. 包埋。　　纸盒包埋材料，休整蜡块，粘于方木上

↓

7. 切片。 以石蜡切片机切成7μm薄片

↓

8. 展片。 45 ℃水浴使材料舒展后贴于载玻片上，并于60 ℃温箱烤片过夜，至此做成石蜡切片。

↓

9. 脱蜡。 二甲苯Ⅰ

↓ 5 ~ 10 min

二甲苯Ⅱ

↓ 5 ~ 10 min

1/2体积二甲苯+1/2体积无水乙醇

↓ 3 ~ 5 min

10. 复水。 100% 乙醇

↓ 2 ~ 3 min

95% 乙醇

↓ 1 ~ 2 min

85% 乙醇

↓ 1 ~ 2 min

70% 乙醇

↓ 1 ~ 2 min

蒸馏水 —对照片 1 ~ 2 min— 5% 三氯醋酸

↓ 1 ~ 2 min（蒸馏水）　　　　90 ℃, 15 min（5% 三氯醋酸 → 1 mol/L HCl）

11. 稀酸水解。 1 mol/L HCl

↓ 室温 1 min

1 mol/L HCl

↓ 60 ℃,水浴 8 min

1 mol/L HCl

↓ 室温 1 min

蒸馏水

↓

12. 显色。 Schiff试剂

↓ 37 ℃,避光 30 ~ 60 min

13. 分色。 亚硫酸水Ⅰ

↓ 1.5 ~ 2 min

亚硫酸水Ⅱ

↓ 2 min

亚硫酸水Ⅲ

↓ 2 min

流水洗

↓ 5 min

蒸馏水

↓ 片刻

14. 复染。　1% 亮绿

↓ 数秒

蒸馏水

↓ 1 ~ 2 min

15. 脱水。　70% 乙醇

↓ 1 ~ 2 min

85% 乙醇

↓ 1 ~ 2 min

95% 乙醇

（二）植物细胞 Feulgen 反应

1. 取材。　洋葱根尖（甲醇：冰乙酸（3:1）固定）

↓

70% 乙醇

↓

蒸馏水 —对照— 5% 三氯乙酸

↓

2. 水解。　1 mol/L HCl ← 90 ℃, 15 min

↓ 室温 1 ~ 2 min

1 mol/L HCl

↓ 60 ℃,水浴 8 min

蒸馏水

↓ 1 ~ 2 min

3. 显色。　Schiff反应

↓ 30 min避光

4. 分色。　亚硫酸水Ⅰ

↓ 1 ~ 2 min

亚硫酸水Ⅱ

↓ 1 ~ 2 min

蒸馏水

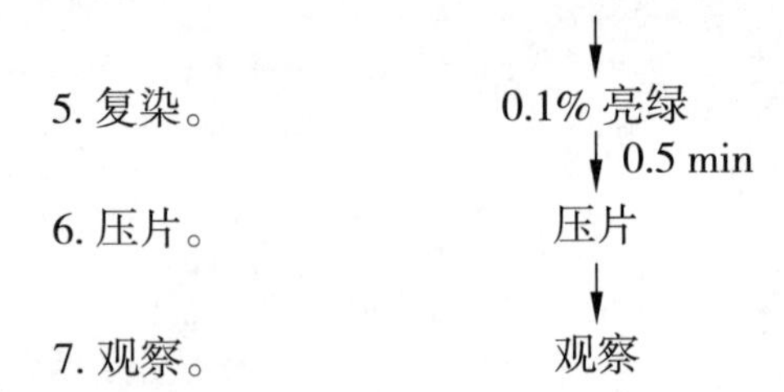

实验报告

1. 简述石蜡切片的一般过程及各步骤的作用。
2. 每人交一份实验原始记录,每组交一份制片标本。

实验9　细胞中过氧化物酶的显示

实验原理

过氧化物酶是肝、肾、中性粒细胞及小肠黏膜上皮细胞中丰富存在的酶类,较多存在于细胞的过氧化物酶体中,参与细胞中的各种氧化反应,可将各种底物氧化。本实验利用过氧化物酶的上述性质,将底物 H_2O_2 分解,产生新态氧,使无色联苯胺氧化成蓝色联苯胺蓝,进而变成棕色产物,可根据颜色反应来判定过氧化物酶的有无或多少。

试剂与器材

1. 材料。

小白鼠、染色缸、载玻片、盖玻片、吸管、注射器、吸水滤纸。

2. 试剂。

(1) 0.5% 硫酸铜:硫酸铜,0.5 g;蒸馏水加至 100 mL。

(2) 联苯胺混合液:联苯胺(4,4—diamino benzidine),0.2 g;95% 乙醇,100 mL;3% 过氧化氢,2 滴。此液临用时配制。

(3) 1% 番红:番红(safranin),1.0 g;蒸馏水,100 mL。

(4) 中性树胶。

3. 器材。

解剖器材、蜡盘、普通光学显微镜。

操作方法

(1) 取小白鼠 1 只,以颈椎脱位法将其处死,迅速剖开后肢暴露股骨,将股骨从一端剪断,用注射器吸出骨髓滴到载玻片一端(必要时可滴加 1 滴 PBS 进行稀释)。

(2) 推片,室温晾干。

(3) 将涂片浸入 0.5% 硫酸铜中 30 s。

(4) 浸入联苯胺混合液中反应 6 min。

(5) 流水冲洗,浸入 1% 番红溶液中复染 2 min。

(6) 流水冲洗,室温晾干。

(7) 镜检或滴 1 滴中性树胶,加盖盖片进行封片观察。如图 4－9－1 所示。

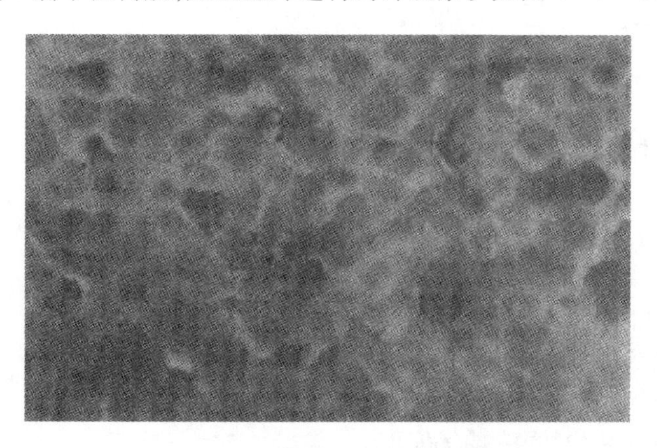

图 4－9－1　骨髓细胞中过氧化物酶的显示

注意事项

本实验中,联苯胺混合液在空气中极易被氧化而呈现棕色,从而降低染色效果,因此,该溶液应用时现配,在操作过程中也应注意减少与空气接触。

实验结果

涂片中可见一些细胞中存在有蓝色颗粒(图 4－9－1),所在区域即为过氧化物酶存在部位。

实验报告

根据实验结果完成实验报告。

实验 10　细胞中碱性蛋白的显示

实验原理

不同的氨基酸带有不同化学性质的侧链基团,有的带有碱性侧链,有的带有酸性侧链,使由氨基酸组成的不同蛋白质拥有不同数目的碱性基团和酸性基团,这些基团会使蛋白质在不同的 pH 溶液中带有不同的净电荷。如在生理条件下,整个蛋白质分子所带负电荷多,则为酸性蛋白质;带正电荷多,则为碱性蛋白质。因此,可将标本用酸处理提取出核酸后,用带负荷的碱性染液固绿(pH 值为 8.2 ~8.5)染色,使在此 pH 环境中带正电荷的碱性蛋白被显示出来。

细胞中含量最为丰富的碱性蛋白是组蛋白,组蛋白与 DNA 紧密包裹形成的复合物称为染色质,它作为遗传信息的储存载体存在于真核细胞的细胞核中。组蛋白合成于细胞周期 S 期 DNA 合成期的细胞质中,合成后迅速由核孔转运进入核中完成与 DNA 的组装,因此,细胞中显示的碱性蛋白较多存在于细胞核中。

试剂与器材

1. 材料。

蟾蜍、解剖器材、蜡盘、染色缸、载玻片、盖玻片、吸管、吸水滤纸。

2. 试剂。

(1) 70% 乙醇。

(2) 5% 三氯乙酸。

(3) 0.1% 碱性固绿(pH 值为 8.0 ~ 8.5)。

0.1% 固绿水溶液:固绿(Fast green),0.1 g;蒸馏水,100 mL。

0.05% Na_2CO_3 溶液:Na_2CO_3,50 mg;蒸馏水,100 mL。

用时两种溶液按 1∶1 体积混合即可。

3. 器材。

普通光学显微镜、恒温水浴箱。

操作方法

(1) 取 1 只蟾蜍,以捣毁脊髓法处死,将其腹面朝上固定于蜡盘,剪开胸腔,打开心包。将心脏剪开一小口,取心脏血 1 滴,滴于载玻片一端,推片,室温晾干。

(2) 将涂片浸入 70% 乙醇中固定 5 min,室温晾干。

(3) 浸入 5% 三氯乙酸中,60 ℃水浴 30 min。

(4) 流水充分冲洗,去除三氯乙酸,用滤纸吸去残留水分。

(5) 浸入 0.1% 碱性固绿中染色 15 min。

(6) 流水冲洗,室温晾干。

(7) 镜检或滴 1 滴中性树胶,加盖盖玻片进行封片观察。

注意事项

三氯乙酸作用后的载玻片一定用流水充分、彻底冲洗,以免干扰固绿的染色。

实验结果

细胞中典型的碱性蛋白为参与染色体包装的组蛋白,主要存在于细胞核中,因此细胞经固绿染色后,胞质、核仁不着色,细胞核大部分被染成绿色。图 4 - 10 - 1 为蟾蜍血细胞中碱性蛋白的显示示意图。

实验报告

根据实验结果完成实验报告。

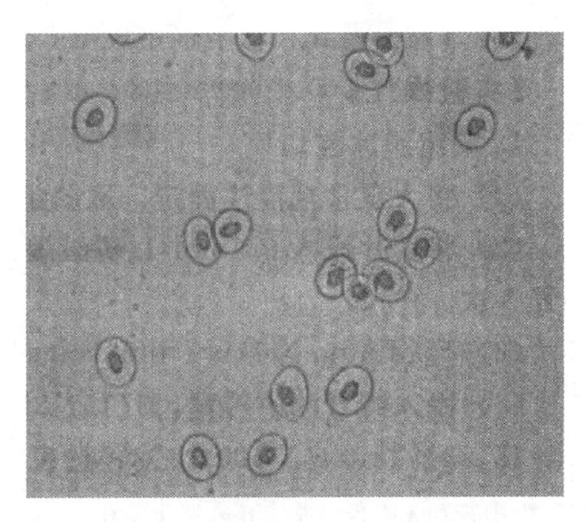

图 4-10-1　蟾蜍血细胞中碱性蛋白的显示

实验 11　酸性磷酸酶的定位

实验目的

掌握 Comori 法的基本原理和方法。观察酸性磷酸酶在细胞内的分布状况。

实验原理

酸性磷酸酶能分解磷酸酯而释放出磷酸基。在 pH 值为 5.0 的环境中,磷酸基能与铅盐反应形成磷酸铅。但因其是无色的,所以需再经过与硫化铵作用,形成棕黑色的硫化铅沉淀,由此就能显示酸性磷酸酶在细胞内的存在与分布。

本实验的技术特点是:

(1) 采用冷冻涂片和中性福尔马林固定,可避免在固定、包埋及制片过程中酶的失活,保证了实验的稳定性。

(2) 采用较短的作用时间,可避免细胞质内其他蛋白质及核内出现阳性假象,保证了实验的可靠性。

(3) 以姬姆萨淡染的巨噬细胞为观察对象,细胞核、细胞轮廓以及细胞质中反应沉淀的颗粒都比较清晰,有助于深入理解细胞吞噬作用、溶酶体功能和分布以及溶酶体标志酶——酸性磷酸酶的性质等理论问题。

试剂与器材

1. 材料。

小白鼠。

2. 试剂。

(1) 10%中性福尔马林(pH值为6.8~7.1):甲醛10 mL、蒸馏水90 mL、醋酸钠2 g。

(2) 酸性磷酸酶作用液:蒸馏水90 mL、0.2 mol/L醋酸缓冲液(pH值为4.6)12 mL、5%硝酸铅2 mL、3.2% β-甘油磷酸钠4 mL。

先将蒸馏水和醋酸缓冲液混合,然后分成大致相等的两份,分别加入5%硝酸铅2 mL和3.2% β-甘油磷酸钠4 mL,随后再将两液缓缓混合,边混边搅拌,混匀后用乙酸钠调整pH值至5.0,保存于冰箱中备用(此液最好临用前配制)。

0.2 mol/L醋酸缓冲液(pH=4.6)配制:取醋酸钠5.4 g加水50 mL溶解,用冰醋酸调pH值至4.6,加水稀释至100 mL即可。

(3) 1%硫化铵溶液:硫化铵1 mL、蒸馏水9 mL。

(4) 姬姆萨染液(1∶30):姬姆萨原液3滴、磷酸盐缓冲液(pH=6.8)5 mL。

(5) 6%的淀粉肉汤:牛肉膏0.3 g、蛋白胨1.0 g、氯化钠0.5 g,用蒸馏水定容至100 mL后高压,将高压处理过的溶液晾至室温后,加入可溶性淀粉6 g,加热至沸(要搅拌)溶解即可。

3. 器材。

显微镜、注射器、冰箱。

操作方法

1. 取小白鼠,每日腹腔注射淀粉肉汤1 mL,连续三天。
2. 在第三天注射后3~4 h,再注射生理盐水1 mL,过3 min后在原注射部位抽取0.1~0.2 mL腹腔液。
3. 将腹腔液滴在预冷的载玻片上,涂片,垂直插入玻片架,放入冰箱(4℃),让细胞自行铺展。
4. 30 min后,将载玻片放入10%中性福尔马林中,放回冰箱内固定30 min。
5. 自来水洗5 min。
6. 转入酸性磷酸酶作用液,37 ℃处理30 min。
7. 自来水冲洗片刻。
8. 1%硫化铵处理3~5 min。
9. 自来水冲洗。
10. 1∶30姬姆萨染色15 min。
11. 自来水冲洗,用磷酸缓冲液临时封片,镜检。
12. 将第3步的涂片置50 ℃温箱中30 min,使酶失活,再进行6~11步实验,作为对照。

实验报告

根据实验结果完成实验报告。

思考题

为什么要给小鼠注射肉汤?

实验 12　叶绿体 DNA 的提取与检测

实验目的

1. 学习 DNA 的一般提取方法。

2. 学习以琼脂糖凝胶电泳检测 DNA 纯度的方法。

实验原理

DNA 是细胞的遗传物质,主要存在于细胞核内,叶绿体及线粒体内也有 DNA,这是其自主性的基础。为了研究叶绿体生命活动的规律,需要提取叶绿体 DNA。提取 DNA 的关键是保持其完整性,但要做到这一点比较困难,因为核酸酶、酸碱、机械剪切以及高温等都会引起 DNA 降解。目前 DNA 的提取主要采用酚抽提,然后用冷乙醇沉淀的方法,重复数次后可得到较纯的叶绿体 DNA。

可用琼脂糖凝胶电泳观察 DNA 的纯度。叶绿体 DNA 被限制性内切酶 EcoRI、PstI 和 BamHI 等切成小片断,再经电泳可得酶切图谱。核 DNA 将被这些酶降解为模糊的成片条带(smear),这样便可检测叶绿体 DNA 的纯度。

试剂与器材

1. 材料。

新分离的叶绿体。

2. 试剂。

(1) 细胞器裂解液:10 mmol/L Tris、10 mmol/L EDTA、0.5% SDS、0.1 mmol/L NaCl、pH 值为 7.8。

(2) 蛋白酶 K(proteinase K),5 mg/mL。

(3) TE 缓冲液(10 mmol/L Tris - HCl,1 mmol/L EDTA,pH = 8.0):称取 2.42 g Tris 溶于 900 mL 蒸馏水中,用 1 mol/L HCl 调 pH 值为 8.0 后定容至 1 000 mL。然后称取 0.745 g EDTA $Na_2 \cdot 2H_2O$ 溶于 900 mL 蒸馏水中,用 1 mol/L NaOH 调 pH 值为 8.0 后定容至用 1 000 mL。二者等量混合即得 TE 缓冲液。

(4) TE 饱和酚、三氯甲烷、冷无水乙醇(-20 ℃)。

(5) 3 mol/L 乙酸钠 pH = 5.0 缓冲液;称取 40.83 g 乙酸钠($CH_3COONa \cdot 3H_2O$ 分析纯)溶于 80 mL 蒸馏水,用 1 mol/L 乙酸调至 pH = 5.0 后定容至 100 mL。

(6) RNase A,5 mg/mL。

(7) TBE 缓冲液(Tris - Boric acid - EDTA buffer,pH = 8.3):89 mmol/L Tris,89 mmol/L 硼酸,2.5 mmol/L EDTA. 称取 10.78 g Tris,5.50 g 硼酸,0.93 g EDTA - Na_2 溶于去离子水,定容至 1 L。

(8) 琼脂糖。

（9）已知分子量的标准DNA：λDNA的EcoRI水解液含有6条分子量不同的DNA片段，其分子量依次为13.7×10^6、4.74×10^6、3.73×10^6、3.48×10^6、3.02×10^6、2.13×10^6。

（10）EB染色液；0.5 μg/mL溴化乙啶，5 mg EB溶于10 mL无离子水，取1 mL稀释到1 L，即0.5 μg/mL。EB是一种强诱变剂，并有中等毒性，使用时应戴橡胶手套。

（11）将限制性内切酶EcoRI、PstI或BamHI，配成5U/μL。

（12）溴酚蓝—甘油溶液：0.05%溴酚蓝—50%甘油溶液，先配成0.1%溴酚蓝水溶液，然后与等体积甘油混合即成。

3. 器材。

离心机、真空干燥器、电泳仪、离心管、移液器、电泳槽、紫外分析仪（254 nm）等。

实验内容

1. 叶绿体DNA的提取。

（1）细胞器裂解：将50 g叶片分离得到的叶绿体用20 mL细胞器裂解液悬浮，加入5 μL RNaseA（5 mg/mL）于37 ℃水浴30 min，再加入20 μL proteinase K（5 mg/mL），37 ℃保温1 h。

（2）抽提：裂解液用TE饱和酚和三氯甲烷各抽提1次，裂解液加等体积酚剧烈振摇10分钟后，静置10 min，然后以10 000 r/min的速度离心5 min分层，核酸溶于水相，被酚变性的蛋白质或溶于酚相，或在两相界面处形成凝胶层，水相以同样的方法用氯仿处理可进一步除去其中含有的少量蛋白质和残存的酚。

（3）DNA沉淀：移出上清液（水相），加0.1倍体积3 mol/L乙酸钠，2～3倍体积冷无水乙醇（−20 ℃）使DNA自溶液中沉淀下来。此步可冰箱过夜。

（4）收集：以15 000 r/min的速度（高速台式离心机）离心30 min，再用70%乙醇洗1次，真空干燥后用100 μL TE缓冲液溶解沉淀。

（5）酶解：提纯的叶绿体DNA以限制性内切酶BamHI、EcoRI或PstI 5 μL于37 ℃作用1 h。

2. 叶绿体DNA的检测。

（1）琼脂糖溶胶的制备。

0.7 g琼脂糖加100 mL TBE缓冲液加热熔化。

（2）凝胶板的制备。

平板型凝胶电泳可分为垂直板型和水平板型两种，本实验采用垂直板型。将电泳板用夹子夹好，以少量琼脂糖把下口封紧，将琼脂糖胶灌入其中，并迅速插入样品槽模板，室温放置0.5～1 h待胶液全部凝结后，轻轻拔出样品槽模板，为防止琼脂糖凝胶中水分蒸发而造成裂缝，应将电极槽内灌好电极缓冲液，并同时检查有无渗漏之处。

（3）加样：将样品溶液混入溴酚蓝—甘油溶液（4∶1，*V/V*）；另取λDNA/EcoRI酶解液作为分子量标准，在同一凝胶板上进行电泳。加入染料溶液不仅可直接观察到加样的情况，而且染料在电泳过程中可作为指示标志。染料溶液中的甘油比重比较大，可使样品自然平铺于样品槽中，并且不易扩散。用移液器分别将样品和标样加入样品槽内。

（4）电泳：0.7%琼脂糖凝胶板，TBE缓冲液（pH＝8.3），恒压30 V或恒流7 mA，3～4 h

后染料距凝胶底部 1 ~ 2 cm 时断电。

（5）染色及观察：将胶板放在一块干净的玻璃板上，浸于 0.5 μg/mL EB 中半小时，取出后于 254 nm 波长的紫外线下观察，DNA 存在的位置呈现橙黄色的荧光，放置时间超过 4 ~ 6 h 则荧光减弱，因此应立即照相，采用国产全色胶卷，拍照时加红色滤色镜。将样品 DNA 片段位置与 λDNA/EcoRI 酶解片段相对照，初步估计样品中各 DNA 片段的分子量范围。

实验报告

根据结果完成实验报告。

Ⅲ　细胞生理

实验 13　细胞膜透性的观察

实验目的

了解细胞膜的渗透性及各类物质进入细胞的速度。

实验原理

将红细胞放入数种等渗溶液中，而红细胞对各种溶质的透性不同，有的溶质可以渗入，有的溶质不能渗入。渗入的溶质能够提高红细胞的渗透压，所以促使水分进入细胞，引起溶血。由于溶质透入速度互不相同，因此溶血时间也不相同。

试剂与器材

1. 材料。

羊血或兔血。

2. 试剂。

0.17 mol/L 氯化钠、0.17 moL 氯化铵、0.17 mol/L 醋酸铵、0.17 mol/L 硝酸钠、0.12 mol/L 草酸铵、0.12 mol/L 硫酸钠、0.32 mol/L 葡萄糖、0.32 mol/L 甘油、0.32 mol/L 乙醇、0.32 mol/L 丙酮。

3. 器材。

50 mL 小烧杯、10mL 移液管、试管、试管架。

操作方法

1. 羊血细胞悬液。

取 50 mL 小烧杯一只，加 1 份羊血和 10 份 0.17 mol/L 氯化钠溶液，形成一种不透明的红色液体，即得到稀释的羊血。

2. 低渗溶液。

取试管一支，加入 10 mL 蒸馏水，再加入 1 mL 稀释的羊血，注意观察溶液颜色的变化，由不透明的红色逐渐变澄清,说明红细胞发生破裂,造成100%红细胞溶血,使光线比较容易透过溶液。

3. 羊红细胞的渗透性。

(1) 取试管一支,加入0.17 mol/L氯化钠溶液10 mL,再加入1 mL稀释的羊血,轻轻摇动,注意颜色有无变化?有无溶血现象?为什么?

(2) 取试管一支,加入0.17 mol/L氯化铵溶液10 mL,再加入1 mL稀释的羊血,轻轻摇动,注意颜色有无变化?有无溶血现象?若发生溶血,记下时间(自加入稀释羊血到溶液变成红色透明澄清所需时间)。

(3) 分别在另外8种等渗溶液中进行同样实验。步骤同(2)。

将观察到的现象列入表4-13-1,对实验结果进行比较和分析。

表4-13-1 不同低渗溶液下的溶血现象

试管编号	是否溶血	时间	结果分析
1. 10 mL氯化钠+1 mL稀释羊血			
2. 10 mL氯化铵+1 mL稀释羊血			
3. 10 mL醋酸铵+1 mL稀释羊血			
4. 10 mL硝酸钠+1 mL稀释羊血			
5. 10 mL草酸铵+1 mL稀释羊血			
6. 10 mL硫酸钠+1 mL稀释羊血			
7. 10 mL葡萄糖+1 mL稀释羊血			
8. 10 mL甘油+1 mL稀释羊血			
9. 10 mL乙醇+1 mL稀释羊血			
10. 10 mL丙酮+1 mL稀释羊血			

实验报告

根据实验结果完成实验报告。

思考题

哪些溶质进入细胞快?为什么?

实验14 细胞电泳

实验目的

了解细胞电泳的意义和原理,掌握红细胞的电泳速度测定方法。

实验原理

在外界附加电场作用下产生多相系统相位移效应,称为电动现象,包括电泳和电渗透。

在电场作用下，液体介质中的悬浮质点与介质间的相对运动，称为电泳。适合光学显微镜观察的微粒大小约为 1～100 μm，各种矿物颗粒、无机络合物、大分子聚合物、细菌及动植物细胞正是这样的微粒。将细胞制成悬浮溶液，使其单个游离的细胞分散于等渗的介质中，在电场作用下，细胞在电泳室内发生运动。这种现象称为细胞电泳。

细胞表面具有一定的电荷（通常为负电荷），其表面吸附了一层极薄的水膜，它与介质间存在着电位差，此电位差称为 ξ 电位。每种细胞在恒定的条件下（如温度、电压、电流、介质浓度、pH 等）其电泳速度和 ξ 电位十分稳定，但在各种有害因子、病理状态的影响下，可降低其表面电荷，所以细胞电泳速度和 ξ 电位值也发生改变（降低）。因此，在医学和生物学领域中，利用细胞电泳技术研究生命结构的表面性质，推测其构造和功能，研究大分子物质在细胞表面的吸附，进行免疫反应以及鉴定细胞或单细胞有机体的机能和病理状态具有重要的意义。

试剂与器材

1. 材料。

兔子或罗非鱼血。

2. 器材、用具。

LIANG－100 型细胞电泳仪、光学显微镜、千分表、计算器、网格目微尺、台微尺、细胞电泳架、电泳毛细管、采血量管、样品管、1 mL 吸管、5 mL 注射器、50 mL 烧杯、解剖刀、剪刀、镊子。

操作方法

（一）准备实验

1. 细胞介质的制备。

根据实验要求，可选配以下各种介质。

（1）生理盐水肝素液：在生理盐水中（0.9% NaCl 液），每毫升加入 4～5U（国际单位）的肝素，混匀后备用。

（2）8% 蔗糖肝素液：在 8% 的蔗糖液中，加上述（1）含量的肝素，混匀后备用。

（3）50% 血清液：用生理盐水将离心后提取的血清配成 50% 的介质。因血清中含有抗凝物质，在配制此液时不需再加入肝素。

2. 样品的制备。

根据实验对象（如红细胞、白细胞、血小板、巨噬细胞、癌细胞或植物的原生质体、叶绿体等），选择所需介质 1 mL，再用采血量管或微型移液管吸取浓缩细胞 10 mm^3，加入上述介质中，并混匀。如做红细胞电泳，可直接用采血量管吸取全血 10 mm^3，加入所选择的介质中混匀后即可使用。

3. 盐桥的制备。

称取 9 g NaCl 加蒸馏水至 100 mL（即 9% 的 NaCl 液），溶解后再加入 1.5 g 琼脂粉加热熔化，在加热时不断用玻璃棒搅动，直至全部熔化为止，此时将已洗净并晾干的塑料管插入溶液内,使管腔内全部被溶液充满,不得留有气栓。塑料管可切成 1.3 ~ 1.4 cm 长,如无专用管,亦可用空圆珠笔芯代替,先用碱水煮沸,除去油污,再用清水洗净、晾干,使用效果良好。

4. 网格目镜测微尺的校正。

在显微镜载物台上放置物镜测微尺(又名台微尺),转动显微镜镜筒的目镜并移动物镜测微尺,调整目镜测微尺网格的纵线与物镜测微尺刻度线平行并重合,将网格的一条细线与物镜测微尺的一条细线重合在一起。然后确定被一定数量的目镜测微尺网格刻度数所包含的物镜测微尺的刻度数,根据下式进行计算:

$$x = na/m$$

式中,x——网格的实际刻度值(mm 或 μm);

a——物镜测微尺的刻度值(通常为 0.01 mm);

n——物镜测微尺的刻度数;

m——网格刻度数。

注意:

① 对网格目镜测微尺刻度值的校正,应选择在显微镜视野中部进行,因偏边缘具有相差,使测量不准确。

② 进行校正的放大倍数应足以保证能够进行实验观察,普通 4 ~ 8μm 的细胞可选择用放大 400 ~ 450 倍的物镜进行校正。

5. 毛细管电泳室静止层(即测量层)的计算。

电泳室的制作工艺比较复杂,在对应的内壁中线处,各刻有一条与内壁长轴一致的平分线,此线是在电泳测量时,观察一定深度的细胞移动的标准。

根据流体力学原理,液体在管腔内流动,由于管壁对流体有吸附作用和摩擦力,导致管腔内不同深度的质点的运动速度是不一致的,管腔的中心处最快,紧贴管壁处最慢。在做电泳速度测量时,因为毛细管内不同深度点的运动速度差别极大,所以在其他因素(如温度、黏度、电压、电流强度、细胞浓度、pH 等)相对稳定的条件下,必须选择固定的深度进行测量,否则,因深度的变化,测定的电泳速度将不能表示出正确的实验数据。

但是,当电流通过电泳毛细管小室时,除了发生细胞和介质间的相对运动之外,同时还发生介质和介质中离子与毛细管壁的相对运动,这种现象称为电渗透。这时阴离子和介质在管腔的中部向正极方向移动,阳离子和介质在管腔的边缘向负极方向移动。因此,由于电渗的存在,所测得的数值是电泳和电渗的总和。

电渗能够直接影响测定细胞的真实电泳速率。因为在测量时,电泳小室两端是封闭的,根据流体力学原理,室中液体的总流量等于零,由于毛细管腔中间的介质与周边介质间存在着向相反方向运动的电渗现象,所以在彼此向相反方向运动着的介质的交界处,其移动速度等于零,我们把这一层深度称为"静止层"或"测量深度"。在这一层进行细胞电泳测量,则受电渗的影响最小,能够较准确地反映出电泳的速度。对于不同大小和形状的毛细管电泳室管腔的横截面,其"静止层"深度是不一致的,国产的外方内方毛细管,内径为 800 ~ 1 000 μm,其静止层深度,经测定为内径深度的 0.1 ~ 0.15 比例处。在实际测量中,要不断地改变电流方向，测定往返运动的不同细胞，如果电流方向不变，则只测定向某方向移动的细胞。电渗的作用使质点运动速度加快，以致造成“环流”，此时将不能进行电泳速率的测定。

静止层（测量层）的测定使用下面的方法：首先测出划有刻度线的毛细管对应的二壁间的距离 d（即毛细管内径）。在靠近观察壁划线的 0.1 ~0.15 d 深度处，即为静止层或测量层。其测量方法有两种。一种是用显微镜的低倍物镜（10 ×），先把细调焦旋钮的指示箭头对准刻度盘的“0”处，然后慢慢调整粗调焦旋钮把焦面对准靠观察面一侧壁的划线处，这时再旋转细调，使焦面逐渐向管腔内部延伸，直到调到对面壁划线的焦面时（视划线清楚为止），记下细调旋转的圈数和最后不满一整圈的刻度数，则可算出从第一条划线焦面至第二条划线焦面间物镜镜头前伸的距离，即为电泳毛细管管腔的直径 d。再用微调调焦旋钮（即与上述操作反方向）使焦平面落在读数值为 0.1 ~0.15 d 处即为测量层的位置。

另一种方法是用千分表进行测量，此法较第一种测量数据更为准确。操作如下：

（1）用低倍物镜和粗调焦旋钮寻找电泳毛细管的前内壁黑线。

（2）把千分表的前端与显微镜的移动台接触后，调千分表的指针至零。

（3）利用微调焦旋钮找到后内壁黑线，读下千分表指针的读数，该读数就是毛细管的内径（如显示值为 600，则这支毛细管的内径就是 600 μm）。

（4）用微调调焦旋钮（即与上述操作反方向）使焦平面落在所读千分表数值的 0.1 ~0.15 比例处，即为测量层的位置。

6. 样品的灌注。

（1）用吸头与吸耳球连接装置盛上蒸馏水，冲洗电泳毛细管（要小心，以免损坏毛细管）。

（2）将毛细管斜插入装有被测样品的小烧杯中，由于毛细作用，整个管腔内充满了被测液体。

（3）先在电极两端装上盐桥，然后把装好样品的毛细管平放在显微镜插板的测量槽中。装电极时，插板一端要倾斜一些，电极先从低端装入，然后把插板平稳地插入恒温装置内。

（4）用鱼头夹连接电压电极（注意，切勿使两夹碰撞或接触，以免损坏仪表）。

（5）寻找测量层区域内的清晰的细胞进行测量。

（二）细胞电泳速度测定的操作步骤

（1）连接电压输出引线和加热接口引线。

（2）打开电源开关（在机的右侧），预置温度选 25 ℃（拨盘置于“250”，不能拨在“025”）。

（3）选择电泳电压 40 V，按 A 键，D2 显示电压（电压调节开关在机的左侧）；A 键放开，D2 显示电泳室内的温度。

（4）按 D 键测量红细胞电泳（10 个有效红细胞），按 C 键测量血小板电泳（100 个有效血小板），按 B 键测量淋巴细胞电泳（100 个有效细胞）。

（5）按 L 和 R 上方的移位键（MOVE），将不在网格线上的细胞移到线上。

（6）按 L 和 R 下方的计时键（TIME），观察在线上清晰细胞向左移动 2 小格，再向右移动 2 小格。D1 显示左计和右计的时间，两时间相等计时器自动接受，D2 减去 1，显示还要测

9 个细胞,如为无效就自动剔除。

(7) 测满 10 个有效细胞后,D2 回复到温度显示。D1 的时间为总时间被自动封住,再按计时键也无反应。按 D 键后显示电泳时间,按 C 键显示电泳率。

(8) 重新测定按复位 E 或 R 键。

(三) 电泳速度的计算

根据所测得目镜测微尺上网格的实际刻度值,实验测定的 10 个细胞共走了 40 个方格,为所测电泳距离的总和 S,D1 显示的时间为所测时间的总和 t,电泳速度用下式表示:

$$v = \Delta S/t$$

式中,v 为电泳速度;S 即细胞在总时间(t)内移动的距离,S 的单位可用 μm 或 mm 表示。

注意事项

(1) 电路接通后要迅速进行测量,以防时间拖长导致细胞沉降。

(2) 用鱼头夹连接电压电极时,注意切勿使两夹碰撞或接触,以免损坏仪器。

(3) 上机测量时,电泳毛细管两端应调至水平位置。

(4) 电极夹—银电极—盐桥—毛细电泳室间都要接触紧密,盐桥及毛细管电泳室的腔内不得存在气栓,以免造成断路。

(5) 每次实验结束后,应清洗电极和毛细电泳室,干燥后放入小盒内。

实验报告

根据实验结果完成实验报告。

实验 15　植物原生质体融合与体细胞杂交

不同植物的原生质体可在人工诱导条件下融合。所产生的杂种细胞,即异核体,经过培养可再生新壁,分裂形成愈伤组织,进而分化产生杂种植株。由于进行融合的原生质体来自体细胞,故该项技术也叫体细胞杂交。原生质体融合能使有性杂交不亲和的植物在种间进行广泛的遗传重组,因而在农业育种上具有巨大的潜力,在植物遗传操作研究中也是关键技术之一。

人工诱导原生质体融合可使用物理学方法,如运用细胞融合仪,在电场诱导下实现融合。然而至今广为使用的仍是聚乙二醇(PEG)和高 pH 钙溶液相处理的化学方法。该法应用分子量为 1 500 ~6 000 的聚乙二醇溶液引起原生质体的聚集和粘连,然后用高 pH 的钙溶液稀释时,就产生了高频率的融合。融合的频率和活力常与所用 PEG 的分子量、浓度、作用时间、原生质体的生理状态与密度以及操作者的细心程度有关。

实验目的

了解用聚乙二醇方法诱导同种植物原生质体融合的技术,并能根据亲本原生质体的形态标志来鉴别杂种细胞。

试剂与器材

1. 材料。

(1) 烟草或其他植物无菌苗的叶片。

(2) 胡萝卜肉质根诱导的松软愈伤组织或悬浮培养细胞。

2. 试剂。

(1) 酶液及洗涤液,同植物原生质体的分离和培养实验。

(2) PEG溶液:30%(W/V)PEG(MW = 6 000)、$CaCl_2 \cdot 2H_2O$ 10 mmol/L、KH_2PO_4 0.7 mmol/L、山梨醇0.1 mol/L、pH调至5.8~6.2。

(3) 高pH高钙稀释液:$CaCl_2 \cdot 2H_2O$ 0.1 mol/L、山梨醇0.1 mol/L Tris(缓冲液)0.05 mol/L,pH调至10.5。

(4) DPD培养基,同植物原生质体的分离和培养实验。

3. 器材。

同植物原生质体的分离与培养实验。

操作方法

所有操作均在超净工作台上进行。

1. 原生质体的分离和收集。参看植物原生质体分离和培养实验。

2. 将收集的两种不同材料的原生质体分别悬浮在0.16 mol/L的$CaCl_2 \cdot 2H_2O$(pH值为5.8~6.2)中。原生质体密度调整为2×10^5个/mL左右(用血细胞计数板统计原生质体密度)。

3. 将两种原生质体悬液等量混合。

4. 用刻度吸管将混合的原生质体悬液滴在直径为60 mm的平皿中,每皿滴7~8滴,每滴约0.1 mL。然后静置10 min,使原生质体贴在皿底上,形成一薄层(应有3~5个平皿的重复)。

5. 用吸管将等量的PEG溶液缓慢地加在原生质体液滴上,再静置10~15 min。此时可取一个平皿在倒置显微镜上观察原生质体间的粘连。

6. 用刻度吸管向原生质体液滴慢慢地加入高pH、高钙稀释液。第一次加0.5 mL,第2次1 mL,第3、4次各2 mL,每次之间间隔5 min。

7. 将平皿稍微倾斜,吸去上清液,再缓缓加入4 mL稀释液。5 min后,再倾斜平皿,吸去上清液。注意吸去上清液时勿使原生质体漂浮起来。

8. 用DPD培养基如上法换洗二次。

9. 每平皿中加培养基2 mL,轻轻摇动平皿。

10. 用蜡膜密封平皿。置26 ℃下进行24 h暗培养,然后转到弱光条件下培养。

11. 在倒置显微镜下观察异源融合。在培养3 d以内,可根据双亲原生质体的形态特征来鉴别异核体。因为来自叶肉组织的原生质体具有明显的绿色叶绿体,而来自培养细胞的原生质体无色,但具浓密原生质丝,并可看到显示的核区。

12. 统计异源融合的频率。

实验报告

根据实验结果完成实验报告。

思考题

说明影响原生质体融合成功的因素有哪些。

实验16　小鼠巨噬细胞吞噬羊红细胞实验

实验目的

通过观察小鼠巨噬细胞吞噬羊(或鸡)红细胞实验,了解巨噬细胞对异物吞噬的功能,了解吞噬在机体非特异免疫中的重要作用。

实验原理

在高等动物中,单核吞噬细胞系统和嗜中性粒细胞(neutrophil)专司吞噬功能,在细胞的非特异免疫功能中发挥重要作用。单核吞噬细胞系统包括血液中的单核细胞和组织中固定和游走的巨噬细胞。单核吞噬细胞系统起源于骨髓干细胞,在骨髓中通过前单核细胞分化为单核细胞,进入血液后移向全身各种组织,分化为巨噬细胞。本实验将观察小鼠腹腔中巨噬细胞的吞噬现象。

血液中的单核细胞为圆形或椭圆形,直径14~20 μm,细胞质中含有嗜天青颗粒,这是一种溶酶体,其中含有过氧化物酶、酸性磷酸酶、非特异性酯酶和溶菌酶等,在细胞表面形成伪足和微绒毛。而组织中的巨噬细胞呈明显的多形性,体积迅速增大,蛋白质合成增加,溶酶体内含物也增多,多呈圆形或不规则的形状,表面具有伪足。嗜中性粒细胞主要分布于外周血中,具有高度移动性和吞噬功能。在异物入侵、炎症早期,嗜中性粒细胞从血管渗出,游走到局部,发挥吞噬消灭异物的作用,在机体内起着重要的防御作用。

单核吞噬细胞具有吞噬和杀伤异物、呈递抗原、分泌介质等多种功能。但静息的巨噬细胞其分泌和杀伤功能均低下,虽然受到病原微生物或炎症因子的刺激时,可使巨噬细胞成为激发或致敏状态,分泌得以增强,但杀伤功能仍然很低。只有活化的巨噬细胞才具有较强的吞噬能力,具有非特异抗感染和抗肿瘤作用。而绝大多数巨噬细胞的活化依赖于T细胞活化、致敏,所以本实验中,先注射淀粉免疫动物,几天后才能更好地观察巨噬细胞吞噬羊红细胞。

试剂与器材

1. 材料。

小鼠(体重20 g左右)、羊血、解剖器一套、无菌注射器(1 mL,5 mL)、6号针头、尖吸管、小试管、载玻片、可溶性淀粉。

2. 试剂。

Alsever's 血细胞保存液、0.85%生理盐水(或 Hanks 液)、甲醇、Giemsa 染液、碘酒、75%酒精、3%淀粉溶液(用生理盐水配制,高压灭菌(15 磅压力,20 min)处理)。

3. 仪器。

光学显微镜、离心机、冰箱。

操作方法

1. 免疫动物:实验前 4～6 d,用无菌注射器取已灭菌的 3%淀粉溶液 1 mL,注射于小白鼠腹腔内。

2. 4～6 d 后,注射 1%羊红细胞悬液 1 mL 于小白鼠腹腔内,并轻揉其腹部,使羊红细胞悬液分散。

3. 20～30 min 后,将小鼠拉颈椎处死,用解剖剪剪开腹膜,用尖吸管吸适量 Hanks 液(或生理盐水)冲洗腹腔并吸出腹腔液,置于清洁小试管内。

4. 用 Hanks 液(或生理盐水)调节腹腔液内细胞浓度,于载玻片上制成推片,自然干燥。

5. 加甲醇固定 10 min。

6. 染色:将载玻片平放在搪瓷盘内架片装置上,自然干燥或用吹风机吹干,以 Giemsa 染液染色 6～10 min 后(根据染色效果),用蒸馏水轻轻冲洗,自然干燥或用吹风机吹干。

7. 镜检:先用低倍物镜找出吞噬现象好的视野,再换高倍物镜和油镜观察,应看到小鼠腹腔巨噬细胞吞噬了几个羊红细胞的现象。

注意事项

1. 向小鼠腹腔注射时注意不要刺伤内脏。

2. 向小白鼠腹腔中预注射淀粉溶液和注射羊红细胞的间隔时间必须通过做预实验来判断本实验条件下 4 h 效果较好。

3. 注入小鼠腹腔的羊红细胞,时间过长将被消化,时间过短则尚未被吞噬,因此必须掌握好时间,本实验条件下 30 min 效果较好。

4. Giemsa 染色后,切勿先将染液倾去再冲洗,应在染液倾去前直接轻轻冲洗载玻片,避免染液中细小颗粒附着于标本,影响观察。

实验报告

1. 画图表示你所观察到的小鼠腹腔巨噬细胞吞噬羊红细胞的各种形态。

2. 计算吞噬百分比,即每 100 个吞噬细胞中吞有羊红细胞的吞噬细胞数。

思考题

1. 哪些细胞具有吞噬功能?

2. 在什么情况下吞噬功能加强?

Ⅳ 细胞培养技术

实验 17 细胞培养的准备——实验用品的清洗与消毒

实验目的

学习细胞培养用品的清洗、消毒方法。掌握干热灭菌法、湿热灭菌法、过滤除菌法和化学消毒法的原理和操作方法。

实验原理

细胞培养需要使用大量的消耗性物品,包括玻璃器皿、金属器械、塑料和橡胶制品,以及布类、纸类等。体外培养的细胞,对生长环境的洁净度和无菌性都有很高的要求,培养使用的塑料和玻璃容器不能残留有害物质,包括解体的微生物、细胞残余物以及非营养成分的化学物质,如有毒物质、杂质和油迹等,即使极微量的这些杂质,也会妨碍细胞的生长。器皿和试剂中生活的微生物在营养丰富的培养基中会大量繁殖,也会影响细胞的生长。因此组织培养中的清洗和消毒,主要目的就是清除器皿和试剂中的杂质并灭菌,确保不残留任何影响细胞生长的成分和微生物。另外,进行细胞培养工作的场所、工作台等也必须进行严格的消毒和灭菌。俗话说:良好的开始是成功的一半。细胞培养的准备工作是极为重要的步骤,直接关系到实验的成败。操作者应当建立无菌观念,掌握无菌操作技术,防止在任何环节上产生污染。

试剂与器材

蒸汽灭菌锅、鼓风干燥箱、过滤器、蠕动泵、微孔滤膜(孔径 0.22 μm)、剪刀、镊子、小烧杯、吸管、25 mL 培养瓶、瓶塞、培养皿、吸管筒、袖套、牛皮纸、洗液。

实验内容

剪刀、镊子、烧杯、吸管、培养瓶、瓶塞、培养皿等物品的清洗、包装和灭菌。

操作方法

(一) 清洗

1. 玻璃器皿的清洗。

玻璃器皿在细胞培养过程中使用量大、重复使用率高。特别是与细胞直接接触的各种器皿,即使含有微量的化学物质也会影响细胞的生长。玻璃器皿的清洗包括浸泡、刷洗、泡酸和冲洗四个步骤。

（1）浸泡。目的是软化器皿表面附着的物质。这对于新的玻璃器皿尤其重要，因为这些器皿表面常常携带碱性物质、铅、砷和灰尘，需要浸泡才能除去。一般在清水（或者洗涤剂）中浸泡数小时，再进行刷洗，然后在5%的盐酸中浸泡12 h以上，以中和表面的碱性物质。微生物污染的瓶子或培养过肿瘤细胞的瓶子浸泡前应放入2%来苏尔溶液中过夜。

（2）刷洗。将浸泡后的器皿在洗涤剂中反复刷洗，除去表面的杂质。要注意使用软毛刷，用力适中，不要划伤器皿表面，以免造成划痕，不要留死角。刷洗后用流水冲净、晾干。

（3）泡酸。将初步洗净的器皿在洗液中浸泡6 h以上（最好过夜），以除去表面残留的有机物。洗液是棕红色油状液体，是重铬酸钾、浓硫酸和水的混合物，具有强酸性和强氧化性。对于一些无法刷洗的用品（如吸管等），也常常通过泡酸来去除污物。泡酸时，要让洗液完全充满整个器皿。使用洗液时要注意防护，避免腐蚀衣物和伤害皮肤。当洗液颜色变暗、转为绿色时表明该洗液已经失效，需重新配制。

（4）冲洗。泡酸后的器皿需要用流水反复冲洗，以清除残留的洗液。每件器皿都要反复注满水、用力振荡，倒空20次以上，再用双蒸水浸洗2～3次。然后烘干、包装。

2. 橡胶塞和塑料制品的清洗。

新的胶塞和塑料制品要在自来水中浸泡，然后用2% NaOH溶液煮沸10 min，自来水冲洗后再用1%稀盐酸浸泡30 min。最后用自来水和双蒸水各冲洗3次后烘干。重复使用的胶塞和塑料制品，只要用自来水充分浸泡和冲洗，再用双蒸水浸泡、反复冲洗，之后晾干即可。

3. 金属器械的清洗。

对于金属器械如剪刀、镊子、解剖刀等，擦去防锈油后，用70%酒精棉球擦拭，烘干包装即可。滤器先用自来水冲净，再用蒸馏水冲3次，用70%酒精擦拭，然后烘干、加滤膜、包装。

（二）清洗后物品的包装

洗净并晾干的物品应及时包装，以便消毒灭菌，同时可以使消毒灭菌后的物品处于被遮蔽状态，防止再次受到污染。包装常使用纱布、棉布、铝箔、牛皮纸、硫酸纸、搪瓷缸、铝盒、金属消毒筒等材料和用具。对于体积较小的物品，如培养瓶（皿）、小烧杯、吸管、胶塞、金属器械等，可以先装入铝盒、搪瓷杯中，外面用布包裹；对于体积较大的物品，如大烧瓶、大烧杯、滤器等，可进行局部包装，把瓶口（开口）用两层牛皮纸或者棉布紧密包起来，用线绳扎紧；口罩、手套、工作衣可以直接用布包裹。包装时注意，不要用手指接触器皿的内表面和器械的使用端，包装体积不宜过大，消毒筒和铝盒要打开通气孔便于蒸汽进入。包装不能用报纸或其他不干净纸张。包装上应注明内装物品的名称和数量。用品放置不可过紧、过密。吸管尾部需塞入少许脱脂棉，松紧适宜。消毒筒底部可以垫少许棉花或者软纸，以防止吸管头部撞击碎裂。已包装但尚未消毒的久置物品，应该用清水和双蒸水冲洗、晾干后重新包装。

（三）消毒（灭菌）

组织培养过程中非常重要的一个方面就是防止微生物（包括细菌、真菌和病毒）的污染，其直接影响实验结果。消毒方法分为物理法和化学法，针对不同的物品或场地，可选择不同的消毒灭菌方法（表4－17－1）。

表 4-17-1　常用消毒方法

物品或场地	湿热消毒	干热消毒	过滤除菌	紫外线照射	化学熏蒸	化学消毒剂	电离辐射
玻璃制品	√	√					√
金属器械	√	√				√	√
橡胶制品	√				√	√	√
塑料制品					√	√	√
培养试剂	√		√				
棉制品	√						
空气、地面、工作台			√	√	√	√	

1. 物理消毒法。

利用高温、紫外线、电离辐射，破坏微生物的酶系统而使其死亡，或者利用小孔径的滤膜过滤除去细菌。消毒后的物品应当注明消毒的日期。

(1) 湿热消毒。

使用压力蒸汽灭菌锅进行灭菌，高温和高压以及蒸汽的良好穿透力能有效地使微生物的蛋白质凝固。此方法可以消毒布类、胶塞、金属器械、玻璃器皿以及某些耐热液体，是最常用的灭菌方法之一。湿热消毒时，高压锅锅底必须有足量的水，以防止中途蒸干，否则压力表上显示的压力与实际温度不符，这时的蒸汽叫垃热蒸汽，其含水量少，穿透力差，会影响灭菌效果。消毒物品不能装得过满（不超过消毒桶容积的 80%），相互间应留有空隙，以保证灭菌锅内气体的流动；玻璃器材的使用端（管口、瓶口）要向下放置；升压前，先将放气阀打开，使残留在锅内的冷空气随蒸汽彻底溢出，然后再关闭放气阀，开始升压。达到所需压力时，调节火焰或者加热电压的大小，使压力保持恒定，并计时。针对不同种类的消毒物品，所使用的压力和时间也不同，一般物品（玻璃器皿、金属器械、布类等）需 15 磅压力，20 min；常规液体 10 磅压力，15 min；橡胶制品 10 磅压力，10 min。消毒过程中，要经常检查压力是否恒定，以免发生意外。对液体灭菌时，瓶口要塞上棉塞（橡胶塞上可扎一个 5 ~ 7 针头），再包纸扎绳，保证内外空气流通，待压力降至零后，方可取出，否则瓶易破裂，瓶塞也易被冲掉。灭菌结束后，不要急于取出物品，可利用内部的余热使物品表面的水分蒸发掉，再转入干燥箱中彻底烘干。

(2) 干热消毒。

利用电热干燥箱，使物品的温度在 160 ℃保持 90 ~ 120 min，以杀死细菌和芽孢，达到消毒目的，该法主要适用于玻璃器皿、金属器械和不能同蒸汽接触的粉末、油剂等的消毒。消毒后不能急于打开箱门，以防止冷空气导致温度急剧变化，致使玻璃器皿破裂。塑料制品和橡胶制品不能使用干热消毒法。

此外，灼烧也属于干热消毒。在无菌操作过程中，可以经常利用煤气灯或酒精灯的火焰，对玻璃器皿的口、边沿以及金属器械进行灼烧，补充消毒。

(3) 过滤消毒。

过滤消毒是使液体或者气体通过具有微孔的滤膜，而使大于孔径的微生物颗粒被阻拦，从而达到除菌的目的的。人工合成培养基、血清、胰蛋白酶等试剂,高温灭菌会导致其变质失效,必须采用过滤法除菌。按照工作方式的不同,可以分为正压过滤和负压过滤(图4-17-1、图4-17-2),对于培养基的除菌,建议使用正压过滤。通常使用0.22 μm孔径的滤膜,可以将两张滤膜叠加以确保过滤效果。过滤时压力不宜过大,以免滤膜破裂。过滤后的液体要及时分装。

超净工作台也是利用过滤的方法除去空气中的灰尘和微生物、为实验操作提供无菌环境的。

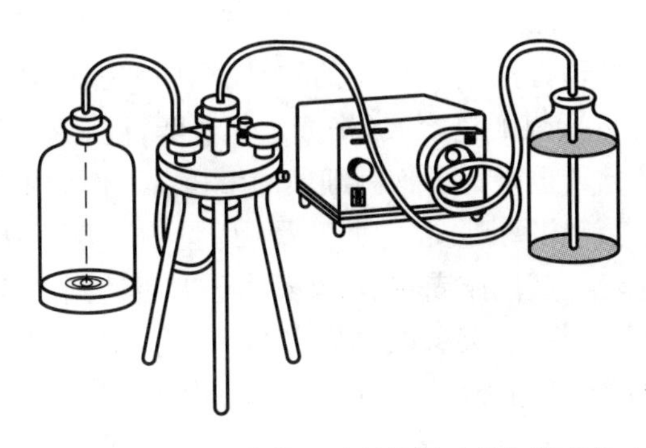

图4-17-1　Zeiss过滤器(正压过滤)(引自薛庆善,2001)

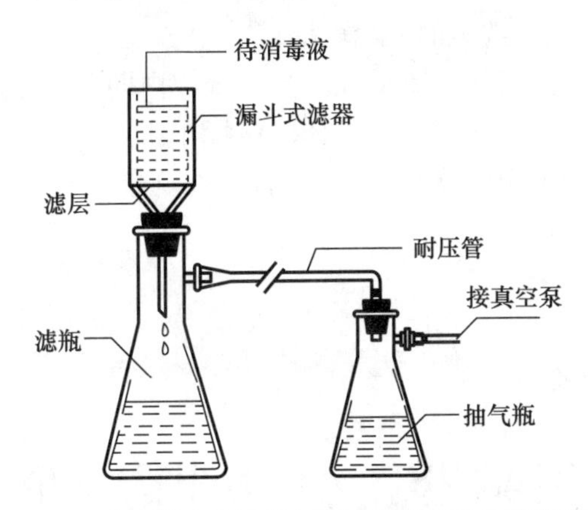

图4-17-2　玻璃漏斗式滤器(负压过滤)(引自薛庆善,2001)

(4) 紫外线消毒。

紫外线能够破坏多种微生物的核酸和蛋白质,因此用紫外线直接照射的方法,可以达到杀灭细菌的目的,可用于空气、地面、工作台面的消毒。消毒的效力与照射距离、照射时间密切相关,故无菌室的天花板一般不宜太高。将桌凳以及培养用具在紫外线的有效消毒距离内照射20~30 min,可达灭菌效果。革兰氏阴性菌对紫外线最敏感,其次是革兰氏阳性菌,真菌抵抗力最强。

(5) 煮沸消毒。

煮沸消毒是在紧急需要时常用的方法,将金属器械和胶塞、注射器等在水中煮沸20~

30 min,趁热倒去水即可使用。

(6) 电离辐射灭菌。

用放射性元素60Co产生的射线或者电子加速器产生的加速粒子对物品进行照射,可达到杀灭微生物的目的。该法适用于塑料、玻璃、陶瓷、金属等的灭菌。电离辐射不会导致物品升温,其穿透力强、作用可靠,被广泛运用于一次性使用的物品、器械、医疗用品等的灭菌。电离辐射灭菌需要专门的设备和专业人员操作。

2. 化学消毒法。

化学消毒法是使用化学药品来杀灭细菌及其芽孢或抑制细菌生长的一种消毒方法,通常作用对象为那些不能用物理方法进行消毒的物品、场地和操作者的皮肤等。常用的药物有乳酸、甲醛溶液(福尔马林)、煤酚皂溶液(来苏尔)、乙醇、洗必泰(氯己定)和新洁尔灭等,在培养液中加一定量的抗菌素也是为了抑制细菌的生长。下面分别介绍:

(1) 乳酸:使用时先将门窗关闭,取乳酸适量(用量为0.03~0.04 mL/m^3),放入坩埚中,用酒精灯加热蒸发,让药物蒸汽充满室内,熏蒸半小时可达到消毒目的。

(2) 甲醛溶液:是广谱灭菌剂,灭菌较彻底,但刺激性较大。将甲醛加热或者向高锰酸钾等氧化剂中加入甲醛溶液,产生的甲醛气体可以对操作室的空气和物品表面进行熏蒸消毒。

(3) 煤酚皂溶液:2%溶液刷洗地面、桌凳、墙壁、天花板。

(4) 新洁尔灭:1%溶液刷洗地面、桌凳、墙壁。

(5) 过氧乙酸:消毒能力极强,0.5%浓度在10 min内即可将芽孢菌和各种病毒杀死,可以用作各种物品的表面消毒,使用时用水稀释、喷洒和擦拭。

(6) 酒精:75%的酒精可用于器械的浸泡消毒,以及瓶皿开口部位、操作台面和皮肤的消毒等。

实验报告

根据实验情况完成实验报告。

实验18　动物细胞培养

细胞培养是用无菌操作的方法将动物体内的组织(或器官)取出,模拟动物体内的生理条件,在体外进行培养,使其不断地生长、繁殖。人们借以观察细胞的生长、繁殖、细胞分化以及细胞衰老等过程。

细胞培养的突出优点,一是便于研究各种物理、化学等外界因素对细胞生长发育和分化等的影响;二是便于人们对细胞内结构(如细胞骨架等)、细胞生长及发育等过程的观察。因而细胞培养是探索和显示细胞生命活动规律的一种简便易行的技术,同时,我们不可忽略细胞培养的缺陷,那就是它脱离了生物机体后的一些变化。

细胞培养技术目前已被广泛地应用于生物学的各个领域。如分子生物学、细胞生物学、遗传学、免疫学、肿瘤学及病毒学等。为此,有必要使学生在细胞培养方面得到一些初步的感性知识，了解动物细胞培养的基本操作过程，观察体外培养细胞的生长特征，并对原代细胞与传代细胞有一个基本概念。

本实验分两次进行，即原代细胞和传代细胞的培养与观察。

（一）原代细胞培养

实验目的

1. 了解原代细胞培养的基本方法及操作过程。
2. 学习细胞消化、细胞计数、营养液的配制及酸碱度的调节。
3. 初步掌握无菌操作方法。

实验原理

原代细胞培养是指直接从动物体内获取的细胞、组织或器官进行体外培养，直到第一次传代为止。这种培养方式中，首先用无菌操作方法，从动物体内取出所需的组织（或器官），经消化，分散成为单个游离的细胞，然后在人工培养下，使其不断地生长及繁殖。

细胞培养是一项操作繁琐而又要求十分严谨的实验技术。要使细胞能在体外生长期生长，必须满足两个基本要求：一是供给细胞存活所必需的条件，如适量的水、无机盐、氨基酸、维生素、葡萄糖及其有关的生长因子、氧气、适宜的温度，注意外环境酸碱度与渗透压的调节；二是严格控制无菌条件。

试剂与器材

1. 材料。

出生后 2 ~ 3 d 的乳鼠。

2. 试剂。

（1）平衡盐液：Hanks 液。

（2）细胞消化液：常用的有 0.25% 胰蛋白酶（活性 1 ∶ 250）。

（3）0.5% 水解乳蛋白—Hanks 液（简称乳汉液）。

（4）犊牛血清。

（5）7.4% $NaHCO_3$。

（6）1 000 单位/mL 青链霉素液。

以上溶液均经适当包装、灭菌后备用。

3. 器材。

解剖剪、解剖镊、眼科剪（尖头、弯头）、眼科镊（尖头、弯头）、培养皿、纱布块（或不锈钢网）、玻璃漏斗、量筒、试管、锥形瓶、吸管、橡皮头、培养瓶（小方瓶或中方瓶）等。上述器材均需彻底清洗、烤干、包装好，9.9×10^4 Pa（15 磅压力）灭菌 30 min，备用。

此外，还有显微镜、血细胞计数器、血细胞计数板、酒精灯、酒精棉球、碘酒棉球、试管架、标记笔、解剖板以及包装灭菌的工作服、口罩和帽子等。

操作方法

以乳鼠肾细胞原代单层静置培养为例,按实验时操作的顺序进行描述。

1. 配制营养液。

操作者首先进行手的清洗与消毒,再将实验用品放在适合的位置,然后配制营养液及调节平衡盐液的 pH 值。

(1) 乳鼠肾细胞营养液的配制:0.5% LH 液 90%、犊牛血清 10%、1 万单位/mL 青霉素加至约 100 单位/mL、7.4% $NaHCO_3$ 调 pH 至 6.8 ~7.0

(2) 平衡盐液—Hanks 液的调节:用 7.4% $NaHCO_3$ 调 Hank 液的 pH 值至 6.8 ~7.0

2. 处死动物。

在动物细胞培养中,为避免过多血细胞的干扰,一般采用剪断动物颈动脉放血的方法处死动物,然后用水浸湿体表的被毛(或用新洁尔灭溶液),将动物固定在解剖板上,使其背部向上,先用碘酒棉球消毒背部的被毛,然后再用酒糟棉球擦拭碘酒擦过的部位。

3. 取肾。

在腰部的后缘,用解剖镊提起皮肤,用解剖剪剪开皮肤,将剪开的皮肤分别拉向两侧。此时,再换一把解剖剪及解剖镊,剪开背部的肌肉,暴露出腹腔,即可见到肾脏(一般右肾略低于左肾),用弯头眼科镊取出肾脏,置于无菌培养皿中。

4. 剪肾。

用眼科剪及镊,将肾膜剪破,并将其剥向肾门,去肾膜及脂肪。用 Hank 液洗涤一次,再将洗过的肾脏转入另一培养皿中。另换一把眼科剪及镊,沿肾脏的纵轴剪开,去掉肾盂部分,将肾剪成数块,然后用 Hank 液洗涤一次。将洗过的肾块转移入无菌的青霉素瓶(或小烧杯)中。用弯头眼科剪,将肾剪成 1 mm^3 大小的块,组织块的大小应尽量均匀一致,再用 Hank 液洗涤 2 ~3 次,直到液体澄清为止。

5. 消化及分散组织块。

将上步清洗过的 Hank 液吸掉,按组织块体积的 5 ~6 倍量加入 0.25% 胰蛋白酶液(pH 值为 7.6 ~7.8)。置于 37 ℃水浴中进行消化。消化时间为 20 ~40 min(消化时间的长短与多种因素有关,如胰蛋白酶的活性及浓度、不同动物及年龄、组织块的大小等)。每隔 10 min 摇动一次青霉素瓶,以便组织块散开、继续消化,直到组织变成松散、黏稠状,并且颜色略变为白色为止。这时可从水浴中取出青霉素瓶,吸去胰蛋白酶液,此时再用 Hank 液洗涤 2 ~3 次。然后,加入少量乳汉液,用吸管反复吹打组织块,直到大部分组织块均分散成混淆的细胞悬液为止。此时,可将分散的细胞悬液经过灭菌的纱布(或不锈钢网)进行过滤,以去除部分较大的组织碎片。

6. 计数与稀释。

从上步滤过的细胞悬液中吸取 1 mL 细胞液,进行计数。将细胞液滴于血细胞计数板上,按白细胞计数法进行计数,计数后用营养液进行稀释,稀释后的浓度一般以每毫升含细胞 30 万 ~50 万为宜。

7. 分装与培养。

将稀释好的细胞悬液分装于培养瓶中(一般 5 mL/小方瓶,1 mL/青霉素瓶),盖紧瓶塞,注意瓶盖一定要紧。在培养瓶的上面做好标志，以免培养瓶放反，并在瓶口处注明细胞名称、组别及日期。然后放于培养架上，并轻轻摇动培养架，避免细胞堆积，以便细胞能均匀分布，最后将培养瓶置于37 ℃条件下进行培养。

8. 观察。

置于37 ℃培养的细胞，需逐日进行观察，主要观察：

（1）培养物是否被污染，如培养液为黄色且混浊，表示该瓶被污染。

（2）细胞生长状况与培养液颜色的变化，如培养液变为紫红色，一般细胞生长不好。可能是瓶塞未盖紧或营养液pH值过高。

（3）培养液若变为橘红色，一般显示细胞生长良好。

经过1～2 d培养后，若细胞生长情况较差或培养液变红了，则可换一次营养液。换液时也要注意无菌操作，在酒精灯旁，倒去原培养瓶中的营养液，再加入等体积新配营养液，pH值为7.0。若经2～3 d后，细胞营养液变黄，此时表示细胞已生长。如果希望细胞长得更好些，此时也可换液，换液时，所用的溶液称为维持液，它与营养液的组成完全相同，仅为所用血清量的5%。以后，每隔3～4 d（视细胞液pH值而定）更换一次维持液。待细胞已基本长成致密单层时，即可进行传代培养。

实验报告

根据实验结果完成实验报告。

（二）传代细胞培养与观察

实验目的

1. 了解传代细胞的传代方法及其操作过程。
2. 学习观察体外培养细胞的形态及生长状况。

实验原理

传代培养是指细胞从一个培养瓶以1∶2或1∶2以上的比例转移，接种到另一培养瓶的培养。这种培养，第一步也是制备细胞悬液，当细胞生长成致密单层时，它很容易被蛋白水解酶和螯合剂（EDTA）所破坏。因为EDTA对钙、镁离子具亲和力，而这两种离子又是细胞保持紧密结合所必需的。所以一般采用胰蛋白酶和EDTA的混合物作为消化液。

体外培养的各种细胞株或细胞系，它们的传代方法基本相同，而各种细胞所需的营养液却各不相同，现以HeLa传代细胞系为例，进行传代细胞的传代培养。

试剂与器材

1. 材料。

传代细胞——HeLa细胞。

2. 试剂。

（1）磷酸盐缓冲液（PBS）。

(2) 无钙、镁溶液。

(3) 细胞消化液:0.5% 胰蛋白酶和 0.4% EDTA 钠盐液。

(4) EMEM 液。

(5) 3% 谷氨酰胺。

(6) 犊牛血清。

(7) 7.4% $NaHCO_3$。

(8) 10 000 单位/mL 青链霉素溶液。

(9) 0.5% 台盼蓝染液。

以上溶液均需分装、包扎好,灭菌后备用。

3. 器材。

解剖剪、解剖镊、试管、吸管、橡皮头、培养瓶(方瓶或青霉素瓶)。上述器材均需彻底清洗、烤干、包装好,灭菌后备用。此外,还有显微镜、酒精灯、酒精棉球、试管架以及包装灭菌的无菌工作服、口罩、帽子等。

操作方法

在做传代细胞培养之前,首先将培养瓶置于显微镜下,观察培养瓶中细胞是否已长成致密单层,如已长成单层,即可进行细胞的传代培养。其步骤如下:

1. 首先配制营养液。

EMEM 液 90% 、犊牛血清 10% 、双抗(1 万单位/mL)加至约为 100 单位/mL、3% 谷氨酰胺 1 mL、7.4% $NaHCO_3$ 调 pH 值至 7.0 ~ 7.2。

2. 在酒精灯旁打开瓶塞,倒去瓶中的细胞营养液,然后加入适量的无钙、镁离子的 PBS 液,轻轻摇动,将溶液倒出。

3. 消化与分装。

在上述瓶中加入适量消化液(0.02% EDTA 或 0.04% EDTA + 0.5% 胰蛋白酶液各一半)以盖满细胞为宜,置于室温,停留 2 ~ 3 min 后,翻转培养瓶。肉眼观察细胞单层是否出现缝隙(针孔大小的空隙),如出现缝隙,即可倒去消化液;如未出现缝隙,则可将瓶翻回,继续进行消化,直到出现缝隙为止(消化时间的长短与细胞的不同及生长状态有关)。此时,可倒去消化液,加入新配制的营养液 3 mL,以终止消化。然后用吸管吸取培养瓶中的营养液,反复吹打瓶壁上的细胞层,直至瓶壁细胞全部脱落下来为止。此时,可继续轻轻地吹打细胞悬液,以使细胞散开。随之即可补加营养液,不同细胞传代的比例亦不同,HeLa 细胞一般以 1 : 2 或 1 : 4 进行分装,即一瓶细胞可传为两瓶。若原瓶为 5 mL 营养瓶,要分装成两瓶,则需补液到 10 mL。混匀后,可将另一半分装至另一培养瓶中。

4. 培养。

分装好的细胞瓶上,做好标志,注明细胞代号、日期。置于培养架上,轻轻摇动。以使细胞均匀分布,以免细胞堆积成团,然后置于 37 ℃培养。

5. 观察。

(1) 观察体外培养细胞的几个重点。

细胞培养 24 h 后，即可进行观察，观察的重点如下：

A. 首先要观察培养细胞是否被污染。主要观察培养液颜色的变化及混浊度。

B. 观察培养液颜色变化及细胞是否生长。

C. 如细胞已生长，则要观察细胞的形态特征并判断其所处的生长阶段。观察时，可参照以下(2)的描述进行。

D. 观察完毕，可用台盼蓝染液对细胞进行染色。以确定死、活细胞的比例。

(2) 细胞的生长阶段及其形态特征。

传代培养的细胞需逐日进行观察，注意细胞有无污染、培养液颜色的变化及细胞生长的情况。一般单层培养的细胞，从培养开始，经过生长、繁殖、衰老及死亡的全过程。这是一个连续的生长过程，但为了观察及描述，人为地将其分为 5 个时期，但各时期无明显绝对界限。现分别描述如下：

A. 游离期：当细胞经消化分散成单个细胞后，由于细胞原生质的收缩和表面张力以及细胞膜的弹性。所以，此时细胞多为圆形，折光率高，此时期可延续数小时。

B. 吸附期(贴壁)：由于细胞的附壁特性，细胞悬液静置培养一段时间(约 7 ~ 8 h)后，便附着在瓶壁上(不同细胞此时期所需时间不同)。在显微镜下观察时，可看见瓶壁上有各种形态的细胞，如圆形、扁形、短菱形。细胞的特点为：大多立体感强，细胞内颗粒少、透明。

C. 繁殖期：培养 12 h 以后直到 72 h(不同细胞该时期长短不同)，细胞进入繁殖期，加速了细胞生长和分裂。此时期包括由几个细胞形成的细胞岛(即由少数细胞紧密聚集而呈现的孤立细胞群，常散在地分布在瓶壁上)，到细胞铺满整个瓶壁(即所谓形成细胞单层)的过程。此期细胞形态为多角形(呈现上皮样细胞的特征)。细胞特点：透明，颗粒较少，细胞间界限清楚，并可隐约可见细胞核。根据细胞所占瓶壁有效面积的百分比，又可将其生长状况分为四级。以“ + ”的个数表示如下：

+ :细胞占瓶壁有效面积(也就是细胞能生长的瓶壁面积)的 25% 以内具有新生细胞。一般要观察 3 ~ 5 个视野内的细胞生长状况，然后加以综合分析判断。

+ + :细胞占瓶壁有效面积的 25% ~ 75% 以内具有新生细胞。

+ + + :细胞占瓶壁有效面积的 75% ~ 95% 以内具有新生细胞。细胞排列致密，但仍有空隙。

+ + + + :细胞占瓶壁有效面积的 95% 以上，细胞已长满或接近长满单层，细胞致密，透明度好。

从 + + 至 + + + + 为细胞的对数增长期(或称为指数增长期)。

D. 维持期：当细胞形成良好单层后，细胞的生长与分裂都减缓，并逐渐停止生长，这种现象被称为细胞生长的接触抑制。此时细胞界限逐渐模糊，细胞内颗粒逐渐增多，且透明度降低，立体感较差。由于代谢产物的不断积累，维持液逐渐变酸。此时营养液已变为橙黄色或黄色。

E. 衰退期：由于溶液中营养的减少和日龄的增长，以及代谢产物的累积等因素，此时细胞间出现空隙，细胞中颗粒进一步增多，透明度更低，立体感很差。若将细胞固定染色处理，则可看见细胞中有大而多的脂肪滴及液泡。最后，细胞皱缩，逐渐死亡，从瓶壁上脱落下来。

实验报告

根据实验结果完成实验报告。

思考题

1. 简述细胞传代培养的操作程序和注意事项。
2. 细胞培养获得成功的关键要素是什么?
3. 简述体外培养细胞的形态特征及其生长阶段。

实验 19　细胞冻存技术

实验目的

以传代培养的小鼠胎儿成纤维细胞为材料,了解细胞冻存的几种简易方法,并通过实验掌握其中的一种或几种冻存方法,为以后的综合实验奠定基础。

实验原理

培养细胞的传代及日常维持过程对培养器具、培养液及各种准备工作方面都有持续的要求,而且细胞一旦离开活体开始原代培养,它的生物特性就将发生变化,并随着传代次数的增加和体外环境条件的变化而不断有新的变化。许多细胞在体外传代到一定代数后,就不可避免地发生衰老和凋亡,需要及时冻存,以便在必要的时候再进行细胞复苏,达到维持和保存细胞系的目的。细胞复苏是与细胞冻存相配套的技术,所有冻存的细胞只有在解冻复苏后仍可进行传代培养,才可以用于维持细胞系。因此,细胞的冷冻保存与复苏是细胞培养的常规工作和必须掌握的基础技术。

细胞的冷冻保存最早由 Spallanggmi(1776)在对马精子做显微观察时发现。之后,Polge(1949)发现甘油是一种保护剂,可以提高冻存的成活率。再后来科学家又发现二甲基亚砜也是一种保护剂。

Merryman 等在理论上阐明了冻存的原理,并经电子显微镜观察得出慢冻快融对细胞组织损伤最少的结论。因为当细胞冷到零度以下时,会产生以下变化:细胞脱水、形成冰晶及细胞中可溶性物质浓度升高。如果缓慢冷冻,细胞逐步脱水,可使细胞内不致产生大的冰晶;反之,结晶就大,而大结晶会造成细胞膜、细胞器的损伤和破裂。在融化过程中,应快融,目的是防止小冰晶形成大冰晶,即冰晶的重结晶。因此,冻存的原则是慢冻快融。

细胞若不加低温保护剂而直接进行冻存,细胞内外环境中的水就会形成冰晶,导致细胞发生一系列变化,如机械损伤、电解质升高、渗透压改变、脱水、pH 改变、蛋白质变性等,最终导致细胞死亡。但向细胞培养液中加入甘油或二甲基亚砜等冷冻保护剂后,由于它们对细胞无明显毒性,相对分子质量小,溶解度大,易穿透细胞,故可使冰点降低,并提高细胞膜对水的通透性。而缓慢冻结能使细胞内水分在冻结前透出细胞外,提高细胞内的电解质浓度,减少细胞内冰晶的形成,从而减少由于冰晶形成造成的细胞损伤。

在众多冷冻剂中,液氮是最理想且适用的冷冻剂,由于液氮温度极低(-196 ℃),在此温度下,既无化学也无物理变化发生,对标本的 pH 值无影响,细胞代谢活动停止,理论上可以做无限期的保存,故它是细胞长期储存的理想冷冻剂。在使用过程中,常将液氮贮于特制的容器中,而细胞冻存于液氮之中。

复苏细胞与冻存细胞的要求相反,应采用快速融化的手段,这样可以保证细胞外结晶在很短的时间内融化,使之迅速通过最易受损的 -5 ℃ ~0 ℃,避免由于缓慢融化使水分渗入、在细胞内再结晶而对细胞造成损害。

试剂与器材

1. 材料。

对数生长期的小鼠胎儿成纤维细胞(或 Hela 细胞)1 ~2 瓶。

2. 器材。

培养箱、离心机、倒置显微镜、低温冰箱、液氮罐、吸管、离心管、细胞冻存管、记号笔、纱布小袋、血细胞计数板。

3. 试剂。

DMEM 培养液 +20% 胎牛血清、分析纯二甲基亚砜或甘油、0.25% 胰蛋白酶、Hanks 培养液。

操作方法

1. 收集细胞。

选对数生长期的小鼠胎儿成纤维细胞,采用细胞传代培养中的酶消化方法,用 0.25% 胰蛋白酶 +0.02% EDTA 消化液消化并收集细胞,细胞悬浮液以 2 000 r/min 的速度离心 5 min,弃上清液,用 Hanks 液清洗细胞 1 ~2 次。

2. 稀释。

用配制好的 Hanks 液 +20% FBS +10% DMSO(或甘油)细胞冻存液稀释细胞,用吸管轻轻吹打重新悬浮细胞,充分混匀,调整细胞浓度为(5 ~10) $\times 10^6$ 个/mL。(如 1 瓶细胞数量不足,则用 2 瓶或更多瓶细胞)。

3. 分装。

将细胞悬液分装于 2.5 mL 无菌细胞冻存管内,每管加入细胞悬液约 2.3 mL,拧紧冻存管螺帽,并在冻存管壁上做好记号。

4. 冻存。

封好的冻存管即可直接冻存。标准的冻存程序为以 1 ℃ ~2 ℃/min 的降温速率降温;当温度达 -25℃以下时,可将速率增至 -5 ℃ ~10 ℃/min;到 -100 ℃时,则可迅速浸入液氮中。要适当掌握降温速率,过快会影响细胞内水分渗出,太慢则促进冰晶形成。各种细胞对冻存的耐受性不同。一般来讲,上皮细胞和成纤维细胞耐受性大,骨髓细胞则较差。要精确控制冷冻速度,则需要细胞冻存器,若无此设备,一般可以采用以下冻存方法来控制冷冻速率。

（1）将细胞冻存管放入塑料小盒或泡沫小盒中，周围稍加固定，然后将小盒放入 -70 ℃冰箱中，经过 3 h 以后，取出小盒，将细胞冻存管放入纱布小袋中，并放入液氮罐，在液氮表面上停留 30 min 后，直接投入液氮中。

（2）将细胞冻存管放入塑料小盒或泡沫小盒中，将小盒放入 -20 ℃冰箱中，待冷冻液完全结冰后（约需 3 h），取出小盒内的细胞冻存管，放入纱布小袋中并放入液氮罐的液氮蒸汽中，逐渐下降到液氮表面（30 ~ 40 min），停留 30 min 后，直接投入液氮中。

（3）将细胞冻存管装入纱布小袋中，从液氮罐口缓慢放入，按 1 ℃/min 的降温速率，在 30 ~ 40 min 时间内使其到达液氮表面，再停留 30 min 后，直接投入液氮中。

5. 解冻。

用长镊从液氮罐中取出细胞冻存管，立即投入盛有 37 ℃ ~ 38 ℃温水的搪瓷罐或不锈钢杯内，盖上盖并不时摇动，使其尽快解冻。

6. 洗涤。

从 37 ℃水浴中取出冻存管，用乙醇或乙醇棉球消毒冻存管后，打开螺帽，用吸管吸出细胞悬液，注入离心管并立即加入 5 倍体积以上的 Hanks 液，混匀后，以 2 000 r/min 的速度离心5 min，弃上清液，重复用 Hanks 液或培养液重新悬浮细胞，然后漂洗、离心 2 次。

7. 接种。

加入培养液适当稀释，调整细胞浓度到 5×10^5 个/mL，以每瓶 3 mL 接种到各个 25 mL 培养瓶中，置 37 ℃、5% 二氧化碳、饱和湿度下培养，次日更换 1 次培养液，继续培养。根据细胞生长情况及时传代。

8. 冷冻效果评价。

用台盼蓝染色复苏后的细胞，记录活细胞所占比例。

注意事项

1. 冻存操作和添加液氮时要特别注意戴防护眼镜和手套，以免液氮伤人。切勿用裸手直接接触液氮，以免冻伤。

2. 塑料冻存管的管间胶圈易破，使用前一定要仔细检查。冻存细胞时，塑料冻存管一定要拧紧，以免解冻时空气突然膨胀引起爆炸和解冻时产生污染。

3. 液氮数量要定期检查，在发现液氮挥发 1/2 时要及时补充。

4. 细胞冻存后，留在液氮罐外的系线要做好标记，并谨记沿着罐口顺序摆放，以免相互缠绕拿取不便。细胞在液氮中的可储存时间理论上是无限的，但为妥善起见，对未被冻存过的细胞，首次冻存后要在短期内复苏 1 次，以观察细胞对冻存的适应性。已建系的细胞最好也在每年取 1 支复苏 1 次后，再继续冻存。

5. 在无带盖搪瓷罐或带盖不锈钢杯时，可以用 1 000 mL 烧杯代替，但此时应特别注意防止冻存管爆炸，以免发生意外。

实验报告

根据实验结果完成实验报告。

思考题

1. 冷冻过程中为什么要用慢速冷冻的方法，而不采用将细胞放入液氮中的超速冷冻方法？

2. 在胚胎冷冻研究中，可以将胚胎在高浓度保护剂的冷冻液中做短时间处理后，将胚胎直接放入液氮中冷冻（玻璃化冷冻法）。试分析这种方法是否可用于细胞的冷冻保存？

3. 在细胞复苏时，熔化的细胞悬液为什么需要用 5 倍以上 Hanks 液或培养液稀释后才离心？

实验 20　植物原生质体的分离、培养

原生质体是除去细胞壁的裸露细胞。在适宜的培养条件下，分离的原生质体能合成新壁，进行细胞分裂，并再生成整植株。

植物的幼嫩叶片、子叶、下胚轴、未成熟果肉、花粉四分体、培养的愈伤组织和悬浮培养细胞均可作为分离原生质体的材料。

实验目的

掌握植物原生质体分离和培养的基本方法，并对培养的结果进行初步观察。

实验原理

分离原生质体常采用酶解法。其原理是根据由纤维素酶、果胶酶和半纤维素酶配制而成的溶液对细胞壁成分的降解作用，而使原生质体释放出来。原生质体的产率和活力与材料来源、生理状态、酶液的组成，以及原生质体收集方法有关。酶液通常需要保持较高的渗透压，以使原生质体在分离前细胞处于质壁分离状态，分离之后不致膨胀破裂。渗透剂常用甘露醇、山梨醇、葡萄糖或蔗糖。酶液中还应含一定量的钙离子，用来稳定原生质膜。游离出来的原生质体可用过筛—低速离心法收集，用蔗糖漂浮法纯化，然后进行培养。

试剂与器材

1. 材料。

（1）烟草幼苗的叶片或向日葵无菌苗的叶片、子叶或下胚轴等。

（2）胡萝卜根切片诱导的松软愈伤组织。

2. 试剂。

（1）70% 酒精。

（2）0. 1% 升汞水溶液，并滴入少许 Tween 80（失水山梨醇单油酸酯聚氧乙烯醚）。

（3）灭菌蒸馏水。

（4）0. 16 mol/L 和 0. 20 mol/L $CaCl_2 \cdot 2H_2O$ 溶液，并加有 0. 1% MES（2 –（N – 吗啉）乙烷磺酸），pH 值为 5. 8 ~ 6. 2。

（5）20% 和 12% 蔗糖溶液，pH 值为 5. 8 ~ 6. 2。

（6）酶液 A：

纤维素酶 2%、果胶酶 1%（若用国产 EA3－867 纤维素酶，则果胶酶可省去）、甘露醇 0.6 mol/L、$CaCl_2 \cdot 2H_2O$ 0.05 mol/L、MES 0.1%、pH 值为 5.8～6.2。

（7）酶液 B：

纤维素酶 2%、离析酶 1%、半纤维素酶 0.2%、甘露醇 0.4 mol/L、$CaCl_2 \cdot 2H_2O$ 0.05 mol/L、MES 0.1%、pH 值为 5.8～6.2。

（8）DPD 培养基。

表 4－20－1　1DPD 培养基

成分	含量/(mol·L^{-1})	成分	含量/(mol·L^{-1})
NH_4NO_3	270	KI	0.25
KNO_3	1 480	烟酸	4
$MgSO_4 \cdot 7H_2O$	340	盐酸吡哆锌	0.7
$CaCl_2 \cdot 2H_2O$	570	盐酸硫胺素	4
KH_2PO_4	80	肌醇	100
$FeSO_4 \cdot 7H_2O$	27.8	叶酸	0.4
Na_2－EDTA	37.3	甘氨酸	1.4
$MnSO_4 \cdot H_2O$	5	生物素	0.04
$Na_2MoO_4 \cdot 2H_2O$	0.1	蔗糖	2 000
H_3BO_3	2	甘露醇	0.3
$ZnSO_4 \cdot 7H_2O$	2	2,4－D	1
$CuSO_4 \cdot 5H_2O$	0.015	激动素	0.5
$CoCl_2 \cdot 6H_2O$	0.01	pH	5.8

（9）C8IV 培养基。

表 4－20－2　C8IV 培养基

成分	含量/(mol·L^{-1})	成分	含量/(mol·L^{-1})
NH_4NO_3	1 000	烟酸	1
柠檬酸铵	100	盐酸吡哆锌	1
尿素	100	盐酸硫胺素	10
$MgSO_4 \cdot 7H_2O$	250	肌醇	200
$CaCl_2 \cdot 2H_2O$	400	叶酸	1
KH_2PO_4	100	水解酪蛋白	500
$NaHCO_3$	150	甘氨酸	10
$FeSO_4 \cdot 7H_2O$	27.8	谷氨酰胺	100
Na_2－EDTA	37.3	色氨酸	10
$MnSO_4 \cdot H_2O$	10	胱氨酸	10
KI	0.75	蛋氨酸	5
$CoCl_2 \cdot 6H_2O$	0.025	胆碱	10
$ZnSO_4 \cdot 7H_2O$	2	葡萄糖	0.38
$CuSO_4 \cdot 5H_2O$	0.025	玉米素	0.1
H_3BO_3	3	萘乙酸	0.2
$Na_2MoO_4 \cdot 2H_2O$	0.25	pH	5.8

（10）0.1%酚藏花红（配在0.4 mol/L甘露醇中）。

（11）0.01%荧光增白剂（配在0.3 mol/L甘露醇中）。

（12）（3）~（5）用高压灭菌，（6）~（9）用过滤灭菌）。

3. 器材。

超净工作台、台式离心机或手摇离心机、倒置显微镜、普通显微镜、培养室、灭菌锅、血细胞计数板、石蜡膜带等。

细菌过滤器和0.45 μm的滤膜、300目不锈钢网筛及配套的小烧杯、解剖刀、尖头镊子、注射器（5 mL、10 mL）和12号长针头、带皮头的刻度移液管（5 mL、10 mL，上部管口加棉塞）、培养皿（直径6 cm）或扁平培养瓶（50 mL）、大培养皿、吸水纸等。使用前需灭菌。

操作方法

1. 叶肉原生质体的分离和培养。

（1）取充分展开的叶片，用自来水冲洗干净（以下步骤均在超净台上进行）。

（2）将叶片在0.1%升汞溶液中浸泡灭菌10 min，中间摇动几次。取出后用无菌蒸馏水漂洗5次。

（3）将叶片移入大培养皿中，用吸水纸吸去上面的水珠。然后将叶背面朝上，小心用镊子撕去下表皮。

（4）将撕去下表皮的叶片放进预先放有酶液A的培养皿或带盖三角瓶中，每10 mL酶液约放2 g叶片。若叶片不易撕下下表皮，可用锋利的解剖刀将叶片切成约0.5 mm宽的小条，放入酶液。

（5）将培养皿用石蜡膜带封口，在28℃条件下保温3~6 h，中间轻轻摇动2~3次。在倒置显微镜下检查，直到产生足够量的原生质体。

（6）将酶解后的原生质体悬浮液用不锈钢网筛过滤到小烧杯中，以除去未酶解完全的组织。

（7）将滤液分装在刻度离心管中，以600 r/min的速度离心5 min，使原生质体沉淀下来。

（8）用移液管吸去上清液。将沉淀的原生质体悬浮在2 mL 0.2 mol/L的$CaCl_2 \cdot 2H_2O$中。

（9）用注射器（装上长针头）向离心管底部缓缓注入20%蔗糖溶液6 mL，以600 r/min的速度离心5 min。此步完成后，在两相溶液的界面之间将出现一层纯净的完整原生质体带，杂质、碎片将沉到管底。

（10）用注射器吸出管底杂质和下部的蔗糖溶液及上部的$CaCl_2 \cdot 2H_2O$溶液。

（11）离心管中留下的纯净原生质体用8 mL 0.2 mol/L $CaCl_2 \cdot 2H_2O$悬浮。离心5 min吸去上清液。再用培养基用同样方法洗涤一次。

（12）将收集的原生质体悬浮在适量DPD培养基中，将其密度调整到5×10^4个/mL左右（可用血细胞计数板统计原生质体的密度）。

（13）用带皮头的刻度移液管将原生质体悬液分装在培养皿中，每皿放2 mL。

（14）用石蜡膜带封口。置26 ℃左右条件下进行暗培养。

2. 愈伤组织原生质体的分离和培养。

(1) 胡萝卜松软愈伤组织的诱导和保存。

A. 取田间生长两个月左右的植株的根,用自来水冲洗干净。

B. 在70%酒精中浸泡2 min,取出后放在0.1%升汞溶液中浸泡10 min。再用灭菌蒸馏水换洗5次。(以下操作在超净工作台上进行。)

C. 在大培养皿中用解剖刀切取根中央部分,并切成3~5 mm厚的横切片。

D. 将切片摆放在含2 mg/L、0.2 mg/L激动素和500 mg/L水解酪蛋白的MS培养基上。在26℃左右条件下进行暗培养,诱导愈伤组织。

E. 培养2周以后,用镊子将外植体周围形成的愈伤组织取下,转移到新鲜培养基上。

F. 连续继代培养多次,每三周转移一次。待愈伤组织成为松软状态便可用于分离原生质体。

(2) 取传代培养一周左右、并处于旺盛生长期的愈伤组织,直接放在酶液B中,每10 mL酶液放2 g左右。在室温下保温过夜,或26 ℃下保温6 h以上,直到产生足够量的原生质体。

(3) 将酶解后的原生质体悬液用不锈钢筛过滤,除去未完全消化的组织。

(4) 向过滤液中加入等体积的0.16 mol/L $CaCl_2 \cdot 2H_2O$ 溶液,混合之后转移到带盖离心管中。在600 r/min速度下离心5~10 min,使原生质体充分沉淀。

(5) 吸去上清液,将沉淀的原生体悬浮在2 mL 0.16 mol/L $CaCl_2 \cdot 2H_2O$ 溶液中。

(6) 用注射器向离心管底部缓缓注入12%蔗糖溶液6 mL,然后离心5~10 min。两相溶液界面间应出现纯净原生质体带,管底出现杂质沉淀。

(7) 将注射器插入管底,吸出沉淀杂质,并吸出下部蔗糖液及上部钙液。

(8) 用0.16 mol/L $CaCl_2 \cdot 2H_2O$ 悬浮,离心一次,再用C81V培养基洗涤一次。

(9) 用C81V培养基培养,其操作同叶片原生质体培养。

3. 培养结果的观察。

(1) 活力检查。

凡具活力的原生质体均呈现圆球形,在显微镜下可观察到明显的胞质环流运动。在叶肉原生质体中由于叶绿体的阻挡,看不清胞质环流。可取一滴原生质体悬液放在载玻片上,加一滴0.1%酚藏花红溶液,凡活的原生质体均不着色,而死去的原生质体立即着染成红色。

(2) 细胞壁再生的观察。

培养24~48 h后,大部分原生质体已再生新壁。并且体积增大,变成椭圆形。可用以下方法鉴别细胞壁的再生。

A. 取一滴原生质体培养悬液放在载玻片上,加一滴高浓度(25%)蔗糖溶液,有壁的细胞将发生质壁分离。

B. 取一滴原生质体培养悬液放在载玻片上,加一滴0.01%荧光增白剂溶液。在荧光显微镜下,当用366 nm波长的紫外光照射时,细胞壁将发黄绿色荧光。

(3) 细胞分裂的观察。

培养4 d以后,将出现第一次分裂,可在倒置显微镜下观察。在培养8~10 d后,应统计分裂频率,即出现分裂的原生质体占成活原生质体的百分率。

一般在细胞团形成后(大约在培养的15～20 d),应向培养瓶中补加渗透剂减半的新鲜培养基,以促进细胞团的增殖。待小愈伤组织形成后,转移到固体培养基上,进行植株分化的条件实验。

实验报告

根据实验结果完成实验报告。

思考题

1. 酶解液以及原生质体起始培养基中,为何要保持较高渗透压?
2. 为何在培养一段时间后,需向培养瓶补加降低渗透压的新鲜培养基?
3. 如何判断分离原生质体的活力和新壁再生?

实验21　植物细胞的悬浮培养

将游离的植物细胞或小的细胞团置于液体培养基中进行培养和生长的一种技术,称为植物细胞悬浮培养。它是在愈伤组织的液体培养基础上发展起来的一种新的培养技术。从20世纪50年代起,米尔(Muir)等便对单细胞培养进行了探讨和研究,得到了万寿菊、烟草单细胞和细胞团的悬浮液。1958年斯图尔德(Steward)等进行了胡萝卜愈伤组织的悬浮培养,并得到了完整的再生植株。三十多年来,从试管的悬浮培养发展到大容量的发酵罐培养,从不连续培养发展到半连续和连续培养。80年代以来,作为生物技术中的一个组成部分,悬浮培养逐渐发展成为一门新兴的产业体系。悬浮培养技术为研究植物细胞的生理、生化、遗传和分化的机理提供实验材料,也为利用植物细胞进行次生代谢物的工业生产提供了技术基础。此外,还在育种、快速繁殖、原生质体培养、体细胞杂交以及作为基因转化的受体等方面得到了广泛的应用。

由于植物细胞具有聚集在一起的特性,因此,在分裂后,往往不能像细菌细胞那样各自分开,而是大多以细胞团的形式存在。至今还不能培养完全是单细胞的悬浮液。要进行单细胞培养或选择细胞无性系,需要进行平板培养、微室培养和看护培养。本实验仅介绍最常用的悬浮培养技术。

实验目的

1. 掌握植物悬浮细胞系建立的方法和原理。
2. 学会对悬浮细胞培养物进行细胞计数及绘制细胞生长曲线。

实验原理

植物离体培养可产生愈伤组织。将疏松型的愈伤组织悬浮在液体培养基中并在振荡条件下培养一段时间后,可形成分散的悬浮培养物。良好的悬浮培养物应具备以下特征:主要由单细胞和小细胞团组成;细胞具有旺盛的生长和分裂能力,增殖速度快;大多数细胞在形态上应具有分生细胞的特征，它们多呈等径形，核质比率大，胞质浓厚，无液胞或液胞化程度较低。要建成这样的悬浮培养体系，首先需要有良好的起始培养物——迅速增殖的疏松型愈伤组织。然后经过培养基成分和培养条件的选择，并经多次继代培养才能达到。悬浮培养细胞经长期继代培养后，染色体常有变异现象，细胞的再生能力也有逐渐降低的趋势。然而对于以生产有用代谢物质为目的的大量培养，这种再生能力的降低不一定有不良影响。

试剂与器材

1. 材料。

松软的烟草或胡萝卜愈伤组织。

2. 试剂。

（1）附加2%蔗糖、1%甘露醇、500 mg/L水解乳蛋白、1.5 mL/L2，4 - D的MS培养基，pH值调至5.6～6.2。

（2）8%三氧化铬（CrO_3）。

3. 器材。

超净工作台、高压灭菌锅、旋转式摇床、水浴锅、倒置显微镜、镊子、酒精灯、100 mL三角瓶、移液管、pH计、恒温培养室、漏斗、不锈钢网或筛、血细胞计数板等。

操作方法

1. 用镊子夹取出生长旺盛的松软愈伤组织，放入三角瓶中并轻轻夹碎，每100 mL三角瓶含灭过菌的MS培养基10～15 mL，每瓶接种1～1.5 g愈伤组织，以保证最初培养物中有足够量的细胞。

2. 将已接种的三角瓶置于旋转式摇床上。在100 r/min，25 ℃～28 ℃条件下，进行振荡培养。

3. 经6～10 d培养后，若细胞明显增殖，可向培养瓶中加新鲜培养基10 mL，必要时，可用大口移液管将培养物分装成两瓶，继续培养（若细胞无明显增殖，可能是起始材料不适当，应考虑用旺盛增殖的愈伤组织重新接种）。之后可进行第一次继代培养。

4. 悬浮培养物的过滤：按“3”所述方法继代培养几代后，培养液应主要由单细胞和小细胞团（不多于20个细胞）组成。若仍含有较大的细胞团，可用适当孔径的金属网筛过滤，再将过滤后的悬浮细胞继续培养。

5. 细胞计数。取一定体积的细胞悬液，加入2倍体积的8%的三氧化铬，置70℃水浴处理15 min。冷却后，用移液管重复吹打细胞悬液，以使细胞充分分散，混匀后，取一滴悬液置入血细胞计数板上计数。

6. 制作细胞生长曲线：为了解悬浮培养细胞的生长动态，可用以下方法绘制生长曲线图：

（1）鲜重法。

在传代培养的不同时间，取一定体积的悬浮细胞培养物，离心收集后，称量细胞的鲜重，以鲜重为纵坐标，培养时间为横坐标，绘制鲜重增长曲线。

（2）干重法。

可在称量鲜重之后，将细胞进行烘干，再称量干重。以干重为纵坐标，培养时间为横坐标，绘制细胞干重生长曲线。

上述两种方法均需每隔 2 d 取样一次，共取 7 次，每个样品重复三次，整个实验进行期间不再往培养瓶中换入新鲜培养液。

7. 细胞活力的检查。对于初学者，往往需要检测活细胞的比率。可在培养的不同阶段，吸取一滴细胞悬液，放在载玻片上，滴一滴 0.1% 酚藏花红溶液（用培养基配制）染色，在显微镜下观察。凡活细胞均不着色，而死细胞则很快被染成红色。也可用 0.1% 荧光双醋酸酯溶液染色，凡活细胞将在紫外光诱发下显示蓝绿色荧光。有经验的操作者，则可根据细胞形态、胞质环流判别细胞的死活。

8. 细胞再生能力的鉴定。

为了解悬浮培养细胞是否仍具有再生能力，可将培养细胞转移到琼脂固化的培养基上，使其再形成愈伤组织，进而在分化培养基上诱导植株的分化。

注意事项

1. 上述步骤均需灭菌操作，培养基、用具、器皿等要高压灭菌后方可使用。
2. 如培养液混浊或呈现乳白色，表明已被污染。
3. 每次继代培养时，应在倒置显微镜下观察培养物中各类细胞及其他残余物的情况，应有意识地留下圆细胞，弃去长细胞。

思考题

1. 如何将植物细胞悬浮系用于细胞分化规律或机理的研究？
2. 对你的实验结果进行描述、分析和总结。

实验 22　细胞集落形成实验

实验原理

非整倍体无限细胞系和癌细胞株中，仍然存在不同细胞亚群，它们的功能和生长特点有些差异，其中有些亚群细胞对培养环境有较大的适应性并具有较强的独立生存能力，细胞集落率高。纯化细胞群来自一个共同的祖细胞，细胞遗传性状、生物学特性相似，利于实验研究。原代培养细胞和二倍体有限细胞系，细胞集落率很低。细胞集落化培养之前，应先测定细胞集落形成率，以了解细胞在极低密度条件下的生长能力。

目前认为仅有肿瘤干细胞（tumor stem cells）具有形成集落的能力，集落抑制率常用于抗癌药物敏感试验、肿瘤放射生物学实验。

$$集落抑制率 = [1 - (实验组集落形成率/对照组集落形成率)] \times 100\%$$

实验目的

单个细胞在体外增殖6代以上，其后代所组成的细胞群体，称为集落或克隆。每个克隆含有50个以上的细胞，大小在0.3～1.0 mm之间。集落形成率表示细胞独立生存能力。常用实验方法有平板集落形成实验法、软琼脂集落形成实验法。

试剂与器材

1. 材料。

Hela细胞。

2. 试剂。

Giemsa染液、0.25%胰蛋白酶消化液、血清细胞培养液、安尔碘、琼脂。

3. 器材。

培养皿(直径60 mm)、细胞记数板、烧杯、吸管、离心机、离心管、废液瓶、倒置显微镜、二氧化碳培养箱、超净工作台、水浴锅。

操作方法

1. 平板克隆形成实验。

本实验适用于贴壁生长的细胞，包括培养的正常细胞和肿瘤细胞。

(1) 对于对指数生长期细胞，采用常规消化传代方法，制成细胞悬液。

(2) 对细胞悬液反复吹打，使细胞充分分散，单个细胞百分率应在95%以上。对细胞记数，并用培养基调节细胞浓度，待用。

(3) 根据细胞增殖能力，将细胞悬液倍比稀释。一般按照每皿含50、100、200个细胞的浓度分别接种5 mL细胞悬液到培养皿(直径60 mm)中，以十字方向轻轻晃动培养皿，使细胞分散均匀。

(4) 培养皿置37 ℃、5% CO_2 中培养2～3周，中间根据培养液pH值变化适时更换新鲜培养液。

(5) 当培养皿中出现肉眼可见的克隆时，终止培养，弃去培养液，用PBS液小心浸洗2次，空气干燥。用甲醇固定15 min，弃甲醇后空气干燥。用Giemsa染液染色10 min，用流水缓慢洗去染液，空气干燥。

2. 软琼脂集落形成实验。

本实验适用于非锚着依赖性生长的细胞，如骨髓造血干细胞、肿瘤细胞株、转化细胞系。利用琼脂液无黏着性又可凝固的特性，将肿瘤细胞混入琼脂液中，琼脂液凝固使肿瘤细胞置于一定位置，琼脂中肿瘤细胞可能向周围做全方位的移动，因此可以用来检测肿瘤细胞的主动移动能力。肿瘤细胞在适宜培养基中又可以增殖，从而可以测定肿瘤细胞克隆形成率。造血系统软琼脂集落形成实验方法与此相同，主要用于细胞分化的相关研究，但所用的培养基不同。

(1) 同上(1)～(3)步骤。

（2）调整细胞悬液密度为 1×10^3 个/mL。

（3）制备底层琼脂，完全熔化的5%琼脂和37 ℃左右预温的新鲜完全培养液以1∶9比例在40 ℃均匀混合，加入培养皿（直径60 mm）中，每皿含0.5%琼脂培养基2 mL，室温下琼脂完全凝固。

（4）制备上层琼脂，取37 ℃不同密度梯度（按照每皿含50、100、200个）的细胞悬液1.5 mL移入小烧杯中，加入40 ℃、5%琼脂等体积混匀，即成0.25%半固体琼脂培养基。将配好的半固体琼脂培养基立即加入铺有底层琼脂的培养皿中，室温下琼脂凝固。置于37 ℃、5% CO_2 静置培养2～3周。

实验报告

1. 定期观察细胞培养过程中集落的形成。
2. 在显微镜下计数大于50个细胞克隆数，然后按下式计算集落形成率：

集落形成率（%）=（集落数/接种细胞数）×100%

注意事项

1. 琼脂对热和酸不稳定，如果反复加热，容易降解，产生毒性，同时琼脂硬度下降。故琼脂高压灭菌（10 磅压力 15 min）后按一次用量进行分装。
2. 细胞悬液中，细胞分散度 >95%。
3. 软琼脂培养时，注意琼脂与细胞混合时温度不要超过40 ℃，以免烫伤细胞。
4. 接种细胞密度不宜过高。
5. 细胞在低密度条件下培养，生存率明显下降，无限细胞系和肿瘤细胞株克隆形成率一般在10%以上。但初代培养细胞和有限细胞系的形成率仅为0.5%～5%，甚至为零。为提高集落形成率，必要时可在培养基中添加胰岛素（insulin）、地塞米松等，促使细胞克隆形成物质。

思考题

比较平板克隆形成实验和软琼脂集落形成实验的异同。

实验23　MTT法检测细胞活力

实验原理

MTT全称为3-(4,5-Dimethyl-2-thiazolyl)-2,5-diphenyl-2-H-tetrazolium bromide，汉语化学名为3-(4,5-二甲基噻唑-2)-2,5-二苯基四氮唑溴盐，商品名：噻唑蓝，是一种黄颜色的染料。MTT法又称MTT比色法，是一种检测细胞存活和生长的方法。其检测原理为活细胞线粒体中的琥珀酸脱氢酶能使外源性MTT还原为水不溶性的蓝紫色结晶甲瓒（Formazan）并沉积在细胞中，而死细胞无此功能。二甲基亚砜能溶解细胞中的甲瓒,用酶联免疫检测仪在490nm波长处测定其光吸收值,该值可间接反映活细胞数量。在一定细胞数范围内,MTT结晶形成的量与细胞数成正比。

该方法已广泛用于一些生物活性因子的活性检测、大规模的抗肿瘤药物筛选、细胞毒性实验以及肿瘤放射敏感性测定等。它的特点是经济、灵敏度高。缺点是由于MTT经还原所产生的甲瓒产物不溶于水,需被溶解后才能检测。这不仅使工作量增加,也会对实验结果的准确性产生影响,而且溶解甲瓒的有机溶剂对实验者也有损害。

试剂与器材

1. 材料。

Hela细胞、待检测药物。

2. 试剂。

RPMI－1640培养液、胎牛血清、0.25%胰蛋白酶消化液、二甲基亚砜、MTT溶液、Actinomycin D放线菌素D等。

试剂配制:

MTT溶液的配制方法:此法中的MTT浓度为5 mg/mL,因此,可以称取MTT 0.5 g,溶于100 mL的磷酸缓冲液或无酚红的培养基中,用0.22 μm滤膜过滤,以除去溶液里的细菌,放于4 ℃环境避光保存即可。在配制和保存的过程中,容器最好用铝箔纸包住。

PBS配方:NaCl 8 g、KCl 0.2 g、Na_2HPO_4 1.44 g、KH_2PO_4 0.24 g,调pH 7.4定容1 L。

3. 器材。

96孔培养板、移液器、枪头、烧杯、吸管、混合振荡器、倒置显微镜、二氧化碳培养箱、超净工作台、水浴锅、酶联免疫检测仪。

操作方法

(一) 普通MTT法操作方法

1. 接种细胞。

用含10%胎小牛血清的培养液配成单个细胞悬液,以每孔1 000～10 000个细胞接种到96孔板,每孔体积200 μL。

2. 培养细胞。

按一般培养条件,培养3～5 d(可根据实验目的和要求决定培养时间)。

3. 呈色

培养3～5 d后,每孔加MTT溶液(5 mg/mL用PBS配制,pH＝7.4)20 μL,继续孵育4 h,终止培养,小心吸去孔内的培养上清液,对于悬浮细胞,需要离心后再吸去孔内的培养上清液。每孔加150 μL DMSO,振荡10 min,使结晶物充分溶解。

4. 比色。

选择490 nm波长,在酶联免疫监测仪上测定各孔光吸收值,记录结果,以时间为横坐标、吸光值为纵坐标,绘制细胞生长曲线。

(二) 药物MTT法操作方法

1. 贴壁细胞。

(1) 收集对数期细胞,调整细胞悬液浓度,每孔加入 100 μL,铺板使待测细胞密度调至 1 000 ~ 10 000 个/孔(边缘孔用无菌 PBS 填充)。

(2) 5% CO_2,37 ℃孵育,至细胞单层铺满孔底(96 孔平底板)时,加入浓度梯度的药物。原则上,细胞贴壁后即可加药,或 2 h,或半天时间,但通常在前一天下午铺板,次日上午加药。一般 5 ~ 7 个梯度,每孔 100 μL,设 3 ~ 5 个复孔,建议设 5 个,否则难以反映真实情况。

(3) 5% CO_2,37 ℃孵育 16 ~ 48 h,倒置于显微镜下观察。

(4) 每孔加入 20 μLMTT 溶液(5 mg/mL,即 0.5% MTT),继续培养 4 h。若药物与 MTT 能够反应,可先离心后弃去培养液,小心用 PBS 冲 2 ~ 3 遍后,再加入含 MTT 的培养液。

(5) 终止培养,小心吸去孔内培养液。

(6) 每孔加入 150 μL 二甲基亚砜,置摇床上低速振荡 10 min,使结晶物充分溶解。在酶联免疫检测仪 OD490 nm 处测量各孔的吸光值。

(7) 同时设置调零孔(培养基、MTT、二甲基亚砜)和对照孔(细胞、相同浓度的药物溶解介质、培养液、MTT、二甲基亚砜)。

2. 悬浮细胞。

(1) 收集对数期细胞,调节细胞悬液浓度 1×10^6/mL,按次序将①补足的 1 640(无血清)培养基 40 μL;②加 Actinomycin D(有毒性)10 μL 用培养液稀释 1 mg/mL(需预试寻找最佳稀释度,1 : 10 ~ 1 : 20);③需检测物 10 μL;④细胞悬液 50 μL(即 5×10^4cell/孔),共 100 μL 加入到 96 孔板(边缘孔用无菌水填充)。每板设对照(加 100(储存液 100 μL 1 640)。

(2) 置 37 ℃,5% CO_2 孵育 16 ~ 48 h,倒置于显微镜下观察。

(3) 每孔加入 10 μL MTT 溶液(5 mg/mL,即 0.5% MTT),继续培养 4 h(悬浮细胞推荐使用 WST-1,培养 4 h 后可跳过步骤(4)),直接在酶联免疫检测仪 OD570 nm 处(630 nm 校准)测量各孔的吸光值。

(4) 离心(1 000 r/min,10 min),小心吸掉上清液,每孔加入 100 μL 二甲基亚砜,置摇床上低速振荡 10 min,使结晶物充分溶解。在酶联免疫检测仪 OD570 nm 处(630 nm 校准)测量各孔的吸光值。

(5) 同时设置调零孔(培养基、MTT、二甲基亚砜)和对照孔(细胞、相同浓度的药物溶解介质、培养液、MTT、二甲基亚砜),每组设定 3 复孔。

实验报告

记录各孔 OD 值,并分别以时间为横坐标,以细胞数目或 OD 值为纵坐标,绘制细胞生长曲线。

用酶联免疫检测仪在 490 nm 波长处测定各孔光吸收值,分析实验孔与对照孔活细胞数量情况。

注意事项

1. 需要注意的是,MTT 法只能用来检测细胞相对数和相对活力,但不能测定细胞绝对数。在用酶标仪检测结果的时候,为了保证实验结果的线性,MTT 吸光度最好在 0 ~ 0.7 范围内。

2. MTT一般最好现用现配，过滤后4 ℃避光保存两周内有效，或配制成5 mg/mL保存在-20度长期保存，避免反复冻融，最好小剂量分装，用避光袋或是黑纸、锡箔纸包住避光以免分解。MTT有致癌性，使用时要佩戴薄膜手套。配成的MTT需要无菌，MTT对菌很敏感。

3. 血清物质会干扰OD值，因此，在显色后尽可能将孔内残余培养基吸净。

实验报告

根据实验结果完成实验报告。

V 染色技术与核型分析

实验24 小鼠骨髓染色体的制备与C带染色

一、小鼠骨髓染色体的制备

实验目的

学会小鼠骨髓染色体的制备。

实验原理

染色体是细胞分裂时期(体细胞的有丝分裂和生殖细胞的减数分裂)遗传物质存在的特定形式，是染色质紧密包装的结果。染色体是有机体遗传信息的载体，对染色体的研究在生物进化、发育、遗传和变异中有十分重要的作用。

处于分裂期的细胞经秋水仙素或秋水仙胺处理，阻断了纺锤丝微管的组装，使细胞分裂停止于中期，此时染色体达到最大收缩状态，具有典型的形态。

本实验所用的小鼠骨髓细胞有高度的分裂活性并且数量非常多，经秋水仙素处理后，可使分裂的细胞阻断在有丝分裂中期，再经低渗、固定、滴片染色等处理，便可制作较好的小鼠骨髓细胞染色体标本。

试剂与器材

1. 材料。

雌、雄小鼠各1只(体重20 g左右)；解剖器械(搪瓷解剖盘、探针、剪刀、镊子)；注射器(1 mL)；4号、6号针头；纱布、脱脂棉、酒精灯、试管、试管架、磨口试剂瓶、滴管、50 mL烧杯、染色缸、洗耳球、量筒、清洁载玻片(实验前将载玻片浸入50%的酒精溶液中，置4 ℃冰箱中至少1 h)。

2. 试剂。

0.85%生理盐水、冰醋酸、甲醇、pH值为6.8的PBS、Giemsa染液、碘酒、75%酒精、蒸馏水、秋水仙素(1 mg/mL)、0.075 mol/L KCl。

(1) 秋水仙素以 1 mg/mL 的浓度溶于 0.85% 生理盐水中。

(2) 低渗液:0.075 mol/L KCl(M_r = 74.55),取 5.59 g KCl 加到 1 000 mL 蒸馏水中,在 37 ℃下预热。

(3) 固定液:使用前按甲醇∶冰醋酸以 3∶1(体积分数)配制。

3. 器材。

显微镜、温箱、冰箱、离心机、天平。

操作方法

1. 取雌、雄小鼠各 1 只,注射秋水仙素 0.1 mL(即 100 μg)于腹腔中,经 3.5 ~ 4 h 后拉颈椎处死。

2. 剪开腹腔,剥离出两条后肢,由股骨关节处剪断,取下后肢(注意不要将股骨剪断)。

3. 将骨骼外面的肌肉尽可能剪掉,剩下附着在骨骼上的少许肌肉,用棉花或纱布蘸 75% 的酒精来回搓,直到骨骼外面不带任何肌肉为止。

4. 剥离股骨,并将股骨头的两端剪去少许,然后用 4 号针头插入骨髓腔内,将股骨穿通(注意:不要用力过大,以防骨骼破裂)。

5. 将带 6 号针头的 1 mL 注射器插入骨髓腔 1/2 部位,然后将股骨浸入含 0.85% 生理盐水的离心管内,操纵注射器将骨髓细胞全部冲洗到离心管内,直至骨髓腔呈白色为止(注意:动作要轻,否则很容易使细胞破裂,导致染色体丢失)。然后丢弃股骨,换 4 号针头轻轻抽打离心管内的细胞,尽可能使其分散。

6. 将细胞悬液以 1 000 r/min 的速度离心 8 ~ 10 min,弃去上清液。

7. 低渗处理:向细胞中加入 5 mL 在 37 ℃预热的 0.075 mol/L KCl 溶液,用吸管轻轻抽打均匀,置 37 ℃水浴低渗处理 15 min(使细胞膨胀)。

8. 在低渗处理期间,配制固定液,即 3∶1(体积比)的甲醇∶冰醋酸,放在密闭的瓶中,置 4℃冰箱中备用。

9. 预固定:低渗处理后,立即加入 1 mL 新配制且预冷的固定液,抽打均匀。然后以 1 000 r/min 的速度离心 8 min,弃去上清液。

10. 固定:沿离心管壁慢慢加入新配制的固定液 5 mL,用吸管轻轻抽打均匀,室温下固定 30 min。以 1 000 r/min 的速度离心 8 min,弃去上清液。

11. 再固定:再次加入固定液 5 mL,抽打均匀后,置于 4 ℃冰箱中固定 30 min 或更长时间,必要时也可过夜。以 1 000 r/min 的速度离心 8 min,弃去上清液。

12. 根据管底细胞的多少,加入新配制的固定液 0.3 ~ 0.5 mL,用吸管抽打均匀,形成细胞悬液。

13. 制片:将预冷的载玻片倾斜 45°,用吸管取细胞悬液,从约 1.5 m 高处,向每张载玻片上滴 1 ~ 2 滴(高处滴片的目的是使染色体散开,注意留作 C 带染色的片子应滴 4 ~ 5 滴,并在片子上注明雌雄),立即用口吹散,然后用镊子夹住载玻片的一端,立即放酒精灯火焰上过几遍(目的是经冷热处理使细胞膜和核膜破裂)。

14. 染色:将载玻片平放在搪瓷盘内架片装置上,自然干燥或用吹风机吹干,以 Giemsa

染液染色,根据染色效果,染色 6 ~ 10 min 后,用蒸馏水轻轻冲洗并晾干。

15. 镜检:先用低倍物镜找出分散好的分裂相视野,再换高倍物镜和油镜观察。应看到很多中期分裂相细胞,细胞质被染成蓝色,细胞核被染成淡紫色。

注意事项

1. 注意小鼠雌和雄的分辨:雌小鼠的生殖孔距离尿道口较近;雄小鼠的生殖孔距离尿道口较远。

2. 骨髓细胞滴片时高度的掌握很重要,可在 1 ~ 1.5 m 间进行预实验,我们实验用 1.5 m 较好。

3. 骨髓细胞滴片在酒精灯火焰上应多过几次,使胞膜和核膜充分胀裂,才能释放出染色体。

4. 如果只做小鼠骨髓染色体制备,可省略步骤(11)"再固定";如果继续做 C 带染色,必须"再固定"。

5. Giemsa 染色后,切勿先将染液倾去再冲洗,应在染液倾去前直接轻轻冲洗载玻片以免染液中细小颗粒附着于标本,影响观察。

实验报告

1. 找出你制备最好的几个分裂相视野,数出染色体条数。
2. 画出你所看到的一个中期分裂相的图像。
3. 总结制备成功或失败的经验。

思考题

1. 小鼠染色体形态上有什么特点? 共有多少条?
2. 微管特异性药物秋水仙素或秋水仙胺在本实验中的作用是什么?
3. 简述有丝分裂 4 个时期的主要特点。

二、染色体 C 带的制备

实验目的

学会小鼠骨髓染色体 C 带的制备。

实验原理

染色体的制备和显带是细胞学的一项重要技术,借助特殊的染料及染色程序,使染色体的一定部位呈现深浅不同的带纹,可用来鉴别染色体组、单个染色体以及深入认识染色体的结构与功能。染色体分带染色法有 Q 带、R 带、G 带、N 带、C 带等染色法。C 带是显带技术中最简单的一种带型,C 带为结构异染色质(constitutive heterochromatin)带的简称。C 带可使着丝粒区、端粒区的异染色质及其他染色体区段的异染色质部分呈深染,其他部分呈淡染。

C 带染色前制备的染色体需经老化,老化过程中异染色质部分由于包装比较紧密,暴露在空气中的部分比较少,被降解的 DNA 也较少,保留的 DNA 较多;而常染色质部分包装比较松散,被降解的 DNA 较多,保留的 DNA 较少。所以染色体暴露在空气中的老化过程,已造成染色体 DNA 的选择性降解。

在酸、碱、盐的处理过程中,酸处理可以使 DNA 分子脱嘌呤;碱处理可以使 DNA 变性及溶解;2×SSC 盐溶液的处理可使 DNA 骨架断裂并使断片溶解。由于异染色质包装比较紧密,特别是具有高度重复 DNA 序列的部分较少受到酸、碱、盐破坏,Giemsa 染色呈深染;而常染色质区的 DNA 序列易受到酸、碱、盐的破坏,所以 Giemsa 染色呈淡染。

C 带的优点是:准确性高,可使异染色质深染,可用以区别某些动物的雌雄,也是植物染色体分带的主要方法。

试剂与器材

1. 材料。

已制备好的小鼠(雌雄各半)骨髓染色体载玻片、染色缸、烧杯、镊子等。

2. 试剂。

盐酸(0.2 mol/L)、5% $Ba(OH)_2$(50 ℃预热)、2×SSC 溶液(60 ℃ ~65 ℃预热)、Giemsa 染液、2×SSC 溶液(制备:将 17.53NaCL 和 8.82 g 的柠檬酸钠溶于 1 000 mL 的蒸馏水中)。

3. 器材。

光学显微镜、冰箱、恒温水浴锅。

操作方法

1. 按上述小鼠骨髓染色体的制备步骤制备染色体滴片,注意滴片时多滴些细胞,且标明雌或雄。
2. 将老化 3 ~7 d 的染色体标本,在室温下用 0.2 mol/L 的盐酸处理 1 h。
3. 用蒸馏水轻轻冲洗 3 次。
4. 转入 50 ℃ 5% $Ba(OH)_2$ 溶液中温育 12 min 左右。
5. 立即用自来水冲洗 2 min,再用温蒸馏水冲洗 2 次,使 $Ba(OH)_2$ 被冲洗干净。
6. 将标本放入 60 ℃ ~65 ℃的 2×SSC 溶液中处理 1 h。
7. 用蒸馏水轻轻地冲洗载玻片,空气干燥。
8. 染色:用 Giemsa 染液染色 5 ~8 min。
9. 用自来水轻轻地冲洗,空气干燥或电吹风吹干。
10. 镜检:先用低倍物镜找出分散好、C 带反差好的分裂相视野,再换高倍物镜和油镜观察,应看到 C 带区为深染,非 C 带区为浅染。

注意事项

1. 因老化、酸、碱和盐处理过程中都要损失一些细胞,所以骨髓细胞滴片时要多滴一些细胞,各步清洗都要轻些,否则将冲掉很多细胞。

2. 必须严格控制老化的时间和温度,否则 C 带区和非 C 带区染色后的反差较小,分辨不清。本实验老化 7 d 的过程中,我们的经验是将骨髓细胞滴片先在 4 ℃冰箱中放置 4 d,再于室温(20 ℃左右)下放置 3 d,C 带染色效果较好。

3. Giemsa 染色的时间与周围温度和染料有关,可做预实验找出合适的染色时间。

实验报告

1. 在显微镜下找出染色和反差良好的 C 带后,分别画出雌性和雄性小鼠染色体的 C 带图像,并标明 Y 染色体。

2. 总结 C 带制备过程中的经验和需要改进之处。

思考题

1. 小鼠的 Y 染色体有何特征? 如何区别雌雄个体?

2. C 带制备中老化、酸、碱和盐各步处理的作用是什么?

实验 25 植物染色体标本的制备和观察

实验目的

掌握常规压片法和去壁低渗火焰干燥法制备植物染色体标本的基本原理和步骤。

实验原理

植物染色体标本的制备,常用分生组织,如根尖、茎尖和嫩叶作材料。常规压片法仍是当今观察植物染色体常用的方法,其步骤包括取材、预处理、固定、解离、染色和压片等。但压片法的不足之处是染色体很难分散开,容易变形和断裂。而去壁低渗火焰干燥法则能较好地克服这个弊端,方法也较简单,不需要特殊设备。它是借助纤维素酶和果胶酶将细胞间的果胶质和组成细胞壁的纤维素、半纤维素溶解掉,使植物细胞只有质膜,然后按哺乳类动物染色体标本制备的方法——去壁低渗火焰干燥法制备植物染色体标本。实验证明,这一技术可以显著提高染色体的分散程度,现已广泛应用于植物染色体显带、姊妹染色单体交换等研究,大大促进了植物细胞遗传学研究的发展。

试剂与器材

1. 材料。

蚕豆种子、洋葱鳞茎。

2. 试剂。

(1) Giemsa 母液:

Giemsa 粉,0.5 g;甘油(AR),33 mL;甲醇(AR),33 mL;

先将少量甘油加入研钵中,将 Giemsa 粉充分研细,再倒入剩余甘油,并在 56 ℃温箱中保温 2 h,然后再加入甲醇混匀,储存在棕色瓶内。

(2) 磷酸缓冲液、甲醇、冰醋酸、混合酶液、秋水仙素(或对二氯苯)。

(3) 改良苯酚品红染色液。

母液 A:称取 3 g 碱性品红,溶于 100 mL 70% 乙醇中(此液可于 4 ℃冰箱中长期保存)。

母液 B:取 A 液 10 mL,加入 90 mL 5% 苯酚水溶液(两周内使用)。

取 B 液 45 mL,加入 6 mL 冰醋酸和 6 mL 37% 甲醛。即得苯酚品红染色液。

取苯酚品红染色液 10 mL,加入 90 mL45% 的乙酸和 1. 8 g 山梨醇。放置两周后,染色效果较好。此液称为改良苯酚品红染色液。

3. 器材。

培养箱、显微镜、剪刀、镊子、刀片、培养皿、滤纸、吸水纸、青霉素瓶、染色缸、载玻片、盖玻片、玻璃板、酒精灯。

操作方法

(一) 压片法制备染色体标本

1. 取材。

把洋葱鳞茎置于盛水的小烧杯上,放在 25 ℃温箱中发根,待根长至 2 cm 左右,于上午 9 ~ 11 时剪下根尖。或者把蚕豆种子预先浸泡 6 h,然后转入垫有湿润滤纸的培养皿中,置 25 ℃温箱中发芽,幼根长至 1 ~ 2 cm,于上午 9 ~ 11 时剪下根尖。

2. 预处理。

将剪下的根尖置于对二氯苯饱和水溶液,或置于 0. 02% 秋水仙素溶液中,浸泡处理 4 h。

3. 固定。

用水洗净处理过的根尖,经甲醇 – 冰醋酸(3 : 1)固定 6 ~ 12 h,再经 95% 、85% 乙醇各半小时,最后转入 70% 乙醇中,4 ℃保存备用。

4. 解离。

取出根尖,用蒸馏水洗净,放入 1 mol/L HCl 中 60 ℃解离 8 ~ 10 min,再用蒸馏水洗净。

5. 染色。

用改良苯酚品红染色液染色 5 ~ 10 min。

6. 压片。

把根尖放在载玻片上,切取分生区部分,加一滴染液,用镊子捣碎,盖上盖玻片,然后在盖玻片上放上一张滤纸,用铅笔上的橡皮头轻轻敲打盖片,使细胞和染色体分散。

7. 镜检。

(二) 去壁低渗火焰干燥法制备植物染色体标本

1. 取材。

将蚕豆种子放在 25℃温箱中发芽,待根长到 1 ~ 2 cm 时使用。

2. 预处理。

根尖用 0. 05% 秋水仙素溶液处理 3 ~ 4 h。

3. 固定。

用水洗净处理过的根尖,经甲醇 – 冰醋酸(3 : 1)固定 4 h。

4. 酶解。

倒去固定液,用蒸馏水充分洗净,切取分生区放到青霉素小瓶中,用酶液(2.5%纤维素酶+2.5%果胶酶)在25 ℃下酶解2~4 h。

5. 低渗。

倒去酶液,用蒸馏水慢慢冲洗2次,然后在蒸馏水中浸泡30 min,低渗后可用下面两种方法制备染色体标本:

(1) 悬液法。

① 制备细胞悬液:倒去蒸馏水,用镊子将材料夹碎。

② 固定:向细胞液中加入2~3 mL新鲜固定液,吹打制成细胞悬液。

③ 去沉淀:静置片刻,使大块组织沉淀,然后吸取上层细胞悬液,去掉沉淀物。

④ 去上清液:将上层细胞悬液静置30 min左右,视细胞沉淀,用吸管轻轻吸去上清液,留约1 mL左右细胞悬液制备标本。

⑤ 制备标本:取一片预先在蒸馏水中冰冻的清洁载玻片,用滴管滴2~3滴细胞悬液于其上,立即将一端抬起,并轻轻吹气,促使细胞分散,然后在酒精灯上微微加热烤干。

⑥ 染色:干燥的片子用20∶1(pH值为7.2的1/15 mol/L磷酸缓冲液:Giemsa原液)染色30 min,然后蒸馏水洗,空气干燥。

⑦ 镜检。

(2) 涂片法。

① 固定:倒去蒸馏水,将低渗过的材料用3∶1固定液固定30 min以上。

② 涂片:将材料放在预先在蒸馏水中冰冻的清洁载玻片上,加一滴固定液,迅速用镊子将材料捣碎,边捣边加固定液,并去掉大块残渣。

③ 火焰干燥。

④ 染色(与悬液法相同):用蒸馏水洗,空气干燥。

⑤ 镜检。

注意事项

预处理的浓度和时间以及酶解、低渗的时间直接影响染色体标本制备的质量。

实验报告

根据实验结果完成实验报告。

实验26 保护性胶显影剂和硝酸银染核仁组织区的一步染色法

实验目的

1. 了解核仁组织区被银染的原理。

2. 掌握保护性胶显影剂和硝酸银染核仁组织区一步染色法的操作步骤。

实验原理

核仁组织区(nucleolus organizer region,NOR)位于染色体的次缢痕部位,对于人染色体,是位于第13、14、15、21和22号5对染色体上。染色体NOR是rRNA基因所在部位(5SrRNA除外)。

对于动物和植物细胞染色体的核仁组织区,已经发展出了多种银染的方法,很多科学工作者对硝酸银染核仁组织区的方法进行了研究。实验表明:用DNA酶和RNA酶处理都不影响核仁组织区的银染色,但用蛋白酶处理则影响银染色,所以被银染的物质不是DNA或RNA,而是蛋白质。现已证明,主要的银染蛋白有2种:C_{23}蛋白(核仁素,nucleolin)和B_{23}蛋白(核基质素,numatrix)。C_{23}和B_{23}都是酸性蛋白,银染时酸性蛋白的羧基与银离子作用,但很不稳定,易被还原形成黑色的银颗粒。

C_{23}蛋白和B_{23}蛋白在细胞周期的间期和有丝分裂期的分布和含量不同。在间期,这两种蛋白主要分布在核仁部位,所以在本实验中,可观察到间期细胞中核仁部位有黑色的银粒。而进入有丝分裂期,特别是有丝分裂中期核仁完全解体后,C_{23}蛋白将主要分布在染色体的核仁组织区,这时可观察到染色体NOR有黑色银粒存在,故取名为硝酸银染NOR(这时期B_{23}蛋白分布变化较大)。

过去所用的银染方法,由于显影太快,背景的银粒很多,而且显影时间不易控制。本实验采用保护性胶显影剂和硝酸银染核仁组织区的一步染色法,其中保护性胶显影剂指的是2%白明胶显影剂,一步染色指的是银染时白明胶和硝酸银共同加入。使用保护性胶显影剂的目的是降低银离子的还原速度,使得非银染区的银离子在短时间内不发生还原作用,从而可降低实验结果的本底,增加实验的可靠性。这种银染方法简单省时,易于控制,效果好。

试剂与器材

1. 材料。

HeLa细胞(或小鼠腹水细胞或染色体制备)、直径35 mm的培养皿、切掉一角的长方小盖片(便于区别细胞的正反面)、吸管、载玻片、盖玻片、培养皿、染色缸、滤纸、1 mL注射器。

2. 试剂。

DMEM培养基、白明胶、硝酸银、甲酸、甲醇、去离子水。

(1) 2%白明胶显影液:100 mL无离子水、2 g明胶、1 mL甲酸。

(2) 50% $AgNO_3$溶液:8 mL无离子水、4 g硝酸银。

3. 器材。

70℃恒温水浴锅、光学显微镜、CO_2培养箱、超净台、倒置显微镜等。

操作方法

1. 用培养的动物细胞如HeLa细胞作样品。

(1) HeLa细胞生长在含有DMEM培养基的培养皿中的盖玻片上,在37 ℃,5% CO_2培养箱中培养。

(2) 当细胞密度达到70% ~80%时,说明细胞处于对数生长期,增殖旺盛,弃去原培养基,稍干后固定。

(3) 固定:将细胞盖玻片置于甲醇中固定10 min,然后取出晾干。

(4)染色:在一块载玻片上滴1 ~2 滴2%白明胶显影剂,再滴2 ~4 滴50% $AgNO_3$ 溶液混匀,用小镊子轻轻夹住细胞盖玻片,迅速将细胞盖玻片扣于滴加了白明胶和硝酸银的载玻片上,注意细胞面要朝着染色液,用滤纸轻轻吸干周边多余的染液。

(5) 快速将制片置于70 ℃水浴中保温数分钟(最快的情况2 min),混合液由黄色变成棕色时,立即用流动的去离子水轻轻地洗去细胞盖玻片上的染色液,用滤纸轻轻吸掉周边多余的水分,自然干燥或用吹风机吹干。

(6)镜检:将细胞盖玻片置于一块洁净的载玻片上,细胞面朝上,先用低倍镜找到好的视野,再换用高倍镜观察细胞和银染颗粒,应看到细胞核是棕黄色的,核仁(银染颗粒)是黑色的。

2. 用小鼠腹水细胞作样品。

(1) 用1 mL 注射器取小鼠腹水细胞少许,滴1 滴于载玻片上,制成细胞涂片。

(2) 固定:将细胞涂片置于甲醇中固定10 min,然后取出晾干。

(3) 染色:向细胞涂片滴1 ~2 滴2%白明胶显影剂,再滴2 ~4 滴50% $AgNO_3$ 溶液混匀,迅速加盖盖玻片,用滤纸吸干周边多余的染液。

(4) 快速将制片置于70℃水浴中保温数分钟(最快的情况2 min),混合染液由黄色变成棕色时,立即用流动的去离子水轻轻地洗去染色液,用滤纸吸掉周边水分后晾干。

(5) 镜检:先用低倍镜找到好的视野,再换用高倍镜观察细胞和银染颗粒,应看到细胞核是棕黄色的,核仁(银染颗粒)是黑色的。

注意事项

1. 要求制备样品新鲜。
2. 要求载玻片清洁,无尘、无细菌、无细胞碎片,否则本底会有银粒。
3. 对于小鼠腹水细胞涂片,应控制细胞数量,使细胞均匀分散,不要重叠。
4. 70 ℃水浴保温时以及染色时,棕色染液很易污染水浴和周围环境,要做好器皿、滤纸等的准备工作,及时清洗,防止污染。

实验报告

找出几个好的视野,画出几个有典型形态的带有银粒的细胞,并标明染的颜色。根据细胞形态和银粒分布,判断细胞是在间期还是有丝分裂各期,为什么?

思考题

1. 银染的主要细胞化学成分是什么?在细胞间期和有丝分裂期它们主要分布在何处?
2. 何为保护性胶显影剂和硝酸银染核仁组织区的一步染色法,该方法的优点是什么?

Ⅵ 细胞工程

实验 27 早熟染色体凝集的诱导和观察

实验目的

1. 了解早熟染色体凝集的诱导原理和成熟促进因子(MPF)的作用。

2. 掌握间期细胞三个不同时相的早熟凝集染色体的形态特点,进一步理解细胞周期中染色质周期变化规律。

实验原理

早熟染色体凝集(premature chromosome condensation,PCC)是近 20 年来在细胞融合和染色体技术的基础上发展起来的一种技术。在间期细胞中,遗传物质是以染色质形式存在的,看不到分裂期(M 期)才出现的染色体。当把间期细胞与 M 期细胞融合后,在 M 期细胞内含有的促进染色质凝集的物质——有丝分裂因子(mitotic factor),现称成熟促进因子(maturation promoting factor,MPF)的诱导下,间期细胞染色质提前凝集成染色体。这种由 M 期细胞诱导间期细胞产生的染色体称为早熟凝集染色体,或称 PC 染色体。PCC 的形态学反映了间期细胞融合时所处的细胞周期的位置。利用 PCC 技术可以在光镜下直接观察间期细胞中染色质结构的动态变化,可以用于细胞周期的分析、环境中各种理化因子对靶细胞间期染色体损伤效应的研究、白血病病人化疗效果及预后的检测,以及制备高分辨染色体带谱等。

由于 M 期细胞中含有 MPF,因此,当 M 期细胞与间期细胞融合后,这种因子可以诱导间期细胞核膜破裂,使染色质凝集成染色体。M 期细胞与不同时相的间期细胞融合后,将诱导产生三种不同形态特点的 PCC,即:在 G_1 期尚未进行 DNA 复制,染色质逐渐由凝集向去凝集发展,为 DNA 的合成做准备,所以 G_1 期的 PCC 均为单股线状染色体,只是逐渐由粗变细;而 S 期细胞由于正处在 DNA 复制阶段,大量的复制单位启动,复制不同步,所以表现为正在复制的地方染色质高度解螺旋,在光镜下看不到,看到的是还没有进行复制或复制后又重新凝集的部分,故 S 期 PCC 在光镜下呈粉末状或粉碎颗粒状;G_2 期 PCC 因 DNA 复制已经完成,故呈现类似中期染色体的形态,为双股染色体,但两条单体多并在一起,周缘光滑而较细长。

试剂与器材

1. 材料。

CHO 或 Hela 细胞。

2. 试剂。

50% PEG 溶液(相对分子质量 1 000)、Hanks 液、RPMI - 1640 培养液或 Eagle 培养液(含 10% 小牛血清和不含小牛血清两种)、10 μg/mL 秋水仙素溶液、0. 25% 胰蛋白酶溶液、0. 075

mol/L 氯化钾溶液、低渗液、甲醇 - 冰醋酸(3 : 1)固定液、Giemsa 染液(pH 值为 6.8,经 PBS 稀释)。

3. 器材。

超净工作台、恒温箱、离心机、天平、显微镜、吸管、移液管、10 mL 离心管、载玻片、盖玻片、酒精灯、试管架、染色盘。

操作方法

1. 周期细胞的准备。

将细胞接种于大培养瓶中,在细胞对数生长期加入终浓度为 0.05 μg/mL 的秋水仙素溶液,继续培养 4 ~ 6 h,使分裂阻断于分裂中期,细胞变成球形。轻轻倾去培养液,加入 5 mL Hanks 液,平行反复振摇培养瓶,使液体冲刷细胞层,或用吸管在瓶内吸取 Hanks 液反复吹打细胞表层。由于 M 期细胞呈球形,与瓶壁的接触面积小,很容易脱落悬浮。将细胞悬液移入离心管中,计数备用。

2. 间期细胞的准备。

取另一瓶处于对数生长期的细胞,也可采用收集过 M 期细胞后的贴壁细胞,用 0.25% 胰蛋白酶溶液消化 2 ~ 3 min,弃去消化液,加入 5 mL Hanks 液,用吸管吹打成细胞悬液,计数备用。

3. 细胞融合。

(1) 将 M 期和间期细胞按 1 : 1(约各为 10^6 个)混合于离心管中,以 800 r/min(约 200 g 离心力,下同)的速度离心 5 ~ 8 min,弃去上清液。用 Hanks 液洗涤离心 1 ~ 2 次,弃去上清液,离心管倒置在滤纸上吸尽残液。

(2) 用手指轻弹离心管底壁使细胞团分散,然后在 37℃ 水浴中逐滴加入 0.5 ~ 1 mL 制备好的 50% PEG 溶液,边加边轻轻振荡,整个过程在 60 ~ 90 s 内完成,迅速加入 10 倍体积无血清 RPMI-1640 培养液稀释,以中止 PEG 溶液的作用。在 37 ℃ 水浴中静置 4 ~ 5 min,然后离心,去上清液,再用无血清 RPMI - 1640 液洗涤,离心 1 次,充分去除 PEG。

(3) 倾去上清液后,加入 2 mL 含小牛血清的 RPMI - 1640 培养液,再加入 1 滴 10 μg/mL 秋水仙素溶液轻轻吹打,使细胞均匀悬浮,37 ℃ 温育 20 ~ 60 min。

4. 制片。

细胞温育后离心(800 r/min,6 min),弃去上清液,用手指轻弹离心管,使细胞分散,加入 10 mL 0.075 mol/L KCl 低渗液,37 ℃ 静置 15 min 左右,滴入新配制的甲醇 - 冰醋酸(3 : 1)固定液数滴(预固定),离心(800 r/min,6 min),弃去上清液。指弹离心管使细胞分散后加入 7 mL 甲醇 - 冰醋酸(3 : 1)固定液,静置固定 20 min,离心,弃去上清液。再加少量固定液,轻轻吹打制成细胞悬液,按常规染色体制片法制片,干燥后用 Giemsa 染液染色 12 min,用水冲洗,晾干。

实验结果

在低倍镜下可见片中有未融合的单个间期细胞、融合的双核或多核间期细胞、未融合的

M 期细胞(具有典型中期染色体)以及 M 期和间期或随机融合而诱导产生的不同形态的 PCC 细胞。根据图 4-27-1 所描述的各期 PCC 的特征,在油镜下寻找 M 期与不同时相的间期细胞融合诱导产生的各期 PCC。

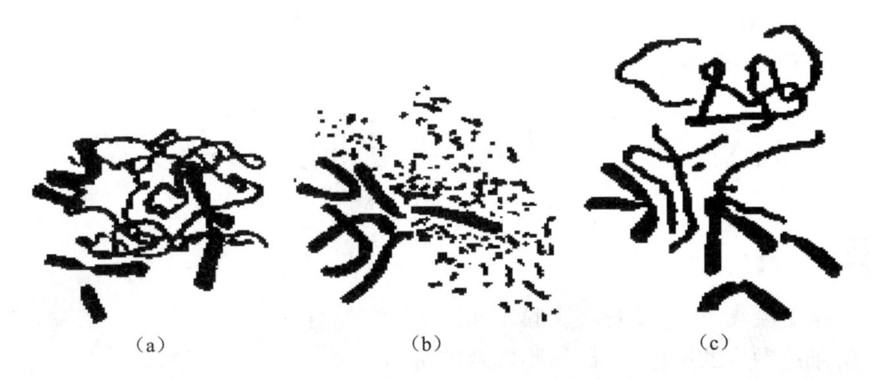

图 4-27-1 分裂期细胞与间期细胞融合诱导的 PCC

(a)$M \times G_1$;(b)$M \times S$;(c)$M \times G_2$

1. G_1 期 PCC。

此期因 DNA 尚未复制,染色体由单条染色单体组成。随着染色体解螺旋,染色体逐渐变长、纤细化。

早 G_1 期:为扭曲状的单股粗线状染色体,较短。

晚 G_1 期:为细长而着色浅的单股染色体,整个染色体部分呈线团状。

2. S 期 PCC。

此期正在进行 DNA 复制,染色体高度解螺旋,DNA 以多点进行复制,故复制区在光镜下不可见。尚未解螺旋复制或复制后又凝集的染色质在光镜下以染色体片段的形式存在,染色较深,故呈粉末状或粉碎颗粒状。

早 S 期:为染色浅的粉末状,其中散落着一些染色深的成双的染色体片段。

晚 S 期:染色深的双线染色体片段增多和延长。

3. G_2 期 PCC。

此期 DNA 复制已完成,形成的每条染色体由两条单体组成,随着不断地螺旋化,逐渐增粗、变短。

早 G_2 期:为较细长的双线染色体。

晚 G_2 期:为较粗短的双线染色体,但仍比中期染色体细长,边缘光滑。

以上现象反映了间期的染色质与分裂期的染色体是同一物质在细胞周期的不同阶段的两种表现形式。它们在结构上是连续的、动态变化着的。染色质由 G_1 期单线状结构,经 S 期复制进入 G_2 期形成双线状结构,到 M 期高度螺旋化凝集成典型的染色体,再平均分配到两个子细胞中去,进入到下一个周期中解螺旋又成为 G_1 期单线结构。

实验报告

1. 绘制观察到的 G_1、S、G_2 期 PCC 图像各一个。

2. 根据对 PCC 的观察,试说明细胞增殖周期中染色质周期的变化规律。

思考题

1. S 期 PCC 为何呈现粉末状?
2. G_1 期 PCC 染色体变化很大,解释其原因。

实验 28　细胞凝集与细胞融合实验

实验目的

1. 观察细胞凝集反应,了解细胞膜表面的生物学特性。
2. 了解细胞融合的原理,掌握细胞融合的基本方法。
3. 学习细胞融合及其应用的有关知识。

实验原理

细胞膜是双层脂镶嵌蛋白质结构,脂和蛋白又能与糖分子结合为细胞表面的分枝状糖被,目前认为细胞间的联系、细胞的生长和分化、免疫反应和肿瘤发生都和细胞表面的分枝状糖分子有关。

凝集素(lectin)是一类含糖(少数例外)并能与糖专一结合的蛋白质,它具有凝集细胞和刺激细胞分裂的作用,凝集素能使细胞凝集是由于它与细胞表面的糖分子结合,在细胞间形成"桥"的结果,加入与凝集素互补的糖则可以抑制细胞的凝集。

细胞融合是指两个或两个以上的细胞合并成为一个细胞的过程。在自然情况下,体内和体外培养的细胞均能发生自发融合现象。人工方法诱导细胞融合开始于 20 世纪 50 年代,现在这项技术已成为研究细胞遗传、细胞免疫、肿瘤及细胞工程的重要手段。

在诱导物(如仙台病毒、聚乙二醇(PEG)和电融合)作用下,细胞首先发生凝集,随后在质膜接触处发生质膜成分的一系列变化,主要是某些化学键的断裂与重排,最后打通两质膜,形成双核或多核细胞(此时称为同核体或异核体)。通过有丝分裂,细胞核便发生融合,形成杂种细胞。

试剂与器材

1. 材料。

土豆块茎、兔静脉血、新鲜鸡红细胞、HeLa 细胞、无菌注射器(1 mL,5 mL)、6 号针头、刻度离心管、试管、载玻片、盖玻片。

2. 试剂。

(1) PBS 缓冲液:称取 NaCl 7.2 g、Na_2HPO_4 1.48 g、KH_2PO_4 0.43 g,定容至 1 000 mL,pH 调至 7.2。

(2) 50% 聚乙二醇:称取一定量的 PEG4000 放入刻度试管,在酒精灯火焰或沸水中加热熔化。待冷却至50 ℃时,加入等体积并预热至50 ℃的GKN液混匀。

(3) Alsver液:葡萄糖2.05 g、柠檬酸钠0.8 g、KCl 0.42 g,加重蒸水至100 mL.

(4) GKN液:NaCl 8 g、KCl 0.4 g、$Na_2HPO_4 \cdot 2H_2O$ 1.77 g、$NaH_2PO_4 \cdot 2H_2O$ 0.69 g、葡萄糖2 g、酚红0.01 g,溶于1 000 mL重蒸水中。

(5) 生理盐水:0.85% NaCl液。

(6) Hanks液、甲醇、Giemsa染液、碘酒、75%酒精。

3. 器材。

光学显微镜、倒置显微镜、离心机、离心管、天平、载玻片、37 ℃恒温水浴锅、CO_2培养箱、超净台等。

操作方法

(一) 细胞凝集与红细胞融合实验

1. 细胞凝集反应。

(1) 称取去皮土豆块茎2 g,加10 mL PBS缓冲液浸泡2 h,浸出的粗提液中含有可溶性土豆凝集素。

(2) 无菌抽取兔子静脉血(加抗凝剂),然后用生理盐水洗5次,每次以2 000 r/min的速度离心5 min并收集沉淀,最后根据沉淀体积用生理盐水配成2%红细胞悬液。

(3) 用滴管吸取土豆凝集素和2%红细胞悬液各1滴,滴于载玻片上,充分混匀,然后静置20 min,于低倍显微镜下观察细胞凝集现象。

(4) PBS加2%红细胞悬液作对照。

2. 细胞融合。

(1) 用注射器取2 mL Alsver液,再从翼下静脉取鸡血2 mL,注入试管内,然后加6 mL Alsver液,混匀后置4 ℃冰箱中备用。

(2) 实验时取"(1)"液1 mL于离心管中,加入4 mL 0.85% NaCl溶液,混匀平衡后以1 200 r/min的速度离心5 min。

(3) 去上清液,再重复"(2)"两次,最后一次离心10 min。

(4) 在沉降血球中加入2 mL GKN液,使之成为10%的悬液。

(5) 取"(4)"液1滴,用血球计数板计数,加GKN液稀释至每立方毫米含红细胞3万~4万个。

(6) 取"(5)"液1 mL,加入0.5 mL 50% PEG溶液,迅速混匀,常温下2~3 min滴片,镜检。

实验结果

观察时注意不同程度的融合现象,通常分为五个阶段:

① 两细胞膜接触,粘连;

② 细胞膜形成穿孔;

③ 两细胞的细胞质连通;

④ 通道扩大,两细胞连成一体;

⑤ 细胞完全合并,形成一个含有两个或多个核的圆形细胞。

实验报告

用简图表示血球融合原理。

(二) HeLa 细胞与鸡红细胞的融合实验

操作方法

1. 在鸡翼下取新鲜静脉血,用 0.85% 生理盐水以 1 500 r/min 的速度离心 5 min,洗涤 2 次,用 Hanks 液调节鸡红细胞浓度为 10^7 个/mL,取 5 mL 备用。

2. 在超净台操作:用胰蛋白酶消化处于对数生长期的 HeLa 细胞,以 1 500 r/min 的速度离心 5 min,弃上清液,用 Hanks 液调节 HeLa 细胞浓度为 10^6 个/mL,取 5 mL 备用。

3. 制备 50% PEG(体积分数),置于 37 ℃水浴中备用。

4. 取上述鸡红细胞悬液及 HeLa 细胞悬液各 5 mL,混合 2 种亲本细胞后,取出混合液 0.2 mL,用 Hanks 液稀释 5 倍,作对照。

5. 取出对照后,将其余混合液以 1 500 r/min 的速度离心 5 min,小心弃去上清液,余下 0.1 mL 液体,用指弹法将细胞团块弹散。

6. 逐滴加入在 37 ℃下预热的 50% PEG 溶液 0.5 mL,在 90 s 内连续滴完,边加边轻轻摇动混匀,待 PEG 全部加入后静置 70 s。此全部过程都要求在 37 ℃水浴内进行。

7. 缓慢滴加 9 mL Hanks 液以终止 PEG 的作用,在 37 ℃水浴中静置 5 min。

8. 以 1 500 r/min 的速度离心 5 min,弃上清液后,余下 0.1 mL 液体,用指弹法将细胞团块弹散,加入适量 Hanks 液,调节细胞浓度。

9. 取融合后的细胞悬液和对照细胞悬液各滴 3 张片,制成涂片,迅速干燥。将细胞涂片置于甲醇中固定 10 min,取出后晾干,Giemsa 染液进行染色、水洗、干燥,待镜检。

10. 也可将融合后的细胞悬液和对照细胞悬液分别滴于载玻片上,加盖盖玻片后,在相差显微镜下直接进行观察。

11. 镜检:先用低倍镜找到好的视野,再换用高倍镜观察细胞的融合现象。

实验报告

1. 先观察对照组,从形态上识别 2 种亲本细胞并观察其中有无融合细胞;再观察实验组,找出融合后的多核细胞、双核细胞,并区分同种融合与异种融合细胞。

2. 画出你所观察到的实验组和对照组中典型的各类细胞形态。

3. 总结实验过程中的经验或不足。

注意事项

1. 由于该实验是将 2 种活细胞的膜进行融合,所以要严格控制 37 ℃水浴保温的条件。

2. 该实验的时间条件非常严格,特别是向细胞悬液中滴加 PEG 的时间和加入后的静置

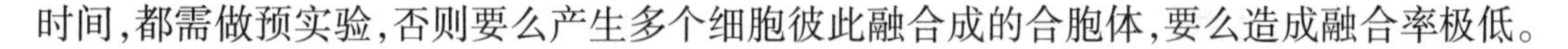
时间，都需做预实验，否则要么产生多个细胞彼此融合成的合胞体，要么造成融合率极低。

思考题

1. 简述细胞融合的几种方法。
2. 简述细胞融合的应用。
3. 做动物细胞 PEG 融合实验时，应注意哪些问题？
4. 解释名词：细胞融合、同核体、异核体、杂种细胞。

实验 29　单克隆抗体的制备

实验目的

1. 学习单克隆抗体制备的基本原理，掌握单克隆抗体制备的基本方法。
2. 了解单克隆抗体筛选与检测的意义。
3. 了解杂交瘤细胞冻存与复苏的意义。

实验原理

单克隆抗体技术（monoclonal antibody technique）于 1975 年由英国科学家 Milstein 和 Kohler 发明，并获得了 1984 年诺贝尔医学奖。1984 德国人 G. J. F. Kohler、阿根廷人 C. Milstein 和丹麦科学家 N. K. Jerne 由于发展了单克隆抗体技术，完善了极微量蛋白质的检测技术而分享了诺贝尔生理医学奖。单克隆抗体技术是将产生抗体的单个 B 淋巴细胞同肿瘤细胞杂交，获得既能产生抗体，又能无限增殖的杂种细胞，并以此生产抗体的技术。其原理是：B 淋巴细胞能够产生抗体，但在体外不能进行无限分裂；而瘤细胞虽然可以在体外进行无限传代，但不能产生抗体。将这两种细胞融合后得到的杂交瘤细胞具有两种亲本细胞的特性。免疫反应是人类对疾病具有抵抗力的重要原因。当动物体受抗原刺激后可产生抗体。抗体的特异性取决于抗原分子的决定簇，各种抗原分子具有很多抗原决定簇，因此，免疫动物所产生的抗体实为多种抗体的混合物。用这种传统方法制备抗体效率低、产量有限，且动物抗体注入人体可产生严重的过敏反应。此外，要把这些不同的抗体分开也极困难。而近年来，单克隆抗体技术的出现，给免疫学领域带来了重大突破。

要制备单克隆抗体需先获得能合成专一性抗体的单克隆 B 淋巴细胞，但这种 B 淋巴细胞不能在体外生长。而实验发现骨髓瘤细胞可在体外生长繁殖，应用细胞杂交技术使骨髓瘤细胞与免疫的淋巴细胞合二为一，得到杂种的骨髓瘤细胞。这种杂种细胞继承了两种亲代细胞的特性，既具有 B 淋巴细胞合成专一抗体的特性，也具有骨髓瘤细胞能在体外培养增殖永存的特性，用这种来源于单个融合细胞培养增殖的细胞群，可制备一种抗原决定簇的特异单克隆抗体。1975 年，Kohler 和 Milstein 运用这种技术，获得了抗绵羊红细胞的单克隆抗体，而经过 30 多年的发展，抗体技术经历了鼠源性单克隆抗体、嵌合体单克隆抗体、人源化和全人源化 4 个阶段。

单克隆抗体的特点：一是特异性，针对特定的单一抗原表位，它具有高度的特异性，抗肿瘤抗体药物的研究表明，其特异性主要表现为特异性结合、选择性杀伤靶细胞、体内靶向性分布以及具有更强的疗效。二是多样性，主要表现在靶抗原的多样性、抗体结构的多样性、作用机制的多样性等方面。三是定向性，抗体药物可以定向制造，即根据需要制备具有不同治疗作用的抗体药物。基于这些特点，我们可以将其制成“生物导弹”，运送药物至病害部位，主要是针对癌细胞，从而达到治疗效果。

实验内容

单克隆抗体（简称单抗）制备一般包括：小鼠免疫、饲养细胞的制备、细胞融合、筛选分泌抗体的杂交瘤细胞（ELISA法）、杂交瘤细胞的克隆化培养、杂交瘤细胞的冻存与复苏及单克隆抗体的大量制备。

（一）小鼠免疫

小鼠免疫是单抗制备的关键一环，质控小鼠免疫是制备优质单抗的唯一保证。好的免疫效果：血清效价达一万以上，脾脏粘连且大小是正常鼠的两倍以上。

操作方法

1. 小鼠的选择。

选择与所用骨髓瘤细胞同源的Balb/c健康雌性小鼠，鼠龄在8～12周。为避免小鼠反应不佳或免疫过程中死亡，可同时免疫3～4只小鼠。

2. 免疫原。

免疫原的纯度一般不重要。但有时免疫原纯度也会造成很大影响，若杂质存在，将使免疫反应减弱，或造成筛选方法不能区分对特意性成分反应的抗体及对杂质反应的抗体，以及有些抗原的免疫原性十分强，即便痕迹量的存在，也会影响对所识别抗原的免疫反应。上述诸情况下使用纯化抗原会更有利。

3. 常用的免疫方案。

（1）可溶性抗原。

初次免疫：50～100 μg蛋白抗原加等体积弗氏完全佐剂乳化到滴水不化，即可做小鼠背部皮下多点注射，每只小鼠注射体积500 μL，四周后进行第二次免疫。

第二次免疫：50～100 μg（25～50 μg，为初免剂量一半）蛋白抗原（与初免等量），加等体积弗氏不完全佐剂乳化到滴水不化，即可做小鼠背部皮下多点注射，注射体积为500 μL/只，两周后采小鼠尾静脉血离心，取血清测效价（用ELISA方法检测），对效价达一万以上的小鼠融合前三天取抗原25 μg（50～100 μg，与初免剂量相同）加强免疫，采取尾静脉注射，注射体积为200 μL/只、300 μL/只，对效价在一万以下的小鼠继续第三次免疫。

第三次免疫：50 μg蛋白抗原加等体积弗氏不完全佐剂乳化到滴水不化，即可做小鼠腹腔注射，注射体积为500 μL/只，小鼠融合前三天取抗原25 μg加强免疫，注射体积为200 μL/只。

（2）颗粒性（细胞）抗原。

可用 $5\times10^{6}\sim2\times10^{7}$ 个细胞与完全佐剂混合，做皮下或腹腔注射，2～3 周后重复一次，但佐剂改为不完全佐剂，再待 2～3 周后用同样剂量细胞或半量细胞静脉注射，3～4 d 天后取脾融合。

为挑选免疫反应较好的动物进行融合，第二次免疫后 10 d 左右应从尾部取血，检查抗体滴度。另外，还可以采取脾内注射法和体外培养法。

（二）饲养细胞的制备

体外培养细胞时，一般单个或极少数分散状态细胞是不能存活的（或生长不良），必须加入一定量的其他细胞，达到一定的密度才能生长得好，加入的细胞称为饲养细胞。用细胞融合术建立杂交瘤细胞时，饲养细胞的加入是不可缺少的，常用的有正常小鼠腹腔巨噬细胞、脾细胞、胸腺细胞，也有人用经过照射或丝裂霉素处理的纤维母细胞，如 3T3 或 Putler 等。

试剂与器材

1. 材料。

Balb/c 或昆明种健康小鼠（雌雄均可）1 只，6～10 周龄，体重 18～22 g，每只小鼠可取得 $3\sim5\times10^{6}$ 的滋养细胞，可供铺 6 块板用，应在融合或克隆前 1～2 d 制备。

2. 试剂。

RPMI－1640 完全培养液，HAT 培养液或 HT 培养液。

3. 器材。

离心机一台、血细胞计数板、无菌塑料离心管、96 孔细胞培养板。小鼠解剖台板或平皿，无菌眼科剪刀、镊子各数把，大镊子一个，止血钳两个。一次性 5 mL 注射器 2 套。

操作方法

1. 将 Balb/c 小鼠拉颈脱臼处死，浸泡于 75% 酒精 5 min，随即放入超净工作台内，腹部朝上放于平皿内或固定于解剖板上。

2. 用眼科镊子夹起小鼠腹部皮肤，用剪刀剪一小口，注意切勿剪破腹膜，以免腹腔液外流。然后用剪刀向上下两侧做钝性分离，充分暴露腹膜。用酒精棉球擦拭腹膜消毒。

3. 用注射器吸取 5 mL RPMI－1640 基础培养液，注入小鼠腹腔，注射器停留不动，晃动小鼠或反复抽吸几次。用原注射器抽回腹腔内液体，注入离心管。如此反复操作 3～4 次。

4. 以 1 000 r/min 的速度离心 10 min，弃上清液。

5. 用 20～50 mL 完全培养液重悬细胞，以 100 μL/孔滴加到培养板，置培养箱备用。

6. 观察饲养细胞的生长状态，一般生长良好的饲养细胞和巨噬细胞呈梭形或多角形，细胞透亮、折光性强。

实验报告

认真观察并描述饲养细胞的形态。

思考题

1. 在进行骨髓瘤细胞培养时，有哪些注意事项？

2. 饲养细胞有哪些种类？饲养细胞有什么作用？

3. 制备饲养细胞时有什么注意事项？

(三) 细胞融合

细胞融合是人工定向制造新细胞品系的重要手段,也是制造单克隆细胞系的关键技术。在保证良好的亲本细胞、稳定和良好的培养体系的条件下,细胞融合的成败和融合率取决于融合剂和操作技巧。细胞融合的助融剂和助融手段主要有三种:

生物学方法:用仙台病毒或鸡新城疫病毒作助融剂。

物理学方法:用电融合仪发出的脉冲电流使相邻的两细胞穿孔而融合。

化学方法:用聚乙二醇或血卵磷脂作助融剂。

试剂与器材

1. 材料。

眼科镊子、剪刀数把、固定板、37 ℃温水、酒精灯、离心管架、离心管、离心机、5 ~ 10 mL 吸管、1 mL 吸管、滴管、计数池、平皿数个。

2. 试剂。

50% PEG W = 3000, PEG3000 1 g、RPMI - 1640 1 mL、基础培养液(RPMI - 1640)、1 640 完全培养液、HT 培养液(终浓度:H 为 1×10^{-4}M, T 为 1.6×10^{-5}M)、HAT 培养液(终浓度 A 为 4×10^{-7}M)、细胞冻存液、73% 醋酸溶液。

操作方法

1. 脾细胞制备。

取加强免疫小鼠一只,眼眶采血后脱臼处死,在 75% 酒精中消毒后取脾脏,去除结缔组织,制备脾细胞悬液,转移到 50 mL 离心管中,加 RPMI - 1640 至 30 mL,以 1 500 ~ 2 000 r/min 的速度离心 5 min,弃上清液,再加 RPMI - 1640 至 30 mL,用白细胞稀释液稀释 20 倍,计数,取 1×10^{8} 个细胞待用。

2. 骨髓瘤细胞制备。

取 3 瓶生长状态良好的(活细胞数 > 95%)骨髓瘤细胞,将之完全吹下,转移到 50 mL 离心管中,加 RPMI - 1640 至 30 mL,以 1 500 ~ 2 000 r/min 的速度离心 5 min,弃上清液,再加 RPMI - 1640 至 30 mL,用 RPMI - 1640 稀释 10 倍,计数,取 2×10^{7} 个细胞待用。

3. 细胞混合。

采用脾细胞 : 骨髓瘤 = 5 : 1 的比例混合,以 1 500 ~ 2 000 r/min 的速度离心 5 min。注意:由于细胞融合是个随机过程,母细胞比例不一会影响融合产物:或是两种母细胞融合而成的杂交细胞,或是一种细胞自身融合的产物。多数实验者采用骨髓瘤细胞 : 脾细胞 = 1 : 5,也有人采取其他比例,如骨髓瘤细胞 : 脾细胞 = 1 : 5,甚至是 1 : 1。减少脾细胞用量的目的是降低脾细胞自身融合的概率。

4. 细胞融合。

将离心上清液倒干,把沉淀细胞块弹成糊状,置于 37 ℃水浴,在 1 min 内加入 1 mL 融合剂，并搅拌细胞，37 ℃水浴放置 45 s。

在 1 min 内加入 1 mL 1640 并搅拌细胞	终止融合剂的融合作用，以 500 r/min 的速度离心 7 min，弃上清液。
2 min 内加入 5 mL 1640 并搅拌细胞	
2 min 内加入 10 mL 1640 并搅拌细胞	
2 min 内加入 10 mL 1640 并搅拌细胞	

5. 细胞培养。

轻轻将细胞弹匀，缓缓加入 HAT 培养液至所需体积，将细胞重悬，轻轻地将之混匀，加到预先准备好的饲养细胞板中。10 mL 吸管滴加 1 滴（配 8 mL/板），排枪滴加 80 ~ 100 μL（配 10 mL/板），37 ℃，CO_2 培养箱培养、观察。

6. 细胞培养、换液。

细胞融合后第一天开始，对细胞进行仔细观察，记录细胞的生长状态、每孔杂交细胞瘤个数、块数、培养液有无污染、饲养细胞的状况。培养 3 ~ 5 d 就把 HAT 培养液换液一次，10 d 后换 HT 培养液培养至 20 d，然后换 1 640 完全培养液。

HAT 选择培养液的作用：

在细胞融合时，可以出现：脾细胞与骨髓瘤细胞的融合，脾细胞之间的融合，骨髓瘤之间融合，此外还有大量的未融合细胞。如何除去大量未融合及自身融合的细胞呢？下面简介 HAT 液作用。

谷氨酰胺（Glutamine），尿核苷单磷酸都是正常细胞及肿瘤细胞用来合成 DNA 的重要成分（主要途径），但是这条途径可以被氨基喋呤（Aminopterin）切断。另外还有一条应急途径，即细胞内的 HGPRT（次黄嘌呤 – 鸟嘌呤 – 磷酸核糖转化酶）和 TK（胸腺嘧啶激酶），利用 H · T 合成 DNA。

骨髓瘤细胞株是经过 8 – 偶氮鸟嘌呤筛选出来的，不含 HGPRT，因此不能借用应急途径合成 DNA，只能靠主要途径合成 DNA。骨髓瘤细胞在 HAT 液中，因缺少 HGPRT 和 TK，不能利用 H · T 合成 DNA，主要途径又被氨基喋呤阻断，因此细胞死亡。免疫鼠脾细胞，虽含有 HGPRT 但不适应体外培养，一般 10 d 左右自然灭亡。杂交细胞，在融合时脾细胞的 HGPRT 被带入，通过应急途径利用 H · T 合成 DNA，并继承骨髓瘤细胞体外繁殖的特性，所以能存活。

一般融合后常用含 20% 胎牛血清培养液，通过筛选，亚克隆选出有关杂交细胞后，则可换成含 10% 胎牛血清培养液。对已确定的杂交瘤株，则可换成含 5% 胎牛血清的培养液培养。

实验报告

绘制简图并描述融合细胞。

思考题

1. 什么是细胞融合？

2. 在加入 PEG 时有哪些注意事项？为什么？

3. 在进行细胞融合时 PEG 的分子量、使用浓度及作用时间一般为多少？

（四）筛选分泌抗体的杂交瘤细胞

融合后当杂交细胞集落生长到一定大小时，培养液开始变黄，便可开始筛选抗体活性。许多方法都可以用来筛选，但应注意到筛选单克隆抗体时的一些特点。首先，培养上清液中的抗体含量低于高效抗血清的抗体含量。其次，与普通抗血清不同，单克隆抗体不能多价地识别抗原。所以用来筛选单克隆抗体的方法应照顾到单克隆抗体的特点，而且要准确、迅速和方便。此外应根据所需要抗体的特点，选择不同方法。一般常用的有：免疫荧光、放射免疫（RIA）、组织化学法和酶联免疫分析（ELISA）法等。最常用的方法是 ELISA 法。

在收集上清液时，应在上次换液后 3 ~4 d 进行，以便抗体积累。上清液可不经稀释或 1：5 ~1：10 稀释后再测抗体活性，用稀释抗体进行筛选时可以筛掉弱阳性的抗体，也可以去掉因高本底所产生的假阳性抗体。融合后第一次筛选出的阳性克隆可能因阴性克隆或其他阳性克隆的过度生长而丢失，故应尽早亚克隆。第一次筛选后也可能没筛选到阳性抗体，这可能由于分泌阳性抗体的细胞为数尚少，应重复测定活性 2 ~3 次。

现将 ELISA 法检测杂交瘤细胞抗体的方法介绍如下。

试剂与器材

磷酸盐缓冲液（PBS）（10 × 浓缩）、封闭液、洗涤缓冲液、底物显色 A 液、底物显色 B 液、终止液（2 mol/L H_2SO_4）、抗原包被液（0.1 mol/L 碳酸盐缓冲液）pH 值为 9.6、辣根过氧化物酶标记的羊抗小鼠 IgG。

操作方法

1. 抗原包被。

纯抗原浓度一般为 1 ~2 μg/mL，用包被液稀释后取 100 μL 加入聚苯乙烯酶联检测板各孔中，4 ℃过夜后，洗液洗涤 3 次。建议 4 ℃包被过夜。

2. 封闭。

每孔加 200 μL 或加满封闭液，4 ℃过夜或 37 ℃ 2 h 后，洗涤 3 次，拍干。置于 4 ℃冰箱保存备用。

3. ELISA 检测。

（1）加待测样品：检测融合板时，无菌条件下取细胞上清液，按 50 ~100 μL/孔加样到包被好的酶标板中，同时，每板分别选取无细胞生长的两孔为阴性对照，另选取无细胞生长的两孔加入阳性血清作为阳性对照；检测血清或腹水效价时，对血清或腹水做倍比稀释，100 μL/孔，以正常小鼠血清为阴性对照，37 ℃孵育 30 min，洗涤 3 次，拍干。

（2）加二抗：根据酶标二抗的效价选择稀释倍数，100 μL/孔，37 ℃孵育 30 min，洗涤 3 次，拍干。

（3）显色：加入 A、B 液各 80 μL/孔，37 ℃显色 15 min。

（4）终止：加入终止液 80 μL/孔。

（5）读数：以 450 nm 单波长测定各孔 OD 值，以与阴性对照孔 OD 值的比值（P/N）大于 2.1 为限，作为判断为阳性或确定效价的临界点。

实验报告

描述实验结果并完成实验报告。

思考题

1. 怎样对融合后的杂交瘤进行筛选？
2. 通过倒置显微镜观察，融合后不同时期杂交瘤的细胞有何特点？

（五）杂交瘤细胞的克隆化培养

经检测的杂交细胞虽然分泌抗体，但它可能是一个杂交细胞，也可能是多个杂交细胞的后代所分泌的抗体，因此必须进行克隆化培养，以获得一个既有克隆原性又分泌抗体的杂交瘤细胞株。融合早期的杂交细胞很不稳定，易丧失分泌抗体能力，因此应尽早克隆化培养（细胞生长约占孔底面积的 1/4 ~ 1/3）。通常经过 2 ~ 3 次克隆化培养杂交细胞即可稳定下来。为防止杂交细胞变异或被污染等情况，在克隆化培养的同时要冻结保存以防失种。

操作方法

克隆化培养常用如下三种方法：

1. 杂交细胞直接接种法。

将阳性杂交细胞团从培养板孔内吸出，放入装有 0.5 ~ 1.0 mL 无血清培养液的小皿内，分散细胞后，用毛细吸管吸取单个细胞，接入有饲养细胞的培养板孔内，37 ℃ CO_2 温箱培养（操作均在洁净台内的倒置显微镜下进行）。

2. 半固体琼脂培养法。

将阳性孔杂交细胞分散计数制成细胞悬液，与琼脂及完全培养液适当量混合接种在培养皿里，37 ℃ CO_2 孵箱培养，约 5 ~ 7 d 长成细胞集落，用枪头吸取，分散成悬液，再接种至 96 孔板内培养。

3. 有限稀释法。

此法简便适用，广为采纳。

（1）准备一块有饲养细胞生长的 96 孔板（2.5×10^4 个细胞/0.1 mL/孔）。

（2）将阳性孔杂交细胞计数，制成细胞悬液。

（3）把 96 孔板分为 4 组，每组 24 孔，将细胞悬液按倍比法稀释成 4 组溶液，即每组每毫升含 100、50、25、12.5 个细胞，以 0.1 mL/孔加板培养。

（4）约 10 d 左右选择单克隆孔，检测抗体，如呈阳性，则再克隆，直至 100% 孔分泌抗体。此时选择抗体阳性强、细胞生长好的克隆，进行扩大培养，然后建系、保存。

实验报告

绘制简图并描述实验结果。

（六）杂交瘤细胞的冻存与复苏

试剂与器材

细胞冻存液。

操作方法

1. 细胞的冻存——液体氮保存。

（1）冷冻管高压灭菌备用。

（2）冻存细胞必须生长良好，活细胞大于90%，以2000 r/min的速度离心5 min，吸去上清液。

（3）用冷冻液配制成（0.2～1）×10^7个/mL的细胞悬液，分装冷冻管。

（4）依次放于冰箱冷冻室2～3 h→－20 ℃冰柜4～6 h→气相氮→液体氮。

2. 细胞的复苏。

从液体氮里取出冷冻管，速放入40 ℃水浴内，不断摇动以加速溶化，加适量培养液离心，洗除冷冻液，加入瓶中培养。

实验报告

绘制简图并描述实验结果。

思考题

简述杂交瘤细胞的冻存与复苏的意义。

（七）单克隆抗体的大量制备（腹水制备）

操作方法

1. 老鼠致敏。

液体石蜡致敏Balb/c小鼠，6～8周，注射体积为500 μL/只。10 d后可制备腹水。

2. 注射细胞。

收集杂交瘤细胞并用1640或PBS洗细胞两遍，取100万～150万细胞注射于老鼠腹腔，一周后可见老鼠状态不活跃并且腹腔肿大。

3. 腹水采集。

注射细胞一周后用无菌注射器于老鼠腹腔采集腹水，每隔1～2 d采集一次，这样多次反复采集，直到老鼠自然死亡。将采集到的腹水分装归类，最后于－70 ℃冰箱保存。

实验报告

描述实验结果并完成实验报告。

思考题

1. 腹水法生产单克隆抗体时，为什么要对小鼠进行预处理？

2. 利用小鼠制备单克隆抗体有何优缺点？

Ⅶ　其他技术

实验30　细胞凋亡的测定

一、凋亡细胞在普通光镜下的形态观察

实验原理

细胞发生凋亡时，其形态会发生一系列变化，经相应的染色后，在普通光镜下即可观察到这些变化，如核染色质固缩、边集，染色较深，或核破裂，甚至出现凋亡小体等。苏木精易溶于乙醇、甘油及热水中，本身与组织亲和力小，不能成为染液，只有加入复盐和氧化剂方能成为染液，此时苏木精被氧化为苏木红，且与铝离子结合形成一种蓝色、带正电荷的碱性染料，可与细胞核中的脱氧核糖核酸根（带负电荷）结合完成染色。伊红 Y 是一种红色酸性染料，一般配成0.5% ~1%的溶液。在苏木精染色后，经伊红复染、95%乙醇分色。姬姆萨是一种复合染料，含天青Ⅱ和伊红，适于血涂片、体外培养细胞等的染色。

试剂与器材

1. 材料。

HeLa 细胞（或别的细胞）、VP－16 储存液 100 mmol/L（－20 ℃贮存）。

2. 试剂。

（1）0.02% EDTA、75%乙醇、80%乙醇、95%乙醇、无水乙醇、75%乙醇－0.5%盐酸、二甲苯、中性树脂、甲醇、冰醋酸、PBS（pH 值为6.8）。

（2）100 mmol/L VP－16 储存液用 DMSO 配制，分装后－20 ℃贮存。

（3）苏木精染液：将1 g 苏木精放入1 000 mL 蒸馏水中溶解，然后加入钾明矾50 g，碘酸钠0.2 g，搅拌至全溶。加入水合氯醛50 g，枸橼酸1 g，加热至沸腾5 min。冷却后过滤，次日即可应用。

（4）伊红 Y 染液（1%伊红）：将1 g 伊红溶入100 mL 蒸馏水即可。

（5）姬姆萨原液：将0.8 g 姬姆萨溶入50 mL 甲醇中，在乳钵中充分研磨，溶解后再加入甘油50 mL，混合均匀，置于37 ℃ ~40 ℃温箱中8 ~12 h，用棕色玻璃瓶密封保存备用。

3. 器材。

普通显微镜、相差倒置显微镜、超净台、CO_2 孵箱、细胞涂片离心机、染缸、10 mL 吸管、吸管橡皮球、计数板、100 μL 微量移液器、吸头、载玻片（预先经多聚赖氨酸或其他贴片剂处理）、盖玻片。

操作方法

1. 制备细胞爬片和细胞涂片。

（1）调整细胞密度约为 1×10^5 个/mL，接种于含盖玻片的培养瓶中，放入 CO_2 孵箱培养，待细胞在盖玻片上基本长至70%～80%融合时，加入VP－16（对照组加入DMSO）至终浓度500 mol/L，继续培养8～11 h后取出盖玻片，用PBS轻轻漂洗3次；将盖玻片浸入95%乙醇固定15 min；PBS洗 2×1 min，然后染色。

（2）培养细胞，VP－16诱导凋亡同上；用0.02% EDTA消化，使细胞脱壁，制成单细胞悬液；将细胞悬液移至离心管，离心（1 000 r/min）5 min，弃上清液，用PBS洗1～2次后调整细胞数至 $(1\sim5)\times10^4$ 个/mL；取100 μL，用细胞涂片离心机（1 000 r/min、1～2 min）制成细胞涂片，95%乙醇固定15 min后染色。

2. 浸入苏木精染液3～5 min后用自来水洗1 min。

3. 浸入分化液30 s（提插数次），然后用蒸馏水浸泡5～15 min。

4. 浸入伊红染液2 min。

5. 脱水、透明。自低至高分别浸入75%乙醇、80%乙醇、95%乙醇、无水乙醇（Ⅰ）、无水乙醇（Ⅱ）、二甲苯（Ⅰ）和二甲苯（Ⅱ）各1 min。

6. 中性树脂封片。

7. 普通显微镜观察。

注意事项

1. 二甲苯有毒，所以相关操作应戴手套等防护具，在化学通风橱进行。

2. 制备细胞涂片过程中，应注意将在消化前已脱壁的细胞收集在内。

3. 在姬姆萨染色的第二步一定要充分晾干，否则将影响染色结果。

实验结果

1. HE染色标本细胞核呈蓝色，细胞质呈红色。凋亡细胞的核染色质固缩、边集，染色较深，或核破裂；晚期凋亡细胞可见凋亡小体形成。

2. 姬姆萨染色的标本细胞核呈红紫色，细胞质呈蓝色。凋亡细胞的形态同上。

实验报告

根据实验结果完成实验报告。

二、凋亡细胞在荧光显微镜下的形态观察

实验原理

细胞凋亡时，其核染色质的DNA出现缺口甚至断裂，致使染色质凝聚、边缘化，甚至呈现DNA碎片；细胞膜失去完整性，并逐渐形成凋亡小体等。利用与DNA结合的荧光染料染

色后,在荧光显微镜下即可观察到上述变化。

Hoechst 33258 为与 A－T 结合的特异性 DNA 染料,对活细胞和固定细胞均能染色。吖啶橙(acridine orange,AO)能同时与 DNA 和 RNA 结合,对活细胞和死细胞均能染色。溴化乙锭(ethidium bromise,EB)插入双链核酸,对失去膜完整性的细胞染色,使其在荧光显微镜下呈现红色。

试剂与器材

1. 材料。

HeLa 细胞(或别的细胞)、VP－16 100 mmol/L(－20 ℃储存)。

2. 试剂。

0.02% EDTA、Hoechst 33258 染液(1 mg/mL 水溶液)、PBS、蒸馏水、100 μg/mL AO 染色液、100 μg/mL EB 染色液。

(1) 100 mmol/L VP－16 储存液用 DMSO 配制,分装后－20 ℃储存。

(2) Hoechst33258 染液:用蒸馏水配制成 1 mg/mL 的 Hoechst 33258 溶液,4 ℃保存。

(3) AO 染色液用 PBS 配制成 100 μg/mL(pH 值为 4.8～6.0)。

(4) EB 染色液用 PBS 配制成 100 μg/mL。

3. 器材。

荧光显微镜、CO_2 孵箱、离心机、超净台、相差倒置显微镜、细胞计数板、吸管橡皮球、10 mL 吸管、10 mL 离心管、滴管橡皮头、滴管、10～100 μL 的微量移液器及其吸头、0.5～2 μL 的微量移液器及其吸头、载玻片(预先经多聚赖氨酸或其他贴片剂处理)、盖玻片。

操作方法

1. Hoechst 33258 染色。

(1) 培养细胞,诱导凋亡(方法同前)。

(2) 收集细胞先用滴管轻轻吹打,收集已脱落的细胞至离心管。加入适量的 0.02% EDTA(3～4 mL)消化未脱壁细胞并收集至上述离心管。以 1 000 r/min 的速度离心 5 min,弃上清液(悬浮细胞直接收集)。

(3) PBS(37 ℃)漂洗悬浮细胞。

(4) 用 95% 乙醇(4 ℃)固定 15 min 后离心(500～1 000 r/min)5 min,弃上清液。

(5) 用蒸馏水漂洗,离心(500～1 000 r/min)5 min,弃上清液。

(6) 调整细胞密度至$(0.5\sim2.0)\times10^6$ 个/mL。

(7) 取 100 μL Hela 细胞悬液,加入 Hoechst 33258 染液染色 10 min。

(8) 将染色的悬浮细胞涂于载玻片,加盖玻片。

(9) 荧光显微镜下观察。选用 UV 激发滤片和 400～500 nm 阻断滤片。

2. AO－EB 染色。

(1)～(6) 步骤同 Hoechst 染色。

(7) 取 25 μL 悬浮细胞滴于载玻片上,加入 1 μL AO/EB(1∶1)染液,轻微混合。

（8）直接用盖玻片封片。

（9）在装有荧光滤光片的荧光显微镜下观察。

注意事项

1. Hoechst 33258 染液应 4 ℃避光保存。

2. EB 为强诱变剂，有中度毒性。操作时应戴手套。EB 污染物及废弃液应单独存放。

实验结果

1. Hoechst 33258 染色细胞核呈蓝色。凋亡细胞的核染色质凝聚且边缘化，或玻珠化，并可呈现 DNA 荧光碎片。

2. AO - EB 染色非凋亡细胞呈均匀的绿色。凋亡早期细胞的核中有鲜绿色的斑点；晚期凋亡细胞核呈红色，核染色质凝聚并常常裂解。

实验报告

根据实验结果完成实验报告。

三、凋亡细胞的电镜下形态观察

实验原理

凋亡细胞除染色质发生变化外，其亚细胞结构也出现相应的变化，如：核破裂，形成电子密度增强的膜包体；细胞膜芽生出泡，凋亡小体形成等。这些变化在分辨率较高的电子显微镜下能很好地显示。

电子显微镜使用电子束来对样品成像，将分辨率自光镜的 0.2 m 提高到约 0.2 nm，可为细胞死亡类型提供最确切的证据。电子束与样品中的原子相互作用可产生弹性散射和非弹性散射，弹性散射和非弹性散射联合作用产生了最终的图像。用铅、铀和锇等重金属对生物样品的特定区域进行染色，可以增加该区域的弹性散射，加强图像的对比度。此外，透射电子显微镜样品的固定、脱水及切片厚度均与光镜不同。

试剂与器材

1. 材料。

已诱导凋亡的细胞、胶囊、塑料棒芯、琼脂糖。

2. 试剂。

（1）0.02% EDTA、4% 多聚甲醛 - 0.1 mol/L 磷酸缓冲液、PBS、30% 乙醇、50% 乙醇、70% 乙醇、80% 乙醇、90% 乙醇、无水乙醇、乙醇 - 树脂（1∶1）、树脂、乙酸铀 - 柠檬酸铅、蒸馏水。

（2）2% 锇酸：将盛有 2 g 锇酸的玻璃管放入一个干净的磨口瓶内，用力振碎玻璃管，倒入 100 mL 双蒸水，振荡后放置 1 ~ 2 d。

(3) 1% 锇酸：2% 锇酸 25 mL、乙酸巴比妥钠缓冲液 10 mL、任氏（Ringer's）液 3.4 mL、0.1 mol/L 盐酸 11 mL，双蒸水定容至 50 mL。

3. 器材。

透射电镜、超薄切片机、恒温烤箱、离心机、500 mL 染缸、微波炉、500 mL 三角瓶、10 mL 的锥形离心管、吸管橡皮球、10 mL 吸管。

操作方法

1. 制备琼脂：用蒸馏水将琼脂配成 20 g/L 溶液，加热溶解。灌入一个 10 mL 的锥形离心管，其中央竖放一下端尖细的棒芯，凝固后抽出棒芯，备用。

2. 收集细胞将悬浮细胞或消化的贴壁细胞放入离心管，离心（1 000 r/min）5 min，弃上清液。

3. 用 PBS(4 ℃)漂洗、然后取 5 mL PBS 悬浮细胞并将其加入琼脂离心管，离心(2 000 r/min) 15 min，弃上清液。

4. 加入适量的 4% 多聚甲醛，固定 15 min 后取出离心管中的琼脂块，用刀修出含细胞团的琼脂块（可放入含 4% 多聚甲醛的小瓶，在 4 ℃下长期保存）。

5. PBS（4 ℃）洗 3×5 min。

6. 1% 锇酸（4 ℃）固定 30 min。

7. 蒸馏水（4 ℃）洗 3×5 min。

8. 脱水：分别在 30% 乙醇、50% 乙醇、70% 乙醇、80% 乙醇、90% 乙醇、无水乙醇（Ⅰ）、无水乙醇（Ⅱ）中脱水各 2 min。

9. 浸透用乙醇：树脂（1∶1）浸透 60 min 后换 100% 的树脂，洗 2×60 min。

10. 包埋：将胶囊或包埋板放置于 60 ℃恒温烤箱，2 h 预热，然后将包埋剂灌入胶囊或包埋板，放置标签，将组织块移至上述胶囊的中央，静置，使其自然沉降至胶囊的底部，放入 60 ℃恒温烤箱中 48 h。

11. 切片。

12. 乙酸铀－柠檬酸铅染色。

13. TEM（透射电子显微镜）下观察。

注意事项

多聚甲醛、二甲胂酸钠、锇酸吸入、摄入或经皮肤吸收均对人体有害，进行相关操作时应戴手套及防护镜，并在化学通风橱进行。

实验结果

早期凋亡细胞的核染色质边集于核膜周边呈新月形。随着凋亡进展，可观察到核固缩、电子密度增加，核形不规整；进而核破裂，形成电子密度增强的膜包体；细胞体积变小，胞浆浓缩且气泡化；细胞器完好或轻度增生，线粒体轻度肿胀且数目稍有增加；细胞膜的形态完整，可出现芽生出泡现象。晚期凋亡细胞可见凋亡小体。

实验报告

根据实验结果完成实验报告。

四、凋亡细胞的琼脂糖凝胶电泳检测—DNA 梯状条带(DNA ladder)

实验原理

凋亡出现时,细胞内源性的核酸内切酶被激活,将染色质 DNA 自核小体间降解,形成相差 180 ~ 200 bp 的大小不等的寡核苷酸片段。提取凋亡组织或细胞的 DNA,经琼脂糖凝胶电泳,分离不同长度的 DNA 片段,再经 EB 染色,置于 UV 灯下观察,可见特征性的梯状带(ladder)。

试剂与器材

1. 材料。

HeLa 细胞(或别的细胞)、VP - 16 100 mmol/L(- 20 ℃储存)、蛋白酶 K(20 mg/mL)、RNA 酶(10 mg/mL)、琼脂糖。

2. 试剂。

(1) 0.02% EDTA、PBS、酚 - 氯仿 - 异戊醇(25 ∶ 24 ∶ 1)、3 mol/L 乙酸钠(pH 值为 5.2)、无水乙醇、70% 乙醇、TE 缓冲液、EB(10 mg/mL)、6 倍体积上样缓冲液。

(2) 裂解液:NaCl(100 mmol/L,pH 值为 8.0)、Tris—Cl(10 mmol/L)、EDTA(25 mmol/L,pH 值为 8.0)、SDS(5 g/L)。

(3) 电泳缓冲液(50 倍体积 TAE):Tris 碱 242 g、冰醋酸 57.1 mL、0.5 mol/L EDTA(pH 值为 8.0)100 mL,用蒸馏水定容至 1 000 mL。

3. 器材。

水浴箱、微波炉、离心机、电泳仪、电泳槽、紫外灯、500 mL 的三角瓶、1.5 mL Eppendorf 管、微量移液器、移液器吸头、10 mL 吸管、吸管橡皮球。

操作方法

(1) 将 5×10^6 个已诱导凋亡的细胞收集至 1.5 mL Eppendorf 管中,以 1 000 r/min 的速度离心 5 min,弃上清液。

(2) 冷 PBS(4 ℃)重悬细胞,以 1 000 r/min 的速度离心,弃上清液。

(3) 加入 497.51 μL 裂解液、2.5 μL 蛋白酶 K、重悬细胞。56 ℃水浴 3 h(或 37 ℃过夜),期间轻摇几次。

(4) 加入等体积的酚 - 氯仿 - 异戊醇(500 μL),轻摇 5 min,以 12 000 r/min 的速度离心 5 min,将水相移至一支新的 1.5 mL Eppendorf 管中。重复抽提 1 次。

(5) 加入 1/10 倍体积的乙酸钠(3 mol/L)和 2.5 倍体积的无水乙醇,上下颠倒、混匀,冰浴 10 ~ 15 min。以 12 000 r/min 的速度离心 10 min 沉淀 DNA,弃上清液。

(6) 70% 乙醇洗涤,晾干或真空抽干。

(7) 加入 TE 缓冲液 30 ~ 50 μL、RNA 酶 5 μL。

(8) 取 10 μL 上述液体,加 2 μL 上样缓冲液上样于含 EB 电泳(电压≤5 V/cm)。紫外灯下观察结果。

注意事项

1. 苯酚有强腐蚀性,能引起烧伤。

2. 氯仿有致癌作用,对皮肤、眼睛、黏膜和呼吸道有刺激性。所以酚 - 氯仿 - 异戊醇的相关的操作应戴手套、穿白大衣,在化学通风橱内操作。其废弃物应有专门的容器收集。

3. EB 为强诱变剂,有中度毒性。操作时应戴手套。EB 污染物及废弃液应单独存放。

实验结果

DNA 经琼脂糖凝胶电泳后出现梯状条带,可以判定细胞或组织出现凋亡。梯状条带是细胞凋亡较晚期的事件,而且只有当凋亡细胞在总的细胞中达到一定的比率时才能出现。

实验报告

根据实验结果完成实验报告。

五、凋亡细胞的原位末端标记法检测

实验原理

在凋亡早期,激活的细胞内源性的核酸内切酶,作用于染色质核小体间的 DNA,使其产生缺口,甚至断裂。TdT 能催化 DNA 链的 3′ - OH 端加脱氧核糖核苷酸的聚合反应。将地高辛配基偶联于 dUTP(Dig - dUTP),在 TdT 的催化下 Dig - dUTP 的地高辛配基偶和核苷酸基加合到 DNA 缺口处或断端形成的 3′ - OH 上,同时释放出焦磷酸(PPI)。使用辣根过氧化物酶标记的地高辛抗体,通过抗原—抗体反应与地高辛配基结合,3′,3 - 二氨基联苯胺(DAB)显色,即可在普通光学显微镜下观察到染色质 DNA 存在缺口或断裂的细胞。

试剂与器材

1. 材料。

HeLa 细胞(或其他细胞)、VP - 16 100 mmol/L(- 20 ℃贮存)、蛋白酶 K、末端脱氧核糖核酸转移酶(TdT,4U/μL)、地高辛配基偶联的 dUTP(Dig - dUTP,40 ~ 80 μmol/L)。

2. 试剂。

(1) 0.02% EDTA、PBS、4% 多聚甲醛 - 0.1 mol/L PBS(pH = 7.4)、3% H_2O_2(避光保存)、孵育液、5 × TdT 反应缓冲液、DAB—H_2O_2 显色液、Parafilm 膜、双蒸水、苏木精染液、75% 乙醇、80% 乙醇、95% 乙醇、无水乙醇、二甲苯、中性树脂。

(2) 蛋白酶 K 20 μg/mL[10 mmol/L Tris—HCl(pH = 8.0)配制]。

（3）孵育液：100 mmol/L 二甲胂酸钾（pH = 7.2）、2 mmol/L $CoCl_2$、0.2 mmol/L DTT、150 mmol/L NaCl、0.05% BSA。

（4）5 × TdT 反应缓冲液：500 mmol/L 二甲胂酸钾（pH = 7.2）、10 mmol/L $CoCl_2$、1 mmol/L DTT。

（5）10 × DAB - H_2O_2 显色液 0.1 mol/L Tris—HCl（pH = 7.6），0.4% DAB，-20 ℃避光保存，用前稀释 10 倍并加入 H_2O_2。

3. 器材。

普通显微镜、湿盒、微量移液器及其吸头、盖玻片。

操作方法

1. 样品处理：玻片预先用多聚赖氨酸或 APES 进行处理。制备细胞涂片，用 4% 多聚甲醛 - 0.1 mol/L PBS（pH = 7.4）室温固定 1 h。
2. PBS 洗 3 次，每次 5 min。
3. 3% H_2O_2 室温处理 10 min，封闭内源过氧化物酶活性。PBS 洗 2 次，每次 3 min。
4. 蛋白酶 K 室温处理 10 ~ 60 s（石蜡切片需消化 10 min），PBS 洗 3 次，每次 3 min。
5. 加 30 μL 孵育液，Parafilm 膜覆盖，室温孵育 10 min。取下 Parafilm 膜，用纸巾吸去水。
6. 4 μL 5 × TdT 反应缓冲液 + 1 μL TdT + 1 μL Dig - dUTP + 14 μL 双蒸水，混匀后滴加在标本上，Parafilm 膜覆盖，37 ℃孵育 1 ~ 2 h。取下 Parafilm 膜，PBS 洗 3 次，每次 2 min。
7. 加 20 ~ 50 μL 5U/mL 的辣根过氧化物酶偶联的地高辛抗体，Parafilm 膜覆盖，37 ℃孵育 30 min。取下 Parafilm 膜，PBS 洗 3 次，每次 2 min。
8. 0.04% 的 DAB 显色 5 ~ 10 min，镜下控制时间。用过量的水清洗。
9. 苏木精（或甲基绿）轻度复染 30 s ~ 3 min。用过量的水清洗。
10. 常规脱水、透明、封片。在普通显微镜下观察。

注意事项

多聚甲醛、DAB 致癌，应戴手套，在通风橱中操作，废弃物和废液应单独存放。

实验结果

凋亡细胞的细胞核中出现棕黄色或棕褐色颗粒，细胞核的形状不规整，大小不一。正常细胞的细胞核在苏木精复染后呈蓝色，核相对较大，形态、大小较为一致。

实验报告

根据实验结果完成实验报告。

六、凋亡细胞的流式细胞法检测

实验原理

DNA 特异染料（PI）可以进入细胞膜失去完整性的死亡细胞和固定后的正常细胞及凋

亡早期细胞。经染色后每一细胞结合的 PI 与其 DNA 含量成正比，而细胞受激发后发射的荧光强度与结合 PI 的量成正比。利用此特点，流式细胞仪可将处于不同细胞周期的细胞分开。凋亡细胞的染色质凝聚，DNA 被裂解，在制备样品过程中，小分子的 DNA 片段扩散，加之凝聚的染色质排斥染色，致使凋亡细胞的可染性降低，在直方图的 G0/G1 期峰前出现亚二倍体区。

试剂与器材

1. 材料。

HeLa 细胞（或其他细胞）、VP－16 100 mmol/L（－20 ℃储存）、PI 染液（100 mg/L 的 PI，1.0% 的 Triton X－100，0.9 g/L 的 NaCl。4 ℃保存）、RNase（100 mg/mL）、400 目的筛网。

2. 试剂。

Triton X－100、0.02% EDTA、PBS（pH＝7.2）、无水乙醇（冰箱保存）。

3. 器材。

流式细胞仪、10 mL 离心管、微量移液器及其吸头。

实验操作

1. 培养细胞，诱导凋亡过程同前。
2. 收集细胞。
3. 冷 PBS 洗 2 次后制成 2×10^{6} 个/mL 的细胞悬液。
4. 加入冷无水乙醇（乙醇：细胞悬液＝7：3），4 ℃固定 12 h 以上。
5. 冷 PBS 洗 2 次。
6. 用 500 μL PBS 重新悬浮细胞，加入 RNaseA（终浓度为 0.1 mg/mL）。
7. 400 目尼龙网过滤。
8. 加 PI 800 μL ℃保持 30 min。
9. 流式细胞仪分析。

注意事项

PI 吸入、摄入或经皮肤吸收均对人体有害，应戴手套、穿白大衣在化学通风橱内进行相应的操作。

实验结果

检验样品前，通过调整流式细胞仪的域值，排除细胞碎片。细胞碎片前散射光（FSC）、侧散色光（SSC）和 FL2 都很低；凋亡细胞的 SSC 高，FL2 中等。凋亡细胞在直方图的亚二倍体区。从散点图上可看出，与正常细胞相比，凋亡细胞的前散射光（FSC）降低，侧散色光（SSC）可高可低，依细胞类型而定。

实验报告

根据实验结果完成实验报告。

七、磷脂酰丝氨酸外化的流式细胞术分析

实验原理

磷脂酰丝氨酸(PS)分子通常只存在于细胞膜的内侧,在凋亡早期,细胞膜中 PS 分子自脂质双分子层的内层翻转至外层,形成 PS 外化。膜联蛋白 V(annexin V)是一种分子质量为 35 ~ 36 kDa 的 Ca^{2+} 依赖性磷脂结合蛋白,对 PS 高度亲和,可通过外化的 PS 结合到凋亡细胞表面。共轭有荧光染料异硫氰酸荧光素(FITC)的膜联蛋白 V(annexin V - FITC)同样保留了对 PS 的高度亲和,可以用作探针,对凋亡细胞进行流式细胞术分析。由于 PS 外化同样存在于失去膜完整性的凋亡晚期细胞和坏死细胞,所以在对凋亡细胞进行时,同时应用只对失去膜完整性的细胞染色的活体染料,如碘化丙啶(PI),以区分早期凋亡细胞和凋亡晚期细胞及坏死细胞。细胞发生凋亡时,膜上的 PS 外露早于 DNA 断裂发生,因此膜联蛋白 V 联合 PI 染色法检测早期细胞凋亡较 TUNEL 法更为灵敏。又因为膜联蛋白 V 联合 PI 染色不需固定细胞,可避免 PI 染色因固定造成的细胞碎片过多及 TUNEL 法因固定出现的 DNA 片断丢失。因此,膜联蛋白 V 联合 PI 法更加省时,结果更为可靠,是目前最为理想的检测细胞凋亡的方法。

试剂与器材

1. 材料。

HeLa 细胞(或其他细胞)、VP - 16 100 mmol/L(-20 ℃储存)、PI。

2. 试剂。

结合缓冲液(0. 1 mol/L HEPES - NaOH, pH = 7. 4;1. 4 mmol/L NaCl;25 mmol/L $CaCl_2$(使用前稀释为 1 ×)、0. 02% EDTA、PBS、膜联蛋白 V - FITC、10 × 结合缓冲液, PI 50 mg/mL(用 pH = 7. 4 的 PBS 配制,4 ℃保存)。

3. 器材。

流式细胞仪、10 mL 离心管、微量移液器及其吸头、5 mL 玻璃管、400 目的筛网。

操作方法

1. 培养细胞,诱导凋亡过程同前。

2. 收集细胞悬。浮细胞直接收集;贴壁细胞先用滴管轻轻吹打,收集已脱落的细胞至离心管,加入适量的 0. 02% EDTA(3 ~4 mL)以消化未脱壁细胞,并收集至上述离心管,以 1 000 r/min 的速度离心 5 min,弃上清液。

3. 冷 PBS 洗细胞 2 次。

4. 400 目的筛网过滤 1 次。

5. 1 × 结合缓冲液悬浮细胞,并调整细胞数至 1×10^6 个/mL。

6. 取 100 μL 细胞悬液至一个 5 mL 玻璃管。

7. 加入 5 μL 膜联蛋白 V - FITC 和 10 μL PI[对照 1:省略步骤(4);对照 2:只加膜联蛋

白 V－FITC；对照 3：只加 PI］。

8. 轻轻混匀，室温下避光孵育 15 min。

9. 加入 400 μL 11 × 结合缓冲液，即刻用流式细胞仪进行分析（亦可用荧光显微镜观察）。

注意事项

PI 吸入、摄入或经皮肤吸收均对人体有害。应戴手套、穿白大衣在化学通风橱内进行相应的操作。

实验结果

膜联蛋白 V 阳性，PI 阴性者为凋亡细胞；膜联蛋白 V 阳性，PI 阳性者或是坏死细胞，或是凋亡晚期细胞；膜联蛋白 V 阴性，PI 阴性者为正常细胞。

在散点图中，左下象限显示活细胞（FITC－/PI－）；右下象限显示凋亡细胞（FITC＋/PI－）；右上象限为坏死细胞（FITC＋/pI＋）。

实验报告

根据实验结果完成实验报告。

实验 31　荧光标记技术

荧光标记技术是自 Coons 等（1941）创立了荧光抗体技术后发展起来的，其方法是将荧光色素及其衍生物用生化技术标记在免疫球蛋白分子上，使其与标本中相应的抗原反应，在荧光显微镜下，用一波长较短的激发光（如紫外线）激发，观察标本所产生的荧光。由于这种技术有测定很低浓度的能力，因此它为组织和细胞化学中研究生物大分子，特别是一些底物特异性不强或尚没有底物可以显示的蛋白质、酶、激素受体蛋白及核酸等在组织内分布、细胞内定位及其转移等，提供了特异、灵敏而又直观的方法。

实验目的

了解荧光标记技术的基本原理，掌握其操作方法。

实验原理

荧光标记技术中最常使用的荧光色素是异硫氰酸荧光素，其结构式如下：

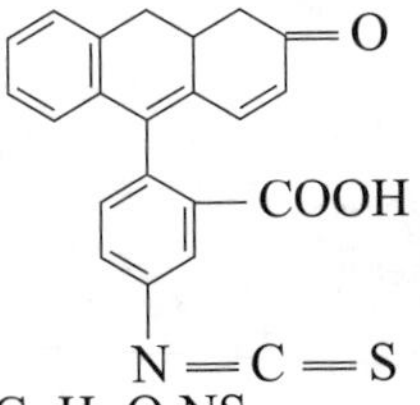

O

COOH

N＝C＝S

$C_{21}H_{11}O_5NS$

最大吸收波长：490 nm
最大发射波长：525 nm
光颜色：绿色

在碱性条件下，FIFC 异硫氰基(—NCS)能与蛋白质分子中的游离氨基(主要是赖氨酸中的氨基)和少量的末端氨基，经碳酰胺化而形成硫碳氨基键，并结合为荧光标记蛋白，其过程示意如下：

$$\boxed{\text{荧光素}}-N=C+\underset{H}{\overset{H}{N}}-\boxed{\text{蛋白质}}\xrightarrow{pH=9.5}\boxed{\text{荧光素}}-\overset{H}{N}-\underset{S}{\underset{\|}{C}}-\overset{H}{N}-\boxed{\text{蛋白质}}$$

利用荧光标记的抗体蛋白与标本中相应的抗原反应，在荧光显微镜下根据标本产生的荧光可判明抗原在组织细胞中的分布和定位。

根据荧光标记抗体的种类、使用次序以及与抗原结合的方式和关系，荧光标记的染色方法可分为直接法、间接法、双重染色法和顺序染色法。直接法是用荧光素标记的特异性抗体直接在细胞上显示相应的抗原。此法特异性强、简便，但敏感性低，抗体需要量大。间接法是将荧光素标记在能普遍结合第一抗体的第二抗体上，待第一抗体与细胞中相应抗原反应后，再用标记了的第二抗体与之作用。此法既能显示未知抗原，也能检定未知抗体，敏感性较高，但非特异性染色较强。双重染色法是用两种发射不同颜色的荧光色素，分别标记两种不同的抗体，在同一标本上同时或先后显示两种相应抗原的方法，该法实质是两种直接法的双重染色。

在荧光标记的研究中，标本的固定一般选用甲醛、多聚甲醛、95% 乙醇、丙酮和 Bouin's 液等。切片方法采用冰冻切片、石蜡切片和塑料包埋切片。用冰冻切片的方法来处理未经固定的组织，是进行荧光标记技术时，制备组织样品的经典方法，优点是能较好地保持抗原和酶活性，荧光抗体着色度强，简便快速，省去固定、包埋和切片后处理等一系列烦琐步骤，但可溶性抗原易于丢失或扩散，从而达不到精确的定位。因此冰冻切片的使用，主要限于不溶解的与膜结合的抗原。另外，标本不能用于回顾性研究，不利于长期保存。石蜡切片是荧光标记技术中常用的制备组织样品的方法，优点是组织经固定后，形态结构保存得较好，荧光抗体着色清晰度增加，标本可长期保存。但由于固定、包埋和脱蜡等一系列处理破坏了一些抗原和酶等，使敏感度降低。塑料包埋(甲基丙烯酸盐类、环氧树脂类和低温包埋剂类)切片，尽管由于固定等处理，使一些抗原破坏，但可同时用于光镜、半薄切片和电镜超薄切片。由于切片厚度较薄，组织样本被固定在比较硬的塑料介质中，不会产生荧光弥散和漂移现象，增加了抗原定位的准确和清晰度，荧光标记后的切片还可以进行一般组织结构染色观察。

现以荧光标记的免疫球蛋白，以及在半薄切片定位组织和细胞中的相应抗原为例，说明荧光标记的方法。

试剂与器材

1. 材料。

小鼠脾脏的半薄切片。

2. 试剂。

乙醇、丙酮、Epon 812、DDSA、MNA、DMP－30、Sephadex G25、0.01 mol/L pH 值为 7.4 的 PBS、抗体球蛋白 PBS 溶液、0.5 mol/L pH 值为 9.4 的碳酸盐缓冲液、DEAE—纤维素、$NaBH_4$ 等。

3. 器材。

载玻片、试管、移液管、小烧杯、层析柱、部分收集器、温箱、冰箱、荧光显微镜、高感光度胶卷、切片机、磁搅拌器等。

操作方法

1. 半薄切片标本制备。

小鼠脾脏取材后，迅速切成 0.5～1.0 mm^3 的小块，经预冷的95%乙醇固定 2～4 h，95%乙醇脱水 30 min，无水乙醇 1 h（换 3 次），1/2 无水乙醇与 1/2 丙酮中 30 min，纯丙酮 1 h（换 4 次），1/2 纯丙酮与 1/2 Epoh 812 处理 1 h，Epon 812 包埋剂中浸透 12 h 时，包埋于 Epon 812 包埋剂中，聚合 36～48 h，切成 1μm 厚的半薄切片备用。

Epon 812 包埋剂推荐选用下列配方：Epon 812 5 g，MNA 3 g，DDSA 2 g，按重量的 1%～1.5%加入 DMP－30。Epon 812 包埋剂按需要量的多少对各种成分可按比例增减。

半薄切片也可采用低温包埋剂包埋，其荧光标记灵敏度一般可增加数倍。

2. 荧光素标记的步骤。

（1）制备 0.01 mol/L pH 值为 7.4 的 PBS 抗体球蛋白溶液，根据蛋白质浓度（50～100 mg/mL）和溶液量（mL）求出待标记的蛋白质总量。

（2）制备 0.5 mol/L 碳酸盐（Na_2CO_3－$NaHCO_3$）缓冲液，pH 值为 9.4，足以构成最终容积的 10%～15%。

（3）用 0.5 mol/L pH 值为 9.4 的碳酸盐缓冲液进行稀释（以最终容积的 10%～15% 和 0.15 mol/L NaCl 溶液进行稀释，以调节蛋白质浓度为 20 mg/mL，碳酸盐浓度为 0.05 mol/L，NaCl 约为 0.15 mol/L）。

（4）在磁力搅拌下，按每毫克抗体球蛋白加入 10～20 μg FITC 干结晶的比例，缓慢加入计算量的 FITC，用 0.05 mol/L $NaCO_3$ 溶液使 pH 保持在 9.5，低温（0 ℃～4 ℃）持续搅拌 4～6 h 或过夜。室温下可缩短反应时间（2～4 h）。

（5）制备 Sephadex（G25 或 G50）层析柱，柱体积是原抗体球蛋白与 FITC 混合液的 10 倍。用 PBS 平衡后，在层析柱上端，小心加入抗体球蛋白与 FITC 混合液，用 0.05 mol/L PBS（pH 值为 8.0～8.4）洗脱。可以看到两个含有荧光素的区带被分离下来，头一个区带由抗体球蛋白与荧光素（FITC－Ig）轭合物与未结合的抗体球蛋白组成，将此组分收集。尾随区含有未反应的荧光素以及碳酸盐缓冲液，将它弃去。用加压透析法或聚乙二醇 6000—9000 浓缩。

（6）制备 DEAE－纤维素柱，按每 100 mg 蛋白质约需 DEAE－纤维素 7～10 g 的比例，将交换能力 0.9～1.0 Eq/g 的 DEAE－纤维素，经 1 mol/L NaOH、1 mol/L HCl、1 mol/L NaOH 洗涤活化后，用 0.005 mol/L PBS（pH 值为 8.1～8.4）平衡。平衡后将 FTTC－Ig 上柱。接着用 PBS 配制的梯度 NaCl 溶液（0.02 mol/L、0.04 mol/L、0.06 mol/L、0.1 mol/L、1.0 mol/L）进

行逐步洗脱，收集 0.04 ~ 0.06 mol/L 洗脱的组分，即为制备好的 FITC - Ig，如溶液量较大，还可经聚乙二醇浓缩，将制备好的 FITC - Ig 分装贮存于冰箱中（0 ℃ ~ 4 ℃）备用。

3. 荧光染色及镜检观察。

（1）将制备好的半薄片经 2.5% $NaBH_4$（临用前配制）处理 10 min，以除去组织中的非特异性荧光。

（2）0.01 mol/L PBS（pH = 7.4）漂洗切片 3 次，每次 2 min。

（3）滴加适量 FITC - Ig 于切片组织上，置 37 ℃黑暗湿润条件下孵育 15 ~ 30 min。

（4）0.01 mol/L PBS（pH = 7.4）充分漂洗，荧光显微镜下用蓝或紫外光激发，观察亮绿色荧光，用高感光度胶卷照相记录。

（5）对照实验在步骤 3 之前，将切片先用未标记的抗体球蛋白溶液（5 ~ 10 mg/L）孵育 30 min，其余步骤同上。

思考题

荧光标记技术的原理是什么？

实验报告

根据实验结果完成实验报告。

附录

附录 1　常用试剂种类配制

一、质粒制备、转化和染色体 DNA 提取的溶液配制

1. 溶液 Ⅰ

葡萄糖	50 mol/L
Tris - HCl(pH = 8.0)	25 mol/L
EDTA	10 mol/L

溶液可配制成 100 mL,121 ℃灭菌 15 min,4 ℃贮存。

2. 溶液 Ⅱ(新鲜配制)

NaOH	0.2 mol/L
SDS	1%

3. 溶液 Ⅲ(100 mL,pH = 4.8)

5 mol/L KAc	60 mL
冰醋酸	11.5 mL
水	28.5 mL

配制好的溶液 Ⅲ 含 3 mol/L 钾盐,5 mol/L 醋酸。

4. 溶液 Ⅳ　酚 : 氯仿 : 异戊醇 = 25 : 24 : 1

5. TE 缓冲液

Tris - HCl(pH = 8.0)	10 mmol/L
EDTA(pH = 8.0)	1 mmol/L

121 ℃灭菌 15 min,4 ℃贮存。

6. TAE 电泳缓冲液(50 倍浓贮存液 100 mL)

Tris 碱	242 g
冰醋酸	57.1 mL
0.5 mol/L EDTA(pH = 8.0)	100 mL

使用时用双蒸馏水稀释 50 倍。

7. 凝胶加样缓冲液 100 mL

溴酚蓝	0.25 g
蔗糖	40 g

8. 1 mg/mL 溴化乙锭(ethidium bromide,简称 EB)

溴化乙锭	100 mg

双蒸水　　100 mL

溴化乙锭是强诱变剂，配制时要戴手套，一般由教师配制好，盛于棕色试剂瓶中，4 ℃避光贮存。

9. 5 mol/L NaCl

在 800 mL 水中溶解 292.2 g NaCl，加水定容到 1 L，分装后高压灭菌。

10. CTAB/NaCl

溶解 4.1 g NaCl 于 80 mL 水中，缓慢加 CTAB(hexadecyl trimethyl ammonium bromide)，边加热边搅拌，如果需要，可加热到 65 ℃使其熔解，调最终体积到 100 mL。

11. 蛋白酶 K(20 mg/mL)

将蛋白酶 K 溶于无菌双蒸水或 5 mmol/L EDTA、0.5% SDS 缓冲液中。

12. 1 mol/L $CaCl_2$

在 200 mL 双蒸水中溶解 54 g $CaCl_2 \cdot 6H_2O$，用 0.22 m 滤膜过器除菌，分装成 10 mL 小份，贮存于 −20 ℃。

制备感受态时，取出一小份解冻，并用双蒸水稀释至 100 mL，用 0.45 μm 的滤膜除菌，然后骤冷至 0 ℃。

二、Hanks 液配制

以下化学药品均要求化学纯：

1. 母液甲

① NaCl　　160 g

KCl　　4 g

$MgCl_2 \cdot 6H_2O$　　2 g

$MgSO_4 \cdot 7H_2O$　　2 g

加蒸馏水 800 mL。

② $CaCl_2$

溶于 100 mL 双蒸水中。

①与②混合，加蒸馏水至 1 000 mL，加氯仿 2 mL，4 ℃保存。

2. 母液乙

$Na_2HPO_4 \cdot 12H_2O$　　3.04 g

KH_2PO_4　　1.2 g

葡萄糖　　20 g

0.4% 酚红溶液　　100 mL

加双蒸馏水至 1 000 mL，加氯仿 2 mL，4 ℃下保存，115 ℃灭菌 10 min 或高压灭菌后保存。

3. 使用液

取甲、乙母液各 100 mL 混合，加双蒸水 1 800 mL，分装小瓶，115 ℃灭菌 10 min，保存于 4 ℃下备用。

三、40% Acrylamide/Bisacrylamide(40% A&B)

Acrylamide	380 g
N. N—Methylene—Bisacrylamide	20 g

用 800 mL 双蒸水将其溶解，然后加水至 1 000 mL，4 ℃储存备用。

四、10×琼脂糖凝胶上样液

Ficoll	1.5 g
Bromophenol blue(溴酚蓝)	0.02 g
EDTA	0.02 g

加水至 10 mL，-20 ℃储存备用。

五、50 mg/mL Ampicillin(Amp)

Ampicillin	5 g
双蒸水	100 mL

用 0.2 μm 孔径的滤膜除菌，分装后 -20 ℃储存备用。

六、5 mg/mL Ethidium bromide(EtBr)

EtBr	500 mg
双蒸水	100 mL

七、20%葡萄糖

d-葡萄糖 20 g
双蒸水 100 mL
滤过除菌。

八、25 mg/mL IPTG

IPTG	250 mg
双蒸水	10 mL

用 0.2 μm 孔径的滤膜除菌，分装后 -20 ℃储存备用。

九、Lysozyme(溶菌酶)溶液

Tris · HCl(pH = 8.0)	50 mmol/L
EDTA	10 mmol/L
Lysozyme	5 mg/mL

十、10%SDS

SDS	10 mg

双蒸水	100 mL

十一、20 × SSC

NaCl	17.53 g
柠檬酸钠	8.82 g

将其溶解在 80 mL 双蒸水中,用 HCl 调 pH 值为 7.0,然后加水至 100 mL。

十二、STMT 溶液

蔗糖	0.8%
Triton X-100	1%
$MgCl_2$	0.5 mmol/L
Tris · HCl(pH = 8.0)	10 mmol/L

高压 15 磅灭菌 15 min,4 ℃储存备用。

十三、20 × TAE 缓冲液

Tris · HCl(pH = 8.3)	0.8 mol/L
NaAc	0.4 mol/L
EDTA · 2Na	0.04 mol/L

十四、10 × TBE 缓冲液

Tris · HCl(pH = 8.0)	0.89 mol/L
硼酸	0.89 mol/L
EDTA · 2Na	0.02 mol/L

十五、TE 缓冲液

Tris · HCl(pH = 8.0)	10 mmol/L
EDTA(pH = 8.0)	1 mmol/L

高压 15 磅灭菌 15 min,4 ℃储存备用。

十六、TE 饱和酚

将等量的 TE 缓冲液和酚混合,然后使其分相,弃上层水相,重复此过程至到 pH 值为 7.5 ~ 8.0,4 ℃储存备用。

十七、2XTY 培养液

Bacto——tryptone	16 g
Bacto——yeast extract	10 g
NaCl	5 g

加双蒸水至 1 000 mL,高压 15 磅灭菌 15 min。

十八、X - gal(5 - bromo - 4 - chloro - 3 - indolylb - D - galactopyranoside)

X - gal	200 mg
dimethyl formamide(DMF)(二甲基甲酰胺)	10 mL

-20 ℃避光保存备用。

十九、其他细胞悬液的配制

1. 1% 鸡红细胞悬液

取鸡翼下静脉血或心脏血,注入含灭菌阿氏液的玻璃瓶内,使血与阿氏液比例为 1∶5,放冰箱中保存 2 ~ 4 周,临用前取出适量鸡血,用无菌生理盐水洗涤,离心,倾去生理盐水,如此反复洗涤三次,最后一次离心使成积压红细胞后用生理盐水配成 1%。供吞噬实验用。

2. 白色葡萄球菌菌液

白色葡萄球菌接种于肉汤培养基中,37 ℃温箱培养 12 h 左右,置水浴中加热 100 ℃,10 min 杀死细菌,用无菌生理盐水配制成每毫升含 6 亿个细胞,分装于小瓶内,置冰箱保存备用。

二十、酚的蒸馏与饱和

1. 酚的蒸馏

(1) 在通风橱内安装固定好蒸馏装置。

(2) 65 ℃水浴中,将固体酚溶解,若加 10% 的水(2 kg 酚加 200 mL 水)可加速酚溶解。

(3) 用漏斗将已溶解的 2 kg 酚倒入蒸馏瓶中,加入 50 颗沸石。

(4) 将石棉布缠绕蒸馏瓶上颈的上端,开始加热,通过变压器调节加热效力。

(5) 在 120 ℃时,蒸馏冷凝管中流出较混浊的液体,弃之。

(6) 到 160 ℃时,出现清澈的液体酚,开始收集,维持加热,保持温度不超过 180 ℃。

(7) 当蒸馏瓶中剩下约 100 mL 酚时,停止加热,逐渐冷却。要小心,蒸馏残留物易爆炸。

(8) 停止蒸馏后,拆除装置。将残留物倒掉,用热水洗刷瓶底的残渣,然后用乙醇洗净。蒸馏的酚以 200 mL 一瓶进行分装,-20 ℃保存,可在几年内保证酚无氧化。

2. 酚的饱和

(1) 从低温冰箱中取出重蒸酚后,室温放置一段时间,移至 68 ℃水浴中溶化,勿立即放入 68 ℃水浴中,以免玻璃炸裂。

(2) 加 8 - 羟基喹啉至终浓度为 0.1%(*W/V*),溶解混匀,此时溶液呈淡黄色,小心将酚倒入分液漏斗中。

(3) 加入等体积的 1 mol/L Tris - HCl(pH = 8.0)缓冲液,立即加盖,激烈振荡,并加入固体 Tris 摇匀调 pH(一般是 100 mL 加 1 ~ 2 g 固体 Tris),静置分层后,测得下层酚相的 pH 值为 7.6 ~ 7.8,收集下层的黄色酚液,分装于棕色试剂瓶中。

(4) 加入 10% 的缓冲液(0.1 mol/L Tris - HCl,pH = 8.0)覆盖在酚液的表面,置 4 ℃可

保存1个月以上。

二十一、洗涤液的配制与使用

1. 洗涤液的配制

洗涤液分浓溶液与稀溶液两种,配方如下:

(1) 浓溶液　重铬酸钠或重铬酸钾(工业用)	50 g
自来水	150 mL
浓硫酸(工业用)	800 mL
(2) 稀溶液　重铬酸钠或重铬酸钾(工业用)	50 g
自来水	850 mL
浓硫酸(工业用)	100 mL

配法都是将重铬酸钠或重铬酸钾先溶解于自来水中,可慢慢加温,使其溶解,冷却后徐徐加入浓硫酸,边加边搅动。

配好的洗涤液应是棕红色或橘红色,贮存于有盖容器内。

2. 原理

重铬酸钠或重铬酸钾与硫酸作用后形成铬酸(chronic acid)。铬酸的氧化能力极强,因而此液具有极强的去污作用。

3. 使用注意事项

(1)洗涤液中的硫酸具有强腐蚀作用,玻璃器板浸泡时间太长,会使玻璃变质,因此切忌忘记将器板取出冲洗。其次,洗涤液若沾污衣服和皮肤,应立即用水洗,再用苏打水或氨液洗。如果溅在桌椅上,应立即用水洗去或湿布抹去。

(2)玻璃器板投入前,应尽量干燥,避免洗涤液稀释。

(3)此液的使用仅限于玻璃和瓷质器板,不适用于金属和塑料器板。

(4)有大量有机质的器板应先行擦洗,然后再用洗涤液,这是因为有机质过多,会加快洗涤液失效。此外,洗涤液虽为很强的去污剂,但也不是所有的污迹都可清除。

(5)盛洗涤液的容器应始终加盖,以防氧化变质。

(6)洗涤液可反复使用,但当其变为墨绿色时即已失效,不能再用。

二十二、常用贮存液的配制

1. 30%丙烯酰胺

将29 g丙烯酰胺和1 gN,N′-亚甲基双丙烯酰胺溶于总体积为60 mL的水中,加热至37 ℃溶解后,补加水至体积为100 mL,用Nalgene滤器(0.45 μm孔径)过滤除菌,保证该溶液的pH值不应大于7.0,置棕色瓶中保存于室温。

注意:丙烯酰胺具有很强的神经毒性并可通过皮肤吸收。称量丙烯酰胺和亚甲基双丙烯酰胺时应戴手套和面具。胶聚合后可认为聚丙烯酰胺无毒,但也应谨慎操作,因为它还可能含有少量未聚合材料。一些价格较低的丙烯酰胺和双丙烯酰胺通常含一些金属离子,在丙烯酰胺贮存液中,加入大约0.2倍体积的单床混合树脂,搅拌过夜,然后用Whatman1号滤纸过滤以使之纯化。在贮存期间,丙烯酰胺和双丙烯酰胺会缓慢转化成丙烯酰和双丙烯酸。

2. 0.1 mol/L 腺苷三磷酸(ATP)

在0.8 mL 水中溶解60 mg ATP,用0.1 mol/L NaOH 调 pH 值至7.0,用蒸馏水定容至1 mL,分装成小份保存于 -70 ℃。

3. 10 mol/L 乙酸铵

把770 g 乙酸铵溶解于800 mL 水中,加水定容至1 L 后过滤除菌。

4. 10% 过硫酸铵

把1 g 过硫酸铵溶解于10 mL 的水溶液中,该溶液可在4 ℃保存数周。

5. BCIP

把0.5 g 的5-溴-4-氯-3-吲哚-磷酸二钠盐(BCIP)溶解于10 mL 100% 的二甲基甲酰胺中,4 ℃保存。

6. 2×BES 缓冲盐溶液

用总体积为90 mL 的蒸馏水溶解1.07 g BES[N,N′-双(2-羟乙基)-2-氨基乙磺酸]、1.6 g NaCl 和0.027 g Na_2HPO_4,室温下用 HCl 调节该溶液的 pH 值至6.96,然后加入蒸馏水定容至100 mL,用0.22 μm 滤器除菌,分装成10 mL 小份,贮存于 -20 ℃。

7. 1 mol/L $CaCl_2$

在20 mL 纯水中溶解54 g $CaCl_2 \cdot 6H_2O$,用0.22 μm 滤器过滤除菌,分装成10 mL 小份贮存于 -20 ℃。

说明:制备感受态细胞时,取出一小份解冻并用纯水稀释至100 mL,用 Nalgene 滤器(0.45 μm 孔径)过滤,然后骤冷至0 ℃。

8. 2.5 mol/L $CaCl_2$

在20 mL 蒸馏水中溶解13.5 g $CaCl_2 \cdot 6H_2O$,用0.22 μm 滤器过滤除菌,分装成1 mL 小份贮存于 -20 ℃。

9. 1 mol/L 二硫苏糖醇(DTT)

用20 mL 0.01 mol/L 乙酸钠(pH=5.2)溶解3.09 g,过滤除菌后分装成1 mL 小份贮存于 -20 ℃。DTT 或含有 DTT 的溶液不能进行高压处理。

10. 脱氧核苷三磷酸

把每一种 dNTP 溶解于水至浓度各为100 mmol/L 左右,用微量移液器吸取0.05 mol/L Tris 分别调节每一种 dNTP 溶液的 pH 值至7.0(用 pH 试纸检测),把中和后的每种 dNTP 溶液各取一份适当稀释,在附表1-1 中给出的波长下测出光吸收值,并计算出每种 dNTP 的实际浓度,然后用水稀释成终浓度为50 mmol/L 的 dNTP,分装成几小份后,贮存于 -70 ℃。

附表1-1　各碱基的波长和消光系数

碱基	波长/nm	消光系数 E/(L·mol^{-1}·cm^{-1})
A	259	154
G	253	137
C	271	91
T	260	7 400

比色杯光径为 1 cm 时，吸光度 = fM。

11. 0.5 mol/L EDTA（pH = 8.0）

在 800 mL 水中加入 186.1 g EDTA，使二钠二水二乙胺成为乙酸二钠（EDTA - 盐需加入 NaOH · $2H_2O$），在磁力搅拌器上剧烈搅拌。用 NaOH 调节溶液 pH 值至 8.0（约需 20 g NaOH）然后定容至 1 L，分装后高压灭菌，备用。

12. 溴化乙啶（10mg/mL）

在 100 mL 水中加入 1 g 溴化乙啶，磁力搅拌数小时以确保其完全溶解，然后用铝箔包裹容器或转移至棕色瓶中，室温保存（注意：由于溴化乙啶是强诱变剂，并有中度毒性，使用含有这种染料的溶液时务必戴上手套，称量染料时要戴面具）。

13. 2 × HEPES

用总量为 90 mL 的蒸馏水，溶解 1.6 g HEPES。

14. 缓冲液

取 NaCl、0.07 g KCl、0.027 g Na_2HPO_4 · $2H_2O$、0.2 g 葡萄糖和 1 g HEPESE，用 0.5 mol/L NaOH 调节 pH 值至 7.05，再用蒸馏水定容至 100 mL。用 0.22 μm 滤器过滤除菌，分装成 5 mL 小份，贮存于 -20 ℃。

15. IPTG

IPTG 为异丙基硫代 - β - L 半乳糖苷（相对分子质量为 238.3），在 8 mL 蒸馏水中溶解 2 g IPTG，用蒸馏水定容至 10 mL，用 0.22 μm 滤器过滤除菌，分装成 5 mL 小份，贮存于 -20 ℃。

16. 1 mol/L $MgCl_2$

在 800 mL 水中溶解 203.3 g $MgCl_2$ · $6H_2O$，用蒸馏水定容至 1 L，分装成小份，高压灭菌，备用（注意：$MgCl_2$ 极易潮解，应选用小包装试剂）。

17. 1 mol/L 乙酸镁

在 800 mL 水中溶解 214.46 g 乙酸镁，用蒸馏水定容至 1 L，高压灭菌，备用。

18. β - 巯基乙醇（BME）

一般得到的是 14.4 mol/L 溶液，应放在棕色瓶中于 4 ℃保存（BME 的溶液高压处理）。

19. NBT

把 0.5 g 氯化氮蓝四唑溶解于 10 mL70% 的二甲酰胺中，保存于 4 ℃。

20. 酚/氯仿

把酚/氯仿等体积混合后，用 0.1 mol/L Tris - HCl（pH = 7.6）抽提几次以平衡这一混合物，置于棕色试剂瓶中，上面覆盖等体积的 0.01 mol/L Tris—HCl（pH = 7.6）液层。于 4 ℃保存（注意：酚腐蚀性很强，并引起严重烧伤，操作时应戴手套及防护镜，并在化学通风橱内操作。与酚接触过的部位应用大量水清洗，忌用乙醇）。

21. 10 mmol/L 甲基磺酰（PMSF）

用异丙醇溶解 PMSF 成 1.74 mg/mL（10 mmol/L），分装成小份贮存于 -20 ℃，如有必要，可配成浓度达 17.4 mg/mL 的贮存液（100 mmol/L）。

注意：PMSF 严重损害呼吸道黏膜，眼睛及皮肤，吸入、吞进或通过皮肤吸收后有致命危险。一旦眼睛或皮肤接触了 PMSF，应立即用大量水冲洗，凡被 PMSF 污染的衣物应丢弃。

PMSF 在水溶液中不稳定,应在使用前从贮存液中现用现加于裂解缓冲液中。PMSF 水溶液中的活性丧失速率随 pH 的升高而加快,且 25 ℃的失活速度高于 4 ℃。pH 值为 8.0 时,20 μmol/L 的 PMSF 水溶液的半寿期大约为 85 min。这表明将 PMSF 溶液调节为碱性(pH = 7.6)并在室温放置数小时后,可安全地予以丢弃。

22. 磷酸盐缓冲溶液(PBS)

在 800 mL 蒸馏水中溶解 8 g NaCl、0.2 g KCl、1.44 g KH_2PO_4,用 HCl 调节溶液的 pH 值至 7.4,加水定容至 1 L 在 151 bf/in^2(1.034×10^5 Pa)高压下蒸汽灭菌 20 min,保存于室温。

23. 1 mol/L 乙酸钾(pH = 7.5)

将 9.82 g 乙酸钾溶解于 90 mL 纯水中,用 2 mol/L 乙酸调节 pH 值至 7.5 后加入纯水定容至 1 L,保存于 −20 ℃。

24. 乙酸钾溶液(用于碱裂解)

在 60 mL 5 mol/L 乙酸钾溶液中加入 11.5 mL 冰乙酸和 28.5 mL 水,即成浓度为 3 mol/L 而乙酸根浓度为 5 mol/L 的溶液。

25. 3 mol/L 乙酸钠(pH = 5.2 和 pH = 7.0)

在 800 mL 水中溶解 408.1 g 三水乙酸钠,用冰乙酸调节 pH 值至 5.2 或用稀乙酸调节 pH 值至 7.0,加水定容至 1L,分装后高压灭菌。

26. 5 mol/L NaCl

在 800 mL 水中溶解 292.2 g NaCl 加水定容至 1 L,分装后高压灭菌。

27. 10% 十二烷基磷酸钠(SDS)

在 900 mL 水中溶解 100 g 电泳级 SDS,加热至 68 ℃助溶,加入几滴浓盐酸调节溶液的 pH 值至 7.2,加水定容至 1 L,分装备用(注:SDS 的微细晶粒易于扩散,因此称量时要戴面具,称量完毕要清除残留在工作区和天平上的 SDS,10% SDS 溶液无须灭菌)。

28. 20 × SSC

在 800 mL 水中溶解 175.3 g NaCl 和 88.2 g 柠檬酸钠,加入数滴 10 mol/L NaOH 溶液调节 pH 值至 7.0,加水定容至 1 L 分装后高压灭菌。

29. 20 × SSPE

在 800 mL 水中溶解 17.3 g NaCl、27.6 g $NaH_2PO_4 \cdot H_2O$ 和 7.4 g EDTA,用 NaOH 溶液调节 pH 值至 7.49(约需 6.5 mL 10 mol/L NaOH),加水定容至 1 L,分装后高压灭菌。

30. 100% 三氯乙酸

在装有 500 g TCA 的容器中加入 227 mL 水,形成的溶液为 100%(m/V)三氯乙酸。

31. 1 mol/L Tris

在 800 mL 水中溶解 121.2 g Tris 碱,加入浓 HCl 调节 pH 值至所需值,如 1 mol/L 溶液呈现黄色,应予丢弃并制备更好的 Tris。

pH	HCl
7.4	70 mL
7.6	60 mL
8.0	42 mL

应使溶液冷至室温后调定pH值,加水定容至1 L,分装后高压灭菌(注:尽管多种类型的电极均不能准确测量Tris溶液的pH值,但仍可向大多数厂商购得合适的电极。Tris溶液的pH值因温度而异,温度每升高1℃,pH值大约降低0.03个单位。例如:0.05 mol/L的溶液在5 ℃、25 ℃和37 ℃时的pH值分别为9.5、8.9和8.6)。

32. Tris缓冲盐溶液(TBS 25 mmol/L Tris)

在800 mL蒸馏水中溶解8 g NaCl、0.2 g KCl和3 g Tris碱,并用HCl调pH值至7.4,用蒸馏水定容至1 L,分装后在高压下蒸汽灭菌20 min,于室温保存。

33. X - gal

X - gal为5 - 溴 - 4 - 氯 - 3 - 吲哚 - β - D - 半乳糖,用二甲基甲酰胺溶解X - gal配制成20 mg/mL的贮存液,保存于玻璃或聚丙烯管中,装有X - gal溶液的试管须用铝箔封好,以防因受光照而被破坏,应贮存于 - 20 ℃。X - gal溶液无须过滤除菌。

二十三、杂交实验中用于降低背景的封闭剂

1. Denhardt试剂

用途:Northern杂交;使用RNA探针的杂交;单拷贝序列的Southern杂交;将DNA固定于尼龙膜上的杂交。

Denhardt试剂通常需配制50×贮存液,过滤后保存于 - 20 ℃,可将该贮存液十倍稀释于预杂交液(常为含有0.5% SDS和100 μg/mL经变性被打断的鲑精DNA的6×SSC或6×SSPE)中。50×Denhardt溶液中含5 g聚蔗糖(Ficoll,400型,Pharmacia)、5 g聚乙烯吡咯烷酮和5 g牛血清白蛋白(组分V Sigma),加水至终体积为500 mL。

2. BLOTTO试剂

用途:Grunstein—Hogness杂交;Benton—Davis杂交;除单拷贝序列Southern杂交以外的所有Southern杂交;斑点印迹。

1×BLOTTO(牛乳转移技术优化液,Bovine Lacto Transfer Technique Optimizer)是含5%脱脂奶粉和0.02%叠氮钠的水溶液,应保存于4℃,使用前可用预杂交液稀释25倍。BLOTTO不应与高浓度的SDS并用,因为后者会导致牛奶中的蛋白质析出。如果杂交背景不合要求,可在杂交液中加入NP - 40至终浓度为1%。BLOTTO不能用作Northern杂交的封闭剂,因为这一封闭剂可能含有RNA酶,其活性之高使人无法接受。

注意:叠氮钠有毒性,取用时须戴手套小心操作,含叠氮钠的溶液应予明确标记。

3. 肝素试剂

用途:Southern杂交;原位杂交。

肝素(Sigma H - 7005,从猪中提取的二级产品或相当等级的产品)用4×SSPE或4×SSC溶液配制成50 mg/mL的浓度,保存于4 ℃。肝素在含有葡聚糖硫酸酯的杂交液中用作封闭剂的浓度为500 μg/mL,在不含葡聚硫酸酯的杂交液中的浓度为50 μg/mL。

4. 经变性被打断的鲑精DNA试剂

用途:Southern和Northern杂交。

把鲑精DNA(Sigma,Ⅲ,钠盐)溶解于配制成10 mg/mL的浓度,必要时于室温磁力搅拌

2～4 h 助溶，把溶液中 NaCl 浓度调至 0.1 mol/L，并用酚和酚/氯仿各抽提一次，回收水相。使 DNA 溶液快速通 17 号皮下注射针头 12 次，以剪切 DNA。加入 2 倍体积用冰预冷的乙醇沉淀 DNA，离心回收 DNA 并重溶于水，配制成 10 mg/mL 的浓度，测定溶液的 $A_{260\ nm}$ 值并计算出精确的 DNA 浓度。然后煮沸 10 min，分装成小份保存于 −20 ℃。使用前置沸水浴中加热 5 min，然后迅速在水浴中骤冷。预杂交液中含有 100 μg/mL 经变性并被打断的鲑精 DNA。

二十四、显微摄影和显微放射性自显影用溶液的配制

1. 显微摄影常用的显影液

（1）D－76 显影液。

温蒸馏水（52 ℃）	750 mL
米吐尔	2 g
无水亚硫酸钠	100 g
对苯二酚	5 g
四硼酸钠（硼砂）	2 g
蒸馏水	加至 1000 mL

D－76 显影液是专用负片微粒显影液，原液浊度使用 20 ℃时罐显时间 12～15 min（或根据胶卷厂家要求掌握显影时间（如乐凯黑白胶卷 SHD100 罐显时间仅为 7 min））。

（2）D－72 显影液。

温蒸馏水（52 ℃）	750 mL
米吐尔	3 g
无水亚硫酸钠	45 g
对苯二酚	12 g
无水碳酸钠	67.5 g
溴化钾	1.9 g
蒸馏水	加至 1 000 mL

D－72 显影液为通用显影液，既能显影胶片又能用于相纸显影。欲得正常反差，加水 1∶1 稀释后使用，20 ℃时显影时间为 3～4 min。欲得低反差，加水 1∶2 稀释后使用。欲用高反差或高速显影，可按原液使用，20 ℃时，显影时间为 1～2 min。

2. 显微摄影和显微放射性自显影定影用的 F－5 酸性坚膜定影液

温蒸馏水（50 ℃）	750 mL
硫代硫酸钠	240 g
无水亚硫酸钠	15 g
28% 醋酸	48 mL
硼酸	7.5 g
蒸馏水	加至 1 000 mL

定影时，药液温度应保持在 18 ℃～20 ℃。定影时间为 10～15 min。

3. 原子核乳胶(核-4)显影液 ID-19b 的配方

温蒸馏水(50 ℃)	350 mL
米吐尔	1 g
无水亚硫酸钠	37.5 g
对苯二酚	4 g
无水碳酸钠	18.75 g
溴化钾	5 g
蒸馏水	加至 500 mL

4. 乳胶配法

乳胶常规于 4 ℃避光保存。在一般情况下,乳胶使用方法即在暗室中取适量乳胶,加入等量蒸馏水在 40 ℃水浴中溶化,轻轻搅拌,注意不要产生气泡,然后可进行涂乳胶操作。为减少乳胶的表面张力产生本底银粒的干扰,提高自显影的质量,可进行如下操作:

(1) 配 6—甘醇。

① 6—硝基苯并咪唑 3.8 mL(1/600 溶液,用 1∶1 乙醇水溶液配制,即 1 g 6-硝基苯并咪唑溶于 600 mL 的 1∶1 乙醇水溶液中)。

② 硫酸铬钾(2% 水溶液)5 mL。

③ 甘油(1∶2 水溶液)5.3 mL。

(2) 配乳胶。

取所需量的乳胶在 40℃水浴中溶化后,按下列比例与顺序缓缓加入:乳胶 100 mL→6-甘醇 9.5 mL→硫酸铬钾(2% 水溶液)4.2 mL,用玻棒轻轻加以搅拌,注意不要产生气泡,然后可进行涂乳胶操作。

二十五、用于染色体和 C 带制备的溶液配制

1. 低渗液

0.075 mol/L KCl(相对分子质量为 74.55),取 5.59 g KCl 加到 1 000 mL 蒸馏水中,在 37 ℃下预热。

2. Giemsa 染液的配制

(1) Giemsa 原液。

Giemsa 粉 1 g,甘油 33 mL,甲醇 33 mL。

配制方法:将 1 g Giemsa 粉放入研钵中,加少许甘油,在研钵中研磨,直至无颗粒为止;然后将剩余甘油倒入,在 60 ℃~65 ℃温箱中保温 2 h(期间搅拌)后,加入甲醇搅拌均匀,过滤后保存于棕色瓶中。在制成后的一周内,每天摇一摇 Giemsa 原液。

(2) 0.067 mol/L 磷酸盐缓冲液(pH=6.8)(Giemsa 稀释液)的配制。

A 液—0.067 mol/L Na_2HPO_4 的配制:

根据附表 1-2 将 $Na_2HPO_4 \cdot 12H_2O$ 加 23.88 g(或 $Na_2HPO_4 \cdot 2H_2O$ 加 11.88 g 或 $Na_2HPO_4 \cdot 7H_2O$ 加 17.87 g;或 Na_2HPO_4 加 9.48 g),溶解至 1 000 mL 蒸馏水中。

B 液—0.067 mol/L KH_2PO_4 的配制:

根据附表 1－2 将 KH_2PO_4 9.07 g 溶解至 1 000 mL 蒸馏水中。

C 液—0.067 mol/L 磷酸盐缓冲液（pH＝6.8）（Giemsa 稀释液）的配制：

根据附表 1－3 给出的 A 液与 B 液的体积分数（50%：50%），配制 0.067 mol/L（pH＝6.8）磷酸盐缓冲液。相当于 $Na_2HPO_4 \cdot 12H_2O$ 加 11.94 g（或 $Na_2HPO_4 \cdot 2H_2O$ 加 5.94 g，或 $Na_2HPO_4 \cdot 7H_2O$ 加 8.94 g，或 Na_2HPO_4 加 4.74 g），KH_2PO_4 加 4.54 g，溶解至 1 000 mL 蒸馏水中。

附表 1－2　0.067 mol/L 磷酸盐缓冲液（PBS）配制数据

	Na_2HPO_4	$Na_2HPO_4 \cdot 2H_2O$	$Na_2HPO_4 \cdot 7H_2O$	$Na_2HPO_4 \cdot 12H_2O$	KH_2PO_4
相对分子质量	142	178.05	268.1	358.2	136.09
0.067 mol · L^{-1}	9.48 g	11.88 g	17.87 g	23.88 g	9.07 g

附表 1－3　0.067 mol/L 各种 pH 磷酸盐缓冲液（PBS）的配制（体积分数）

pH 值	A 液 0.067 mol/L Na_2HPO_4/mL	B 液 0.067 mol/L KH_2PO_4/mL
8.0	95.0	5.0
7.8	92.0	8.0
7.6	88.0	12.0
7.4	82.0	18.0
7.2	72.0	28.0
7.0	62.0	38.0
6.8	50.0	50.0
6.6	37.0	63.0
6.4	26.0	74.0
6.2	18.0	82.0
6.0	12.0	88.0

（3）Giemsa 染液

以 Giemsa 原液：0.067 mol/L 磷酸盐缓冲液（pH＝6.8）为 1：20（体积分数）混合后使用。

3. SSC 盐溶液（附表 1－4）

附表 1－4　SSC 盐溶液配法

	mol/L	氯化钠/g	柠檬酸钠/g	蒸馏水/mL
1×SSC	0.15	8.77	4.41	1 000
2×SSC	0.30	17.53	8.82	1 000
4×SSC	0.45	35.06	17.65	1 000
6×SSC	0.90	52.60	26.47	1 000
10×SSC	1.50	87.70	44.10	1 000

注：氯化钠相对分子质量为 58.44；柠檬酸钠相对分子质量为 294.1。

二十六、用于细胞骨架观察的溶液配制

1. M－缓冲液(附表1－5)

附表1－5　M－缓冲液的配制

试剂	相对分子质量	所需浓度	每升加量	备注
咪唑(imidazole,pH＝6.7)	68.08	50 mmol/L	3.40 g	
KCl	74.55	50 mmol/L	3.73 g	
$MgCl_2.6H_2O$	203.30	0.5 mmol/L	0.10 g	
EGTA[乙二醇－双(2－氨乙基)四乙酸]	380.40	1.0 mmol/L	0.38 g	
EDTA·2H2O(乙二胺四乙酸)	372.24	0.1 mmol/L	0.04 g	
β－巯基乙醇(mercaptoethanol)	78.13	1.0 mmol/L	70 μL	体积质量 d＝1.114 g/mL 14.3 mol/L
甘油	92.09	4.0 mol/L	294.8 mL	体积质量 d＝1.25 g/mL 13.57 mol/L

加水定容至1 L,用1 mol/L HCl调pH值至7.2。

2. 0.2%考马斯亮蓝R250染液

甲醇	46.5 mL
冰醋酸	7.0 mL
蒸馏水	46.5 mL
考马斯亮蓝R250	0.2 g

3. 0.2 mol/L磷酸盐缓冲液的配制(pH＝7.3)

	M_r	浓度	g/L	mL
$Na_2HPO_4 \cdot 2H_2O$	178.05	0.2 mol/L	35.61	77
$NaH_2PO_4 \cdot 2H_2O$	156.03	0.2 mol/L	31.21	23

4. PEM缓冲液

	M_r	浓度	g/L
pipes[哌嗪－NN′－双(2－乙磺酸)]	302.4	80 mmol/L	24.19
EGTA	380.40	1 mmol/L	0.380
$MgCl_2 \cdot 6H_2O$	203.30	0.5 mmol/L	0.101

加水定容至1 L。调pH值至6.9～7.0,先用8 mol/L的浓NaOH或固体NaOH调pH值,后用稀NaOH溶液小心调配。

5. PEMD缓冲液

PEMD缓冲液即含1%二甲基亚砜的PEM缓冲液。

6. PEMP缓冲液

PEMP 缓冲液即含 4% 聚乙二醇(PEG,相对分子质量 6 000)的 PEM 缓冲液。

7. 甲基罗丹明—鬼笔环肽染液

该染料的商品是溶于甲醇中的,使用时先置密闭容器中用真空泵抽干,再用 PBS(pH = 7.4)稀释 10 ~ 20 倍。

8. 50 mmol/Lpipes 缓冲液

pipes	15.12 g/L

二十七、用于动物细胞融合和吞噬实验的试剂配制

1. Alsever's 血细胞保存液

氯化钠	0.42 g
柠檬酸钠	0.80 g
葡萄糖	2.05 g
蒸馏水	100 mL

将上述各成分混匀后,微加温使其溶解,用柠檬酸(约加 0.05 g)调节 pH 值为 7.2 ~ 7.4,高压灭菌(15 镑 20 min),置 4 ℃冰箱保存。

2. 1% 鸡红细胞(1% 羊红细胞)保存液

采集鸡翼下静脉血(或羊血),以 1 ∶ 5 的比例(体积分数)保存于 Alsever's 血细胞保存液中,4 ℃保存,一周内(至少)使用。临用前,用 0.75%(羊用 0.85%)生理盐水以 1 500 r/min 的速度离心洗 3 次,分别是 5 min、5 min、10 min,弃上清液,再用生理盐水或 Hanks 液稀释配制成 1% 鸡红细胞(1% 羊红细胞)悬液(体积分数)。

3. 50% PEG 的配制

将 10 g PEG 以 15 磅 15 min 高压灭菌,冷却至约 50 ℃时,加入 10 mL 已预热至约 50 ℃的 Hanks 液中,混匀。制备过程中如有凝固现象,可在酒精灯上略烤,使其熔化,然后按每瓶 1 mL 分装,置 -20 ℃保存。

附录 2　常用试剂的配制

一、百分数溶液的配制

百分比浓度有质量百分比浓度、体积百分比浓度和质量体积百分比浓度之分。

1. 质量百分比浓度

质量百分比浓度是指 100 g 溶液中含有溶质的克数,也称重量—重量百分数。用公式表示为:

质量百分比浓度(W/W)% = [溶质质量(g)/(溶质 + 溶剂)质量(g)] × 100%

2. 体积百分比浓度

体积百分比浓度是指 100 mL 溶液中含有溶质的克数。用公式表示为:

体积百分比浓度(V/V)% = [溶质体积/溶液(= 溶质 + 溶剂)体积] × 100%

如45%乙酸为:冰乙酸45 mL + 蒸馏水55 mL。

3. 质量体积百分比浓度

质量体积百分比浓度是指100 mL溶剂中含有溶质的质量(g),也叫重量体积百分比浓度。如0.1%秋水仙碱为0.1 g秋水仙碱溶于100 mL蒸馏水中。

用体积计算的百分数溶液没有以质量计算的准确,但比较方便,如乙醇稀释法:以95%乙醇作母液(不要用无水乙醇)稀释到所需浓度。

二、摩尔浓度溶液的配制

摩尔浓度是指1 L溶液中含有溶质的摩尔数。如配0.5 mol/L蔗糖溶液,蔗糖分子量$C_{12}H_{22}O\ 11 = 342.2$ g,取0.5 mol蔗糖(171.1 g)溶解于适量蒸馏水中,定容至1 000 mL即可。

三、其他常用试剂的配制

(一) 乙醇稀释法

不同浓度的乙醇溶液,一般用95%乙醇加蒸馏水稀释而成。例如:配70%乙醇可取95%乙醇70 mL,加蒸馏水到95 mL即成。配50%乙醇,取70%乙醇50 mL加水至70 mL或取95%乙醇50 mL,加水至95 mL。

以两种不同浓度的溶液配制所需浓度的溶液,可采用交叉稀释法。方法如附图2-1所示。

甲液浓度(95%乙醇)↘　　↗甲液需取量mL(乙液与待配浓度之差=15)
待配浓度(50%乙醇)
乙液浓度(35%乙醇)↗　　↘乙液需取量mL(甲液与待配浓度之差=45)

附图2-1　交叉稀释法示意图

例如,用95%乙醇和35%的乙醇配制50%乙醇。取95%乙醇15 mL、35%乙醇45 mL混合即成。其他溶液的配制与此相似。

(二) 常用酸碱溶液的配制

不同摩尔浓度常用酸碱溶液的配制见附表2-1。

附表2-1　不同摩尔浓度常用酸碱溶液的配制

名称(分子式)	比重(d)	含量(W/W)/%	配制溶液的浓度/($mol \cdot L^{-1}$)				配制方法
6	2	1	0.5				
盐酸(HCl)	1.18~1.19	36~38	500	167	83	42	量取所需浓度酸,缓缓加入适量水中,并不断搅拌,待冷却后定容至1 L
硝酸(HNO_3)	1.39~1.40	65.0~68.0	381	128	64	32	量取所需浓度酸,加水稀释成1 L
硫酸(H_2SO_4)	1.83~1.84	95.0~98.0	334	112	56	28	量取所需浓度酸,缓缓加入适量水中,并不断搅拌,待冷却后定容至1 L

续表

名称(分子式)	比重(d)	含量(W/W)/%	配制溶液的浓度/($mol \cdot L^{-1}$)				配制方法
磷酸(H_3PO_4)	1.69	85	348	108	54	27	同盐酸
冰乙酸(CH_3COOH)	1.05	70	500	167	83	42	同盐酸
氢氧化钠(NaOH)	2.1	40(分子量)	240	80	40	20	称取所需试剂,溶于适量水中,不断搅拌,冷却后用水稀释至1 L
氢氧化钾(KOH)	2.0	56.11(分子量)	339	113	56.5	28	同氢氧化钠

注:配制1 L溶液所需要的毫升数(固体试剂为克数)。其他浓度的配制可按表中数据按比例折算。

(三) 固定液

1. 卡诺氏(Carnoy's)液

作组织及细胞固定用,渗透力极快。

卡诺氏Ⅰ:冰乙酸(V) : 无水乙醇(V) =1 : 3

卡诺氏Ⅱ:冰乙酸(V) : 无水乙醇(V) : 氯仿(V) =1 : 6 : 3

这两种固定液渗透、杀死迅速,固定作用很快,植物根尖固定约需15 min,花粉囊约1 h,若固定时间太长(超过48 h)则会破坏细胞。固定液中的纯酒精固定细胞质,冰醋酸固定染色质,并可防止由于酒精而引起的高浓度收缩合硬化。Ⅰ液适合于植物,Ⅱ液适合于动物,也适用于植物。Ⅰ液对玉米合高粱合适宜。对小麦则Ⅱ液更好。有时在材料已经固定大约30 min后加几小滴氯化低铁的含水饱和液于固定液中可助染色体染色。可用甲醇代替乙醇,对黑麦效果很好。至于大大超过被固定组织数量的固定液,常使固定效果更好。

2. 甲醇冰乙酸固定液

作动物细胞或组织固定用,效果很好。

甲醇(V) : 冰乙酸(V) =3 : 1。

3. 福尔马林-乙酸-乙醇固定液(FAA)

又称标准固定液,或万能固定液。用于形态解剖研究,对染色体观察效果较差,此液兼作保存液,材料可长期存放。

用于动物的配方为:50%乙醇(柔软材料用,坚硬材料用70%乙醇)90 mL、冰乙酸5 mL、福尔马林[$HO(CH_2O)_nH$]5 mL。

用于植物胚胎的配方为:50%乙醇89 mL、冰乙酸6 mL、福尔马林5 mL。

4. Lichent's 固定液

适于丝状藻类及一般菌类的固定。

配方:1%铬酸(H_2CrO_4)水溶液(g/v%)80 mL、冰乙酸5 mL、福尔马林15 mL。

(四) 预处理液

1. 1%秋水仙碱母液

称取1 g秋水仙碱或取原装1 g秋水仙碱,先用少量酒精溶解,再用蒸馏水稀释至100 mL,冰箱贮藏备用。

其他浓度的秋水仙碱溶液可以以此稀释得到。

2. 0.002 mol/L 8-羟基喹林

取0.002 mol的8－羟基喹啉溶于100 mL蒸馏水中。

3. 饱和对二氯苯溶液

在100 mL蒸馏水中加对二氯苯直至饱和状态。

(五) 解离液

1. 盐酸乙醇解离液

95%乙醇与浓盐酸各一份混合而成。根尖细胞制片中，用于溶解果胶质。

2. 1%果胶酶与纤维素酶混合液

取果胶酶1 g、纤维素酶1 g溶于100 mL蒸馏水中。

3. 2%纤维素酶和0.5%果胶酶混合液

取纤维素酶2 g、果胶酶0.5 g溶于100 mL 0.1 mol/L乙酸钠缓冲液(pH＝4.5)中。

(六) 脱水剂

1. 乙醇

乙醇是最常用的脱水剂，处理材料时从低浓度乙醇向高浓度乙醇移动，最后到无水乙醇中使水分完全脱去。各级乙醇浓度一般从50%→75%→85%→95%→无水乙醇，也可从10%→30%→50%直到100%，视材料要求而定。

2. 正丁醇

可与水及乙醇混合，使用后很少引起组织块的收缩与变脆。

3. 叔丁醇

作用同正丁醇，但效果更好，因价格昂贵，一般少用。材料经乙酸压片后，可逐步过渡到正(叔)丁醇中，如：10%乙酸→40%乙酸→正(叔)丁醇＋冰乙酸(1∶1)→正(叔)丁醇，压片时如用45%乙酸，则可只用后两步。

(七) 透明剂

1. 二甲苯

应用最广，作用迅速。如材料水分未脱尽，则遇二甲苯后会发生乳状混浊。为避免材料收缩，应从无水乙醇逐步过渡到二甲苯中，即从无水乙醇→无水乙醇＋二甲苯(1∶1)→二甲苯。

2. 氯仿

可用来代替二甲苯，比二甲苯挥发快，渗透力较弱，材料收缩小，能破坏染色，已染色的切片不宜使用。

(八) 封藏剂

1. 加拿大树胶(Canada Balsam)

此为常用的封藏剂，其溶剂视透明剂而定，用二甲苯作透明剂的，以溶剂二甲苯溶解；用正丁醇作透明剂的，可溶于正丁醇溶剂。但绝不能混入水及乙醇。

2. 油派胶

有无色和绿色两种胶液，材料脱水到无水乙醇(或95%乙醇)后，即可用此胶封藏。

3. 甘油胶

优质白明胶1 g，溶于6 mL热蒸馏水中(40 ℃～50 ℃)，加7 mL甘油后，滴入2～3滴石炭酸防腐,过滤,可长期贮存。用时取一小部分,微热,熔化。

附录3 常用染色液的配制

一、吕氏(Loeffler)碱性美蓝染液

A液:美蓝(methylene blue)	0.6 g
95%乙醇	30 mL
B液:KOH	0.01 g
蒸馏水	100 mL

分别配制A液和B液,配好后混合即可。

二、齐氏(Ziehl)石炭酸复红染色液

A液:碱性复红(basic fuchsin)	0.3 g
95%乙醇	10 mL
B液:石炭酸	5.0 g
蒸馏水	95 mL

将碱性复红在研钵中研磨后,逐渐加入95%乙醇,继续研磨使其溶解,配成A液。

将石炭酸溶解于水中,配成B液。

混合A液及B液即得所需涂色液。通常可将此混合液稀释5~10倍使用,稀释液易变质失效,一次不宜多配。

三、革兰氏(Gram)染色液

1. 草酸铵结晶紫染液

A液:结晶紫(crystal violet)	2 g
95%乙醇	10 mL
B液:草酸铵(ammonium oxlate)	0.8 g
蒸馏水	80 mL

混合A、B二液,静置48 h后使用。

2. 卢戈氏(Lugol)碘液

碘片	1 g
碘化钾	2 g
蒸馏水	300 mL

先将碘化钾溶解在少量水中,再将碘片溶解在碘化钾溶液中,待碘全溶后,加足水分即得所需碘液。

3. 95%的乙醇溶液

4. 番红复染液

番红(safranine O)	2.5 g
95%乙醇	100 mL

取上述配好的番红乙醇溶液 10 mL 与 80 mL 蒸馏水混匀即得番红复涂液。

四、芽孢染色液

1. 孔雀绿染液

孔雀绿(malachite green)	5 g
蒸馏水	100 mL

2. 番红水溶液

番红	0.5 g
蒸馏水	100 mL

3. 苯酚品红溶液

碱性品红	11 g
无水乙醇	100 mL

取上述溶液 10 mL 与 100 mL 5%的苯酚溶液混合,过滤备用。

4. 黑色素(nigrosin)溶液

水溶性黑色素	10 g
蒸馏水	100 mL

称取 10 g 黑色素溶于 100 mL 蒸馏水中,置于沸水浴中 30 min 后,用滤纸过滤两次,补加水到 100 mL,加 0.5 mL 甲醛,备用。

五、荚膜染色液

1. 黑色素水溶液

黑色素	5 g
蒸馏水	100 mL
福尔马林(40%甲醛)	0.5 mL

将黑色素在蒸馏水中煮沸 5 min,然后加入福尔马林作防腐剂。

2. 番红染液

与革兰氏染液中番红复染液相同。

六、鞭毛染色液

1. 硝酸银鞭毛染色液

A 液:单宁酸	5 g
$FeCl_3$	1.5 g
蒸馏水	100 mL
福尔马林(15%)	2 mL
NaOH(1%)	1 mL

冰箱内可保存 3 ~7 d,延长保存期会产生沉淀,但用滤纸除去沉淀后仍能使用。

B 液:$AgNO_3$ 2 g

蒸馏水 100 mL

待 $AgNO_3$ 溶解后,取出 10 mL 备用,向其余的 90 mL $AgNO_3$ 中滴入浓 NH_4OH,使之成为很浓厚的悬浮液,再继续加 NH_4OH 直到新形成的沉淀又重新刚刚溶解为止。再将备用的 10 mL $AgNO_3$ 慢慢滴入,则出现薄雾状沉淀,但轻轻摇动后,薄雾状沉淀又消失,再滴入 $AgNO_3$,直到摇动后仍呈现轻微而稳定的薄雾状沉淀为止。通常冰箱内保存 10 d 内仍可使用。如雾重,则有银盐沉淀出,不宜使用。

2. Leifson 氏鞭毛染色液

A 液:碱性复红 1. 2 g

95% 乙醇 100 mL

B 液:单宁酸 3 g

蒸馏水 100 mL

C 液:NaCl 1. 5 g

蒸馏水 100 mL

临用前将 A、B、C 液等量混合均匀后使用。三种溶液分别于室温保存可保存几周,若分别置于冰箱保存,可保存数月。混合液装密封瓶内置冰箱几周仍可使用。

七、富尔根氏核染色液

1. 席夫氏(Schiff)试剂

将 1 g 碱性复红加入 200 mL 煮沸的蒸馏水中,振荡 5 min,冷至 50 ℃左右过滤,再加入 1 mol/L HCl 20 mL,摇匀。等冷至 25 ℃时,加 $Na_2S_2O_5$(偏重亚硫酸钠)3 g,摇匀后装在棕色瓶中,用黑纸包好,放置于暗处过夜。此时试剂应为淡黄色(如为粉红色则不能用),再加中性活性炭过滤,滤液振荡 1 min 后,再过滤,将此滤液置于冷暗处备用(注意:过滤需在避光条件下进行)。

在整个操作过程中所用的一切器板都需十分洁净、干燥,以消除还原性物质的影响。

2. Schandium 固定液

A 液:饱和升汞水溶液

50 mL 升汞水溶液加 95% 乙醇 25 mL 混合即得 A 液。

B 液:冰醋酸

取 A 液 9 mL + B 液 1 mL,混匀后加热至 60 ℃。

3. 亚硫酸水溶液

取 10% 偏重亚硫酸钠水溶液 5 mL、1 mol/L HCl 5 mL,加蒸馏水 100 mL 混合即得亚硫酸水溶液。

八、乳酸石炭酸棉蓝染色液

石炭酸 10 g

乳酸(比重1.21)	10 mL
甘油	20 mL
蒸馏水	10 mL
棉蓝(cotton blue)	0.02 g

将石炭酸加在蒸馏水中加热溶解,然后加入乳酸和甘油,最后加入棉蓝,使其溶解即成。

九、瑞氏(Wright)染色液

瑞氏染料粉末	0.3 g
甘油	3 mL
甲醇	97 mL

将染料粉末置于干燥的乳钵内研磨,先加甘油,后加甲醇,放玻璃瓶中过夜,过滤即可。

十、美蓝(Levowitz Weber)染液

在52 mL 95%乙醇和44 mL四氯乙烷的三角烧瓶中,慢慢加入0.6 g氯化美蓝(methylene blue chloride),旋摇三角烧瓶,使其溶解。放于5 ℃ ~10 ℃下12 ~24 h,然后加入4 mL冰醋酸用质量好的滤纸如Whatman No42或与之同质量的滤纸过滤。贮存于清洁的密闭容器内。

十一、姬姆萨(Giemsa)染液

姬姆萨染料	0.5 g
甘油	33 mL
甲醇	33 mL

将姬姆萨染料研细,然后边加入甘油边继续研磨,最后加入甲醇混匀,放置于56 ℃环境1 ~24 h后,即得姬姆萨贮存液。临用前在1 mL姬姆萨贮存液中加入pH =7.2的磷酸缓冲液20 mL,配成使用液。

十二、Jenner(May - Grunwald)染液

0.25 g gener染料经研细后加甲醇100 mL即得该溶液。

十三、醋酸洋红染液

取45%的乙酸溶液100 mL,放入锥形瓶,加热至沸,移去火源,徐徐加入0.5 ~2 g洋红,煮沸约5 min或回流煮沸12 h,冷却后过滤,再加1% ~2%铁明矾水溶液数滴,直到此液变为暗红色不发生沉淀为止。也可悬入一小铁钉,过1 min取出,使染色剂中略具铁质,增强染色性能。滤液放入棕色瓶中盖紧保存,并避免阳光直射。

此染液为酸性,适用于涂抹片,染色体被染成深红色,细胞质被染成浅红,长久保存不褪色。

十四、丙酸洋红

丙酸洋红与醋酸洋红的配制过程相同，仅以45%的丙酸代替45%的醋酸。丙酸比醋酸更易溶解洋红，且细胞质着色比醋酸洋红浅。

十五、醋酸地衣红染液

取冰乙酸45 mL，加热接近沸腾，徐徐加入0.5～2 g地衣红，用玻璃棒搅动，微热至染料完全溶解，冷却后加入蒸馏水55 mL，振荡，过滤。将滤液放入棕色瓶中保存。

该染液使染色体着色的效果比醋酸洋红更好，但易溶于乙醇，因而对用乙醇保存的材料作用时，要尽量除净乙醇。

十六、卡宝品红（改良石炭酸品红，改良苯酚品红）染液

先配成3种原液，再配成染色液。

原液A：取3 g碱性品红溶于100 mL的70%乙醇中（可长期保存）。

原液B：取原液A 10 mL，加入90 mL的5%石炭酸水溶液（限2周内使用）。

原液C：取原液B 45 mL，加冰乙酸和福尔马林（37%甲醛）各6 mL（可长期保存）。

染色液：取原液C 10～20 mL，加45%的乙酸80～90 mL，再加山梨醇1.8 g，配成10%～20%的石炭酸品红液，一般两周以后使用，此时着色能力显著加强。该染色液的浓度可根据需要而变更，淡染或长时间染色可用2%～10%的浓度，浓染可用30%浓度，再用45%乙酸分色。山梨醇为助渗剂，兼有稳定染色液的作用，不加山梨醇也可以，但着色效果略差。

此液具有醋酸洋红染色方便的优点，还具有席夫试剂只对核和染色体染色的优点，且染色效果稳定可靠。此液适于动植物中各种大小的染色体、体细胞染色体和减数分裂染色体，并具有相当牢固的染色性能，保存性好，室温下两年不变质。

十七、铁矾－苏木精染液

分别配制甲、乙两液，染色前配合使用。

甲液（4%硫酸铁铵（铁明矾）水溶液）：取4 g铁明矾溶于100 mL水中（现配现用，保持新鲜，铁明矾为紫色结晶，若为黄色则不能用）。

乙液（0.5%苏木精水溶液）（用前6周配制）：取0.5 g苏木精溶于5 mL 95%乙醇中，充分溶解，制成10%苏木精乙醇溶液，贮藏于阴凉处，可保存3～6个月，使用时再加蒸馏水至100 mL。

甲液、乙液不能混合，必须分别使用。

此液可显示染色体、染色质、核仁、线粒体、中心粒和肌纤维横纹等，能使其呈深蓝色甚至黑色。

十八、席夫试剂及漂洗液

席夫氏染液及漂洗液的配方如附表3－1所示。

附表 3 -1　席夫氏染液及漂洗液配方

席夫试剂　1 mol/L 盐酸　10 mL
碱性品红
偏重亚硫酸钠(钾)
中性活性炭　0.5 g
1 g
0.5 g
漂洗液
(现配现用)　1 mol/L 盐酸　5 mL
10% 偏重亚硫酸钠(钾)
蒸馏水 5 mL
100 mL

席夫试剂的配制方法:将 100 mL 蒸馏水加热至沸,移去火源,加入 0.5 g 碱性品红再继续煮沸 5 min,并随加随搅拌。冷却到 50℃过滤到棕色瓶中,此时加入 1 mol/L 盐酸 10 mL。再冷却到 25 ℃时加 1 克偏重亚硫酸钠(钾),同时振荡一下,闭封瓶口,置于暗处过夜,次日取出,液体应成淡黄色或无色。若颜色过深,则加 0.5 g 中性活性炭,剧烈振荡 1 min,过滤后于 4 ℃冰箱保存(或置于阴凉处),并外包黑纸,以防长期暴露在空气中加速氧化而变色。如不变色可继续使用,如变为淡红色可再加少许偏重亚硫酸钠(钾)转为无色方可使用,出现白色沉淀则不可再用。

十九、醋酸 - 铁矾 - 苏木精

取 0.5 g 苏木精溶于 100 mL 45% 冰醋酸中,用前取 3 ~5 mL,用 45% 冰醋酸稀释 1 ~2 倍,加入铁矾饱和液(溶于 45% 醋酸中)1 ~2 滴,染色液由棕黄变为紫色,立即使用,不能保存。

二十、丙酸 - 水合氯醛 - 铁矾 - 苏木精染色液

分别配制 A、B 两种贮备液,染色前配合使用。

A 液:取 2 g 苏木精溶于 100 mL 50% 的丙酸中(可长期保存)。

B 液:取 0.5 ~1 g 铁矾溶于 100 mL 50% 的丙酸中(可长期保存)。

染色液:将 A、B 两液按 1∶1 的比例混合,每 5 mL 混合液加入 2 g 水合氯醛,存放一天后使用。此染色液只能用一个月,半月内效果最好,故不宜多配。

二十一、Giemsa 染液

一般先配成原液长期贮存。使用前根据需要用缓冲液将原液稀释,最好现配现用。

Giemsa 原液:Giemsa 粉	1 g
甘油	33 mL
甲醇	45 mL

在研钵内先用少量革油与 Giemsa 粉混合,研磨至无颗粒为止,再将余下的甘油倒入,56 ℃恒温水浴中保温 2 h。再加入 45 mL 甲醇,充分搅拌,用滤纸过滤,于棕色细口瓶中保存,越久越好。使用时根据染色对象和目的配制不同浓度的使用液,一般用 1∶10 的 Giemsa 染液。

1 : 10 的 Giemsa 染液：取 10 mL Giemsa 原液，加 0.025 mol/L PBS 缓冲液 100 mL，充分混匀。现配现用最好，或避光保存。

二十二、硫堇紫染液

硫堇紫原液：取 1 g 硫堇溶解在 100 mL 50% 的乙醇中；

硫堇紫染液：取硫堇原液 40 mL，加 28 mL Michaelis 缓冲液（pH = 5.7 ± 0.2）和 32 mL 0.1 mol/L 的 HCl，混匀。

二十三、1% I－KI 溶液

取 2 g KI 溶于 5 mL 蒸馏水中，加入 1 g 碘，待其溶解后再加入 295 mL 蒸馏水，保存于棕色瓶中。

附录 4　缓冲液的配制

一、常用缓冲液的 pKa 值（附表 4－1）

附表 4－1　常用缓冲液的 pKa 值

缓冲液	相对分子质量	pKa 值	缓冲范围
1. Tris	121.14	8.08	7.1～7.9
2. HEPES	283.3	7.47	7.2～8.2
3. MOPS	209.3	7.15	6.6～7.8
4. PIPES	304.3	6.76	6.2～7.3
5. MES	195.2	6.09	5.4～6.3

1. 三羟甲基氨基甲烷
2. N－(2－羟乙基)哌嗪－N′－2 乙磺酸
3. 3－(N－吗啉基)丙磺酸
4. N,N′－双(2－乙磺酸)
5. 2－(N－吗啉基)乙磺酸

附表 4－2　温度对常用缓冲液 pH 的影响

缓冲体系	pKa 值(20 ℃)	pKa 值(10 ℃)
Mes	6.15	－0.110
Ada	6.60	－0.110
Pipes	6.80	－0.085
Aces	6.90	－0.200
Bes	7.15	－0.160
Mops	7.20	－0.013
Tes	7.50	－0.200
Hepes	7.55	－0.014
Tricine	8.15	－0.210

续表

缓冲体系	pKa 值(20 ℃)	pKa 值(10 ℃)
Tris	8.30	-0.310
Bicine	8.35	-0.180
Glycylglycine	8.40	-0.280

二、各种 pH 值的 Tris 缓冲液的配制(附表 4-3)

附表 4-3 各种 pH 值的 Tris 缓冲液的配制

所需 pH 值(25 ℃)	0.1 mol/L HCl 的体积/mL
7.10	45.7
7.20	44.7
7.30	43.4
7.40	42.0
7.50	40.3
7.60	38.5
7.70	36.6
7.80	34.5
7.90	32.0
8.00	29.2
8.10	26.2
8.20	22.9
8.30	19.9
8.40	17.2
8.50	14.7
8.60	12.4
8.70	10.3
8.80	8.5
8.90	7.0

某一特定 pH 值的 0.05 mol/L Tris 缓冲液的配制:将 50 mL 0.1 mol/L 的 Tris 碱溶液与附表 4-3 所示相应体积(单位:mL)的 0.1 mol/L HCl 混合,加水将体积调至 10 mL。

三、常用的电泳缓冲液(附表 4-4)

附表 4-4 常用电泳缓冲液的配制

缓冲液	使用液	浓贮存液/L
Tris-乙酸(TAE)	1×:0.04 mol/L Tris-乙酸 0.001 mol/L EDTA	50×:242 gTris 碱 57.1 mL 冰乙酸 100 mL 0.5 mol/L EDTA(pH=8.0)
Tris-磷酸(TPE)	1×:0.09 mol/L Tris-HCl 0.002 mol/L EDTA	10×:108 g Tris-碱 15.5 mL 85%磷酸(1.67 g/mL) 40 mL 0.5 mol/L

续表

缓冲液	使用液	浓贮存液/L
EDTA(pH =8.0)		
Tris - 硼酸(TBE)	0.5 ×:0.004 5 mol/L Tris - 硼酸 0.001 mol/L	5 ×:54 g Tris 碱 27.5 g 硼酸 20 mL 0.5 mol/L
EDTA(pH =8.0)		
碱性缓冲液	1 ×:50 mmol/L NaOH	1 ×:5 mL 10 mol/L NaOH
Tris - 甘氨酸	1 ×:25 mmol/L Tris 250 mL/L 甘氨酸	5 ×:15.1 g Tris 碱 94 g 甘氨酸(电泳级)
(pH =8.3)		
	0.1% SDS	50 mL 10% SDS(电泳级)

1. TBE:浓溶液长时间存放后会形成沉淀物,为避免这一问题,可在室温下用玻璃瓶保存5 ×溶液,出现沉淀后则予以废弃。

以往都以1 ×TBE 作为使用液(即1∶5 稀释浓贮存液)进行琼脂糖凝胶电泳。但0.5 ×的使用液已具备足够的缓冲容量。目前几乎所有的琼脂糖胶电泳都以稀释的贮存液作为使用液。

聚丙烯酰胺凝胶电泳使用的1 ×TBE 是琼脂凝胶电泳使用液浓度的2 倍。聚丙烯酰胺凝胶垂直槽的缓冲液槽较小,故通过缓冲液的电流量通常较大,需要使用1 ×TBE 以提供足够的缓冲容量。

2. 碱性电泳缓冲液应现用现配。

3. Tris - 甘氨酸缓冲液用于SDS 聚丙烯酰胺凝胶。

2 ×SDS 凝胶加样缓冲液的配方为:100 mmol/L 的Tris - HCl(pH =6.8)、200 mmol/L 的二硫苏糖醇(DTT)、4% SDS(电泳级)、0.2% 溴酚蓝、20% 甘油。

不含二硫苏糖醇(DTT)的2 × SDS 凝胶加样缓冲液可保存于室温,应在临用前取1 mmol/L 的二硫苏糖醇贮存液再加于上述缓冲液中。

凝胶加样缓冲液见附表4 -5。

附表4 -5　凝胶加样缓冲液

缓冲液类型	6 ×缓冲液	贮存温度
Ⅰ	0.25% 溴酚蓝 0.25% 二甲苯青FF 40%(质量体积浓度百分比)糖水溶液	4 ℃
Ⅱ	0.25% 溴酚蓝 0.25% 二甲苯青FF 15% 聚蔗糖(Ficoll 400)	室温
Ⅲ	0.25% 溴酚蓝 0.25% 二甲苯青FF 30% 甘油水溶液	4 ℃

续表

缓冲液类型	6×缓冲液	贮存温度
Ⅳ	0.25%溴酚蓝 40%(质量体积浓度百分比)糖水溶液 碱性加样缓冲液: 300 mmol/L NaOH 6 mmol/L EDTA	4 ℃
Ⅴ	18%聚蔗糖(Ficoll400) 0.15%溴甲酚绿 0.25%二甲苯青 FF	4 ℃

使用上述凝胶加样缓冲液的目的有三个:一是增大样品浓度,以确保 DNA 均匀进入样品孔内,使样品呈现颜色,从而使加样操作更为便利;二是含有在电场中以可预知速率向阳极移动的染料,溴酚蓝在琼脂糖凝胶中移动的速率约为二甲苯青 FF 的 2.2 倍,而与琼脂糖浓度无关,以 0.5×TBE 作电泳液时,溴酚蓝在琼脂糖中的泳动速率约与长为 300bp 的双链线状 DNA 相同;三是在琼脂糖浓度为 0.5% ~1.4% 的范围内,这些对应关系受凝胶浓度变化的影响并不显著。

选用哪一种加样染料纯看个人喜恶。但是对于碱性凝胶,应当使用溴甲酚绿作为示踪染料,因为在碱性 pH 条件下,其显色较溴酚蓝更为鲜明。

染料在非变性聚丙烯酰胺凝胶和变性聚丙烯酰胺凝胶中的迁移速度,分别见于附表 4-6 和附表 4-7。

附表 4-6 染料在非变性聚丙烯酰胺凝胶中的迁移速度

凝胶浓度/%	溴酚蓝/bp	二甲苯青 FF/bp
3.5	100	400
5.0	65	200
8.0	45	100
12.0	20	70
15.0	15	60
20.0	12	45

附表 4-7 染料在变性聚丙烯酰胺凝胶中的迁移速率

凝胶浓度/%	溴酚蓝/bp	二甲苯青 FF/bp
5.0	35	140
6.0	26	100
8.0	19	75
10.0	12	55
20.0	8	28

附录 5 指示剂的配制

一、中性红指示剂

中性红 0.04 g

95%乙醇	28 mL
蒸馏水	300 mL

中性红 pH 值为6.8~8,颜色由红变黄,常用浓度为0.04%。

二、淀粉水解试验用碘液(卢戈氏碘液)

碘片	1 g
碘化钾	2 g
蒸馏水	300 mL

先将碘化钾溶解在少量水中,再将碘片溶解在碘化钾溶液中,待碘全溶后,加足水分即可。

三、溴甲酚紫指示剂

溴甲酚紫	0.04 g
0.01 mol/L NaOH	7.4 g
蒸馏水	92.6 mL

溴甲酚紫 pH 值为5.2~6.8,颜色由黄变紫,常用浓度为0.04%。

四、溴麝香草酚蓝指示剂

溴麝香草酚蓝	0.04 g
0.01 mol/L NaOH	6.4 g
蒸馏水	93.6 mL

溴麝香草酚蓝 pH 值为6.0~7.6,颜色由黄变蓝,常用浓度为0.04%。

五、甲基红试剂

甲基红(Methyl red)	0.04 g
95%乙醇	60 mL
蒸馏水	40 mL

先将甲基红溶于95%乙醇中,然后加入蒸馏水即可。

六、V. P. 试剂

(一) 5%α-萘酚无水乙醇溶液

α-萘酚	5 g
无水乙醇	100 mL

(二) 40%KOH 溶液

KOH	40 g
蒸馏水	100 mL

七、吲哚试剂

对二甲基氨基苯甲醛	2 g

95%乙醇	190 mL
浓盐酸	40 mL

八、格里斯氏(Griess)试剂

A 液:对氨基苯磺酸	0.5 g
10%稀醋酸	150 mL
B 液:α－萘胺	0.1 g
蒸馏水	20 mL
10%稀醋酸	150 mL

九、二苯胺试剂

取对苯胺 0.5 g 溶于 100 mL 浓硫酸中,用 20 mL 蒸馏水稀释。